이공계생을 위한

대학수학

이공계생을 위한

대학수학

심홍태 저

북스힐

머리말

요즘 산업계의 키워드는 단연 4차 산업혁명입니다. 4차 산업혁명 시대에서 우리 삶의 변화에 대한 예측과 준비에 대한 다양한 안내가 있습니다. 그럼에도 불구하고 공통적으로 강조하는 것은 수학이 4차 산업혁명에서 중요하고 적절한 수준의 수학교육이 필요하다는 것입니다. 하지만 수에 대한 사칙연산인 산수만 잘해도 우리가 경제활동을 하는데 별지장이 없습니다. 흔히들 이야기하는 "셈만 할 줄 알면 살아가는데 아무 지장이 없다"는 그 말이지요.

산수와 수학을 혼동하거나 혼용하여 사용하는 사람들이 많습니다. 수학은 수를 포함한 다양한 문자나 상징을 이용하여 생각을 표현하고 그 의미가 소통되는 과학언어인 것입니다. 이런 맥락에서 보면 일상생활서 산수는 필수이지만 수학은 선택인 것입니다. 그러나 대학을 진학하여 이공계열 분야를 공부하려는 학생에게 있어서 수학은 필수인 것입니다.

수학을 잘하는 방법은 외국어를 잘하기 위한 일련의 학습과정과 같습니다. 외국어를 잘하려면 단어를 읽고 그 의미를 안 다음에 반복 훈련의 과정이 있어야 하듯, 수학적 기호를 읽고 그 뜻을 이해하고 숙련의 과정을 거쳐 익숙해지면 수학을 잘하게 되는 것입니다. 그러니 평균 수준의 지능과 꾸준함이 있으면 되는 것입니다.

본 교재는 특히 이공계열 신입생들을 위한 수학 안내서이며 전공에서 후속적으로 나타나는 수학 관련분야에 대한 참고서이기도 합니다. 본 교재에서는 난해한 문제를 다루지 않습니다. 기본적인 정의를 숙지하고 이와 관련된 초보적인 문제를 풀이할 수 있도록 안내합니다. 이런 정도면 이공계 전공을 공부해 나가는데 큰 어려움이 없을 것입니다.

행렬과 벡터를 앞 장에 배치하였습니다. 행렬과 벡터를 고등학교에서 전혀 접해보지 못했던 학생일지라도, 기호와 연산의 정의를 숙지하면 관련된 문제를 쉽게 해결할 수 있기에 수학에 대한 친밀감을 가지게 될 것입니다. 아울러 학기 초에 병행되는 물리수업에도 도움이 될 것입니다.

전체적으로 주 3시간의 두 학기용 강의교재로 구성하였지만 전공의 성격에 따라 선택적으로 한 학기 강의 교재로 사용하기에도 좋습니다. 두 학기 강의 내용으로는 첫 학기에는 1장부터 6장까지, 두 째 학기에는 7장부터 11장까지로 하면 될 것입니다. 이때 두 째 학기의 경우 시간이 부족하면 9장에서는 테일러 다항식만 다루어도 될 것입니다. 한 학기용 강의 내용으로는 1장부터 7장을 선택적으로 다루면 무난할 것입니다.

아무쪼록 본 교재를 통하여 학생들이 수학에 대한 친숙함과 자신감을 회복하기 바랍니다. 그리하여 이공분야 전공지식을 습득하는데 도움이 될 뿐 아니라 4차 산업혁명시대가 요구하는 전문성을 학습해 나가는데 든든한 수학적 디딤돌이 되기를 바랍니다.

본 교재의 출판을 허락하신 도서출판 북스힐의 조승식 사장님과 책의 내용을 가독성이 있게 꾸며주신 편집부의 수고에 깊은 감사를 드립니다.

저자 심 홍 태

차례

Chapter 01

행렬

1.1 행렬과 행렬의 연산

수나 문자를 직사각형 모양으로 배열하여 ( ) 또는 [ ]로 묶은 것을 **행렬**(matrix)이라 하고, 배열의 가로줄을 **행**(row), 배열의 세로줄을 **열**(column)이라 한다.

1렬 $\quad$ j렬

$$
\begin{matrix} 1\text{행} \rightarrow \\ \\ \\ i\text{행} \rightarrow \\ \\ \\ \end{matrix}
\begin{pmatrix}
a_{11} & a_{12} & \cdots & a_{1j} & \cdots & a_{1n} \\
a_{21} & a_{22} & \cdots & a_{2j} & \cdots & a_{2n} \\
\vdots & \vdots & \vdots & \vdots & \vdots & \vdots \\
a_{i1} & a_{j2} & \cdots & a_{ij} & \cdots & a_{in} \\
\vdots & \vdots & \vdots & \vdots & \vdots & \vdots \\
a_{m1} & a_{m2} & \cdots & a_{mj} & \cdots & a_{mn}
\end{pmatrix}
$$

행의 수가 m이고 열의 수가 n인 행렬을 $m \times n$행렬이라 하고 **행렬의 크기**라 한다. 행렬은 보통 영문 대문자 A, B, P, $\cdots$ 등을 사용하여

$$A = (a_{ij}), \qquad 1 \le i \le m, \qquad 1 \le j \le n$$

또는

$$A = (a_{ij})_{m \times n}, \qquad A = (a_{ij}) : m \times n$$

으로 나타내는데, a_{ij}를 i행 j열의 원소 또는 "ij-원소"라 한다. 본 장에서는 행렬의 원소 a_{ij}가 실수인 경우에 대해서 다룬다. 예를 들어,

$$B = \begin{pmatrix} -2 & 0 & 3 \\ 4 & 1 & -8 \\ 6 & -7 & 5 \end{pmatrix} = (b_{ij})_{3 \times 3}$$

라 하면, B의 크기는 3×3이고 $b_{23} = -8$, $b_{31} = 6$, $b_{12} = 0$이다. 행렬을 문자로 표현할 때에 원소는 일반적으로 그에 상응하는 소문자를 사용한다. 예를 들면,

$$C = (c_{ij})_{l \times m}, \qquad D = (d_{ij})_{k \times s}, \qquad G = (g_{ij})_{p \times q}$$

이다.

행렬의 형태

모든 요소가 0인 행렬을 **영행렬**이라 하고 O 또는 $O_{m \times n}$으로 나타낸다. 행의 수와 열의 수

가 같은 행렬을 **정방행렬**이라 한다. 행과 열의 수가 n개인 행렬을 n정방행렬이라 한다. 정방행렬에서 a_{ii}를 주 **대각요소**라 한다. 대각요소 외의 모든 원소가 0인 행렬을 **대각행렬**이라 한다. n 정방 대각행렬 중에서 대각요소가 모두 1인 행렬을 **단위행렬**이라 부르며 I_n으로 나타낸다. 예를 들면 다음과 같다.

영행렬 $\begin{pmatrix} 0 & 0 \\ 0 & 0 \end{pmatrix}, \begin{pmatrix} 0 & 0 \\ 0 & 0 \\ 0 & 0 \end{pmatrix}, \begin{pmatrix} 0 & 0 & 0 \\ 0 & 0 & 0 \\ 0 & 0 & 0 \end{pmatrix}, \cdots$

대각행렬 $\begin{pmatrix} 4 & 0 \\ 0 & 0 \end{pmatrix}, \begin{pmatrix} 0 & 0 \\ 0 & 0 \end{pmatrix}, \begin{pmatrix} 2 & 0 & 0 \\ 0 & 0 & 0 \\ 0 & 0 & 1 \end{pmatrix}, \begin{pmatrix} -3 & 0 & 0 \\ 0 & 5 & 0 \\ 0 & 0 & 4 \end{pmatrix}, \cdots$

단위행렬 $I_2 = \begin{pmatrix} 1 & 0 \\ 0 & 1 \end{pmatrix}, \quad I_3 = \begin{pmatrix} 1 & 0 & 0 \\ 0 & 1 & 0 \\ 0 & 0 & 1 \end{pmatrix}, \cdots$

행렬 A에서 행과 열의 원소의 위치를 바꾼 행렬을 A의 **전치행렬**이라 하고 A^t로 나타낸다.

예를 들어,

$$A = \begin{pmatrix} 2 & 4 & 7 \\ 3 & 5 & 8 \end{pmatrix} \text{일 때,} \qquad A^t = \begin{pmatrix} 2 & 3 \\ 4 & 5 \\ 7 & 8 \end{pmatrix}$$

이다. 따라서

$$A = (a_{ij})_{m \times n} \text{일 때, } A^t = (a^t_{ij})_{n \times m} \text{이면} \quad a^t_{ij} = a_{ji}$$

이다. 정방행렬에서 대각선 아래 원소가 모두 0인 행렬을 **상삼각행렬**이라 하고, 대각선 위의 모든 원소가 0 인 행렬을 **하삼각행렬**이라 한다. 상삼각행렬 또는 하삼각행렬을 삼각행렬이라 한다. 예를 들면 다음과 같다.

상삼각행렬 $\begin{pmatrix} 2 & 5 \\ 0 & -3 \end{pmatrix}, \begin{pmatrix} 2 & -7 & 8 \\ 0 & 0 & 6 \\ 0 & 0 & -4 \end{pmatrix}, \begin{pmatrix} 0 & 1 & 8 \\ 0 & 0 & -2 \\ 0 & 0 & 0 \end{pmatrix}, \cdots$

하삼각행렬 $\begin{pmatrix} 3 & 0 \\ 1 & -2 \end{pmatrix}, \begin{pmatrix} 1 & 0 & 0 \\ 4 & -8 & 0 \\ -2 & 5 & 0 \end{pmatrix}, \begin{pmatrix} 0 & 0 & 0 \\ -5 & 9 & 0 \\ 7 & 2 & 0 \end{pmatrix}, \cdots$

행렬의 상등

크기가 같은 두 행렬 $A = (a_{ij})$, $B = (b_{ij})$에 대하여 두 행렬의 모든 요소가 같으면 두 행렬은 "같다"라 하고 $A = B$로 나타낸다. 즉, 모든 i, j에서 $a_{ij} = b_{ij}$이면 $A = B$.

적어도 한 요소가 다르면 두 행렬은 서로 다른 행렬이다. 두 행렬

$$A = \begin{pmatrix} 3 & 1 & -2 \\ -2 & x & 4 \\ 0 & -6 & 8 \end{pmatrix}, \quad B = \begin{pmatrix} 3 & y & -2 \\ -2 & 5 & 4 \\ 0 & -6 & w \end{pmatrix}$$

에서 $A = B$일 때, $x = 5$, $y = 1$, $w = 8$이다.

상수의 곱

행렬 $A = (a_{ij})$와 실수 r에 대하여 rA는 A와 크기가 같고 ij-원소가 a_{ij}에 r를 곱한 행렬

$$rA = (ra_{ij})$$

이고, $-A = (-1)A$이다.

예를 들어,

$$A = \begin{pmatrix} 2 & -5 \\ -3 & 4 \end{pmatrix}\text{일 때,} \quad 3A = \begin{pmatrix} 6 & -15 \\ -9 & 12 \end{pmatrix}$$

이다.

합과 차

크기가 같은 두 행렬 $A = (a_{ij})$, $B = (b_{ij})$에 대하여 합과 차는 각각 다음과 같다.

$$A + B = (a_{ij} + b_{ij}),$$
$$A - B = A + (-1)B$$

참고 행렬의 상수 곱과 행렬의 합의 정의에 두 행렬의 차 $A - B$는 다음과 같다.

$$A - B = (a_{ij} - b_{ij})$$

예를 들어,

$$A = \begin{pmatrix} 2 & -5 \\ -3 & 4 \end{pmatrix}, \quad B = \begin{pmatrix} -1 & 3 \\ 5 & -4 \end{pmatrix}$$

일 때,

$$A+B=\begin{pmatrix}1 & -2\\ 2 & 0\end{pmatrix},\quad A-B=\begin{pmatrix}3 & -8\\ -8 & 8\end{pmatrix}$$

이다.

예제 1.1.1 두 행렬 $A=\begin{pmatrix}-2 & 1 & 3\\ 4 & -5 & 0\end{pmatrix}$와 $B=\begin{pmatrix}3 & 2 & -4\\ -7 & 6 & 1\end{pmatrix}$에 대하여 다음을 구하라.

(1) 3A (2) 2A − 3B

[풀이] (1) $3A=\begin{pmatrix}3\times(-2) & 3\times 1 & 3\times 3\\ 3\times 4 & 3\times(-5) & 3\times 0\end{pmatrix}=\begin{pmatrix}-6 & 3 & 9\\ 12 & -15 & 0\end{pmatrix}.$

(2) $2A-3B=\begin{pmatrix}-4-9 & 2-6 & 6+12\\ 8+21 & -10-18 & 0-3\end{pmatrix}=\begin{pmatrix}-13 & -4 & 18\\ 29 & -28 & -3\end{pmatrix}.$ ■

행렬의 연산은 실수의 연산에서 성립했던 교환법칙과 결합법칙이 성립하고 또 합에 대한 항등원과 역원을 가지는 것을 알 수 있다.

정리 1.1.1 행렬연산의 성질

행렬 A, B, C의 크기가 모두 같고 α, β가 실수 일 때, 다음이 성립한다.

(1) $A+B=B+A$

(2) $(A+B)+C=A+(B+C)$

(3) $A+O=O+A=A$

(4) $A-A=O$

(5) $(\alpha+\beta)A=\alpha A+\beta A$

(6) $(\alpha\beta)A=\alpha(\beta A)$

(7) $\alpha(A+B)=\alpha A+\alpha B$

예제 1.1.2 두 행렬 $A=\begin{pmatrix}0 & -2\\ 3 & 1\end{pmatrix}$와 $B=\begin{pmatrix}2 & -4\\ 3 & 5\end{pmatrix}$에 대하여, $A+2X=B$를 만족하는 행렬 X를 구하라.

[풀이] 행렬의 성질로부터

$$\begin{aligned} -A+A+2X &= -A+B\\ O+2X &= -A+B,\\ 2X &= -A+B,\\ X &= \frac{1}{2}(-A+B)\end{aligned}$$

이고, 따라서

$$X = \frac{1}{2}\begin{pmatrix} 2 & -2 \\ 0 & 4 \end{pmatrix} = \begin{pmatrix} 1 & -1 \\ 0 & 2 \end{pmatrix}. \quad ■$$

예제 1.1.3 두 행렬 $A = \begin{pmatrix} 2 & -3 \\ 1 & 5 \end{pmatrix}$와 $B = \begin{pmatrix} -4 & 1 \\ 3 & -3 \end{pmatrix}$에 대하여 다음을 만족하는 행렬 X와 Y를 구하라.

$$X + Y = A,\ \ X - Y = B$$

[풀이] 두 식을 더하면 $2X = A + B$가 되어

$$\begin{aligned} X &= \frac{1}{2}(A + B) \\ &= \frac{1}{2}\begin{pmatrix} -2 & -2 \\ 4 & 2 \end{pmatrix} = \begin{pmatrix} -1 & -1 \\ 2 & 1 \end{pmatrix} \end{aligned}$$

이고, 두 식을 빼면 $2Y = A - B$

$$\begin{aligned} Y &= \frac{1}{2}(A - B) \\ &= \frac{1}{2}\begin{pmatrix} 6 & -4 \\ -2 & 8 \end{pmatrix} = \begin{pmatrix} 3 & -2 \\ -1 & 4 \end{pmatrix}. \end{aligned} \quad ■$$

행렬의 곱

두 행렬 $A = (a_{ij})_{m \times l}$, $B = (b_{ij})_{l \times n}$에 대하여 두 행렬의 곱 AB는 다음과 같이 정의된다.

$$\begin{aligned} AB &= (c_{ij})_{m \times n}, \\ c_{ij} &= \sum_{k=1}^{l} a_{ik} b_{kj} = a_{i1}b_{1j} + a_{i2}b_{2j} + \cdots + a_{il}b_{lj} \end{aligned}$$

정방행렬 A와 자연수 n에 대하여 $A^n = \overbrace{AA \cdots A}^{n\text{개}}$로서 A를 n번 곱한 것이다. 즉

$$A^2 = AA,\quad A^3 = A^2A,\quad A^4 = A^3A, \cdots$$

이다.

예제 1.1.4 다음 행렬의 곱을 계산하라.

(1) $\begin{pmatrix} 4 & 2 \\ 1 & 8 \end{pmatrix}\begin{pmatrix} 3 \\ 5 \end{pmatrix}$ (2) $\begin{pmatrix} 2 & 3 & 1 \\ 0 & 4 & 5 \end{pmatrix}\begin{pmatrix} 8 & 0 \\ 6 & 1 \\ 7 & 9 \end{pmatrix}$

[풀이] 곱의 연산의 정의에 의하여 풀이하면 다음과 같다.

(1) $\begin{pmatrix} 4 & 2 \\ 1 & 8 \end{pmatrix}\begin{pmatrix} 3 \\ 5 \end{pmatrix} = \begin{pmatrix} 4\times 3+2\times 5 \\ 1\times 3+8\times 5 \end{pmatrix} = \begin{pmatrix} 22 \\ 43 \end{pmatrix}.$

(2) $$\begin{pmatrix} 2 & 3 & 1 \\ 0 & 4 & 5 \end{pmatrix}\begin{pmatrix} 8 & 0 \\ 6 & 1 \\ 7 & 9 \end{pmatrix} = \begin{pmatrix} 2\times 8+3\times 6+1\times 7 & 2\times 0+3\times 1+1\times 9 \\ 0\times 8+4\times 6+5\times 7 & 0\times 0+4\times 1+5\times 9 \end{pmatrix}$$
$$= \begin{pmatrix} 41 & 12 \\ 59 & 49 \end{pmatrix}.$$
■

주의 AB가 정의되었다고 해서 BA가 정의되는 것은 아니며, 일반적으로 $AB \neq BA$이다.

예를 들어,

$$A = \begin{pmatrix} 2 & -5 \\ -3 & 4 \end{pmatrix}, \quad B = \begin{pmatrix} -1 & 3 \\ 5 & -4 \end{pmatrix}$$

일 때,

$$A^2 = AA = \begin{pmatrix} 4+15 & -10-20 \\ -6-12 & 15+16 \end{pmatrix} = \begin{pmatrix} 19 & -30 \\ -18 & 31 \end{pmatrix},$$
$$AB = \begin{pmatrix} -2-25 & 6+20 \\ 3+20 & -9-16 \end{pmatrix} = \begin{pmatrix} -27 & 26 \\ 23 & -25 \end{pmatrix},$$
$$BA = \begin{pmatrix} -2-9 & 5+12 \\ 10+12 & -25-16 \end{pmatrix} = \begin{pmatrix} -11 & 17 \\ 22 & -41 \end{pmatrix}.$$

행렬의 곱과 덧셈에 관하여 다음과 같이 결합법칙과 배분법칙이 성립한다.

정리 1.1.2 행렬의 덧셈과 곱셈의 성질

곱과 합이 정의되는 행렬 A, B, C와 실수 k에 대하여 다음이 성립한다.

(1) $(AB)C = A(BC)$ (결합법칙)

(2) $A(B+C) = AB + AC$, $(A+B)C = AC + BC$ (분배법칙)

(3) $k(AB) = (kA)B = A(kB)$

예제 1.1.5 $A=\begin{pmatrix}-1 & 2\\ 1 & 1\end{pmatrix}$, $B=\begin{pmatrix}1 & 1\\ 3 & -1\end{pmatrix}$, $C=\begin{pmatrix}4 & 0\\ -1 & 3\end{pmatrix}$일 때 다음을 구하고 결과를 비교하라.

(1) $A(BC)$ (2) $(AB)C$

(3) $(AB)^t$ (4) B^tA^t

[풀이] 연산의 순서는 괄호로 묶은 것을 우선하여 연산한다.

(1) $BC=\begin{pmatrix}3 & 3\\ 13 & -3\end{pmatrix}$이므로

$$A(BC)=\begin{pmatrix}-1 & 2\\ 1 & 1\end{pmatrix}\begin{pmatrix}3 & 3\\ 13 & -3\end{pmatrix}=\begin{pmatrix}23 & -9\\ 16 & 0\end{pmatrix}.$$

(2) $AB=\begin{pmatrix}5 & -3\\ 4 & 0\end{pmatrix}$이므로

$$(AB)C=\begin{pmatrix}5 & -3\\ 4 & 0\end{pmatrix}\begin{pmatrix}4 & 0\\ -1 & 3\end{pmatrix}=\begin{pmatrix}23 & -9\\ 16 & 0\end{pmatrix}$$

이고 (1)과 연산의 결과는 같다.

(3) (2) 로부터 $AB=\begin{pmatrix}5 & -3\\ 4 & 0\end{pmatrix}$이므로 $(AB)^t=\begin{pmatrix}5 & 4\\ -3 & 0\end{pmatrix}$.

(4) $B^tA^t=\begin{pmatrix}1 & 3\\ 1 & -1\end{pmatrix}\begin{pmatrix}-1 & 1\\ 2 & 1\end{pmatrix}=\begin{pmatrix}5 & 4\\ -3 & 0\end{pmatrix}$이고 (3)과 연산의 결과가 같다. ■

연습문제 1.1

1. 다음 등식이 성립하도록 x와 y의 값을 구하라.

(1) $\begin{pmatrix}x+2y\\ 2x-y\end{pmatrix}=\begin{pmatrix}2\\ 5\end{pmatrix}$ (2) $\begin{pmatrix}0 & x+y\\ x-y & 0\end{pmatrix}=\begin{pmatrix}0 & -2\\ 4 & 0\end{pmatrix}$

2. $A=\begin{pmatrix}2 & 3 & 1\\ 3 & 2 & 1\end{pmatrix}$, $B=\begin{pmatrix}-1 & 2 & 0\\ 3 & -2 & 4\end{pmatrix}$에 대하여 다음을 구하여라.

(1) $3A-2B$ (2) $-2A+3B$

3. $A=\begin{pmatrix}3 & -1\\ -4 & 0\end{pmatrix}$, $B=\begin{pmatrix}-1 & 2\\ 4 & 3\end{pmatrix}$일 때, 다음 등식을 만족하는 행렬 X를 구하라.

(1) $3X+2A=2X+3B$ (2) $\frac{1}{2}(X-4A)=2(X+B)$

4. $A=\begin{pmatrix}1 & -6\\ 3 & -2\end{pmatrix}$, $B=\begin{pmatrix}3 & -4\\ 1 & 2\end{pmatrix}$에 대하여 다음을 만족하는 X, Y를 구하여라.

(1) $\begin{cases}X+Y=A\\ X-Y=B\end{cases}$

(2) $\begin{cases}2X+Y=A\\ X-2Y=-B\end{cases}$

5. A, B는 5×4행렬, C, D, E는 각각 4×3, 3×5, 5×3행렬이라 할 때, 다음 중 정의되는 것을 판단하고, 그 결과에 대한 행렬의 크기를 말하여라.

(1) $AC+E$

(2) $(A+B)C$

(3) $(BC)D$

(4) $CD-AC$

(5) $DE-C$

(6) $D(A-B)$

6. $A=\begin{pmatrix}2 & 1\\ 7 & 4\end{pmatrix}$, $B=\begin{pmatrix}1 & -2\\ 5 & 3\end{pmatrix}$일 때, 다음을 구하여라.

(1) AB

(2) BA

(3) B^tA^t

(4) $(AB)^t$

7. $A=\begin{pmatrix}2 & -2\\ 1 & 0\end{pmatrix}$, $B=\begin{pmatrix}a & -2\\ 1 & 1\end{pmatrix}$에 대하여 $AB=BA$가 성립하도록 a의 값을 구하여라.

8. 두 행렬 A와 B에 대하여 다음이 성립할 때, A^2+B^2을 구하라.

$$A+B=\begin{pmatrix}2 & 1\\ 0 & 3\end{pmatrix},\ AB+BA=\begin{pmatrix}3 & 1\\ 2 & -1\end{pmatrix}$$

9. 다음을 만족하는 두 행렬 A와 B에 대하여 A^2-B^2을 구하라.

$$A+B=\begin{pmatrix}1 & 2\\ 4 & 0\end{pmatrix},\ A-B=\begin{pmatrix}3 & 4\\ 0 & 2\end{pmatrix}$$

10. 영행렬이 아닌 2×2행렬 중에서 $A^2=O$이 되는 행렬 A를 구하라.

1.2 행렬과 연립일차방정식

연립일차방정식 또는 연립선형방정식을 행렬을 이용하여 나타내고, 행렬을 이용하여 해를 구하는 방법에 대하여 알아보자.

예를 들어, 두 개의 미지수와 두 개의 방정식을 포함하는 다음 연립일차방정식

$$\begin{cases} 2x + 3y = 5 \\ -x + 7y = -1 \end{cases}$$

은 행렬의 곱, 행렬의 상등에 관한 정의에 의하여

$$A = \begin{pmatrix} 2 & 3 \\ -1 & 7 \end{pmatrix}, \quad X = \begin{pmatrix} x \\ y \end{pmatrix}, \quad B = \begin{pmatrix} 5 \\ -1 \end{pmatrix}$$

일 때, 행렬방정식

$$AX = B$$

로 표현된다. 이때 A는 **계수행렬**, X는 **미지수 행렬**, B는 **상수행렬**이라 한다.

일반적으로 m개의 방정식과 n개의 미지수를 포함하는 연립일차방정식, 즉

$$\begin{cases} a_{11}x_1 + a_{12}x_2 + \cdots + a_{1j}x_j + \cdots + a_{1n}x_n = b_1 \\ a_{21}x_1 + a_{22}x_2 + \cdots + a_{2j}x_j + \cdots + a_{2n}x_n = b_2 \\ \vdots \quad \vdots \quad \vdots \quad \vdots \\ a_{i1}x_1 + a_{i2}x_2 + \cdots + a_{ij}x_j + \cdots + a_{in}x_n = b_i \\ \vdots \quad \vdots \quad \vdots \quad \vdots \\ a_{m1}x_1 + a_{m2}x_2 + \cdots + a_{mj}x_j + \cdots + a_{mn}x_n = b_m \end{cases}$$

은 다음 행렬

$$A = (a_{ij})_{m\times n}, \quad X = \begin{pmatrix} x_1 \\ \vdots \\ x_n \end{pmatrix}, \quad B = \begin{pmatrix} b_1 \\ \vdots \\ b_m \end{pmatrix}$$

에 대하여

$$AX = B$$

로 표현된다. 역으로 연립일차방정식이 행렬식방정식 $AX = B$로 나타내어지고

$$A = (a_{ij})_{m\times n}$$

이면, 이 연립일차방정식의 방정식과 미지수의 개수는 m과 n이다.

m개의 방정식을 만족하는 n개의 미지수 $x_1, x_2, \cdots, x_n$을 찾는 것을 연립방정식의 해를 구한다고 한다. 해를 구하는 원리는 모두 같지만 $n \geq 4$인 경우에는 해를 손으로 직접 구하는데 시간이 매우 소요된다. 일반적으로는 해를 구하는 원리를 컴퓨터프로그램에 적용하여 기계적인 계산으로 풀이를 한다. 본 장에서는 해를 구하는 원리를 설명하고 $n \leq 3$인 경우에 대하여 직접 해를 구해보도록 한다.

기본 행연산

주어진 행렬에서 행에 대한 다음 작용을 기본 행연산이라 한다.

(1) 두 행을 서로 교환한다.

(2) 한 행 전체를 상수 배 한다.

(3) 한 행 전체에 상수를 곱하여 다른 행에 더한다.

기본 행연산은 그 작용이 어디에서 왔는지를 알면 그 작용의 의미를 쉽게 이해할 수 있다. 예를 들어, 연립일차방정식

$$\begin{cases} 2x + y = 4 \\ x - 3y = -5 \end{cases} \quad \cdots\cdots ①$$

의 해를 구하기 위해서 다음 중 어떤 작용을 가해도 구하는 해는 같다. 즉,

(1) 두 연립방정식의 순서를 교환한다.

(2) 주어진 연립방정식의 한 방정식에 0 이 아닌 상수를 곱한다.

(3) 미지수 x를 소거하기 위해서 두 번째 식에 −2를 곱하여 첫 번째 식에 더한

$$\begin{cases} 7y = 14 \\ x - 3y = -5 \end{cases}$$

는 연립방정식 ①의 해와 같다.

기본 행연산은 지금까지 언급한 연립일차방정식의 해를 구하는 과정을 상기하면 된다. 난 빼는 연산이 없다는 점과 나누는 연산이 없다는 것에 주의해야 한다. 빼는 연산은 "−1을 곱하여 더하는 것"이고, 나누는 연산은 "역수를 곱하는 것"으로 한다.

행제형 행렬

주어진 행렬에서 각 행에서 처음으로 0 이 아닌 원소를 그 행의 **선두요소**라 한다. 주어진 행렬 A가 기본 행연산을 이용하여 아래의 (1), (2), (3)을 모두 만족하는 행렬이 되면 이 행렬을 A의 **기약행제형**이라 하고 A_R로 나타낸다. 여기서 (1), (2)만을 만족하고 선두요소의 아래에 있는 열의 요소가 모두 0인 행렬을 **행제형**이라 한다.

(1) 각 행의 선두요소는 1이다.
(2) 위행의 선두요소는 아래행의 선두요소 보다 앞쪽(왼쪽)에 위치한다.
(3) 각 행의 선두요소의 위에 있는 행의 요소와 아래에 있는 행의 요소는 모두 0이다.

예를 들어, 다음 행렬들은 기약행제형과 행제형 행렬이다.

$$\text{기약행제형}: \quad \begin{pmatrix} 1 & 0 \\ 0 & 1 \end{pmatrix}, \begin{pmatrix} 1 & 0 & 0 \\ 0 & 1 & 0 \\ 0 & 0 & 1 \end{pmatrix}, \begin{pmatrix} 1 & 0 & 0 & 4 \\ 0 & 1 & 0 & 7 \\ 0 & 0 & 1 & -1 \end{pmatrix}, \begin{pmatrix} 0 & 1 & -2 & 0 & 1 \\ 0 & 0 & 0 & 1 & 3 \\ 0 & 0 & 0 & 0 & 0 \\ 0 & 0 & 0 & 0 & 0 \end{pmatrix}, \cdots$$

$$\text{행제형}: \quad \begin{pmatrix} 1 & 2 \\ 0 & 1 \end{pmatrix}, \begin{pmatrix} 1 & 1 & 0 \\ 0 & 1 & 0 \\ 0 & 0 & 0 \end{pmatrix}, \begin{pmatrix} 1 & 4 & 3 & 7 \\ 0 & 1 & 6 & 2 \\ 0 & 0 & 1 & 5 \end{pmatrix}, \begin{pmatrix} 0 & 1 & 2 & 6 & 0 \\ 0 & 0 & 1 & -1 & 0 \\ 0 & 0 & 0 & 0 & 1 \end{pmatrix}, \cdots$$

이제 형렬 $A = \begin{pmatrix} 2 & 1 \\ -1 & 3 \end{pmatrix}$를 기약행제형으로 만들어 보자. 1행의 선두요소는 2 이고 이것을 1로 만들기 위해 1행에 $\frac{1}{2}$을 곱하면

$$\begin{pmatrix} 1 & \frac{1}{2} \\ -1 & 3 \end{pmatrix}$$

이다. 1행 선두요소 1아래에 있는 요소를 0으로 만들기 위해 1행을 2행에 더하면

$$\begin{pmatrix} 1 & \frac{1}{2} \\ 0 & \frac{7}{2} \end{pmatrix}$$

이다. 2행의 선두요소를 1로 만들기 위해 2행에 $\frac{2}{7}$를 곱하면

$$\begin{pmatrix} 1 & \frac{1}{2} \\ 0 & 1 \end{pmatrix}$$

이다. 이 행렬은 형제형이다. 2행의 선두요소가 1이 되었으므로 위에 있는 요소를 0으로 만들기 위해 2행에 $-\frac{1}{2}$을 곱하여 1행에 더하면

$$\begin{pmatrix} 1 & 0 \\ 0 & 1 \end{pmatrix}$$

이다. 이것이 A의 기약행제형 행렬 A_R이다. 즉,

$$A_R = \begin{pmatrix} 1 & 0 \\ 0 & 1 \end{pmatrix}.$$

기본 행연산을 수행할 때 다음 기호를 사용하도록 한다. 즉,

- $R_1 \leftrightarrow R_2$: 1행과 2행을 교환한다. 이때, 다른 행에는 변함이 없다.
- kR_1 : 1행에 상수 k를 곱한다. 이때, 다른 행에는 변함이 없다.
- $\alpha R_1 + R_2$: 1행에 α를 곱하여 2행에 더한다. 이때, 1행에 변함이 없고 2행만 변한다.

예제 1.2.1 다음 주어진 행렬의 기약행제형을 구하라.

(1) $A = \begin{pmatrix} 2 & -1 & 4 \\ 1 & 2 & 3 \end{pmatrix}$ (2) $B = \begin{pmatrix} 2 & 0 & -3 \\ -1 & 2 & 1 \\ 3 & 2 & 4 \end{pmatrix}$

[풀이] 기본 행연산을 적용하는 순서는 각자 다를 수 있으나 결과는 같아야 한다.

$$(1) \xrightarrow{R_1 \leftrightarrow R_2} \begin{pmatrix} 1 & 2 & 3 \\ 2 & -1 & 4 \end{pmatrix} \xrightarrow{-2R_1 + R_2} \begin{pmatrix} 1 & 2 & 3 \\ 0 & -5 & -2 \end{pmatrix}$$

$$\xrightarrow{-\frac{1}{5}R_2} \begin{pmatrix} 1 & 2 & 3 \\ 0 & 1 & \frac{2}{5} \end{pmatrix} \xrightarrow{-2R_2 + R_1} \begin{pmatrix} 1 & 0 & \frac{11}{5} \\ 0 & 1 & \frac{2}{5} \end{pmatrix} = A_R.$$

$$(2) \xrightarrow{\frac{1}{2}R_1} \begin{pmatrix} 1 & 0 & -\frac{3}{2} \\ -1 & 2 & 1 \\ 3 & 2 & 4 \end{pmatrix} \xrightarrow[-3R_1 + R_3]{R_1 + R_2} \begin{pmatrix} 1 & 0 & -\frac{3}{2} \\ 0 & 2 & -\frac{1}{2} \\ 0 & 2 & \frac{17}{2} \end{pmatrix} \xrightarrow{\frac{1}{2}R_2} \begin{pmatrix} 1 & 0 & -\frac{3}{2} \\ 0 & 1 & -\frac{1}{4} \\ 0 & 2 & \frac{17}{2} \end{pmatrix} \xrightarrow{-2R_2 + R_3}$$

$$\begin{pmatrix} 1 & 0 & -\frac{3}{2} \\ 0 & 1 & -\frac{1}{4} \\ 0 & 0 & 9 \end{pmatrix} \xrightarrow{\frac{1}{9}R_3} \begin{pmatrix} 1 & 0 & -\frac{3}{2} \\ 0 & 1 & -\frac{1}{4} \\ 0 & 0 & 1 \end{pmatrix} \xrightarrow[\frac{3}{2}R_3+R_1]{\frac{1}{4}R_3+R_2} \begin{pmatrix} 1 & 0 & 0 \\ 0 & 1 & 0 \\ 0 & 0 & 1 \end{pmatrix} = B_R.$$ ■

가우스-조단(Gauss-Jordan) 소거법

연립일차방정식 $AX = B$에서 계수행렬에 상수행렬을 추가한 행렬

$$(A \vdots B)$$

를 **계수확대행렬**이라 한다. 가우스-조단 소거법에 의하여 연립일차방정식의 해를 구하는 절차는 다음과 같다.

(1) 계수확대행렬을 작성한다.

(2) 계수확대행렬을 기본 행 연산을 이용하여 기약행제형으로 만든다.

$$(A \vdots B) \to \cdots \to (A_R \vdots C)_R$$

(3) 기약행제형으로부터 연립방정식을 유도하여 해를 구한다. 즉,

$$A_R X = C$$

로부터 해를 구한다.

예제 1.2.2 다음 연립방정식의 해를 가우스-조단 소거법으로 구하라.

$$\begin{cases} 2x + y = 4 \\ x - 3y = -5 \end{cases}$$

[풀이] 확대계수행렬로부터 기약행제형을 만들어 보면

$$\begin{pmatrix} 2 & 1 & 4 \\ 1 & -3 & -5 \end{pmatrix} \xrightarrow{R_1 \leftrightarrow R_2} \begin{pmatrix} 1 & -3 & -5 \\ 2 & 1 & 4 \end{pmatrix} \xrightarrow{-2R_1+R_2} \begin{pmatrix} 1 & -3 & -5 \\ 0 & 7 & 14 \end{pmatrix}$$

$$\xrightarrow{\frac{1}{7}R_2} \begin{pmatrix} 1 & -3 & -5 \\ 0 & 1 & 2 \end{pmatrix} \xrightarrow{3R_2+R_1} \begin{pmatrix} 1 & 0 & 1 \\ 0 & 1 & 2 \end{pmatrix}$$

이고

$$\begin{pmatrix} 1 & 0 \\ 0 & 1 \end{pmatrix}\begin{pmatrix} x \\ y \end{pmatrix} = \begin{pmatrix} 1 \\ 2 \end{pmatrix}$$

$$\begin{pmatrix} x \\ y \end{pmatrix} = \begin{pmatrix} 1 \\ 2 \end{pmatrix}$$

로부터 구하는 해는 $x = 1,\ y = 2$이다. ■

참고 계수확대행렬을 행제형 상태에서 방정식을 유도하여 해를 구할 수 있다. 이를 가우스 소거법이라 한다.

예제 2에서

$$\begin{pmatrix} 1 & -3 & -5 \\ 0 & 1 & 2 \end{pmatrix}$$

로부터

$$\begin{pmatrix} 1 & -3 \\ 0 & 1 \end{pmatrix}\begin{pmatrix} x \\ y \end{pmatrix} = \begin{pmatrix} -5 \\ 2 \end{pmatrix},$$

$$\begin{pmatrix} x - 3y \\ y \end{pmatrix} = \begin{pmatrix} -5 \\ 2 \end{pmatrix}$$

가 되므로

$$x - 3y = -5, \quad y = 2$$

가 되어 구하는 해는 $x = 1,\ y = 2$이다.

예제 1.2.3 연립방정식의 해를 가우스−조단 소거법으로 구하라.

$$\begin{cases} x + 2y - 3z = 1 \\ -2x - 3y + z = 3 \end{cases}$$

[풀이] 확대계수행렬로부터 기약행제형을 만들면

$$\begin{pmatrix} 1 & 2 & -3 & 1 \\ -2 & -3 & 1 & 3 \end{pmatrix} \xrightarrow{2R_1 + R_2} \begin{pmatrix} 1 & 2 & -3 & 1 \\ 0 & 1 & -5 & 5 \end{pmatrix} \xrightarrow{-2R_2 + R_1} \begin{pmatrix} 1 & 0 & 7 & -9 \\ 0 & 1 & -5 & 5 \end{pmatrix}$$

이고

$$\begin{pmatrix} 1 & 0 & 7 \\ 0 & 1 & -5 \end{pmatrix}\begin{pmatrix} x \\ y \\ z \end{pmatrix} = \begin{pmatrix} -9 \\ 5 \end{pmatrix},$$

$$\begin{pmatrix} x + 7z \\ y - 5z \end{pmatrix} = \begin{pmatrix} -9 \\ 5 \end{pmatrix}$$

로부터 구하는 해는 $x=-9-7z$, $y=5+5z$, z는 임의실수이다. 따라서 무수히 많은 해를 가진다. ■

예제 1.2.4 다음 연립일차방정식의 해를 가우스–조던 소거법으로 구하라.

$$\begin{cases} 2x+4y+z=-1 \\ x+3y-2z=2 \\ 3x+7y-z=0 \end{cases}$$

[풀이]

$$\begin{pmatrix} 2 & 4 & 1 & -1 \\ 1 & 3 & -2 & 2 \\ 3 & 7 & -1 & 0 \end{pmatrix} \xrightarrow{R_1 \leftrightarrow R_2} \begin{pmatrix} 1 & 3 & -2 & 2 \\ 2 & 4 & 1 & -1 \\ 3 & 7 & -1 & 0 \end{pmatrix} \xrightarrow[-3R_1+R_3]{-2R_1+R_2} \begin{pmatrix} 1 & 3 & -2 & 2 \\ 0 & -2 & 5 & -5 \\ 0 & -2 & 5 & -6 \end{pmatrix}$$

$$\xrightarrow{-\frac{1}{2}R_2} \begin{pmatrix} 1 & 3 & -2 & 2 \\ 0 & 1 & -\frac{5}{2} & \frac{5}{2} \\ 0 & -2 & 5 & -6 \end{pmatrix} \xrightarrow[2R_2+R_3]{-3R_2+R_1} \begin{pmatrix} 1 & 0 & \frac{11}{2} & -\frac{11}{2} \\ 0 & 1 & -\frac{5}{2} & \frac{5}{2} \\ 0 & 0 & 0 & -1 \end{pmatrix}$$

로부터

$$\begin{pmatrix} 1 & 0 & \frac{11}{2} \\ 0 & 1 & -\frac{5}{2} \\ 0 & 0 & 0 \end{pmatrix} \begin{pmatrix} x \\ y \\ z \end{pmatrix} = \begin{pmatrix} 0 \\ 0 \\ 1 \end{pmatrix}$$

이고 $x+\frac{11}{2}z=0$, $y-\frac{5}{2}z=0$, $0=1$이 되어 모순이다. 따라서 해는 존재하지 않는다. ■

예제 1.2.5 다음 연립일차방정식의 해를 가우스–조던 소거법으로 구하라.

$$\begin{cases} 2x-y-z=3 \\ x+y+2z=1 \\ -2x+y+z=-3 \end{cases}$$

[풀이] $$\begin{pmatrix} 2 & -1 & -1 & 3 \\ 1 & 1 & 2 & 1 \\ -2 & 1 & 1 & -3 \end{pmatrix} \xrightarrow{R_1 \leftrightarrow R_2} \begin{pmatrix} 1 & 1 & 2 & 1 \\ 2 & -1 & -1 & 3 \\ -2 & 1 & 1 & -3 \end{pmatrix} \xrightarrow[2R_1+R_3]{-2R_1+R_2} \begin{pmatrix} 1 & 1 & 2 & 1 \\ 0 & -3 & -5 & 1 \\ 0 & 3 & 5 & -1 \end{pmatrix}$$

$$\xrightarrow{-\frac{1}{3}R_2}\begin{pmatrix}1&1&2&1\\0&1&\frac{5}{3}&-\frac{1}{3}\\0&3&5&-1\end{pmatrix}\xrightarrow[-3R_2+R_3]{(-1)R_2+R_1}\begin{pmatrix}1&0&\frac{1}{3}&\frac{4}{3}\\0&1&\frac{5}{3}&-\frac{1}{3}\\0&0&0&0\end{pmatrix}$$

로부터

$$\begin{pmatrix}1&0&\frac{1}{3}\\0&1&\frac{5}{3}\\0&0&0\end{pmatrix}\begin{pmatrix}x\\y\\z\end{pmatrix}=\begin{pmatrix}\frac{4}{3}\\-\frac{1}{3}\\0\end{pmatrix}$$

이고

$$x+\frac{1}{3}z=\frac{4}{3},\ y+\frac{5}{3}z=-\frac{1}{3},\ 0=0$$

구하는 해는 $x=\frac{4}{3}-\frac{1}{3}z$, $y=-\frac{1}{3}-\frac{5}{3}z$, z는 임의상수이다. 따라서 해는 무수히 많다. ■

행렬의 위수

행렬 A를 행제형 또는 기약행제형으로 나타내었을 때, 행의 모든 요소가 0이 아닌 행의 수를 그 행렬의 위수(rank)라 하고, rank(A)로 쓴다.

예제 1.2.6 다음 행렬의 위수를 구하라.

$$A=\begin{pmatrix}-2&-3&-1\\0&1&7\\1&2&4\end{pmatrix}$$

[풀이] A를 행제형으로 바꾸면

$$\begin{pmatrix}-2&-3&-1\\0&1&7\\1&2&4\end{pmatrix}\xrightarrow{R_1\leftrightarrow R_3}\begin{pmatrix}1&2&4\\0&1&7\\-2&-3&-1\end{pmatrix}\xrightarrow{2R_1+R_3}\begin{pmatrix}1&2&4\\0&1&7\\0&1&7\end{pmatrix}\xrightarrow{(-1)R_2+R_3}\begin{pmatrix}1&2&4\\0&1&7\\0&0&0\end{pmatrix}$$

이고 1행과 2행은 모든 요소가 0은 아니다. 따라서 rank(A) = 2. ■

여러 예에서 보았듯이 연립일차방정식은 해가 존재하지 않는 경우도 있고, 해가 존재하는 경우에는 여러 개의 해가 존재하는 경우도 있다. 연립방정식의 해의 존재성을 계수행렬의 위수와 확대행렬의 위수를 써서 표현하면 다음과 같다.

정리 1.3.1

n개의 미지수와 m개의 방정식으로 된 연립일차방정식의 계수행렬을 A, 계수확대행렬을 C라 할 때, 다음이 성립한다.

(1) 해를 가질 필요충분조건은 $\text{rank}(A)=\text{rank}(C)$이다

(2) $\text{rank}(A)=\text{rank}(C)=n$이면 유일한 해를 가진다.

(3) $\text{rank}(A)=\text{rank}(C)=r<n$이면 r개의 변수가 나머지 $n-r$개의 변수로 표시되어 해는 무수히 많다.

예제 1.2.7 다음 연립방정식의 해의 존재성에 대하여 논하라.

$$\begin{cases} x+2y+3z=14 \\ 2x-3y+2z=2 \\ 3x+\ \ y-\ \ z=2 \end{cases}$$

[풀이] 방정식을 $AX=B$로 놓고, 확대행렬 $(A:B)$을 행제형으로 고쳐서 $(A^*:B^*)$가 되었을 때 $\text{rank}(A)=\text{rank}(A^*)$이다. 실제로

$$\begin{pmatrix} 1 & 2 & 3 & 14 \\ 2 & -3 & 2 & 2 \\ 3 & 1 & -1 & 2 \end{pmatrix} --\cdots\rightarrow \begin{pmatrix} 1 & 2 & 3 & 14 \\ 0 & 1 & 2 & 8 \\ 0 & 0 & 1 & 3 \end{pmatrix}$$

이 되어 $\text{rank}(A)=\text{rank}(A:B)=3$이므로 유일한 해를 가진다. ■

예제 1.2.8 다음 연립방정식의 해의 존재성을 논하라.

$$\begin{cases} -x+y+3z=-2 \\ \qquad\ \ y+2z=4 \end{cases}$$

[풀이] 연립방정식을 $AX=B$라 하면

$$\begin{pmatrix} -1 & 1 & 3 & -2 \\ 0 & 1 & 2 & 4 \end{pmatrix} --\cdots\rightarrow \begin{pmatrix} 1 & 0 & -1 & 6 \\ 0 & 1 & 2 & 4 \end{pmatrix}$$

이므로 $\text{rank}(A) = \text{rank}(A \vdots B) = 2$이고 따라서 해는 존재한다. 미지수의 개수는 3이고 $3-2=1$로부터 두 개의 변수가 임의의 한 변수로 표시되므로 해는 무수히 많다. 실제로, $x = z + 6,\ y = -2z + 4,\ z = c,\ c$는 임의의 실수. ■

예제 1.2.9 다음 연립방정식의 해의 존재성을 논하라.

$$\begin{cases} x - 2y = 1 \\ -2x + 4y = 3 \end{cases}$$

[풀이] 주어진 방정식을 $AX = B$라 하면

$$\begin{pmatrix} 1 & -2 & 1 \\ -2 & 4 & 3 \end{pmatrix} -- \cdots \longrightarrow \begin{pmatrix} 1 & -2 & 1 \\ 0 & 0 & 5 \end{pmatrix}$$

로부터 $\text{rank}(A) = 1 \neq 2 = \text{rank}(A \vdots B)$이다. 따라서 연립방정식의 해는 존재하지 않는다. ■

연습문제 1.2

1. 다음 연립일차방정식을 행렬을 이용하여 $AX = B$로 나타낼 때, A, X, B를 구하라.

(1) $\begin{cases} 4x - 2y = 8 \\ x - 2y = 5 \end{cases}$ (2) $\begin{cases} 7x + 4y - 2z = -6 \\ 16x + 2y + z = 3 \end{cases}$

(3) $\begin{cases} x - 2y + 3z = -4 \\ 4x + y - 2z = 7 \\ -5x - 2y + 4z = 1 \end{cases}$ (4) $\begin{cases} 2y - z = 0 \\ x + 3z = 4 \\ -3x - y = -2 \end{cases}$

2. 가우스-조단 소거법에 의하여 다음 연립일차방정식의 해를 구하라.

(1) $\begin{cases} 2x - y = 1 \\ y = 3 \end{cases}$ (2) $\begin{cases} 2x - y = 4 \\ -x + 3y = 1 \end{cases}$

(3) $\begin{cases} x + y = 5 \\ 2x + 2y = 6 \end{cases}$ (4) $\begin{cases} 2x - y = 1 \\ 4x - 2y = 2 \end{cases}$

3. 가우스 소거법에 의하여 다음 연립일차방정식의 해를 구하라.

(1) $\begin{cases} x + y + z = -1 \\ 4y + 6z = 6 \\ y + z = 1 \end{cases}$ (2) $\begin{cases} x + 2y + 3x = -1 \\ 2x + 3y - 2z = 2 \\ 3x - y - z = 0 \end{cases}$

4. 가우스-조단 소거법에 의하여 다음 연립일차방정식의 해를 구하라.

(1) $\begin{cases} x + 2y + 3z = 14 \\ 2x - 3y + 2z = 2 \\ 3x + y - z = 2 \end{cases}$ (2) $\begin{cases} 2x + 3y + 8z = 0 \\ x + y + 2z = 0 \\ 5x + y - 6z = 0 \end{cases}$

(3) $\begin{cases} 2x - y + z = 4 \\ x + 3y - z = -2 \end{cases}$ (4) $\begin{cases} 2x + 3y = 1 \\ x + y + 2z = -2 \\ y - 6z = 3 \end{cases}$

5. 다음 행렬의 위수를 구하라.

(1) $\begin{pmatrix} 2 & 3 \\ 4 & 4 \end{pmatrix}$ (2) $\begin{pmatrix} 1 & 5 \\ 5 & 1 \end{pmatrix}$

(3) $\begin{pmatrix} 0 & 1 & 0 \\ 1 & 0 & 0 \\ 0 & 0 & 1 \end{pmatrix}$ (4) $\begin{pmatrix} 3 & -3 & 0 \\ 1 & 4 & 5 \\ 4 & 4 & 8 \end{pmatrix}$

(5) $\begin{pmatrix} 6 & 1 & 8 & 3 \\ 2 & 3 & 0 & 2 \\ 4 & -1 & -8 & -3 \end{pmatrix}$ (6) $\begin{pmatrix} 3 & 0 & 2 & 2 \\ -6 & 42 & 24 & 54 \\ 21 & -21 & 0 & -15 \end{pmatrix}$

6. 문제 5의 결과를 이용하여 다음 연립일차방정식의 해의 존재성에 대하여 말하라.

(1) $\begin{cases} 3x - 3y = 0 \\ x + 4y = 5 \\ 4x + 4y = 8 \end{cases}$ (2) $\begin{cases} 6x + y + 8z = 3 \\ 2x + 3y = 2 \\ 4x - y - 8z = -3 \end{cases}$

7. 다음 방정식의 해의 존재성에 대하여 말하라.

(1) $\begin{cases} -2x - y + 2z = 0 \\ x - y = 0 \\ x + y = 0 \end{cases}$ (2) $\begin{cases} 3x - 2y + z = 6 \\ x + 10y - z = 2 \\ -3x - 2y + z = 10 \end{cases}$

1.3 행렬식

본 장에서는 주어진 정방행렬에 실수를 하나 대응시키는 방법에 대하여 알아보고 이들의 성질에 대하여 공부한다.

정의 1.3.1 소행렬

주어진 정방행렬 A에서 i행과 j열을 제거하고 남은 행렬을 *ij-소행렬*(mior matrix)이라 하고 $M_{ij}(A)$ 또는 간단히 M_{ij}로 나타낸다.

예제 1.3.1 다음 행렬 A에서 M_{23}, M_{12}, M_{33}을 구하라.

$$A = \begin{pmatrix} 3 & -2 & 4 \\ 0 & 4 & -5 \\ -7 & 1 & 6 \end{pmatrix}$$

[풀이] 이 행렬에서 M_{23}는 2행과 3열을 제거하고 남은 2×2행렬인

$$M_{23} = \begin{pmatrix} 3 & -2 \\ -7 & 1 \end{pmatrix}$$

이다. 같은 방법으로

$$M_{12} = \begin{pmatrix} 0 & -5 \\ -7 & 6 \end{pmatrix}, \qquad M_{33} = \begin{pmatrix} 3 & -2 \\ 0 & 4 \end{pmatrix}$$

이다. ■

정의 1.3.2 행렬식

n정방행렬 $A = (a_{ij})$에 다음과 같은 정의에 의하여 대응하는 실수 $|A|$ 또는 $\det(A)$를 A의 행렬식이라 한다.

(1) $n = 1$일 때, $|A| = a_{11}$.

(2) $n \geq 2$일 때,

$$\begin{aligned} |A| &= \sum_{j=1}^{n} (-1)^{1+j} a_{1j} |M_{1j}| \\ &= a_{11}|M_{11}| - a_{12}|M_{12}| + \cdots + (-1)^{1+n} a_{1n} |M_{1n}|. \end{aligned}$$

참고 이것은 1행에 대한 소행렬식 전개이다. 그러나 임의의 행을 택하여 전개하여도 $|A|$는 같은 값을 가진다.

예제 1.3.2 다음 행렬의 행렬식을 구하라.

$$A = \begin{pmatrix} 1 & -2 \\ 4 & 3 \end{pmatrix}$$

[풀이]

$$\begin{aligned} |A| &= \sum_{j=1}^{2} (-1)^{1+j} |a_{1j}||M_{1j}| \\ &= (-1)^{1+1} a_{11} |M_{11}| + (-1)^{1+2} a_{12} |M_{12}| \\ &= 1|3| - (-2)|4| = 1 \times 3 + 2 \times 4 = 11 \end{aligned}$$

이다.

앞으로는 표현의 간편성을 위해서 행렬식 내부의 행렬기호 괄호는 생략한다. 즉 $|(\ \ )| = |\ \ |$.

참고 행렬식을 구하기 위해서는 정의에 따라 소행렬식을 전개하는 일련의 과정을 거쳐야 하지만 $n=2$인 경우는 다음과 같은 사실이 알려져 있다.

$$A = \begin{pmatrix} a_{11} & a_{12} \\ a_{21} & a_{22} \end{pmatrix}$$

일 때,

$$|A| = \begin{vmatrix} a_{11} & a_{12} \\ a_{21} & a_{22} \end{vmatrix} = a_{11}a_{22} - a_{21}a_{12}$$

이 방법을 이용하면 예제 1.3.2의 행렬식은 $|A| = 3-(-8) = 11$임을 알 수 있다.

예제 1.3.3 다음 행렬의 행렬식을 구하라.

$$A = \begin{pmatrix} 1 & 0 & 1 \\ 2 & 1 & 2 \\ 0 & 4 & 6 \end{pmatrix}$$

[풀이] 1행에 대한 소행렬식 전개를 하고 참고의 방법을 이용하여 행렬식을 구하면

$$\begin{aligned} |A| &= 1 \cdot \begin{vmatrix} 1 & 2 \\ 4 & 6 \end{vmatrix} - 0 \cdot \begin{vmatrix} 2 & 2 \\ 0 & 6 \end{vmatrix} + 1 \cdot \begin{vmatrix} 2 & 1 \\ 0 & 4 \end{vmatrix} \\ &= (6-8) + (8-0) = 6 \end{aligned}$$

이다.

참고 $n=3$인 경우에도 행렬식 계산에 다음과 같은 사실이 알려져 있다.

$$|A| = \begin{vmatrix} a_{11} & a_{12} & a_{13} \\ a_{21} & a_{22} & a_{23} \\ a_{31} & a_{32} & a_{33} \end{vmatrix} \text{ 일 때,}$$

$$|A| = \begin{vmatrix} a_{11} & a_{12} & a_{13} \\ a_{21} & a_{22} & a_{23} \\ a_{31} & a_{32} & a_{33} \end{vmatrix} \begin{matrix} a_{11} & a_{12} \\ a_{21} & \\ a_{31} & a_{32} \end{matrix} = (\text{실선의 곱들의 합}) - (\text{점선의 곱들의 합}).$$

$n=2$, 3인 경우에 이 같이 행렬식을 계산하는 방법을 Sarrus 방법이라 한다. 그러나 $n \geq 4$인 경우에는 행렬식을 구하는데 적용할 수 없음을 유의해야 한다.

예제 1.3.4 다음 행렬식을 구하라.

$$\begin{vmatrix} -2 & 3 & 0 \\ 0 & 4 & -5 \\ 1 & 6 & 8 \end{vmatrix}$$

[풀이] 소행렬식 전개 대신에 Sarrus 방법을 이용하면 간단하다.

$$\begin{vmatrix} -2 & 3 & 0 \\ 0 & 4 & -5 \\ 1 & 6 & 8 \end{vmatrix} = (-64-15)-(0+60) = -139\,.$$ ■

예제 1.3.5 다음 행렬식을 구하라.

(1) $\begin{vmatrix} 2 & 0 & 0 & 4 \\ 5 & -1 & 6 & 8 \\ -4 & 7 & 0 & 1 \\ -1 & 5 & 0 & 3 \end{vmatrix}$ (2) $\begin{vmatrix} 2 & 3 & -1 & 5 \\ 1 & 0 & 4 & 0 \\ -2 & -3 & 1 & 5 \\ 3 & 6 & 0 & 0 \end{vmatrix}$

[풀이] Sarrus 방법은 3 이하의 정방행렬에서만 가능하므로 먼저 1행에 대한 소행렬식 전개를 한 다음에 소행렬식에 Sarrus 방법을 적용하면 계산이 간단하다.

(1) $2\begin{vmatrix} -1 & 6 & 8 \\ 7 & 0 & 1 \\ 5 & 0 & 3 \end{vmatrix} - 0\begin{vmatrix} 5 & 6 & 8 \\ -4 & 0 & 1 \\ -1 & 0 & 3 \end{vmatrix} + 0\begin{vmatrix} 5 & -1 & 8 \\ -4 & 7 & 1 \\ -1 & 5 & 3 \end{vmatrix} - 4\begin{vmatrix} 5 & -1 & 6 \\ -4 & 7 & 0 \\ -1 & 5 & 0 \end{vmatrix}$

$= 2(30-126) - 4[(-120)-(-42)] = 120.$

$$(2)\ 2\begin{vmatrix} 0 & 4 & 0 \\ -3 & 1 & 5 \\ 6 & 0 & 0 \end{vmatrix} - 3\begin{vmatrix} 1 & 4 & 0 \\ -2 & 1 & 5 \\ 3 & 0 & 0 \end{vmatrix} + (-1)\begin{vmatrix} 1 & 0 & 0 \\ -2 & -3 & 5 \\ 3 & 6 & 0 \end{vmatrix} - 5\begin{vmatrix} 1 & 0 & 4 \\ -2 & -3 & 1 \\ 3 & 6 & 0 \end{vmatrix}$$

$$= 2 \times 120 - 3 \times 60 - (-30) - 5(-18) = 180.$$

■

참고 1행의 요소에 0이 많을수록 행렬식의 계산이 간단하다는 것을 알 수 있다.

행렬식을 구할 때에는 구하고자 하는 행렬이 행렬식을 이미 알고 있는 다른 행렬과 특별한 관계를 가지고 있거나, 구하고자 하는 행렬이 특별한 형태의 행렬이면 다음에서 서술하는 행렬식의 성질을 이용하여 복잡한 계산을 하지 않고 간단하게 그 값을 구할 수 있다.

정리 1.3.1 행렬식의 성질

(1) $|A| = |A^t|$

(2) B가 A의 한 행을 k배하여 얻은 행렬이면 $|B| = k|A|$이다.

(3) $B = kA$이면 $|B| = k^n|A|$이다.

(4) B가 A의 임의의 두 행을 교환하여 얻은 행렬이면 $|B| = -|A|$이다.

(5) B가 A의 한 행을 상수배 하여 다른 행에 더하여 얻은 행렬이면 $|B| = |A|$이다.

(6) 어느 한 행의 원소가 모두 0인 행렬의 행렬식은 0이다.

(7) 어느 두 행이 같거나, 두 행이 비례하면 그 행렬의 행렬식은 0이다.

(8) 삼각행렬의 행렬식은 대각에 있는 원소들의 곱이다.

(9) $|AB| = |A||B|$

참고 행렬식의 성질에서 행에 관하여 성립하는 성질은 열에 관하여 적용해도 같은 결과를 얻는다.

이제 이 성질들이 어떻게 행렬식의 계산을 간단하게 하는지 차례대로 알아보도록 하자. 예를 들어서

$$A = \begin{pmatrix} 5 & 3 \\ 2 & -1 \end{pmatrix} \text{일 때,}\quad |A| = -11$$

이다. 이때 다음 행렬식은 행렬식 $|A|$를 이용하여 구할 수 있다.

(1) $\begin{vmatrix} 5 & 2 \\ 3 & -1 \end{vmatrix} = |A^t| \equiv |A| = -11$

(2) $\begin{vmatrix} 5 & 3 \\ 4 & -2 \end{vmatrix} = 2|A| = -22$ (A의 2행에 2를 곱한 행렬)

(3) $\begin{vmatrix} -10 & -6 \\ -4 & 2 \end{vmatrix} = (-2)^2 |A| = -44$ (주어진 행렬식은 $|-2A|$와 같다)

(4) $\begin{vmatrix} 2 & -1 \\ 5 & 3 \end{vmatrix} = -|A| = 11$ (A의 1행과 2행을 교환)

(5) $\begin{vmatrix} 1 & 5 \\ 2 & -1 \end{vmatrix} = |A| = -11$ (A의 2행에 -2를 곱해서 1행에 더한 행렬)

(6) $\begin{vmatrix} 0 & 0 \\ -3 & 8 \end{vmatrix} = 0$ (1행의 원소가 모두 0)

(7) $\begin{vmatrix} 2 & 1 \\ 6 & 3 \end{vmatrix} = 0$ (2행은 1행의 3배)

(8) $\begin{vmatrix} 2 & -3 & 0 \\ 0 & 1 & 5 \\ 0 & 0 & -4 \end{vmatrix} = 2 \times 1 \times (-4) = -8$ (삼각행렬의 행렬식은 주대각요소의 곱)

(9) $B = \begin{pmatrix} 3 & 2 \\ 5 & 6 \end{pmatrix}$일 때, $|AB| = |A||B| = (-11) \times 8 = -88.$

참고 1. 성질 (4)를 이용하여 가능한 0 을 많이 포함하는 행을 1열로 놓고 소행렬식 전개하면 행렬식을 구하는 것이 간편하다.

2. 성질 (5)를 이용하여 가능한 많은 원소가 0 이 되게 한 다음에 행렬식을 구하면 행렬식을 구하는 것이 간편하다.

예제 1.3.6 다음 행렬식을 구하라.

(1) $\begin{vmatrix} 3 & 5 & -4 \\ -6 & 1 & 7 \\ 0 & 0 & 2 \end{vmatrix}$ (2) $\begin{vmatrix} 2 & -1 & -4 \\ 0 & 3 & 5 \\ 2 & 2 & 3 \end{vmatrix}$

[풀이] (1) 일행과 삼행을 교환하면

$$\begin{vmatrix} 3 & 5 & -4 \\ -6 & 1 & 7 \\ 0 & 0 & 2 \end{vmatrix} = -\begin{vmatrix} 0 & 0 & 2 \\ -6 & 1 & 7 \\ 3 & 5 & -4 \end{vmatrix} = -2\begin{vmatrix} -6 & 1 \\ 3 & 5 \end{vmatrix} = 66.$$

(2) 1행에 -1을 곱하여 3행에 더하면

$$\begin{vmatrix} 2 & -1 & -4 \\ 0 & 3 & 5 \\ 2 & 2 & 3 \end{vmatrix} = \begin{vmatrix} 2 & -1 & 4 \\ 0 & 3 & 5 \\ 0 & 3 & 7 \end{vmatrix}$$

우변의 행렬식의 행과 열을 바꾸면

$$= \begin{vmatrix} 2 & 0 & 0 \\ -1 & 3 & 3 \\ 4 & 5 & 7 \end{vmatrix} = 2\begin{vmatrix} 3 & 3 \\ 7 & 5 \end{vmatrix} = -12.$$ ■

예제 1.3.7 다음 방정식의 해를 구하라.

$$\begin{vmatrix} 5 & -4 & 1 \\ 4 & 6 & 3 \\ 3-2x & 1+x & 3x \end{vmatrix} = 0$$

[풀이] 행에 관한 성질을 열에 적용한다. 셋째 열에 −5를 곱하여 첫째 열에 더하고, 셋째 열에 4를 곱하여 둘째 열에 더하면,

$$\begin{aligned} \begin{vmatrix} 5 & -4 & 1 \\ 4 & 6 & 3 \\ 3-2x & 1+x & 3x \end{vmatrix} &= \begin{vmatrix} 0 & 0 & 1 \\ -11 & 18 & 3 \\ 3-17x & 1+13x & 3x \end{vmatrix} \\ &= \begin{vmatrix} -11 & 18 \\ 3-17x & 1+13x \end{vmatrix} \qquad \text{(1행에 대한 전개)} \\ &= -65 + 163x = 0 \end{aligned}$$

이므로 구하는 해는 $x = \dfrac{65}{163}$이다. ■

연습문제 1.3

1. 다음 행렬식을 계산하라.

(1) $\begin{vmatrix} 1 & -2 \\ 3 & 1 \end{vmatrix}$

(2) $\begin{vmatrix} 1 & 3 \\ -2 & 1 \end{vmatrix}$

(3) $\begin{vmatrix} 5 & 8 & -4 \\ -2 & 1 & 3 \\ 0 & 0 & 1 \end{vmatrix}$

(4) $\begin{vmatrix} 5 & -2 & 0 \\ 8 & 1 & 0 \\ -4 & 0 & 1 \end{vmatrix}$

2. 다음 행렬식을 계산하라.

(1) $\begin{vmatrix} 1 & 3 & 1 & 2 \\ 2 & 0 & -2 & -4 \\ -1 & 1 & 0 & 1 \\ 2 & 5 & 3 & 6 \end{vmatrix}$ (2) $\begin{vmatrix} 3 & 2 & 0 & 0 \\ 6 & 8 & 0 & 0 \\ 0 & 0 & 4 & 7 \\ 0 & 0 & 2 & 5 \end{vmatrix}$

3. 다음에서 a의 값을 구하라.

(1) $\begin{vmatrix} a-1 & 0 & 0 \\ 0 & a-2 & 0 \\ 0 & 0 & a-3 \end{vmatrix} = 0$ (2) $\begin{vmatrix} 1 & a & a \\ a & 1 & 0 \\ a & 0 & 1 \end{vmatrix} = 0$

4. A가 임의의 3×3행렬일 때, 실수 k에 대하여 $\det(kA) = k^3 \det(A)$임을 보여라.

5. $\det(A) = -2$, $\det(B) = 3$일 때 다음 식의 값을 구하라. 단 A, B는 3×3행렬이다.

(1) $\det(-A^t)$ (2) $\det(-3A)$

(3) $\det(AB^t)$ (4) $\det(A^2 B^2)$

(5) $\det(AA^t)$ (6) $\det(2AB)$

6. $\begin{vmatrix} a & b & c \\ x & y & z \\ 1 & 2 & 3 \end{vmatrix} = 5$일 때, 다음 행렬식을 구하라.

(1) $\begin{vmatrix} a & 1 & x \\ b & 2 & y \\ c & 3 & z \end{vmatrix}$ (2) $\begin{vmatrix} x & y & z \\ 2 & 4 & 6 \\ a & b & c \end{vmatrix}$

(3) $\begin{vmatrix} 1 & 2 & 3 \\ x-2 & y-4 & z-6 \\ a & b & c \end{vmatrix}$ (4) $\begin{vmatrix} 2a & 2b & 2c \\ 1 & 2 & 3 \\ 1+x & 2+y & 3+z \end{vmatrix}$

1.4 역행렬과 크래머 법칙

본 절에서는 연립선형방정식의 계수행렬이 정방행렬이고 행렬식이 0이 아닌 경우에 해를 구하는 다른 방법을 알아본다.

정의 1.4.1

(1) n정방행렬 A에 대하여, n정방행렬 B가 존재하여

$$AB = BA = I_n$$

일 때, A를 **가역행렬**이라 하고, B를 A의 **역행렬**이라 부르며 $B = A^{-1}$로 나타낸다.

(2) 가역이 아닌 행렬을 **비가역행렬**이라 한다.

정리 1.4.1

가역행렬 A의 역행렬은 오직 한 개 존재한다.

[증명] 행렬 B와 C를 행렬 A의 역행렬이라 하자. 그러면 행렬의 곱에 관한 결합법칙과 역함수의 정의에 의하여

$$B = BI = B(AC) = (BA)C = IC = C$$

이므로 $B = C$이다. 따라서 A의 역행렬은 오직 한 개 존재한다. ■

예제 1.4.1 행렬 $A = \begin{pmatrix} -2 & 1 \\ 5 & -3 \end{pmatrix}$에 대하여 $B = \begin{pmatrix} -3 & -1 \\ -5 & -2 \end{pmatrix}$는 $B = A^{-1}$임을 보여라.

[풀이] $AB = BA = I$임을 보이면 된다. 실제로

$$AB = \begin{pmatrix} 1 & 0 \\ 0 & 1 \end{pmatrix} = BA$$

가 되어 $B = A^{-1}$이고 $A = B^{-1}$이다. 역행렬의 존재여부에 대하여는 다음과 같은 사실이 있다. ■

정리 1.4.2

정방행렬 A와 B의 역행렬을 각각 A^{-1}, B^{-1}라고 하면 다음이 성립한다.

(1) $(A^{-1})^{-1} = A$ (2) $(AB)^{-1} = B^{-1}A^{-1}$

[증명] A가 n정방행렬이라 하자.

(1) A^{-1}가 A의 역함수이므로

$$AA^{-1} = A^{-1}A = I_n$$

이다. A^{-1}의 관점에서 보면 A는 A^{-1}의 역함수이므로

$$(A^{-1})^{-1} = A.$$

(2) 곱셈에 관한 결합법칙에 의하여

$$\begin{aligned}(AB)(B^{-1}A^{-1}) &= (ABB^{-1})A^{-1} \\ &= A(BB^{-1})A^{-1} = AI_nA^{-1}, \\ &= AA^{-1} = I_n,\end{aligned}$$

$$\begin{aligned}(B^{-1}A^{-1})(AB) &= (B^{-1}A^{-1}A)B \\ &= B^{-1}(A^{-1}A)B = B^{-1}I_nB \\ &= B^{-1}B = I_n\end{aligned}$$

이다. 따라서 $(AB)^{-1} = B^{-1}A^{-1}$. ■

예제 1.4.2 두 행렬 $A = \begin{pmatrix} 0 & -1 \\ 1 & 2 \end{pmatrix}$, $B = \begin{pmatrix} 1 & 2 \\ 0 & 1 \end{pmatrix}$에 대하여 A^{-1}, B^{-1}를 구하고 이를 이용하여 $(AB)^{-1}$를 구하라.

[풀이] $A^{-1} = \begin{pmatrix} 2 & 1 \\ -1 & 0 \end{pmatrix}$이고 $B^{-1} = \begin{pmatrix} 1 & -2 \\ 0 & 1 \end{pmatrix}$이다. 정리 1.4.2에 의하여

$$(AB)^{-1} = B^{-1}A^{-1} = \begin{pmatrix} 1 & -2 \\ 0 & 1 \end{pmatrix}\begin{pmatrix} 2 & 1 \\ -1 & 0 \end{pmatrix} = \begin{pmatrix} 4 & 1 \\ -1 & 0 \end{pmatrix}.$$ ■

정의 1.4.2

정방행렬 $A=(a_{ij})$에서 A_{ij}를 a_{ij}의 **여인수**라 하고 다음과 같이 정의한다.

$$A_{ij}=(-1)^{i+j}|M_{ij}|$$

예제 1.4.3 다음 행렬에서 A_{23}, A_{31}을 구하라.

$$A=\begin{pmatrix} 2 & -1 & 3 \\ 1 & 4 & 2 \\ 0 & 2 & 1 \end{pmatrix}$$

[풀이] $A_{23}=(-1)^{2+3}\begin{vmatrix} 2 & -1 \\ 0 & 2 \end{vmatrix}=(-1)\times 4=-4,$

$$A_{31}=(-1)^{3+1}\begin{vmatrix} -1 & 3 \\ 4 & 2 \end{vmatrix}=-14.$$ ■

정리 1.4.3

$A=(a_{ij})$가 정방행렬일 때 다음이 성립한다.

(1) A가 가역이기 위한 필요충분조건은 $|A|\neq 0$이다.

(2) A가 가역일 때, A의 역행렬 A^{-1}은 다음과 같이 주어진다.

$$A^{-1}=\frac{1}{|A|}(A_{ij})^t,\quad i\cdot j=1,\ 2,\ \cdots,\ n$$

이제 가역행렬의 역행렬을 구하여 보자.

예제 1.4.4 정리 1.4.3을 이용하여 $A=\begin{pmatrix} 2 & 1 \\ 4 & 3 \end{pmatrix}$의 역행렬을 구하라.

[풀이] $|A|=2$이므로 A의 역행렬이 존재한다.

$$A_{11}=3,\quad A_{12}=-4,\quad A_{21}=-1,\quad A_{22}=2$$

이므로

$$A^{-1} = \frac{1}{2}\begin{pmatrix} 3 & -4 \\ -1 & 2 \end{pmatrix}^t$$

$$= \frac{1}{2}\begin{pmatrix} 3 & -1 \\ -4 & 2 \end{pmatrix} = \begin{pmatrix} \frac{3}{2} & -\frac{1}{2} \\ -2 & 1 \end{pmatrix}.$$ ■

예제 1.4.5 정리 1.4.3을 이용하여 다음 행렬의 역행렬을 구하라.

$$B = \begin{pmatrix} 3 & -2 & 4 \\ 1 & 1 & 3 \\ -1 & 2 & -1 \end{pmatrix}$$

[풀이] $|B| = -5$이므로 B의 역행렬은 존재한다.

$$B_{11} = -7, \quad B_{12} = -2, \quad B_{13} = 3$$
$$B_{21} = 6, \quad B_{22} = 1, \quad B_{23} = -4$$
$$B_{31} = -10, \quad B_{32} = -5, \quad B_{33} = 5$$

이므로

$$B^{-1} = -\frac{1}{5}\begin{pmatrix} -7 & -2 & 3 \\ 6 & 1 & -4 \\ -10 & -5 & 5 \end{pmatrix}^t$$

$$= \begin{pmatrix} \frac{7}{5} & -\frac{6}{5} & 2 \\ \frac{2}{5} & -\frac{1}{5} & 1 \\ -\frac{3}{5} & \frac{4}{5} & -1 \end{pmatrix}.$$ ■

참고 행렬 A가 2정방행렬인 경우는 다음 사실이 알려져 있다.

$$A = \begin{pmatrix} a_{11} & a_{12} \\ a_{21} & a_{22} \end{pmatrix}, \quad |A| = a_{11}a_{22} - a_{21}a_{12} \neq 0$$

이면,

$$A^{-1} = \frac{1}{|A|}\begin{pmatrix} a_{22} & -a_{12} \\ -a_{21} & a_{11} \end{pmatrix}.$$

예제 1.4.6 다음 행렬의 역행렬을 구하라.

(1) $A = \begin{pmatrix} 2 & -3 \\ 1 & 2 \end{pmatrix}$ (2) $\begin{pmatrix} -1 & 0 & 3 \\ 7 & 1 & -1 \\ 2 & 3 & 0 \end{pmatrix}$

[풀이] 2×2행렬의 행렬식은 공식을 이용하면 간편하다.

(1) $|A| = 7$이므로 $A^{-1} = \frac{1}{7}\begin{pmatrix} 2 & 3 \\ -1 & 2 \end{pmatrix}$.

(2) $|B| = 54$이고 여인수의 값을 구하면

$$\begin{aligned} &B_{11} = 3, \quad B_{12} = -2, \quad B_{13} = 19 \\ &B_{21} = 9, \quad B_{22} = -6, \quad B_{23} = 3 \\ &B_{31} = -3, \quad B_{32} = 20, \quad B_{33} = -1 \end{aligned}$$

이므로

$$B^{-1} = \frac{1}{54}(B_{ij})^t = \frac{1}{54}\begin{pmatrix} 3 & 9 & -3 \\ -2 & -6 & 20 \\ 19 & 3 & -1 \end{pmatrix}.$$ ■

참고 주어진 행렬 $A = (a_{ij})_{n \times n}$의 역행렬은 기본 행 연산을 이용하여 다음과 같이 구할 수 있다.

$$(A \,\vdots\, I_n) \to (\text{기본 행 연산}) \to (I_n \,\vdots\, B) \Rightarrow B = A^{-1}.$$

예를 들어, $\begin{pmatrix} 2 & 1 \\ -1 & 3 \end{pmatrix}$의 역행렬은

$$\begin{pmatrix} 2 & 1 & \vdots & 1 & 0 \\ -1 & 3 & \vdots & 0 & 1 \end{pmatrix} \to (\text{기본 행 연산}) \to \begin{pmatrix} 1 & 0 & \vdots & \frac{3}{7} & -\frac{1}{7} \\ 0 & 1 & \vdots & \frac{1}{7} & \frac{2}{7} \end{pmatrix}$$

으로부터

$$\begin{pmatrix} 2 & 1 \\ -1 & 3 \end{pmatrix}^{-1} = \begin{pmatrix} \frac{3}{7} & -\frac{1}{7} \\ \frac{1}{7} & \frac{2}{7} \end{pmatrix}.$$

역행렬과 연립방정식의 해

정방행렬 $A = (a_{ij})$에 대하여 $|A| \neq 0$일 때, 연립일차방정식 $AX = B$의 해 X는

$$\begin{aligned} A^{-1}AX &= A^{-1}B \\ X &= A^{-1}B \end{aligned}$$

이다.

예제 1.4.7 다음 연립방정식의 해를 역행렬을 이용하여 구하라.

$$\begin{cases} 2x + y = 4 \\ 4x + 3y = 2 \end{cases}$$

[풀이] 주어진 연립방정식을 $AX = B$라 하면

$$X = \begin{pmatrix} x \\ y \end{pmatrix} = A^{-1}B = \begin{pmatrix} \frac{3}{2} & -\frac{1}{2} \\ -2 & 1 \end{pmatrix}\begin{pmatrix} 4 \\ 2 \end{pmatrix} = \begin{pmatrix} 5 \\ -6 \end{pmatrix}$$

이므로 $x = 5,\ y = -6$이다.

예제 1.4.8 주어진 역행렬을 이용하여 다음 연립일차방정식의 해를 구하라.

$$\begin{cases} -2x + 2y - 3z = 1 \\ \quad x + z \qquad\ = -2, \\ -4x + 3y - 5z = 0 \end{cases} \qquad \begin{pmatrix} -2 & 2 & -3 \\ 1 & 0 & 1 \\ -4 & 3 & -5 \end{pmatrix}^{-1} = \begin{pmatrix} 3 & -1 & -2 \\ -1 & 2 & 1 \\ -3 & 2 & 2 \end{pmatrix}$$

[풀이] 연립방정식을 $AX = B$라 하면

$$X = \begin{pmatrix} x \\ y \\ z \end{pmatrix} = \begin{pmatrix} -2 & 2 & 3 \\ 1 & 0 & 1 \\ -4 & 3 & -5 \end{pmatrix}^{-1}\begin{pmatrix} 1 \\ -2 \\ 0 \end{pmatrix}$$

$$= \begin{pmatrix} 3 & -1 & -2 \\ -1 & 2 & 1 \\ -3 & 2 & 2 \end{pmatrix}\begin{pmatrix} 1 \\ -2 \\ 0 \end{pmatrix} = \begin{pmatrix} 5 \\ -5 \\ -7 \end{pmatrix}$$

이므로 $x = 5,\ y = -5,\ z = -7$이다.

정리 1.4.4 크래머(cramer) 법칙

연립일차방정식 $AX = B$에서 $|A| \neq 0$일 때, A_j는 계수행렬 A에서 j렬의 원소가 B의 원소로 바뀐 행렬이라 하자. 그러면 구하는 해는

$$x_j = \frac{|A_j|}{|A|}, \quad j = 1,\ 2,\ \cdots,\ n$$

이다.

예제 1.4.9 크래머 법칙을 이용하여 다음 연립일차방정식의 해를 구하라.

$$\begin{cases} 2x + y = 4 \\ 4x + 3y = 2 \end{cases}$$

[풀이] 주어진 연립방정식을 $AX = B$라 하면 $|A| = 2$이고

$$A_1 = \begin{pmatrix} 4 & 1 \\ 2 & 3 \end{pmatrix},\ \ |A_1| = 10$$

$$A_2 = \begin{pmatrix} 2 & 4 \\ 4 & 2 \end{pmatrix},\ \ |A_2| = -12$$

이므로

$$x = x_1 = \frac{10}{2} = 5, \quad y = x_2 = \frac{-12}{2} = -6$$

이다. ■

예제 1.4.10 다음 연립일차방정식에서 x, y, z의 값을 구하라.

$$\begin{cases} x + y + z = 1 \\ x + 3y + 6z = 1 \\ x + 2y + 3z = 0 \end{cases}$$

[풀이] 연립일차방정식을 $AX = B$로 나타내면

$$A = \begin{pmatrix} 1 & 1 & 1 \\ 1 & 3 & 6 \\ 1 & 2 & 3 \end{pmatrix},\ \ |A| = -1$$

이고 크래머 법칙에 의하여

$$x = (-1)\begin{vmatrix} 1 & 1 & 1 \\ 1 & 3 & 6 \\ 0 & 2 & 3 \end{vmatrix} = 4, \quad y = (-1)\begin{vmatrix} 1 & 1 & 1 \\ 1 & 1 & 6 \\ 1 & 0 & 3 \end{vmatrix} = -5, \quad z = (-1)\begin{vmatrix} 1 & 1 & 1 \\ 1 & 3 & 1 \\ 1 & 2 & 0 \end{vmatrix} = 2.$$ ■

연습문제 1.4

1. 다음 행렬이 가역행렬인지를 결정하고, 가역이면 역행렬을 구하라.

(1) $\begin{pmatrix} -1 & 5 \\ 2 & 3 \end{pmatrix}$　　(2) $\begin{pmatrix} 1 & -2 \\ 2 & 4 \end{pmatrix}$

(3) $\begin{pmatrix} 3 & 2 & 1 \\ 0 & 2 & 2 \\ 0 & -1 & -1 \end{pmatrix}$　　(4) $\begin{pmatrix} 2 & 0 & 0 \\ 1 & 4 & 0 \\ 5 & 4 & 0 \end{pmatrix}$

(5) $\begin{pmatrix} 2 & 0 & -1 \\ 5 & 1 & 0 \\ 0 & 1 & 3 \end{pmatrix}$　　(6) $\begin{pmatrix} 2 & -1 & 3 \\ 1 & 0 & -2 \\ -1 & 1 & 2 \end{pmatrix}$

2. 행렬 $\begin{pmatrix} \alpha+4 & 4 \\ 3 & \alpha \end{pmatrix}$가 가역이기 위한 α의 값을 구하라.

3. 다음에 답하라.

(1) 다음 사실을 이용하여 주어진 연립방정식의 해를 구하라.

$$\begin{cases} x + 2y = 4 \\ 3x + 4y = -2 \end{cases}, \quad \begin{pmatrix} 1 & 2 \\ 3 & 4 \end{pmatrix}^{-1} = \begin{pmatrix} -2 & 1 \\ \frac{3}{2} & -\frac{1}{2} \end{pmatrix}$$

(2) 다음 사실을 이용하여 다음 연립방정식의 해를 구하라.

$$\begin{cases} -x + 3z = 2 \\ 7x + y - z = -1, \\ 2x + 3y = 3 \end{cases} \quad \begin{pmatrix} -1 & 0 & 3 \\ 7 & 1 & -1 \\ 2 & 3 & 0 \end{pmatrix}^{-1} = \frac{1}{54}\begin{pmatrix} 2 & 9 & -3 \\ -2 & -6 & 20 \\ 9 & 3 & -1 \end{pmatrix}$$

4. 문제 1의 (5), (6)의 결과를 이용하여 다음 연립방정식의 해를 구하라.

(1) $\begin{cases} 2x - z = 2 \\ 5x + y = -1 \\ y + 3z = 3 \end{cases}$　　(2) $\begin{cases} 2x - y + 3z = 1 \\ x - 2z = 0 \\ -x + y + 2z = -3 \end{cases}$

5. 크래머 법칙을 이용하여 연립방정식의 해를 구하라.

(1) $\begin{cases} x + 2y = 5 \\ 5x + 4y = 1 \end{cases}$　　(2) $\begin{cases} x - 3y = 10 \\ 2x - y = 0 \end{cases}$

(3) $\begin{cases} x + 4y = 13 \\ 2x + y = 5 \end{cases}$　　(4) $\begin{cases} 6x + 2y = -7 \\ 2x - 3y = 5 \end{cases}$

6. 크래머 법칙을 이용하여 y의 값을 구하라.

(1) $\begin{cases} 2x + 2y + z = 7 \\ x + y - z = 0 \\ -x + y + 3x = 1 \end{cases}$

(2) $\begin{cases} 2x + y + 2z = -1 \\ x + z = -1 \\ -x + 3y - 2z = 7 \end{cases}$

7. 크래머 법칙을 이용하여 z의 값을 구하라.

(1) $\begin{cases} x + 3z = 3 \\ 2x + 4y + z = -1 \\ x + 3y + z = 8 \end{cases}$

(2) $\begin{cases} x - 2y + 2z = 2 \\ 3x + y - z = 3 \\ 2x + 2y - 3z = 1 \end{cases}$

Chapter 02

벡터

2.1 벡터와 연산

크기와 방향이 주어진 물리량을 벡터(vector)라 한다. 벡터를 나타내는 기호로는 화살표를 이용하고, 화살의 길이가 **벡터의 크기**, 화살표가 지시하는 쪽이 **벡터의 방향**이다. 벡터를 논하는 환경에서 실수는 "스칼라(scalar)"라고 부르기도 한다.

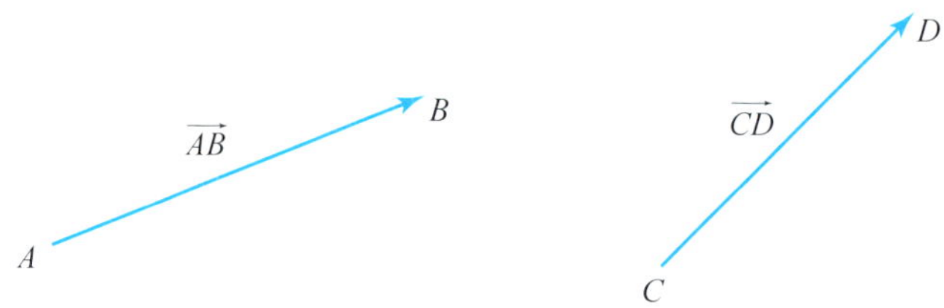

출발점 A, 종점 B인 벡터는 $\overrightarrow{AB}$로 나타내고, 벡터 $\overrightarrow{AB}$의 크기는 $|\overrightarrow{AB}|$로 나타낸다. 크기가 1인 벡터를 **단위벡터**라 하고, 크기가 0인 벡터를 **영벡터**라 하고 $\vec{0}$으로 나타낸다.

벡터의 상등

벡터는 위치와는 관계없이 크기와 방향이 같으면 **같은 벡터**이다. 즉 평행 이동하여 시점과 종점이 일치될 수 있는 벡터는 모두 같은 벡터이다. 따라서 다음 벡터들은 모두 같은 벡터를 나타낸다.

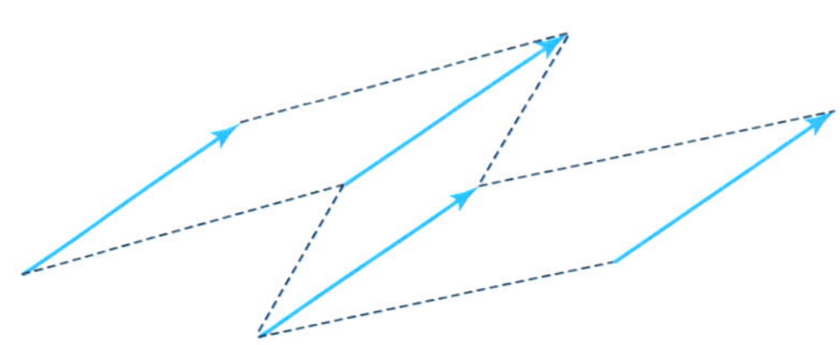

벡터의 스칼라 곱

스칼라 α에 대하여 주어진 벡터 $\overrightarrow{AB}$의 크기를 α배, 즉 $\alpha\overrightarrow{AB}$는

$$\alpha > 0 \text{ 일 때, } \overrightarrow{AB}\text{와 방향이 같고 크기는 } |\alpha\overrightarrow{AB}| = |\alpha||\overrightarrow{AB}|,$$

$$\alpha < 0 \text{일 때, } \overrightarrow{AB}\text{와 방향이 반대이고 크기는 } |\alpha\overrightarrow{AB}| = |\alpha||\overrightarrow{AB}|$$

이다. 따라서 실수 α에 대하여 벡터 $\alpha\overrightarrow{AB}$의 크기는

$$|\alpha\overrightarrow{AB}| = |\alpha||\overrightarrow{AB}|$$

이다.

주의 $|\alpha|$에서 $|\ \ |$는 절댓값 기호이고, $|\overrightarrow{AB}|$와 $\alpha|\overrightarrow{AB}|$에서 $|\ \ |$은 벡터의 크기의 기호이다.

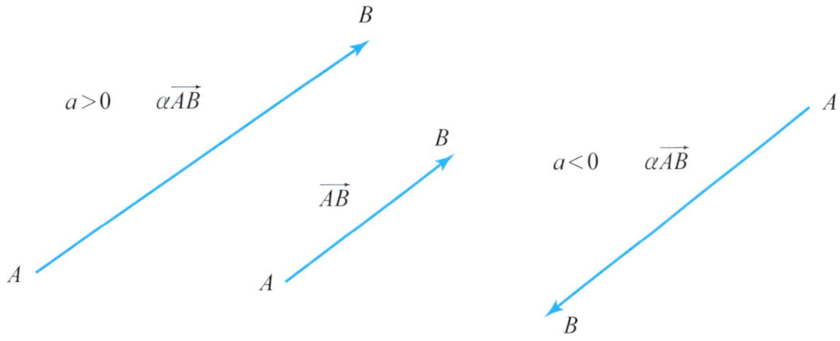

영벡터가 아닌 벡터 $\overrightarrow{AB}$를 자신의 크기로 나누면 같은 방향의 단위벡터가 된다. 즉

$$\frac{\overrightarrow{AB}}{|\overrightarrow{AB}|} = \frac{1}{|\overrightarrow{AB}|}\overrightarrow{AB}$$

는 $\overrightarrow{AB}$와 방향이 같은 단위벡터이다.

일반적으로 시점과 종점을 아는 것으로 하고 벡터를 나타낼 때는 $\vec{a}$와 같이 문자위에 화살표를 그려서 나타낸다.

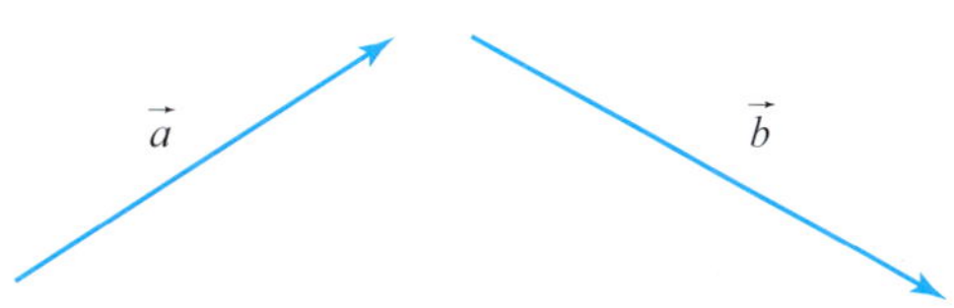

벡터의 합

두 벡터 $\vec{a}$와 $\vec{b}$의 합 $\vec{a}+\vec{b}$는 벡터 $\vec{a}$의 종점에 $\vec{b}$의 시점을 평행이동 하여 맞추고 $\vec{a}$의 시점과 $\vec{b}$의 종점을 연결한 벡터이다.

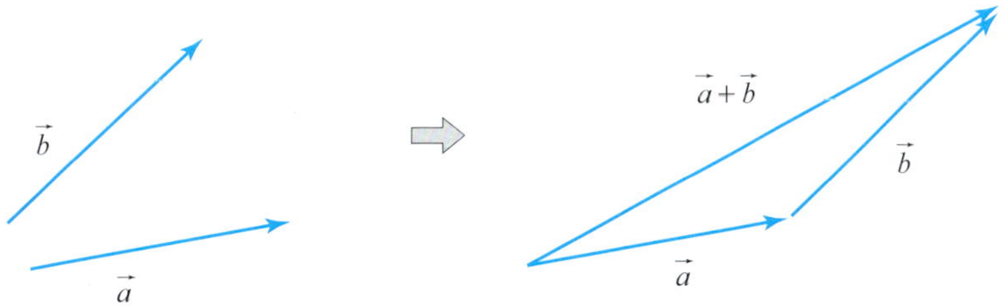

벡터의 차

두 벡터의 차 $\vec{a}-\vec{b}$는 벡터의 합을 이용하여 다음과 같이 정의된다.

$$\vec{a}-\vec{b}=\vec{a}+(-1)\vec{b}$$

벡터의 실수 곱의 정의로 부터 $(-1)\vec{b}$는 $\vec{b}$와 방향이 반대이고 크기가 같은 벡터임을 안다. 따라서 $\vec{a}+(-1)\vec{b}$는 $\vec{a}$의 종점에 $(-1)\vec{b}$의 시점을 평행이동하여 맞추고 $\vec{a}$의 시점과 $(-1)\vec{b}$의 종점을 연결한 벡터이다.

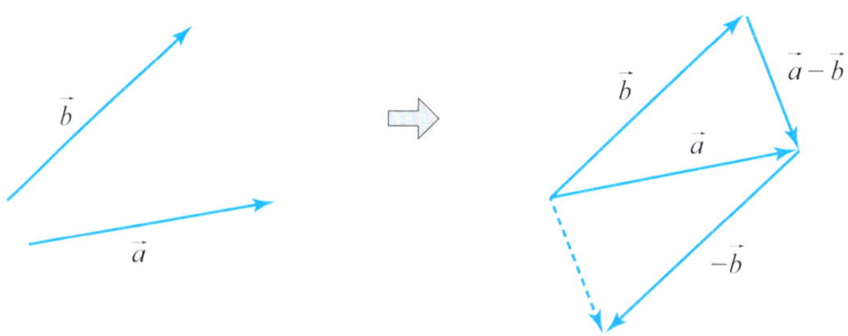

벡터의 연산에 대하여는 다음과 같은 성질이 있다.

정리 2.1.1

벡터 $\vec{a}, \vec{b}, \vec{c}$와 스칼라 α, β에 대하여 다음이 성립한다.

(1) $\vec{a}+\vec{b}=\vec{b}+\vec{a}$

(2) $(\vec{a}+\vec{b})+\vec{c}=\vec{a}+(\vec{b}+\vec{c})$

(3) $\vec{a}+\vec{0}=\vec{a}$

(4) $\vec{a}-\vec{a}=\vec{0}$

(5) $\alpha(\beta\vec{a})=(\alpha\beta)\vec{a}$

(6) $\alpha(\vec{a}+\vec{b})=\alpha\vec{a}+\alpha\vec{b}$

(7) $(\alpha+\beta)\vec{a}=\alpha\vec{a}+\beta\vec{a}$

(8) $1\vec{a}=\vec{a},\ 0\vec{a}=\vec{0}$

예제 2.1.1 다음 벡터의 연산을 간단히 하라.

(1) $2\vec{a}+3\vec{b}-5\vec{a}+\vec{b}$

(2) $3(\vec{a}-2\vec{b})-4(\vec{a}-3\vec{b})$

(3) $2(\vec{a}+2\vec{b})+\vec{c}+3\vec{a}-(2\vec{a}-4\vec{c})$

[풀이] 벡터 연산은 같은 벡터는 동류항 연산하듯이 하면 연산의 성질을 기억하기 쉽다.

(1) $2\vec{a}+3\vec{b}-5\vec{a}+\vec{b}=(2-5)\vec{a}+(3+1)\vec{b}=-3\vec{a}+4\vec{b}$.

(2) $3(\vec{a}-2\vec{b})-4(\vec{a}-3\vec{b})=3\vec{a}-6\vec{b}+(-4)(\vec{a}-3\vec{b})$

$$=3\vec{a}-6\vec{b}-4\vec{a}+12\vec{b}$$

$$=-\vec{a}+6\vec{b}.$$

(3) $2(\vec{a}+2\vec{b})+\vec{c}+3\vec{a}-(2\vec{a}-4\vec{c})=2\vec{a}+4\vec{b}+\vec{c}+3\vec{a}+(-1)(2\vec{a}-4\vec{c})$

$$=(2+3-2)\vec{a}+4\vec{b}+(1+4)\vec{c}$$

$$=3\vec{a}+4\vec{b}+5\vec{c}$$ ■

3차원 공간벡터

3차원 직교좌표 공간에서 모든 벡터의 출발점을 원점 O로 하고 공간상의 한 점 P를 종점으로 하는 벡터 $\overrightarrow{OP}$를 원점 O에 대한 P의 위치벡터(position vector)라 한다. 이제 위치벡터를 대수적으로 표현하는 방법을 생각해보자. 원점 O를 시점으로 하고

x축 위의 점 $E_1(1, 0, 0)$를 종점으로 하는 벡터 $\overrightarrow{OE_1}=\vec{i}$,

y축 위의 점 $E_2(0, 1, 0)$를 종점으로 하는 벡터 $\overrightarrow{OE_2}=\vec{j}$,

z축 위의 점 $E_3(0, 0, 1)$를 종점으로 하는 벡터 $\overrightarrow{OE_3}=\vec{k}$

라 하자.

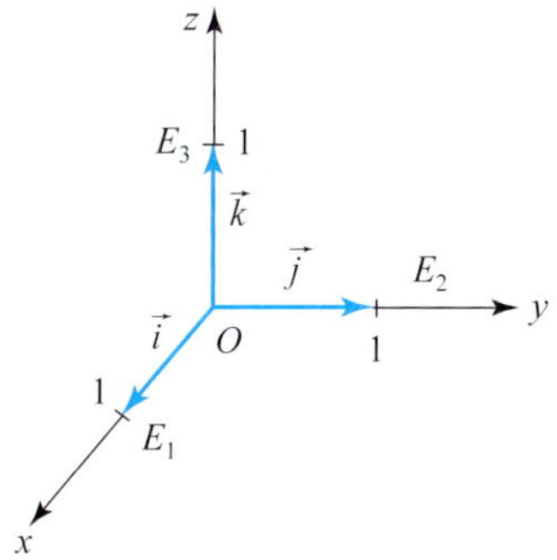

그러면 벡터 $\vec{i}, \vec{j}, \vec{k}$는 각각 x축, y축, z축의 양의 방향과 평행인 단위벡터이다. 이제 평면이나 공간에서 위치벡터가 $\vec{i}, \vec{j}, \vec{k}$에 관하여 어떻게 표시가 되는지 알아보자.

공간에 있는 점 $A(a_1, a_2, a_3)$에 대하여 원점 O를 시점으로 하고 점 $A(a_1, a_2, a_3)$를 종점으로 하는 벡터 $\overrightarrow{OA}$를 생각할 수 있다. 원점 O를 시점으로 하고 z축 위의 점 $(0, 0, a_3)$를 종점으로 하는 벡터는

$$a_3\overrightarrow{OE_3} = a_3\vec{k}$$

이다. 그러면 벡터 $\overrightarrow{OA}$는 벡터의 합에 의하여

$$\overrightarrow{OA} = \overrightarrow{OA'} + a_3\vec{k}, \quad \overrightarrow{OA'} = a_1\vec{i} + a_2\vec{j}$$

로부터

$$\overrightarrow{OA} = a_1\vec{i} + a_2\vec{j} + a_3\vec{k}$$

로 나타내어진다. 이 표현을 세 벡터 $\vec{i}, \vec{j}, \vec{k}$의 일차결합이라 하고, 이때 a_1, a_2, a_3를 각각 $\vec{i}, \vec{j}, \vec{k}$의 성분이라 한다.

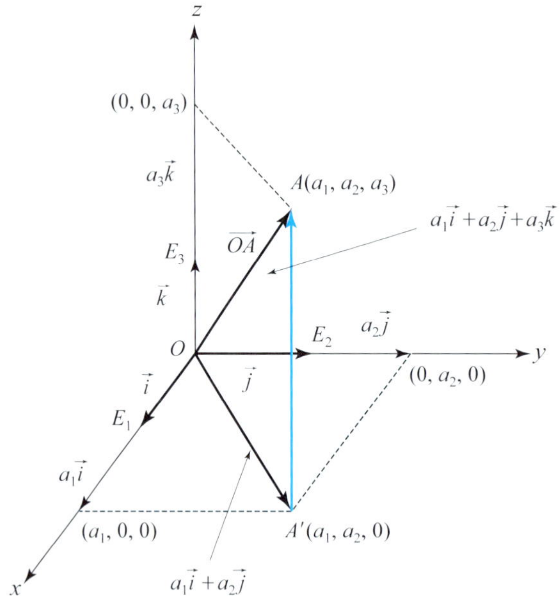

공간에 있는 점 $A(a_1, a_2, a_3)$를 시점, $B(b_1, b_2, b_3)$를 종점으로 하는 벡터 $\overrightarrow{AB}$는 시점 A가 원점이 되게 평행이동 하면

$$A(a_1, a_2, a_3) \Rightarrow (a_1 - a_1, a_2 - a_2, a_3 - a_3) = (0, 0, 0)$$

에 의하여 종점 B는

$$B(b_1, b_2, b_3) \Rightarrow (b_1 - a_1, b_2 - a_2, b_3 - a_3)$$

로 변한다. 원점과 이 점을 종점으로 하는 화살표가 나타내는 벡터는

$$(b_1 - a_1)\vec{i} + (b_2 - a_2)\vec{j} + (b_3 - a_3)\vec{k}$$

이다. 평행이동에 의하여 겹쳐지는 벡터는 모두 같은 벡터이므로, $\overrightarrow{AB}$는 위치벡터

$$\overrightarrow{AB} = (b_1 - a_1)\vec{i} + (b_2 - a_1)\vec{j} + (b_3 - a_3)\vec{k}$$

로 나타낸다. 따라서 이 표현에 의하여 위치는 다르지만 $\overrightarrow{AB}$와 방향과 크기가 같은 벡터들을 모두 같은 벡터의 성분을 가지는 한 가지로 표시된다.

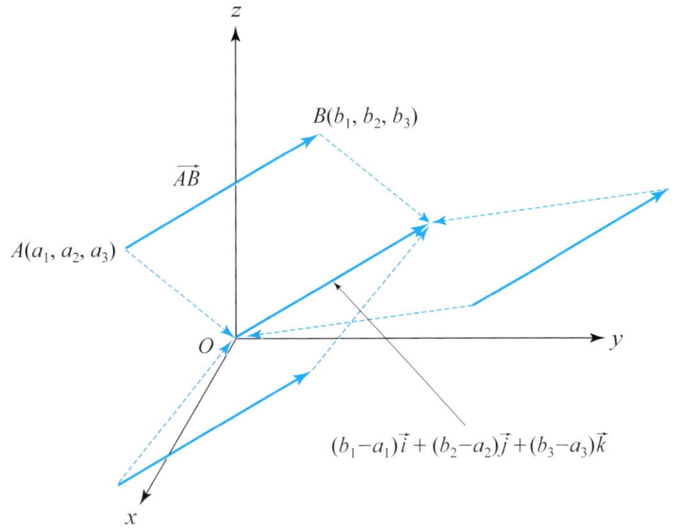

결국 좌표공간에서 원점을 시점으로 하는 모든 벡터는 세 벡터의 $\vec{i}$, $\vec{j}$, $\vec{k}$의 결합으로 표시되고, 한 벡터의 성분을 알면 원점을 시점으로 하고 그 성분을 종점으로 하는 한 개의 화살표가 그려진다.

예를 들어, 벡터 $\vec{a} = 3\vec{i} + 4\vec{j} + 5\vec{k}$는 다음과 같은 화살표이다.

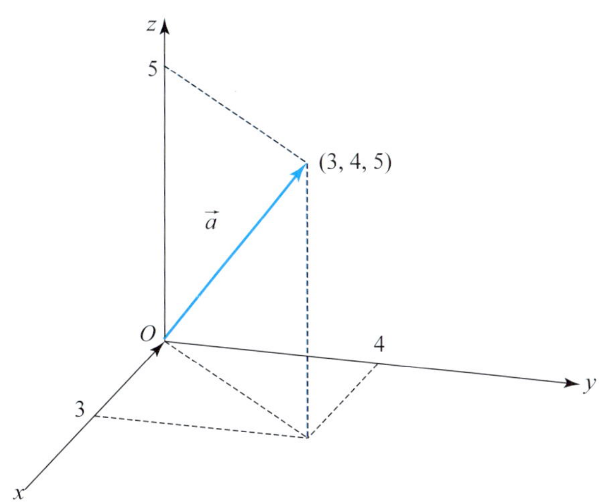

참고 표현의 간편성을 위해서 이후부터는 $\vec{i}=i$, $\vec{j}=j$, $\vec{k}=k$로 나타내기로 한다.

예제 2.1.2 다음 두 점을 연결하는 벡터 $\overrightarrow{AB}$를 i, j, k를 이용하여 나타내라.

(1) $A(2, 3, 0)$, $B(-1, 0, 3)$ (2) $A(-3, 0, 2)$, $B(0, 3, -1)$

[풀이] (1) $\overrightarrow{AB}=(-1-2)i+(0-3)j+(3-0)k=-3i-3j+3k$.

(2) $\overrightarrow{AB}=(0+3)i+(3+0)j+(-1-2)k=3i+3j-3k$. ■

좌표공간이 아닌 곳에서 정의되었던 벡터에 대한 정의를 좌표공간의 벡터에 대입하여 보자.

정의 2.1.1

주어진 실수 α와 두 벡터 $\vec{a}=a_1i+a_2j+a_3k$, $\vec{b}=b_1i+b_2j+b_3k$에 대하여 다음을 정의한다.

(1) 영벡터 $\vec{O}$는 모든 성분이 0인 벡터 즉, $\vec{O}=0\vec{i}+0\vec{j}+0\vec{k}$

(2) 두 벡터의 상등: $\vec{a}=\vec{b} \Leftrightarrow a_1=b_1,\ a_2=b_2,\ a_3=b_3$

(3) 벡터 $\vec{a}$의 크기 $|\vec{a}|$: $|\vec{a}|=\sqrt{a_1^2+a_2^2+a_3^2}$

(4) 스칼라 곱 $\alpha\vec{a}$

$$\alpha\vec{a}=\alpha a_1i+\alpha a_2j+\alpha a_3k$$
$$-\vec{a}=(-1)\vec{a}$$

(5) 두 벡터의 합

$$\vec{a}+\vec{b}=(a_1+b_1)i+(a_2+b_2)j+(a_3+b_3)k$$

(6) 두 벡터의 차

$$\vec{a}-\vec{b}=\vec{a}+(-1)\vec{b}=(a_1-b_1)i+(a_2-b_2)j+(a_3-b_3)k$$

예제 2.1.3 다음에 답하라.

(1) $\vec{a}=2i-3j+4k$의 크기를 구하라.

(2) $2i-j+k$와 방향이 같고 크기가 1인 벡터를 구하라.

(3) $\vec{a} = 2i - 3j + k$, $\vec{b} = i + 3k$일 때, $4\vec{a} - 3\vec{b}$의 크기를 구하라.

[풀이] 문제에 해당되는 정의를 찾아서 정의에 따른 연산을 하면 된다.

(1) $|\vec{a}| = \sqrt{2^2 + (-3)^2 + 4^2} = \sqrt{29}$.

(2) 주어진 벡터의 크기는 $\sqrt{2^2 + (-1)^2 + 1^2} = \sqrt{6}$이고, 영벡터가 아닌 벡터를 자신의 크기로 나누어주면, 크기 1인 단위 벡터가 된다. 따라서 구하는 벡터는

$$\frac{1}{\sqrt{6}}(2i - j + k)$$

이다.

(3)
$$\begin{aligned} 4\vec{a} - 3\vec{b} &= 4\vec{a} + (-3)\vec{b} \\ &= (8-3)i + (-12+0)j + (4-9)k = 5i - 12j - 5k \end{aligned}$$

이므로 구하는 해는

$$|4\vec{a} - 3\vec{b}| = \sqrt{5^2 + (-12)^2 + (-5)^2} = \sqrt{194}$$

이다. ■

정의 2.1.2

두 벡터 $\vec{a}$, $\vec{b}$가 0이 아닌 실수 c에 대하여 $\vec{a} = c\vec{b}$일 때, $\vec{a}$와 $\vec{b}$는 **평행**이다. $c > 0$이면 두 벡터는 같은 방향이고, $c < 0$이면 두 벡터는 반대 방향이다.

예제 2.1.4 $\vec{a} = 2i + 3j - k$와 $\vec{b} = -4i - 6j + 2k$는 평행임을 보여라.

[풀이] $\vec{b} = -4i - 6j + 2k = -2(2i + 3j - k) = -2\vec{a}$이므로 두 벡터는 평행이고 $c = -2 < 0$이므로 방향은 서로 반대이다. ■

연습문제 2.1

1. 오른쪽 그림의 정육각형에서 다음 벡터에 해당하는 벡터를 모두 구하여라.

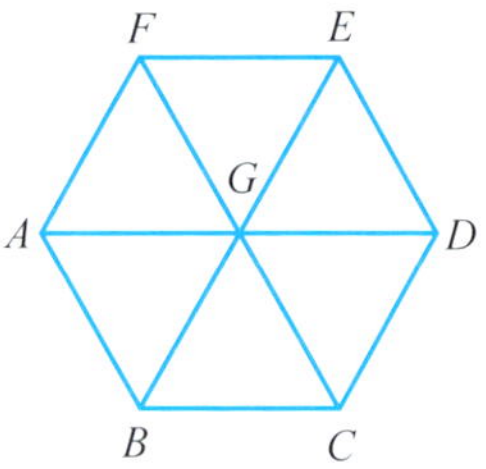

(1) $\overrightarrow{AF}$와 같은 벡터

(2) $\overrightarrow{AD}$와 방향이 같은 벡터

(3) $\overrightarrow{CF}$와 방향이 반대인 벡터

(4) 2배하여 $\overrightarrow{BE}$와 같은 벡터

2. 다음 주어진 삼각형에 대하여 $\overrightarrow{CA} + \overrightarrow{BC} + \overrightarrow{AB}$를 구하여라.

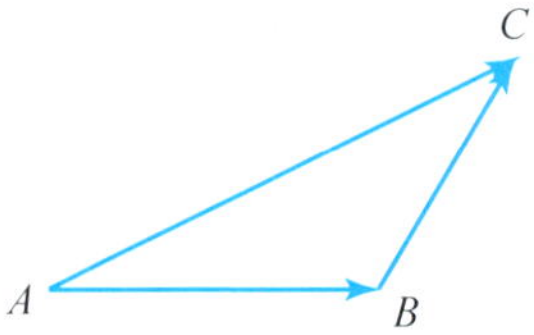

3. 다음을 간단히 하여라.

(1) $2(\vec{a} - 3\vec{b}) - (-\vec{a} - 2\vec{b})$
(2) $-2(\vec{a} + 2\vec{b} - \vec{c}) + 4(\vec{a} - 3\vec{b} + 2\vec{c})$

4. 문제 1에서 다음과 같은 벡터를 찾아라.

(1) $\overrightarrow{BC} + \overrightarrow{CG}$
(2) $2(\overrightarrow{DE} + \overrightarrow{EG})$

(3) $\overrightarrow{EF} + \overrightarrow{FE}$
(4) $\overrightarrow{BG} - \overrightarrow{CG}$

(5) $\overrightarrow{AF} + \overrightarrow{FE} + \overrightarrow{ED}$
(6) $\overrightarrow{EF} - \overrightarrow{AF} - \overrightarrow{BA}$

5. 다음에서 $\overrightarrow{PQ}$를 i, j, k를 이용하여 나타내라.

(1) $P(0, 3, 1)$, $Q(0, 0, 2)$
(2) $P(6, 2, 2)$, $Q(2, 5, 1)$

(3) $P(1, 0, -1)$, $Q(2, 1, 0)$
(4) $P(0, 0, 1)$, $Q(0, 1, 0)$

6. $\vec{a} = i - 2j - 3k$, $\vec{b} = 3i + j - 2k$, $\vec{c} = 2i + j + k$일 때, 다음을 구하라.

(1) $3\vec{a} - 2\vec{b}$
(2) $|\vec{a} - \vec{c}|$

(3) $2\vec{a} - 3\vec{b} + 4\vec{c}$
(4) $|\vec{a} + \vec{b} + \vec{c}|$

(5) $\dfrac{\vec{a} + \vec{b}}{|\vec{c}|}$
(6) $\dfrac{\vec{a}}{|\vec{b} + \vec{c}|}$

7. 크기가 1이고 $-2i+j+k$에 평행한 벡터를 구하라.

8. 크기가 2이고 $2i-j+3k$와 방향이 반대인 벡터를 구하라.

9. $2i+j-k$와 $i+2mj+k$가 같은 크기를 갖도록 m을 결정하라.

10. $|2i+(\alpha+1)j+\alpha k|=3$이 되도록 α를 정하라.

2.2 벡터의 내적

두 벡터 사이에 연산의 결과가 스칼라가 되는 연산을 정의하고 그 기하학적 의미를 알아보자.

정의 2.2.1 벡터의 내적

벡터 $\vec{a} = a_1 i + a_2 j + a_3 k$와 $\vec{b} = b_1 i + b_2 j + b_3 k$에 대하여 $\vec{a} \cdot \vec{b}$을 두 벡터의 **내적**(inner product)이라 하고 다음과 같이 정의 된다.

$$\vec{a} \cdot \vec{b} = a_1 b_1 + a_2 b_2 + a_3 b_3$$

예제 2.2.1 두 벡터의 내적을 구하라.

(1) $\vec{a} = 5i - 2j + k,\ \vec{b} = i + k$

(2) $\vec{a} = -i + 2j + k,\ \vec{b} = 2i + 3j - 4k$

[풀이] 두 벡터의 내적은 벡터의 성분끼리 곱하여 합하는 것이다.

(1) $\vec{a} \cdot \vec{b} = 5 \times 1 + (-2) \times 0 + 1 \times 1 = 6.$

(2) $\vec{a} \cdot \vec{b} = (-1) \times 2 + 2 \times 3 + 1 \times (-4) = 0.$ ■

내적은 다음과 같은 성질을 가지고 있다. 이 성질을 이용하면 내적과 관련된 벡터연산을 효율적으로 할 수 있다.

정리 2.2.1 내적의 성질

벡터 $\vec{a}$, $\vec{b}$, $\vec{c}$와 스칼라 α, β에 대하여 다음이 성립한다.

(1) $\vec{a} \cdot \vec{b} = \vec{b} \cdot \vec{a}$

(2) $\vec{a} \cdot (\vec{b} + \vec{c}) = \vec{a} \cdot \vec{b} + \vec{a} \cdot \vec{c}$

(3) $(\alpha \vec{a}) \cdot \vec{b} = \alpha(\vec{a} \cdot \vec{b}) = \vec{a} \cdot (\alpha \vec{b})$

(4) $\vec{a} \cdot \vec{a} = |\vec{a}|^2,\ \vec{a} \cdot \vec{a} = 0 \Leftrightarrow \vec{a} = \vec{0}$

[증명] (1) $\vec{a} = a_1 i + a_2 j + a_3 k,\ \vec{b} = b_1 i + b_2 j + b_3 k$라 하면 다음과 같다.

$$\begin{aligned}\vec{b}\cdot\vec{a} &= b_1 a_1 + b_2 a_2 + b_3 a_3 \\ &= a_1 b_1 + a_2 b_2 + a_3 b_3 = \vec{a}\cdot\vec{b}.\end{aligned}$$

(2) $\vec{c} = c_1 i + c_2 j + c_3 k$라 하면 $\vec{b}+\vec{c} = (b_1+c_1)i + (b_2+c_2)j + (b_3+c_3)k$이므로

$$\begin{aligned}\vec{a}\cdot(\vec{b}+\vec{c}) &= a_1(b_1+c_1) + a_2(b_2+c_2) + a_3(b_3+c_3) \\ &= (a_1 b_1 + a_2 b_2 + a_3 b_3) + (a_1 c_1 + a_2 c_2 + a_3 c_3) \\ &= \vec{a}\cdot\vec{b} + \vec{a}\cdot\vec{c}.\end{aligned}$$

(3) (1), (2)의 증명과 같은 방법으로 증명할 수 있다.

(4) 내적의 정의와 벡터 크기의 정의로부터

$$\vec{a}\cdot\vec{a} = a_1^2 + a_2^2 + a_3^2 = |\vec{a}|^2$$

이다. 따라서 $\vec{a}\cdot\vec{a} = 0$이면 $a_1 = a_2 = a_3 = 0$이 되어 $\vec{a} = \vec{0}$이고, 역으로 $\vec{a} = \vec{0}$이면 $\vec{a}\cdot\vec{a} = 0$이다. ■

예제 2.2.2 두 벡터 $\vec{a}$와 $\vec{b}$가 다음을 만족할 때,

$$|\vec{a}| = \sqrt{2},\ \ |\vec{b}| = 3,\ \ \vec{a}\cdot\vec{b} = 1$$

(1) $|\vec{a}+\vec{b}|$의 값을 구하라. (2) $|\vec{a}-\vec{b}|$의 값을 구하라.

[풀이] 내적의 성질 중에서 (4)를 이용한다.

(1) $$\begin{aligned}|\vec{a}+\vec{b}|^2 &= (\vec{a}+\vec{b})\cdot(\vec{a}+\vec{b}) = \vec{a}\cdot\vec{a} + 2\vec{a}\cdot\vec{b} + \vec{b}\cdot\vec{b} \\ &= |\vec{a}|^2 + 2\vec{a}\cdot\vec{b} + |\vec{b}|^2 = 13\end{aligned}$$

이므로

$$|\vec{a}+\vec{b}| = \pm\sqrt{13}$$

이고

$$|\vec{a}+\vec{b}| \geq 0$$

이므로 구하는 해는 $|\vec{a}+\vec{b}| = \sqrt{13}$이다.

(2) (1)과 같은 방법으로

$$|\vec{a} - \vec{b}|^2 = (\vec{a} - \vec{b})\cdot(\vec{a} - \vec{b})$$
$$= \vec{a}\cdot\vec{a} - 2\vec{a}\cdot\vec{b} + \vec{b}\cdot\vec{b} = 9$$

로부터 $|\vec{a} - \vec{b}| = 3$이다. ■

정리 2.2.2 내적의 기하학적 의미

영벡터가 아닌 두 벡터 $\vec{a} = a_1 i + a_2 j + a_3 k$, $\vec{b} = b_1 i + b_2 j + b_3 k$가 시점에서 이루는 사잇각을 θ라 하면 다음이 성립한다.

$$\vec{a}\cdot\vec{b} = |\vec{a}||\vec{b}|\cos\theta$$

[증명] 그림에서 $\vec{a} = \overrightarrow{AB}$, $\vec{b} = \overrightarrow{AC}$라 하고 두 벡터가 이루는 사잇각을 θ라 하자. 이때, $\overrightarrow{BC} = \vec{b} - \vec{a}$이다.

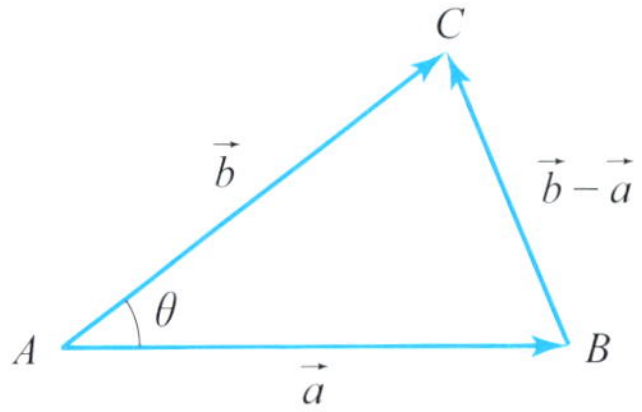

여기서 삼각형에 대한 cosine 제2법칙을 적용하면

$$|\vec{b} - \vec{a}|^2 = |\vec{a}|^2 + |\vec{b}|^2 - 2|\vec{a}||\vec{b}|\cos\theta$$

이고 내적의 정의로부터

$$|\vec{b} - \vec{a}|^2 = (\vec{b} - \vec{a})\cdot(\vec{b} - \vec{a}) = |\vec{b}|^2 + |\vec{a}|^2 - 2\vec{a}\cdot\vec{b}$$

이므로 두 식을 비교하면

$$\vec{a}\cdot\vec{b} = |\vec{a}||\vec{b}|\cos\theta$$

이다. ■

정의 2.2.2

두 벡터의 사잇각이 $\frac{\pi}{2}$일 때, 두 벡터는 **직교**한다고 한다.

$\cos\frac{\pi}{2} = 0$으로부터 다음이 성립한다.

정리 2.2.3

(1) 영벡터가 아닌 두 벡터 $\vec{a}$와 $\vec{b}$가 직교하기 위한 필요충분조건은 $\vec{a}\cdot\vec{b} = 0$이다.

(2) 두 벡터 $\vec{a}$와 $\vec{b}$의 교각 θ의 크기가 $\frac{\pi}{2} < \theta \le \pi$이기 위한 필요충분조건은 $\vec{a}\cdot\vec{b} < 0$.

예제 2.2.3 다음 주어진 두 벡터의 직교 여부를 밝히고, 직교하지 않는 경우는 교각 θ의 범위를 구하라.

(1) $\vec{a} = i + 2k,\ \vec{b} = 2i - 3k$ (2) $\vec{a} = 2i - j + 5k,\ \vec{b} = 3i + j - k$

[풀이] (1) $\vec{a}\cdot\vec{b} = -4 < 0$이므로 교각 θ는 $\frac{\pi}{2} < \theta \le \pi$.

(2) $\vec{a}\cdot\vec{b} = 0$이므로 두 벡터는 직교한다. ■

정의 2.2.3

영벡터가 아니고 평행하지 않은 두 벡터 $\vec{a}, \vec{b}$에 대하여 벡터 $\vec{b}$를 벡터 $\vec{a}$로 투사시킨 벡터를 "벡터 $\vec{b}$의 $\vec{a}$ 위로의 **정사영벡터**(projection)"라 하고 $\mathrm{Proj}_{\vec{a}}\vec{b}$로 나타낸다.

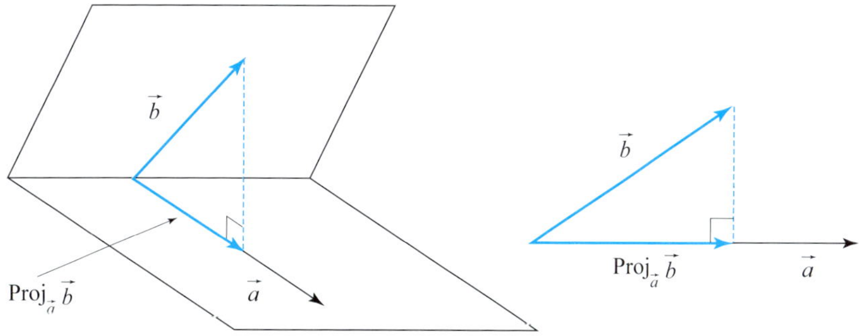

정리 2.2.4

영벡터가 아닌 두 벡터 $\vec{a}$와 $\vec{b}$에 대하여 다음이 성립한다.

$$\mathrm{Proj}_{\vec{a}}\vec{b} = \frac{\vec{a}\cdot\vec{b}}{|\vec{a}|^2}\vec{a}$$

[증명] 두 벡터의 사잇각을 θ라 하면 $\mathrm{Proj}_{\vec{a}}\vec{b}$의 크기는 $|\vec{b}|\cos\theta$이고 $\vec{a}$와 평행이다.

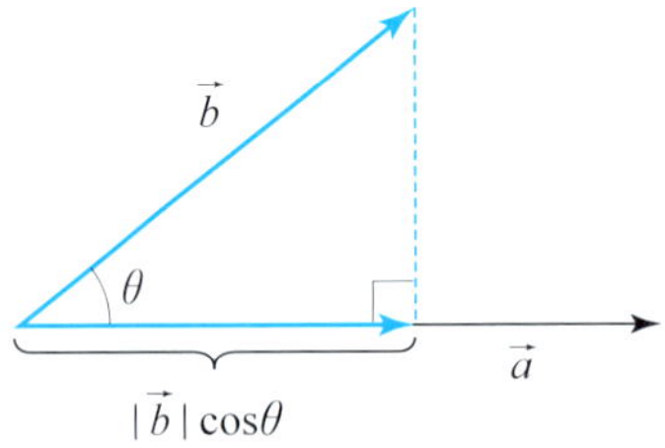

따라서 정사영 벡터는 $\vec{a}$의 단위벡터에 화살표의 길이 $|\vec{b}|\cos\theta$를 곱한 것이 되므로

$$\mathrm{Proj}_{\vec{a}}\vec{b} = |\vec{b}|\cos\theta\frac{1}{|\vec{a}|}\vec{a}$$

이다. 내적의 정의로 부터

$$\cos\theta = \frac{\vec{a}\cdot\vec{b}}{|\vec{a}||\vec{b}|}$$

의 값을 위 식에 대입하면

$$\mathrm{Proj}_{\vec{a}}\vec{b} = |\vec{b}|\frac{\vec{a}\cdot\vec{b}}{|\vec{a}||\vec{b}|}\frac{1}{|\vec{a}|}\vec{a} = \frac{\vec{a}\cdot\vec{b}}{|\vec{a}|^2}\vec{a}$$

이다. ■

예제 2.2.4 다음 주어진 벡터에 대하여 $\mathrm{Proj}_{\vec{a}}\vec{b}$와 $\mathrm{Proj}_{\vec{b}}\vec{a}$를 구하라.

(1) $\vec{a} = 3i + 2j - 2k,\ \ \vec{b} = 2i + 2j + k$

(2) $\vec{a} = -3i - 2j + k,\ \ \vec{b} = i + j - 2k$

[풀이] 각 벡터의 크기와 내적을 구하여 공식에 대입하면 된다.

(1) $|\vec{a}| = \sqrt{17},\ |\vec{b}| = 3,\ \vec{a}\cdot\vec{b} = 8$로부터

$$\text{Proj}_{\vec{a}}\vec{b} = \frac{8}{|\sqrt{17}|^2}\vec{a} = \frac{8}{17}\vec{a},$$

$$\text{Proj}_{\vec{b}}\vec{a} = \frac{8}{9}\vec{b}$$

이다.

(2) $|\vec{a}| = \sqrt{14}$, $|\vec{b}| = \sqrt{6}$, $\vec{a}\cdot\vec{b} = -7$로부터

$$\text{Proj}_{\vec{a}}\vec{b} = \frac{-7}{|\sqrt{14}|^2}\vec{a} = -\frac{1}{2}\vec{a},$$

$$\text{Proj}_{\vec{b}}\vec{a} = -\frac{7}{6}\vec{b}$$

이다. ■

참고 정사영 벡터에서 벡터의 계수가 음수인 경우는 두 벡터의 사잇각 θ가 $\frac{\pi}{2} < \theta \leq \pi$임을 의미한다. 즉,

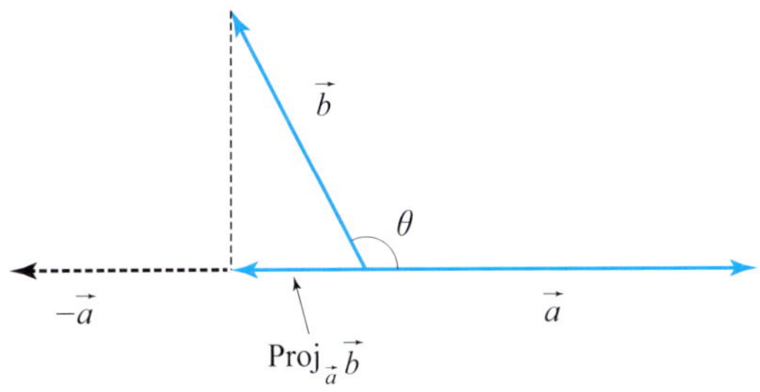

벡터의 분해

영벡터가 아닌 두 벡터 $\vec{a}$와 $\vec{b}$가 평행하지 않을 때, 벡터 $\vec{b} - \text{Proj}_{\vec{a}}\vec{b}$와 $\vec{a}$의 내적을 생각하여 보자.

$$\begin{aligned}(\vec{b} - \text{Proj}_{\vec{a}}\vec{b})\cdot\vec{a} &= \vec{b}\cdot\vec{a} - \text{Proj}_{\vec{a}}\vec{b}\cdot\vec{a} \\ &= \vec{b}\cdot\vec{a} - \left(\frac{\vec{b}\cdot\vec{a}}{|\vec{a}|^2}\right)\vec{a}\cdot\vec{a}\end{aligned}$$

이고 $\vec{a}\cdot\vec{a} = |\vec{a}|^2$으로부터

$$(\vec{b} - \text{Proj}_{\vec{a}}\vec{b})\cdot\vec{a} = \vec{b}\cdot\vec{a} - \vec{b}\cdot\vec{a} = 0$$

이 되어 벡터 $\vec{b} - \text{Proj}_{\vec{a}}\vec{b}$와 $\vec{a}$는 직교하는 것을 알 수 있다.

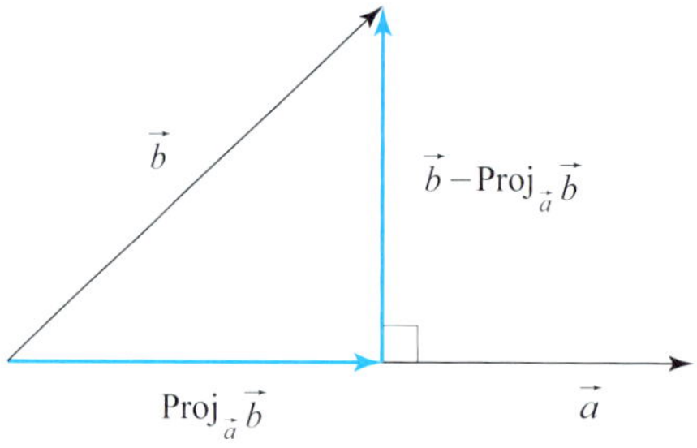

따라서 벡터 $\vec{b}$는 벡터 $\vec{a}$에 평행인 벡터 $\text{Proj}_{\vec{a}}\vec{b}$와 수직인 벡터 $\vec{b} - \text{Proj}_{\vec{a}}\vec{b}$의 합으로 표시되는 것을 알 수 있다. 즉,

$$\vec{b} = \text{Proj}_{\vec{a}}\vec{b} + (\vec{b} - \text{Proj}_{\vec{a}}\vec{b})$$

마찬가지로, 벡터 $\vec{a}$도 벡터 $\vec{b}$에 평행인 벡터 $\text{Proj}_{\vec{b}}\vec{a}$와 수직인 벡터 $\vec{b} - \text{Proj}_{\vec{a}}\vec{b}$의 합으로 표시된다. 즉

$$\vec{a} = \text{Proj}_{\vec{b}}\vec{a} + (\vec{a} - \text{Proj}_{\vec{b}}\vec{a})$$

결론적으로, 평행하지 않은 두 벡터에서는 한 벡터는 다른 벡터에 평행인 벡터와 수직인 벡터의 합으로 분해가 되고 또 이들의 합으로 표시가 된다.

예제 2.2.5 $\vec{a} = i - 2j + k$를 $\vec{b} = 2i + 3k$에 평행한 벡터와 수직인 벡터의 합으로 나타내라.

[풀이] $\vec{a} \cdot \vec{b} = 2 + 3 = 5$이고 $|\vec{b}|^2 = 4 + 9 = 13$이므로

$$\text{Proj}_{\vec{b}}\vec{a} = \frac{5}{13}\vec{b}, \qquad \vec{a} - \text{Proj}_{\vec{b}}\vec{a} = \vec{a} - \frac{5}{13}\vec{b}$$

로부터

$$\vec{a} = \left(\frac{10}{13}i + \frac{15}{13}k\right) + \left(\frac{3}{13}i - 2j - \frac{2}{13}k\right)$$

이다. ■

연습문제 2.2

1. 다음에서 $\vec{a}$와 $\vec{b}$의 사잇각을 θ라 할 때, $\cos\theta$의 값을 구하라.

(1) $\vec{a} = 3i + j - k,\quad \vec{b} = -2i - j + k$ (2) $\vec{a} = i + j,\quad \vec{b} = j - k$

(3) $\vec{a} = -3i + 2j - k,\quad \vec{b} = 2i + j - k$ (4) $\vec{a} = i - k,\quad \vec{b} = 4i - j + 3k$

2. $\vec{a}$와 $\vec{b}$가 직교하도록 α의 값을 정하라.

(1) $\vec{a} = i + 2\alpha j - k,\quad \vec{b} = i - j + k$

(2) $\vec{a} = \alpha i + j + 2k,\quad \vec{b} = i + \alpha j - 4k$

3. 다음에서 $\mathrm{Proj}_{\vec{a}}\vec{b}$를 구하고, 사잇각이 $\frac{\pi}{2}$보다 큰지 작은지를 판정하라.

(1) $\vec{a} = -3i + 2j + k,\quad \vec{b} = i - j + k$

(2) $\vec{a} = 2i - 3j - k,\quad \vec{b} = 2i + j - 3k$

4. $\vec{a} = \alpha i + j + k$와 $\vec{b} = i + \alpha j + k$의 사잇각이 $\frac{\pi}{4}$일 때, α의 값을 구하라.

5. $\vec{a} = i - j + 2k$, $\vec{b} = -i + 2k$, $\vec{c} = 2i + j - k$일 때, $\vec{a} - s\vec{c} + t\vec{b}$가 $\vec{b}$와 $\vec{c}$에 수직이 되도록 s와 t를 결정하라.

6. 벡터 $2i - 3j + k$를 다음 벡터에 평행한 벡터 $\vec{w}$와 수직인 벡터 $\vec{v}$의 합으로 나타내라.

(1) $2j - k$ (2) $2i - j + 3k$

7. $|\vec{a}| = 3$, $|\vec{b}| = 2$이고 두 벡터의 사잇각이 $\frac{\pi}{6}$일 때, $\vec{a}\cdot\vec{b}$, $|\vec{a} + \vec{b}|$, $|\vec{a} - \vec{b}|$를 구하라.

8. $\vec{a}\cdot i = 0$, $\vec{a}\cdot j = 0$, $\vec{a}\cdot k = 0$을 만족하는 벡터 $\vec{a}$를 구하라.

9. $|\vec{a}|^2 = \vec{a}\cdot\vec{a}$를 이용하여 $|\alpha\vec{a}| = |\alpha||\vec{a}|$임을 보여라. (단 α는 실수)

10. $|\vec{a} + \vec{b}|^2 - |\vec{a} - \vec{b}|^2 = 4\vec{a}\cdot\vec{b}$임을 증명하라.

11. $\vec{a} = a_1 i + a_2 j + a_3 k$는 고정된 벡터이고, 실수 x, y, z에 대하여 $\vec{X} = xi + yj + zk$가 $(\vec{X} - \vec{a})\cdot\vec{X} = 0$일 때, 점$(x, y, z)$이 나타내는 것을 기하학적으로 설명하라.

2.3 벡터의 외적

본 절에서는 두 벡터 사이에 작용의 결과가 벡터가 되는 연산을 정의하고 그 성질에 대하여 알아본다.

정의 2.3.1

두 벡터 $\vec{a} = a_1 i + a_2 j + a_3 k$, $\vec{b} = b_1 i + b_2 j + b_3 k$에 대하여 $\vec{a} \times \vec{b}$는 $\vec{a}$와 $\vec{b}$의 **외적**(cross product)이라 하고 다음과 같이 정의 된다.

$$\vec{a} \times \vec{b} = (a_2 b_3 - a_3 b_2)i + (a_3 b_1 - a_1 b_3)j + (a_1 b_2 - a_2 b_1)k$$

참고 외적 연산의 정의는 다음의 행렬식과 같다. 1행에 대한 소행렬 전개를 하면

$$\begin{vmatrix} i & j & k \\ a_1 & a_2 & a_3 \\ b_1 & b_2 & b_3 \end{vmatrix} = \begin{vmatrix} a_2 & a_3 \\ b_2 & b_3 \end{vmatrix} i - \begin{vmatrix} a_1 & a_3 \\ b_1 & b_3 \end{vmatrix} j + \begin{vmatrix} a_1 & a2 \\ b_1 & b_2 \end{vmatrix} k$$

$$= (a_2 b_3 - a_3 b_2)i - (a_1 b_3 - a_3 b_1)j + (a_1 b_2 - a_2 b_1)k$$

$$= (a_2 b_3 - a_3 b_2)i + (a_3 b_1 - a_1 b_3)j + (a_1 b_2 - a_2 b_1)k = \vec{a} \times \vec{b}$$

즉,

$$\vec{a} \times \vec{b} = \begin{vmatrix} i & j & k \\ a_1 & a_2 & a_3 \\ b_1 & b_2 & b_3 \end{vmatrix}.$$

따라서 두 벡터의 외적을 계산할 때에 행렬식을 이용하면 공식을 외우기 쉬울 뿐 아니라, 행렬식의 성질을 적용하면 상당한 계산이 생략된다.

예제 2.3.1 $\vec{a} = 2i + j - k$이고 $\vec{b} = i - 2j + 2k$일 때, 다음 연산을 시행하라.

(1) $\vec{a} \times \vec{a}$　　(2) $\vec{a} \times \vec{b}$

(3) $\vec{b} \times \vec{a}$　　(4) $\vec{b} \times \vec{b}$

[풀이] 행렬식의 성질을 이용하면 계산과정이 많이 생략 될 수 있다.

(1) $\vec{a} \times \vec{a} = \begin{vmatrix} i & j & k \\ 2 & 1 & -1 \\ 2 & 1 & -1 \end{vmatrix} = (-1+1)i - (-2+2)j + (2-2)k = \vec{0}$ (영벡터).

참고 두 행이 같으므로 행렬식은 0이고, 벡터 곱의 결과는 벡터이므로 결국 영벡터 $\vec{0}$이다.

(2) $$\vec{a} \times \vec{b} = \begin{vmatrix} i & j & k \\ 2 & 1 & -1 \\ 1 & -2 & 2 \end{vmatrix} = (2-2)i - (4+1)j + (-4-1)k = -5j - 5k.$$

(3) $$\vec{b} \times \vec{a} = \begin{vmatrix} i & j & k \\ 1 & -2 & 2 \\ 2 & 1 & -1 \end{vmatrix} = (2-2)i - (-1-4)j + (1+4)k = 5j + 5k.$$

참고 행렬식에서 두 행의 위치를 서로 교환하면 행렬식은 음의 부호로 바뀐다는 사실을 이용하면

$$\vec{b} \times \vec{a} = -\vec{a} \times \vec{b}$$

이다.

(4) $$\vec{b} \times \vec{b} = \begin{vmatrix} i & j & k \\ 1 & -2 & 2 \\ 1 & -2 & 2 \end{vmatrix} = (-4+4)i - (2-2)j + (-2+2)k = \vec{0}.$$ ■

벡터의 외적은 대수적 성질과 기하학적 성질이 있는데 그 대수적인 특징을 먼저 알아보자.

정리 2.3.1 외적의 대수적 성질

벡터 $\vec{a}$, $\vec{b}$, $\vec{c}$가 공간벡터이고 α가 상수일 때, 다음이 성립한다.

(1) $\vec{a} \times \vec{a} = \vec{0}$

(2) $(\alpha\vec{a}) \times \vec{b} = \vec{a} \times (\alpha\vec{b}) = \alpha\vec{a} \times \vec{b}$

(3) $\vec{b} \times \vec{a} = -\vec{a} \times \vec{b}$

(4) $\vec{a} \times (\vec{b} + \vec{c}) = \vec{a} \times \vec{b} + \vec{a} \times \vec{c}$

(5) $|\vec{a} \times \vec{b}|^2 = |\vec{a}|^2|\vec{b}|^2 - (\vec{a} \cdot \vec{b})^2$

[증명] (1), (2), (3), (4)는 연습문제에서 다루고 (5)를 증명하도록 한다. 외적의 크기의 정의에 의하여

$$\begin{aligned} |\vec{a} \times \vec{b}|^2 &= (a_2b_3 - a_3b_2)^2 + (a_3b_1 - a_1b_3)^2 + (a_1b_2 - a_2b_1)^2 \\ &= (a_1^2 + a_2^2 + a_3^2)(b_1^2 + b_2^2 + b_3^2) - (a_1b_1 + a_2b_2 + a_3b_3)^2 \\ &= |\vec{a}|^2|\vec{b}|^2 - (\vec{a} \cdot \vec{b})^2 \end{aligned}$$

이다. ■

예제 2.3.2 $\vec{a} = -i + 3j + 2k$, $\vec{b} = 2i + 3k$에 대하여 $\vec{a} \times \vec{b}$와 방향이 같은 단위벡터를 구하라.

[풀이] 외적을 계산하면

$$\vec{a} \times \vec{b} = \begin{vmatrix} i & j & k \\ -1 & 3 & 2 \\ 2 & 0 & 3 \end{vmatrix} = \begin{vmatrix} 3 & 2 \\ 0 & 3 \end{vmatrix} i - \begin{vmatrix} -1 & 2 \\ 2 & 3 \end{vmatrix} j + \begin{vmatrix} -1 & 3 \\ 2 & 0 \end{vmatrix} k$$
$$= 9i + 7j - 6k$$

이고, $|\vec{a} \times \vec{b}| = \sqrt{166}$이므로 구하는 벡터는

$$\frac{\vec{a} \times \vec{b}}{|\vec{a} \times \vec{b}|} = \frac{1}{\sqrt{166}}(9i + 7j - 6k).$$ ■

다음은 벡터 외적의 기하학적인 의미를 알아보자.

정리 2.3.2 외적의 기하학적 의미

벡터 $\vec{a}$와 $\vec{b}$가 공간벡터일 때 다음이 성립한다.

(1) $\vec{a} \times \vec{b}$는 $\vec{a}$와 $\vec{b}$에 동시에 직교한다.

(2) $|\vec{a} \times \vec{b}| = |\vec{a}||\vec{b}|\sin\theta$, (단 θ는 $\vec{a}$와 $\vec{b}$의 사잇각)

(3) $|\vec{a} \times \vec{b}|$는 $\vec{a}$와 $\vec{b}$를 이웃 변으로 하는 평행사변형의 넓이이다.

(4) $\vec{a}$와 $\vec{b}$가 평행하기 위한 필요충분조건은 $\vec{a} \times \vec{b} = 0$.

[증명] (1) $\vec{a} = a_1 i + a_2 j + a_3 k$, $\vec{b} = b_1 i + b_2 j + b_3 k$라 하면

$$\vec{a} \times \vec{b} = (a_2 b_3 - a_3 b_2)i + (a_1 b_3 - a_3 b_1)j + (a_1 b_2 - a_2 b_1)k$$

이므로

$$\vec{a} \cdot \vec{a} \times \vec{b} = a_1 a_2 b_3 - a_1 a_3 b_2 + a_2 a_3 b_1 - a_2 a_1 b_3 + a_3 a_1 b_2 - a_3 a_2 b_3$$
$$= 0$$

이고, 같은 방법으로 $\vec{b} \cdot \vec{a} \times \vec{b} = 0$임을 알 수 있다.

(2) 정리 2.3.1(5)에 의하여

$$|\vec{a} \times \vec{b}|^2 = |\vec{a}|^2|\vec{b}|^2 - (\vec{a}\cdot\vec{b})^2$$
$$= |\vec{a}|^2|\vec{b}|^2 - |\vec{a}|^2|\vec{b}|^2\cos^2\theta$$
$$= |\vec{a}|^2|\vec{b}|^2\sin^2\theta$$

인데, $|\vec{a} \times \vec{b}| \geq 0$이고 $0 \leq \theta \leq \pi$에서 $\sin\theta \geq 0$이므로

$$|\vec{a} \times \vec{b}| = |\vec{a}||\vec{b}|\sin\theta$$

이다.

(3)은 (2)를 이용하여 쉽게 증명할 수 있다.

(4) 두 벡터 $\vec{a}$와 $\vec{b}$가 평행이면 적당한 영이 아닌 상수 α에 대하여 $\vec{b} = \alpha\vec{a}$이다. 그러면

$$\vec{a} \times \vec{b} = \vec{a} \times (\alpha\vec{a}) = \alpha\vec{a} \times \vec{a} = \alpha\vec{0} = \vec{0}$$

이므로 $|\vec{a} \times \vec{b}| = 0$이다.

이제 $|\vec{a} \times \vec{b}| = 0$이라 하자. 그러면 $|\vec{a} \times \vec{b}| = |\vec{a}||\vec{b}|\sin\theta = 0$으로부터 $|\vec{a}| \neq 0$, $|\vec{b}| \neq 0$이므로 $\sin\theta = 0$. 따라서 $\theta = 0$ 또는 π가 되어 두 벡터는 평행이다.

참고 (1)와 (2)의 기하학적 의미를 알아보면 다음과 같다.

1. (1)에서 $\vec{a} \times \vec{b}$는 그림과 같이 $\vec{a}$와 $\vec{b}$를 품는 평면에 직교하는 벡터이다.

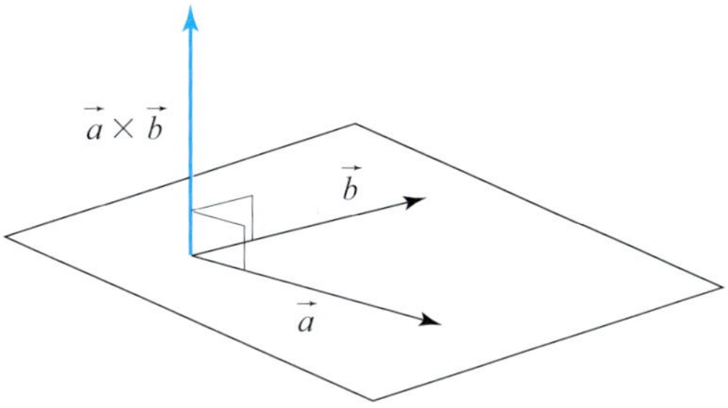

2. (2)에서 $|\vec{a} \times \vec{b}|$는 아래 그림에서와 같이 벡터 $\vec{a}$와 $\vec{b}$를 이웃 변으로 하는 평행사변형의 넓이를 나타낸다.

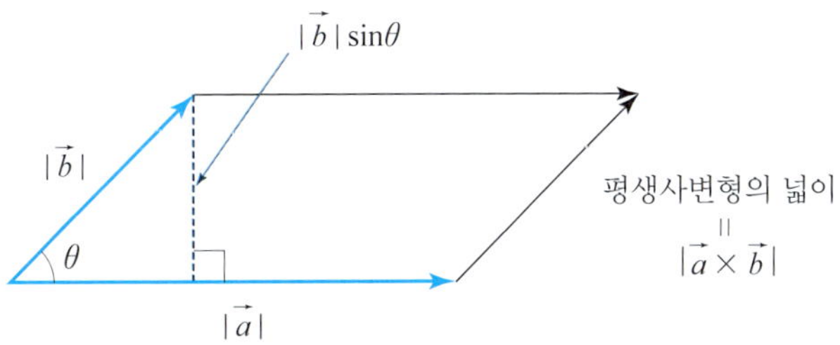

예제 2.3.3 $\vec{a} = 2i - j + k$, $\vec{b} = 4i + 2j - k$ 모두에 직교하는 벡터를 구하라.

[풀이] 외적의 계산에 의하여

$$\vec{a} \times \vec{b} = \begin{vmatrix} i & j & k \\ 2 & -1 & 1 \\ 4 & 2 & -1 \end{vmatrix} = -i + 6j + 8k$$

이므로, 구하는 해는 임의의 실수 α에 대하여 $\alpha(-i + 6j + 8k)$이다. ■

예제 2.3.4 다음 두 벡터를 이웃 변으로 하는 평행사변형의 넓이를 구하라.

(1) $\vec{a} = 2i + 3j - k$, $\vec{b} = -i + 2j + k$

(2) $\vec{a} = i - j$, $\vec{b} = i + k$

[풀이] 두 벡터에 대한 외적을 구하고 벡터의 크기를 구하면 된다.

(1) $\vec{a} \times \vec{b} = 5i - j + 7k$로부터 구하는 넓이는 $|\vec{a} \times \vec{b}| = \sqrt{5^2 + (-1)^2 + 7^2} = 5\sqrt{3}$.

(2) $\vec{a} \times \vec{b} = -i - j + k$로부터 구하는 넓이는 $|\vec{a} \times \vec{b}| = \sqrt{(-1)^2 + (-1)^2 + 1^2} = \sqrt{3}$.

■

예제 2.3.5 세 점 $A(1, 0, 2)$, $B(-1, 2, 3)$, $C(1, 1, -1)$을 꼭짓점으로 갖는 평행사변형의 넓이를 구하라.

[풀이] 이웃하는 두 벡터 $\overrightarrow{AB} = -2i + 2j + k$, $\overrightarrow{AC} = j - 3k$를 택하자 (실제로 어떤 두 이웃 벡터를 택해도 관계없다). 외적을 계산하면

$$\overrightarrow{AB} \times \overrightarrow{AC} = \begin{vmatrix} i & j & k \\ -2 & 2 & 1 \\ 0 & 1 & -3 \end{vmatrix} = -7i - 6j - 2k$$

이고, 따라서 평행사변형의 넓이는 $|\overrightarrow{AB} \times \overrightarrow{AC}| = \sqrt{89}$. ■

세 점 A, B, C를 꼭짓점으로 하는 삼각형을 생각하자. 점 A를 시점으로 하는 두 개의 벡터 $\overrightarrow{AB}$, $\overrightarrow{AC}$를 이웃한 변으로 하는 평행사변형의 넓이의 $\frac{1}{2}$이 삼각형의 넓이이므로 삼각형의 넓이는 다음과 같다.

$$\triangle ABC\text{의 넓이} = \frac{1}{2}|\overrightarrow{AB} \times \overrightarrow{AC}|$$

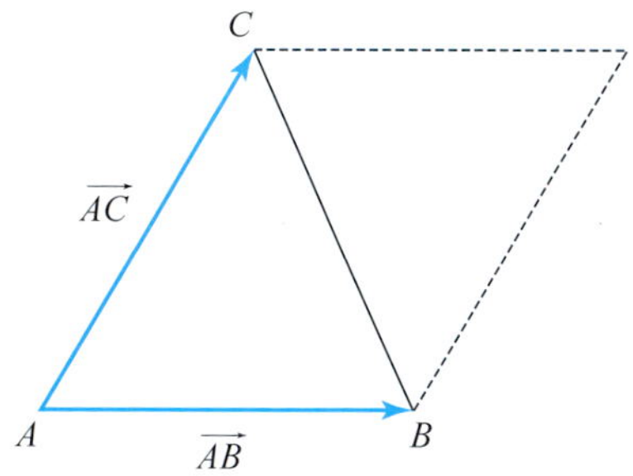

예제 2.3.6 다음 세 점을 꼭짓점으로 하는 삼각형의 넓이를 구하라.

(1) $A(1,\ 0,\ 0)$, $B(0,\ 1,\ 0)$, $C(0,\ 0,\ 1)$

(2) $A(1,\ 0,\ 1)$, $B(-1,\ 1,\ 2)$, $C(2,\ -3,\ 0)$

[풀이] 이웃하는 두 벡터는 어떤 두 점을 이용해서 잡아도 같은 값을 갖게 된다.

(1) $\overrightarrow{AB} = -i + j$, $\overrightarrow{AC} = -i + k$로부터 $\overrightarrow{AB} \times \overrightarrow{AC} = i + j + k$이므로 구하는 삼각형의 넓이는

$$\frac{1}{2}\left|\overrightarrow{AB} \times \overrightarrow{AC}\right| = \frac{1}{2}\sqrt{3}.$$

(2) $\overrightarrow{BA} = 2i - j - k$, $\overrightarrow{BC} = 3i - 4j - 2k$로부터 $\overrightarrow{AB} \times \overrightarrow{AC} = -2i + j - 5k$이므로 구하는 삼각형의 넓이는

$$\frac{1}{2}\left|\overrightarrow{BA} \times \overrightarrow{BC}\right| = \frac{1}{2}\sqrt{30}.$$

■

예제 2.3.7 주어진 두 벡터가 평행인지의 여부를 판단하라.

(1) $\vec{a} = 2i - j + 3k$, $\vec{b} = -6i + 3j - 9k$

(2) $\vec{a} = i$, $\vec{b} = 3k$

[풀이] 두 벡터의 외적을 구하여 결과가 $\vec{0}$ 벡터인지를 확인하면 된다.

(1) $\vec{a} \times \vec{b} = (9-9)i - (-18+18)j + (6-6)k = \vec{0}$.

따라서 두 벡터는 평행이다. 참고로 $\vec{b} = -3\vec{a}$임을 인지하면 두 벡터가 평행인 것을 알 수 있다.

(2) $\vec{a} = 1i + 0j + 0k$, $\vec{b} = 0i + 0j + 3k$인 것에 주목하여 $\vec{a} \times \vec{b}$를 구하면

$$\vec{a} \times \vec{b} = (0-0)i - (3-0)j + (0-0)k = -3j$$

가 되어 영벡터가 아니므로 두 벡터는 평행이 아니다. ■

다음은 내적과 외적을 동시에 포함하는 연산에 대하여 알아보자.

정의 2.3.2

세 벡터 $\vec{a}$, $\vec{b}$, $\vec{c}$에 대하여 $\vec{a}\cdot\vec{b}\times\vec{c}$를 $\vec{a}$, $\vec{b}$, $\vec{c}$의 삼중적이라 한다.

예제 2.3.8 $\vec{a}=2i-j+k$, $\vec{b}=3i+2j-k$, $\vec{c}=i-2k$에서 $\vec{a}\cdot\vec{b}\times\vec{c}$를 구하라.

[풀이] 연산의 순서상 외적을 먼저 계산하면 $\vec{b}\times\vec{c}=-4i+5j-2k$이고 따라서

$$\vec{a}\cdot\vec{b}\times\vec{c}=2\times(-4)+(-1)\times5+1\times(-2)=-15.$$ ■

삼중적의 계산은 행렬식과 관련하여 다음이 성립한다.

정리 2.3.3

$$\vec{a}\cdot\vec{b}\times\vec{c}=\begin{vmatrix} a_1 & a_2 & a_3 \\ b_1 & b_2 & b_3 \\ c_1 & c_2 & c_3 \end{vmatrix}$$

[증명] $\vec{a}=a_1i+a_2j+a_3k$, $\vec{b}=b_1i+b_2j+b_3k$, $\vec{c}=c_1i+c_2j+c_3k$라 하자. 그러면

$$\begin{aligned}\vec{a}\cdot\vec{b}\times\vec{c}&=\vec{a}\cdot\left(\begin{vmatrix} b_2 & b_3 \\ c_2 & c_3 \end{vmatrix}i-\begin{vmatrix} b_1 & b_3 \\ c_1 & c_3 \end{vmatrix}j+\begin{vmatrix} b_1 & b_2 \\ c_1 & c_2 \end{vmatrix}k\right)\\ &=a_1\begin{vmatrix} b_2 & b_3 \\ c_2 & c_3 \end{vmatrix}-a_2\begin{vmatrix} b_1 & b_3 \\ c_1 & c_3 \end{vmatrix}+a_3\begin{vmatrix} b_1 & b_2 \\ c_1 & c_2 \end{vmatrix}\\ &=\begin{vmatrix} a_1 & a_2 & a_3 \\ b_1 & b_2 & b_3 \\ c_1 & c_2 & c_3 \end{vmatrix}\end{aligned}$$ ■

예제 2.3.9 $\vec{a}=2i-j+k$, $\vec{b}=3i+2j-k$, $\vec{c}=i-2k$일 때, 행렬식을 다음을 구하라.

(1) $\vec{a}\cdot\vec{b}\times\vec{c}$　　　　(2) $\vec{a}\times\vec{b}\cdot\vec{c}$

[풀이] 3×3행렬의 행렬식은 Sarrus 방법을 이용하면 편하다.

(1) $$\vec{a} \cdot \vec{b} \times \vec{c} = \begin{vmatrix} 2 & -1 & 1 \\ 3 & 2 & -1 \\ 1 & 0 & -2 \end{vmatrix} = (-8+1+0)-(2+0+6) = -15\ .$$

(2) 내적연산의 교환법칙에 의하여 $\vec{a} \times \vec{b} \cdot \vec{c} = \vec{c} \cdot \vec{a} \times \vec{b}$이고

$$\vec{c} \cdot \vec{a} \times \vec{b} = \begin{vmatrix} 1 & 0 & -2 \\ 2 & -1 & 1 \\ 3 & 2 & -1 \end{vmatrix} = (1+0-8)-(6+2+0) = -15.$$ ■

삼중적은 다음과 같은 연산에 관한 교환법칙과 기하학적 의미가 있다.

정리 2.3.4 삼중적의 성질

(1) $\vec{a} \cdot \vec{b} \times \vec{c} = \vec{a} \times \vec{b} \cdot \vec{c}$

(2) $|\vec{a} \cdot \vec{b} \times \vec{c}|$는 벡터 $\vec{a}, \vec{b}, \vec{c}$를 이웃 변으로 하는 평행육면체의 부피이다.

[증명] (1) 삼중적을 행렬식으로 나타내고 행렬식의 성질을 이용한다. 두 삼중적을 행렬식으로 나타내면

$$\vec{a} \cdot \vec{b} \times \vec{c} = \begin{vmatrix} a_1 & a_2 & a_3 \\ b_1 & b_2 & b_3 \\ c_1 & c_2 & c_3 \end{vmatrix}, \quad \vec{a} \times \vec{b} \cdot \vec{c} = \vec{c} \cdot \vec{a} \times \vec{b} = \begin{vmatrix} c_1 & c_2 & c_3 \\ a_1 & a_2 & a_3 \\ b_1 & b_2 & b_3 \end{vmatrix}$$

이고 두 행렬식은 행의 순서를 두 번 바꾼 것과 같으므로 행렬식은 같다. 따라서

$$\vec{a} \cdot \vec{b} \times \vec{c} = \vec{a} \times \vec{b} \cdot \vec{c}$$

이 성립한다.

(2) 아래 그림에서 $\vec{b}$와 $\vec{c}$가 이웃 변인 평행사변형을 포함하는 평면에 수직인 벡터는 $\vec{b} \times \vec{c}$이다. 따라서 높이 h는 $\vec{a}$를 $\vec{b} \times \vec{c}$에 정사영한 벡터 $\mathrm{Proj}_{\vec{b} \times \vec{c}}\vec{a}$의 크기와 같아서

$$h = |\mathrm{Proj}_{\vec{b} \times \vec{c}}\vec{a}| = \frac{|\vec{a} \cdot \vec{b} \times \vec{c}|}{|\vec{b} \times \vec{c}|^2} |\vec{b} \times \vec{c}|$$

이다. 따라서 구하는 부피 V는 평행사변형의 넓이에 높이를 곱한 것이므로

$$V=|\vec{b}\times\vec{c}|\times\frac{|\vec{a}\cdot\vec{b}\times\vec{c}|}{|\vec{b}\times\vec{c}|^2}|\vec{b}\times\vec{c}|=|\vec{a}\cdot\vec{b}\times\vec{c}|$$

이다.

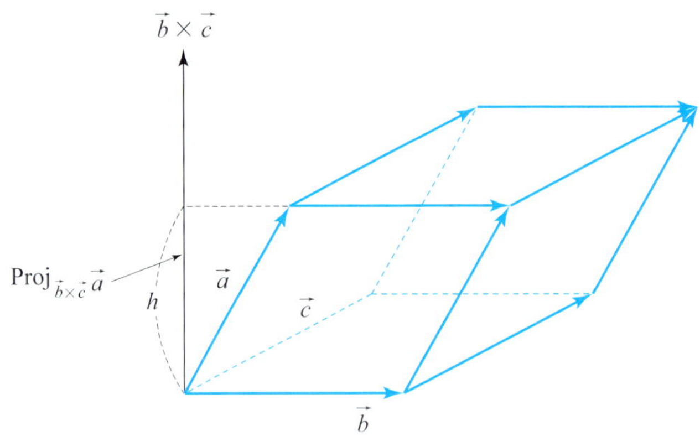

■

예제 2.3.10 다음 세 벡터를 이웃 변으로 하는 평행육면체의 부피를 구하라.

$$\vec{a}=i-k,\quad \vec{b}=-2i+j-3k,\quad \vec{c}=i-j+k$$

[풀이] 삼중적 $\vec{a}\cdot\vec{b}\times\vec{c}$를 구하면

$$\vec{a}\cdot\vec{b}\times\vec{c}=\begin{vmatrix}1&0&-1\\-2&1&-3\\1&-1&1\end{vmatrix}=(1+0-2)-(-1+3+0)=-3$$

이므로 구하는 평행육면체의 부피는 $|\vec{a}\cdot\vec{b}\times\vec{c}|=3$. ■

연습문제 2.3

1. 다음에서 $\vec{a} \times \vec{b}$를 구하라.

(1) $\vec{a} = 2i + j - k,\ \vec{b} = i - j + k$　　(2) $\vec{a} = i - 2j,\ \vec{b} = i + j - 3k$

(3) $\vec{a} = 2i - 3k,\ \vec{b} = j + k$　　(4) $\vec{a} = j + 2k,\ \vec{b} = 3i$

2. 세 점 A, B, C를 꼭짓점으로 하는 삼각형 ABC의 넓이를 구하라.

(1) $A(1, -2, 4)$, $B(-1, 3, 2)$, $C(2, -1, 2)$

(2) $A(-1, 1, -1)$, $B(1, 1, 1)$, $C(-2, 3, -1)$

3. 다음을 이웃 변으로 하는 평행육면체의 부피를 구하라.

(1) $\vec{a} = 2i - j + k,\ \vec{b} = 4i + 2j - k,\ \vec{c} = i - 2j + 3k$

(2) $\vec{a} = i - j,\ \vec{b} = j + k,\ \vec{c} = i + 2j + 3k$

4. $\vec{a} = 3i + j - 2k,\ \vec{b} = i - j + 5k$에 수직이고 크기가 2인 벡터를 구하라.

5. 위치벡터 $\vec{a}, \vec{b}, \vec{c}$의 끝점으로 구성된 삼각형의 넓이는

$$\frac{1}{2}\left|(\vec{b} - \vec{a}) \times (\vec{c} - \vec{a})\right|$$

임을 보여라.

6. 다음을 간단히 하라.

(1) $j \cdot j \times k$　　(2) $j \times k \cdot (-i)$

(3) $(k \times k) \cdot (j \times i)$　　(4) $(j \times i) \times (k \times j)$

2.4 직선과 평면의 방정식

직선의 방정식

좌표평면 또는 공간에서 특정한 조건을 만족하는 직선 위에 있는 점들에 관한 식을 "직선의 방정식"이라고 하고, 주어진 직선에 평행한 벡터를 방향벡터라 한다. 평면에서와 같이 공간에서도 다음 두 요소, 즉,

"지나는 한 점과 방향벡터" 또는 "지나는 두 점"

에 의하여 유일한 직선이 결정된다.

먼저 한 점 $A(a_1, a_2, a_3)$를 지나고 방향벡터 $\vec{u} = u_1 i + u_2 j + u_3 k$인 직선 ℓ의 방정식을 구하여 보자. 이 직선 ℓ 위의 임의의 점을 $X(x, y, z)$라 하면

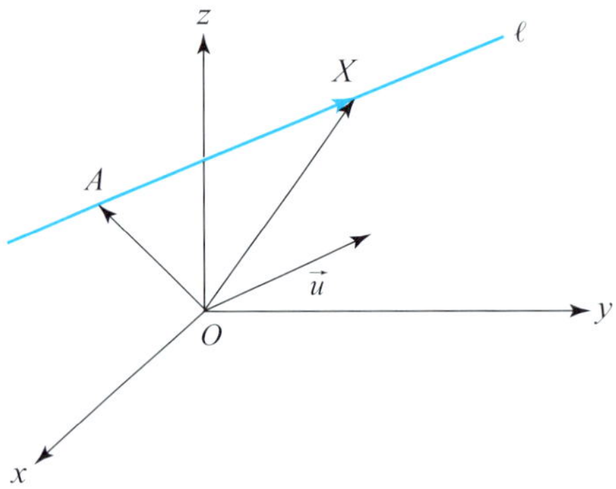

$\overrightarrow{AX}$와 $\vec{u}$는 평행이므로 적당한 실수 t에 대하여

$$\overrightarrow{AX} = t\vec{u} \quad \cdots\cdots ①$$

이고 $\overrightarrow{AX} = \overrightarrow{OX} - \overrightarrow{OA}$로부터 식 ①은

$$\overrightarrow{OX} = \overrightarrow{OA} + t\vec{u} \quad \cdots\cdots ②$$

로 나타내어진다. 역으로 ②로부터 임의의 실수 t에 대하여 X는 점 A를 지나고 방향벡터가 $\vec{u}$인 직선 위의 점을 나타낸다. 이때 ②를 직선 ℓ에 대한 벡터방정식(vector equation)이라 한다.

벡터방정식 ②에서 위치벡터를 i, j, k를 이용하여 나타내어 벡터의 상등을 이용하면

$$xi + yj + zk = (a_1 + tu_1)i + (a_2 + tu_2)j + (a_3 + tu_3)k$$

로부터

$$x = a_1 + tu_1, \quad y = a_2 + tu_2, \quad z = a_3 + tu_3 \cdots\cdots ③$$

이다. 이것을 직선 ℓ의 **매개방정식**(parameteric equation)이라 한다. 매개방정식 ③에서 매개변수 t를 소거하면

$$\frac{x - a_1}{u_1} = \frac{y - a_2}{u_2} = \frac{z - a_3}{u_3} \quad (\text{단, } u_1u_2u_3 \neq 0) \quad \cdots\cdots ④$$

이다. 식 ④를 직선 ℓ의 **대칭방정식**(symmetric equation)이라 한다. 여기서 $u_1u_2u_3 = 0$ 즉, 평행벡터의 성분 중에 어느 하나라도 0이면 대칭방정식의 표현이 달라진다. 예를 들어, $u_2 = 0$, $u_1u_2 \neq 0$인 경우라면 ④는

$$\frac{x - a_1}{u_1} = \frac{z - a_3}{u_3}, \quad y = a_2$$

로 표시된다.

이제 두 점 $A(a_1, a_2, a_3)$와 $B(b_1, b_2, b_3)$를 지나는 직선의 방정식을 구하여 보자. 이 때, 방향벡터는

$$\overrightarrow{AB} = (b_1 - a_1)i + (b_2 - a_2)j + (b_3 - a_3)k$$

이므로 지나는 한 점과 방향벡터가 주어진 직선과 같은 방법으로 직선의 방정식을 구하면 된다.

예제 2.4.1 점 (2, −3, 1)을 지나고 $2i + 3j - k$에 평행한 직선에 대하여 벡터방정식을 구하라.

[풀이] $X(x, y, z)$을 직선위의 점이라 하자. 그러면 임의의 실수 t에 대하여

$$\begin{aligned}\overrightarrow{OX} &= 2i - 3j + k + t(2i + 3j - k) \\ &= (2 + 2t)i + (-3 + 3t)j + (1 - t)k.\end{aligned}$$

■

예제 2.4.2 점 (3, −2, 4)를 지나고 $-2i + 3k$에 평행한 직선의 매개정식을 구하라.

[풀이] $X(x, y, z)$을 직선위의 점이라 하자. 그러면 임의의 실수 t에 대하여

$$\overrightarrow{OX} = 3i - 2j + 4k + t(-2i + 3k)$$

로부터

$$x = 3 - 2t, \quad y = -2, \quad z = 4 + 3t. \qquad ■$$

예제 2.4.3 두 점 (2, −1, 1), (1, −1, 2)를 지나는 직선의 대칭방정식을 구하라.

[풀이] 방향벡터는 $i - k$이므로 직선위의 점을 $X(x, y, z)$라 하면 대칭방정식은

$$\frac{x-2}{1} = \frac{z-1}{-1}, \quad y = -1. \qquad ■$$

예제 2.4.4 두 직선 $\frac{x-2}{3} = \frac{y+1}{-1} = \frac{z-1}{2}$와 $\frac{x}{-1} = y - 3 = \frac{x-4}{5}$가 이루는 사잇각을 θ라 할 때, $\cos\theta$의 값을 구하라.

[풀이] 두 직선의 방향벡터는 각각 $\vec{d}_1 = 3i - j + 2k$, $\vec{d}_2 = -i + j + 5k$이다. 두 직선이 이루는 사잇각은 두 방향벡터의 사잇각과 같으므로

$$\cos\theta = \frac{\vec{d}_1 \cdot \vec{d}_2}{|\vec{d}_1||\vec{d}_2|} = \frac{6}{\sqrt{378}}. \qquad ■$$

평면의 방정식

좌표공간에서 일정한 조건을 만족하는 평면의 위의 점을 나타내는 식을 **평면의 방정식**이라 하고. 주어진 평면에 직교하는 벡터를 **법선벡터**(normal vector)라 한다. 평면은 다음 요소, 즉

"지나는 한 점과 법선벡터" 또는 "포함하는 세 점"

에 의하여 유일하게 결정된다.

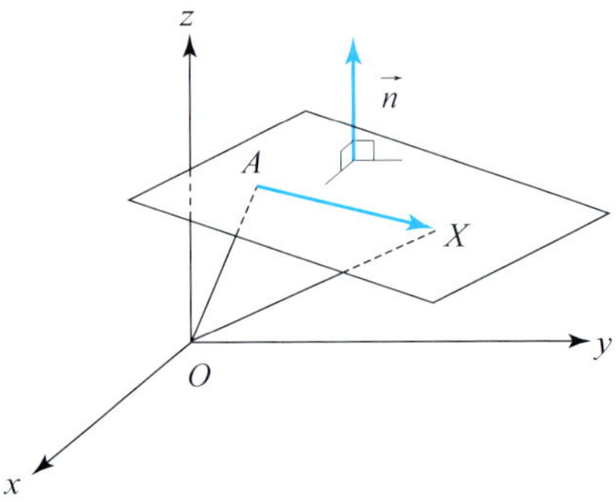

먼저 점 $A(a_1, a_2, a_3)$를 지나고 법선벡터가 $\vec{n} = n_1 i + n_2 j + n_3 k$인 평면의 방정식을 구하여 보자.

이제 $X(x, y, z)$를 구하는 평면 위의 점이라 하면 $\overrightarrow{AX}$는 $\vec{n}$과 직교하므로 두 벡터의 내적은 0 즉,

$$\overrightarrow{AX} \cdot \vec{n} = 0$$

이고, $\overrightarrow{AX} = (x - a_1)i + (y - a_2)j + (z - a_3)k$이므로

$$n_1 x + n_2 y + n_3 z = d \quad (\text{단, } d = a_1 n_1 + a_2 n_2 + a_3 n_3) \quad \cdots\cdots\cdots ⑤$$

이다.

정리 2.4.1

점 $A(a_1, a_2, a_3)$를 지나고 법선벡터가 $\vec{n} = n_1 i + n_2 j + n_3 k$인 평면의 방정식은 다음과 같다.

$$n_1 x + n_2 y + n_3 z = d \quad (\text{단, } d = a_1 n_1 + a_2 n_2 + a_3 n_3)$$

참고 x, y, z의 계수는 법선벡터의 성분을 나타낸다.

이제 세 점 A, B, C를 포함하는 평면의 방정식에 대하여 알아보자. 평면에 수직인 법선벡터 $\vec{n}$은

$$\vec{n} = \overrightarrow{AB} \times \overrightarrow{AC}$$

로 주어진다. 이를 이용하여 한 점과 법선벡터가 주어졌을 때와 같은 방식으로 평면의 방정식을 구하면 된다.

예제 2.4.5 점 $A(2, 3, -2)$을 지나고 $4i - 3j + 2k$에 수직인 평면의 방정식을 구하라.

[풀이] $X(x, y, z)$를 평면위의 점이라 하면 평면의 방정식은

$$4x - 3y + 2z = d,$$
$$d = 2 \times 4 + 3 \times (-3) + (-2) \times 2 = -5$$

로부터

$$4x - 3y + 2z = -5.$$

■

예제 2.4.6 세 점 $A(2, 0, 0)$, $B(1, 2, 4)$, $C(1, -2, -1)$을 포함하는 평면의 방정식을 구하라.

[풀이] 법선벡터 $\vec{n}$을 구하면

$$\vec{n} = \overrightarrow{AB} \times \overrightarrow{AC} = 6i - 5j + 4k$$

이고, $X(x, y, z)$을 평면 위의 점이라 하면 $6x - 5y + 4z = 12$. ■

예제 2.4.7 평면 $2x - y - z = 3$와 $2x + 4z = 5$가 만나서 이루는 사잇각을 구하라.

[풀이] 평면이 이루는 각은 법선벡터가 이루는 각과 같다. 각각의 법선벡터는

$$\vec{n} = 2i - j - k, \quad \vec{m} = 2i + 4k$$

이므로 사잇각을 θ라 하면, 내적 계산에 의하여

$$\cos\theta = \frac{\vec{n} \cdot \vec{m}}{|\vec{n}||\vec{m}|} = 0$$

이 되어 직교한다. 즉 사잇각은 $\frac{\pi}{2}$. ■

정사영 벡터의 개념을 이용하여 평면과 공간상의 한 점 사이의 거리를 구할 수 있다.

정리 2.4.2 점과 평면과의 거리

점 $P(p_1, p_2, p_3)$와 평면 $ax + by + cz = d$ 사이의 거리는 다음과 같다.

$$\frac{|ap_1 + a_2p_2 + ap_3 - d|}{\sqrt{a^2 + b^2 + c^2}}$$

[증명] 주어진 평면의 방정식으로부터 법선벡터 $\vec{n}$는 $\vec{n} = ai + bj + ck$임을 안다. 이제 평면 위의 한 점 $Q(q_1, q_2, q_3)$를 생각하면 $\text{Proj}_{\vec{n}}\overrightarrow{QP}$의 크기가 점 P와 평면 사이의 거리가 된다.

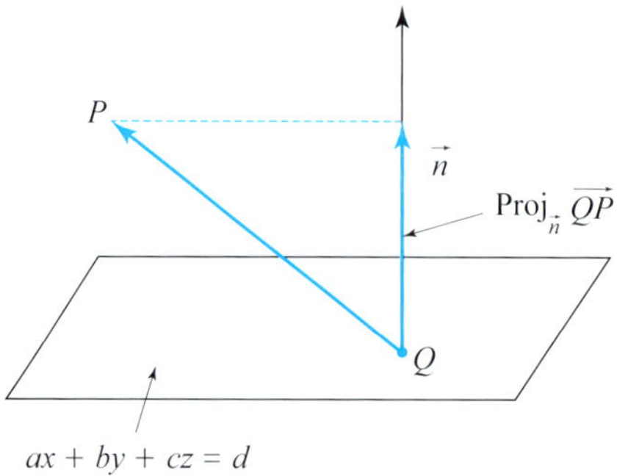

정사영벡터 $\text{Proj}_{\vec{n}}\overrightarrow{QP} = \dfrac{\overrightarrow{QP}\cdot\vec{n}}{|\vec{n}|^2}\vec{n}$ 이므로

$$\left|\text{Proj}_{\vec{n}}\overrightarrow{QP}\right| = \frac{\left|\overrightarrow{QP}\cdot\vec{n}\right|}{|\vec{n}|^2}|\vec{n}| = \frac{\left|\overrightarrow{QP}\cdot\vec{n}\right|}{|\vec{n}|}$$

이고, 점 Q가 평면 위의 점이므로 $aq_1 + bq_2 + cq_3 = d$이고

$$\begin{aligned}\overrightarrow{QP}\cdot\vec{n} &= a(p_1 - q_1) + b(p_2 - q_2) + c(p_3 - q_3)\\ &= (ap_1 + bp_2 + cp_3) - (aq_1 + bq_2 + cq_3)\\ &= (ap_1 + bp_2 + cp_3) - d\end{aligned}$$

이다. 따라서 구하는 거리는

$$\left|\text{Proj}_{\vec{n}}\overrightarrow{QP}\right| = \frac{|ap_1 + bp_2 + cp_3 - d|}{\sqrt{a^2 + b^2 + c^2}}$$

이다. ■

예제 2.4.8 점 $(3, -1, 2)$와 평면 $x - 2y + 3z = 4$ 사이의 거리를 구하라.

[풀이] 거리 공식을 적용하면, 구하는 거리는

$$\frac{|3\times 1 + (-1)\times(-2) + 2\times 3 - 4|}{\sqrt{1^2 + (-2)^2 + 3^2}} = \frac{7}{\sqrt{14}}.$$ ■

연습문제 2.4

1. 점 A를 지나고 방향벡터가 $\vec{d}$ 인 직선의 벡터방정식, 매개방정식, 대칭방정식을 구하라.

(1) $A(3, 2, 1)$, $\vec{d} = 2i - j + 4k$　　(2) $A(-2, 1, 3)$, $\vec{d} = 2i - 3j$

(3) $A(4, 5, -3)$, $\vec{d} = 3i - k$　　(4) $A(2, -2, -3)$, $\vec{d} = -2j + k$

2. 다음 두 점을 지나는 직선의 대칭방정식을 구하라.

(1) $A(2, -3, 5)$, $B(-2, 5, 3)$　　(2) $A(3, 2, 1)$, $B(3, -2, 4)$

(3) $A(0, 0, 1)$, $B(2, 3, 1)$　　(4) $A(0, 0, 0)$, $B(1, 1, 1)$

3. 직선 위의 점 (x, y, z)가 대칭방정식 $\frac{x-4}{-2} = -y-1 = \frac{z-2}{3}$으로 주어졌을 때, 직선 위의 점을 세 개 찾아라.

4. $(2, 3, -5)$를 지나고 직선 $\frac{x-2}{3} = y+3 = \frac{z+4}{-5}$에 평행한 직선의 매개변수 방정식을 구하라.

5. 주어진 두 직선이 이루는 각을 θ라 할 때, $\cos\theta$의 값을 구하라.

(1) $\frac{x+1}{-2} = \frac{y-5}{1} = \frac{z-4}{-1};\quad x=2,\ \frac{y-9}{2} = z+4$

(2) $x = 5-2t,\ y = 1-3t,\ z = 5-2t;\quad x = 4s,\ y = 1-3s,\ z = -s$

6. 다음 한 점을 지나고 법선벡터 $\vec{n}$을 가지는 평면의 방정식을 구하라.

(1) $(2, -3, 4),\ \vec{n} = -2j + 3k$

(2) $(-3, 1, -2),\ \vec{n} = -i + j + 5k$

7. 다음 세 점을 지나는 평면의 방정식을 구하라.

(1) $A(1, 0, 0),\ B(0, 1, 0),\ C(0, 0, 1)$

(2) $A(3, 4, -1),\ B(4, 2, -2),\ C(1, 3, -2)$

8. 점 $(-2, 1, 3)$을 포함하고 평면 $4x - y - 2z = 5$에 평행한 평면의 방정식을 구하라.

9. 평면 $3x - 2y + z = 4$와 직선 $\frac{x}{2} = \frac{y+1}{-1} = \frac{z}{3}$이 만나는 점을 구하라.

10. 점 $(1, -2, 3)$에서 평면 $-2x + y - 3z = 4$까지 거리를 구하라.

함수

Chapter 03

3.1 함수

이 절에서는 함수를 정의하고 함수와 관련된 다양한 정의를 서술하고 그 의미를 알아보도록 한다.

정의 3.1.1

공집합이 아닌 두 집합 X와 Y에 대하여 X의 각 원소 x에 Y의 원소 y가 유일하게 대응하는 대응규칙을 f라 하면

$$f : X \to Y, \quad y = f(x)$$

로 나타내고 f를 **X에서 Y로의 함수**라 한다. 이때 y를 f에 의한 x의 **상**, 또는 x에서 f의 **함숫값**이라 한다. 집합 X를 f의 **정의역**, 집합 Y를 f의 **공역**이라 한다.
$\{f(x) | x \in X\}$을 f의 **치역**이라 하고, $\{(x, f(x)) | x \in X\}$을 함수 f의 **그래프**라 한다. 함수의 그래프를 그린다는 것은 좌표평면에서 순서쌍을 점들로 나타내는 것을 말한다.
집합 Y의 원소 y에 대하여 $f^{-1}(y)$를 y의 **역상**이라 하고

$$f^{-1}(y) = \{x \in X | f(x) = y\}.$$

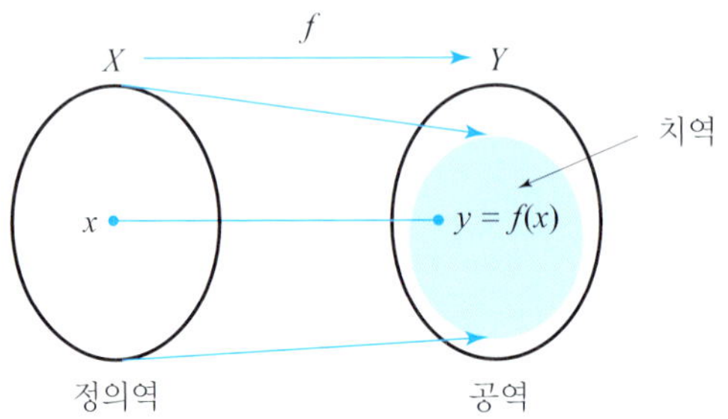

예제 3.1.1 집합 X에서 집합 Y로의 함수 f에서 다음에 답하라.

(1) 함수 f의 정의역, 공역, 치역, 그래프를 구하라.
(2) $f^{-1}(2)$, $f^{-1}(7)$을 구하라.

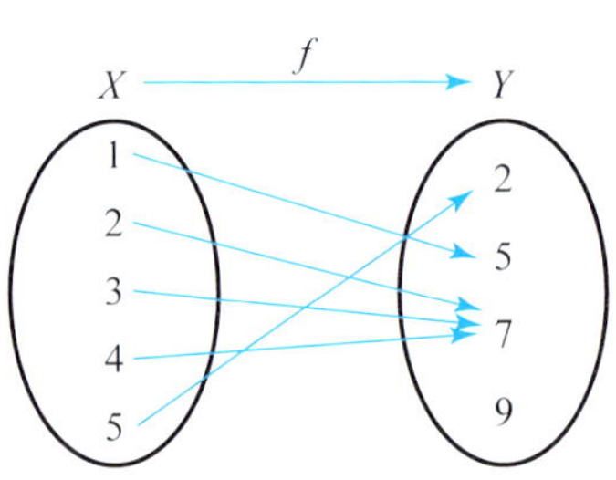

(3) 함수 f의 그래프를 그려라.

[풀이] (1) 정의역은 $X=\{1, 2, 3, 4, 5\}$, 공역은 $Y=\{2, 5, 7, 9\}$, f의 치역$=\{2, 5, 7\}$, f의 그래프$=\{(1, 5), (2, 7), (3, 7), (4, 7), (5, 2)\}$.

(2) $f^{-1}(2)=\{5\}$, $f^{-1}(7)=\{2, 3, 4\}$.

(3) 좌표평면에 이 함수의 그래프를 나타내면 다음과 같다.

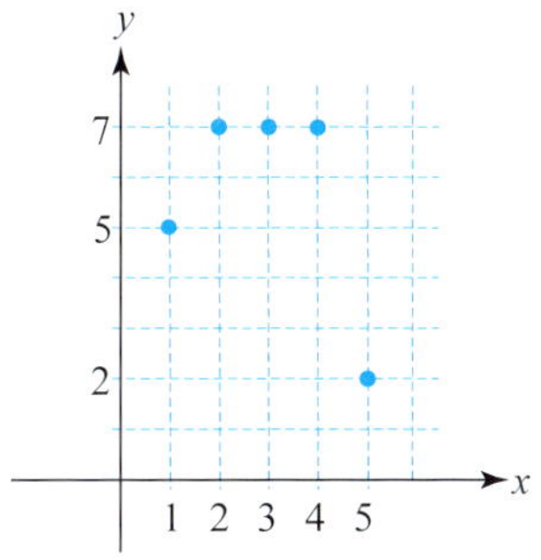

■

참고 평면에 그려진 점들의 집합이 있을 때, y축과 평행이면서 두 개 이상의 점을 지나는 직선이 있으면, 이 점들의 집합은 함수관계를 만족하는 점들이 아니다. —

정의 3.1.2 함수의 상등

두 함수 $f, g: X \to Y$가 주어졌을 때, 모든 $x \in X$에서 $f(x)=g(x)$가 성립하면 두 함수는 서로 같다 하고 $f=g$로 나타낸다.

따라서 적어도 한 $x_0 \in X$가 존재하여 $f(x_0) \neq g(x_0)$이면 $f \neq g$이다.

예제 3.1.2 다음과 같이 정의된 두 함수 f와 g에서 $f \neq g$임을 설명하라.

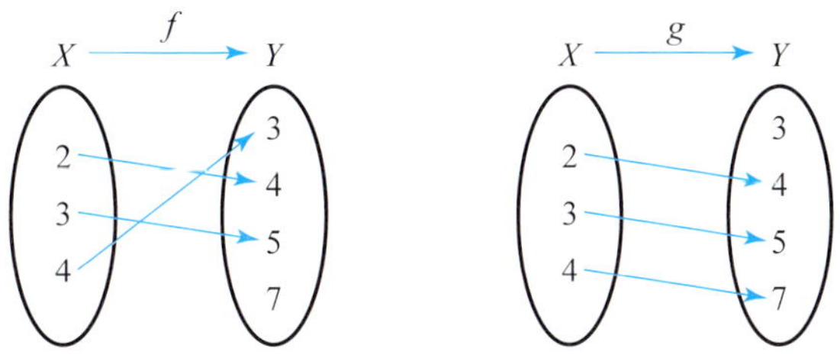

[풀이] 정의역과 공역은 같고, 4를 제외한 모든 점에서 두 함숫값이 같으나 $f(4) \neq g(4)$이다. 따라서 $f \neq g$이다.

두 집합 사이에 서로 다른 함수는 정의역과 공역의 원소에 따라 많이 존재한다. 실제로 집합 X의 원소의 개수가 m, 집합 Y의 원소의 개수가 n일 때, X에서 Y로 서로 다른 함수의 개수는 n^m이다. ■

두 집합 사이에 특수한 대응관계를 가지는 함수들의 유형을 분류하여 보자.

정의 3.1.3 상수함수

함수 $f : X \to Y$에서 $y_0 \in Y$일 때, 모든 $x \in X$에 대하여 $f(x) = y_0$인 함수, 즉 함숫값이 한 개로 일정한 함수 f를 **상수함수**라 한다.

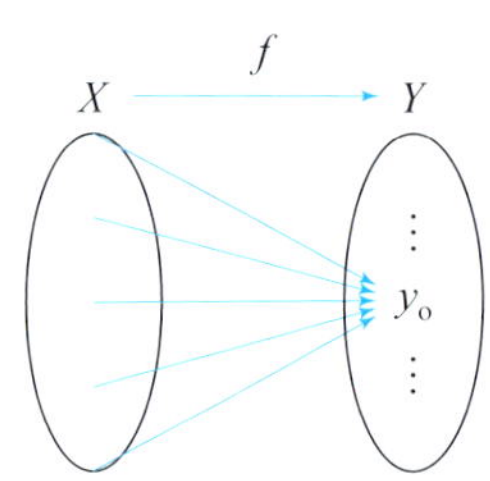

정의 3.1.4 항등함수

함수 $f : X \to X$에서 각 $x \in X$에 대하여 $f(x) = x$일 때, f를 X 위에서 **항등함수**라 한다.

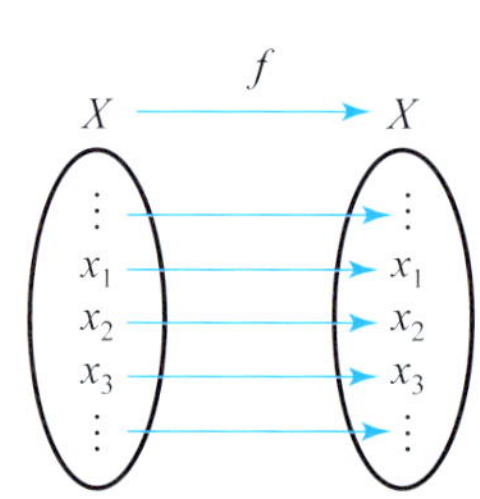

항등함수는 정의역과 공역이 같은 집합임을 유의한다.

정의 3.1.5 단사함수(일대일 함수)

정의역에서 서로 다른 원소는 공역의 서로 다른 원소에 대응, 즉

$$x_1, x_2 \in X\text{일 때, } x_1 \neq x_2\text{이면 } f(x_1) \neq f(x_2)$$

인 함수 f를 **단사** 또는 **일대일 함수**라 한다.

따라서 $x_1 \neq x_2$이지만 $f(x_1) = f(x_2)$인 두 원소 $x_1, x_2 \in X$가 존재하면 f는 일대일 함수가 아니다.

예를 들면,

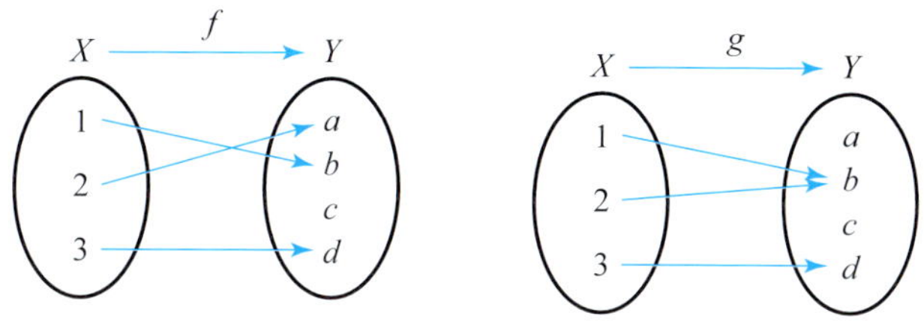

f는 단사함수이다. 하지만 $1 \neq 2$이지만 $g(1) = b = g(2)$이므로 g는 일대일 함수가 아니다.

예제 3.1.3 R가 실수의 집합일 때, 함수 $f : R \to R,\ f(x) = 2x - 1$은 일대일 함수임을 보여라.

[풀이] 임의의 두 실수 x_1, x_2에 대하여 $x_1 \neq x_2$일 때

$$2x_1 - 1 \neq 2x_2 - 1\text{이므로} \quad f(x_1) \neq f(x_2)$$

이다. 따라서 함수 f는 일대일 함수이다. ■

예제 3.1.4 R가 실수의 집합일 때, 함수 $g : R \to R,\ g(x) = x^2 + 1$은 일대일 함수가 아님을 보여라.

[풀이] $x_1 = -2,\ x_2 = 2$라 하자. 그러면 $x_1 \neq x_2$이지만 $g(2) = 5 = g(-2)$이다. 따라서 g는 일대일 함수가 아니다. ■

함수의 그래프가 좌표평면에 주어졌을 때, 그래프가 x축과 평행한 임의의 직선과 한 점에서만 만난다면 이 그래프는 일대일 함수의 그래프이다. 함수의 그래프와 두 점 이상에서 만

나는 x축과 평행한 직선이 있으면 그 그래프는 일대일 함수의 그래프가 아니다.

정의 3.1.6 전사함수(위로의 함수)

함수 $f: X \to Y$에서 치역이 공역과 같은 함수, 즉 임의의 $y \in Y$에 대하여 $y = f(x)$인 $x \in X$가 존재하면 f는 **전사** 또는 **위로의 함수**라 한다.

따라서 모든 원소 $x \in X$에 대하여 $f(x) \neq b$인 $b \in Y$가 존재하면 f는 전사함수가 아니다.

예를 들면, 다음과 같이 주어진 함수에서

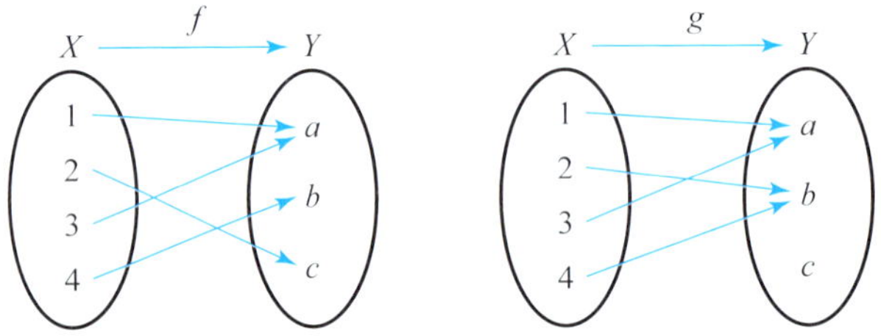

f는 공역과 치역이 같으므로 전사함수이다. 그러나 모든 $x \in X$에서 $g(x) \neq c$이다. 즉, g에서는 c에 대응하는 X의 원소가 없기 때문에 전사함수가 아니다.

예제 3.1.5 함수 $f: [-1, 1] \to [0, 1]$, $f(x) = x^2$는 전사함수임을 보여라

[풀이] $y \in [0, 1]$이라 할 때, $x = \pm\sqrt{y}$라 하면 $x \in [-1, 1]$이고

$$f(x) = x^2 = (\pm\sqrt{y})^2 = y$$

이므로 f는 전사함수이다. ■

예제 3.1.6 함수 $f: [-1, 1] \to [-1, 4]$, $f(x) = 2x + 1$는 전사함수가 아님을 보여라

[풀이] $-1 \leq x \leq 1$이므로 $-1 \leq 2x + 1 \leq 3$이다. 따라서 $3 < y \leq 4$이면

$$\text{모든 } x \in [-1, 1] \text{에서 } f(x) \neq y$$

이다. 따라서 f는 전사함수가 아니다. ■

정의 3.1.7 일대일 대응함수(전단사함수)

함수 $f: X \to Y$가 단사이고 전사이면 **전단사** 또는 **일대일 대응함수**라 한다.

예를 들면, 다음 함수는 모두 일대일 대응함수이다.

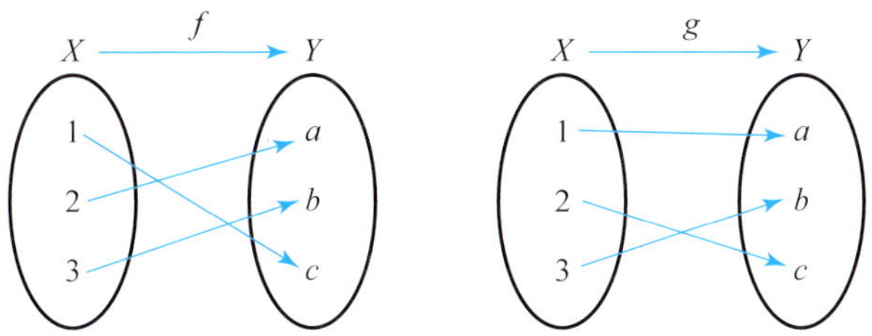

일대일 대응함수는 정의역과 공역이 유한집합일 때, 두 집합의 원소의 개수가 같음을 알 수 있다.

예제 3.1.7 함수 $f:[0, 2] \to [0, 4]$, $f(x) = x^2$은 일대일 대응함수 임을 보여라.

[풀이] 먼저 f가 단사임을 보이자. $x_1, x_2 \in [0, 2]$에서 $x_1 \neq x_2$이면

$$x_1^2 \neq x_2^2 \text{이고 } f(x_1) \neq f(x_2)$$

이다. 따라서 f는 단사함수이다.

이제 $y \in [0, 4]$에 대하여 $x = \sqrt{y}$라 하자. 그러면 $0 \leq \sqrt{y} \leq 2$이므로 $x \in [0, 2]$이고

$$f(x) = x^2 = (\sqrt{y})^2 = y$$

이므로 f는 전사함수 이다. 결과적으로 f는 단사이고 전사이므로 일대일 대응함수 이다. ■

새로운 함수의 생성

집합 X, Y가 실수의 부분집합 일 때, 주어진 두 함수 $f, g: X \to Y$을 이용하여 X에서 Y로의 새로운 함수를 정의해 보자.

정의 3.1.8

(1) 상수의 곱

k가 상수일 때, kf는 $(kf)(x)=kf(x)$ 정의되는 함수이다. 이때, kf의 정의역은 f의 정의역과 같다.

(2) 합, 차

함수 $f+g$와 함수 $f-g$는 각각 다음과 같이 정의되는 함수이다.

$$(f+g)(x)=f(x)+g(x),\quad (f-g)(x)=f(x)-g(x)$$

이때, $f+g$와 $f-g$의 정의역은 모두 f와 g의 정의역의 공통집합이다.

(3) 곱, 나눗셈

함수 fg와 함수 $\dfrac{f}{g}$는 각각 다음과 같이 정의되는 함수이다.

$$(fg)(x)=f(x)g(x),\quad \left(\frac{f}{g}\right)(x)=\frac{f(x)}{g(x)}$$

이때, 함수 fg의 정의역은 f와 g의 정의역의 공통집합이고, $\dfrac{f}{g}$의 정의역은 fg의 정의역에서 $g(x)$의 값이 0 이 되는 원소를 제외한 집합이다.

예를 들면, 두 함수 f와 g가 다음과 같이 정의되었을 때,

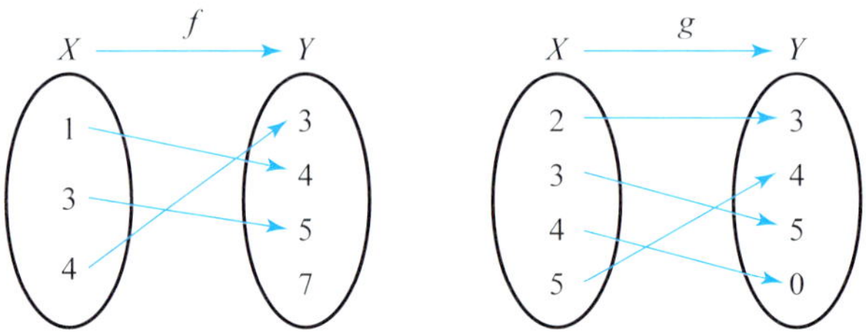

kf의 정의역은 $\{1,\ 3,\ 4\}$, $f+g$, $f-g$, fg의 정의역은 $\{3,\ 4\}$, $\dfrac{f}{g}$의 정의역은 $\{3\}$이다. 또한

$$(4f)(1)=4\times 4=16,\quad (f+g)(3)=f(3)+g(3)=10,$$

$$(fg)(4)=f(4)g(4)=0,\quad \left(\frac{f}{g}\right)(3)=\frac{f(3)}{g(3)}=1.$$

예제 3.1.8 $f(x) = 3x - 1$, $g(x) = x^2 + 4$일 때, $2f$, $f - g$, $f + g$, fg, $\frac{f}{g}$를 식으로 나타내라.

[풀이] $(2f)(x) = 2f(x) = 2(3x - 1) = 6x - 2.$

$(f - g)(x) = f(x) - g(x) = (3x - 1) - (x^2 + 4) = -x^2 + 3x - 5.$

$(f + g)(x) = f(x) + g(x) = x^2 + 3x + 3.$

$(fg)(x) = f(x)g(x) = (3x - 1)(x^2 + 4) = 3x^3 - x^2 + 12x - 4.$

$\left(\frac{f}{g}\right)(x) = \frac{f(x)}{g(x)} = \frac{3x - 1}{x^2 + 4}.$ ■

일반적으로 함숫값이 실수인 함수에서 정의역이 특별히 명시되지 않은 경우에는 함숫값이 실수가 되는 최대의 집합을 정의역으로 생각한다.

예제 3.1.9 다음은 실수의 부분집합에서 정의된 함수이다. 이때 각 함수의 정의역을 구하라.

(1) $f(x) = 2x + 1$

(2) $f(x) = \frac{x + 4}{2x - 5}$

(3) $f(x) = \sqrt{x - 2}$

(4) $f(x) = x^2 - 3$

[풀이] 실수는 사칙연산에 관하여 닫혀있음, 즉 실수의 사칙연산의 결과는 실수임을 상기하면 된다.

(1) 실수의 곱에 1을 더한 것은 실수이므로 정의역은 모든 실수이다.

(2) 분모와 분자는 모든 실수에 대하여 실수이다. 그러나 $x = \frac{5}{2}$이면 분모가 0이므로 $x \neq \frac{5}{2}$인 모든 실수가 정의역이다.

(3) $\sqrt{(\ \ )}$가 실수이기 위한 필요충분조건은 $(\ \ ) \geq 0$이다. 따라서 정의역은 $x \geq 2$인 모든 실수이다.

(4) 실수의 제곱은 실수이고 여기에서 3을 빼도 실수이다. 따라서 정의역은 모든 실수이다. ■

정의 3.1.9 **합성함수**

두 함수 $f : X \to Y$, $g : Y \to Z$에 대하여

$$g \circ f : X \to Z, \quad (g \circ f)(x) = g(f(x))$$

로 정의되는 함수 $g \circ f$를 f와 g의 **합성함수**라 한다.

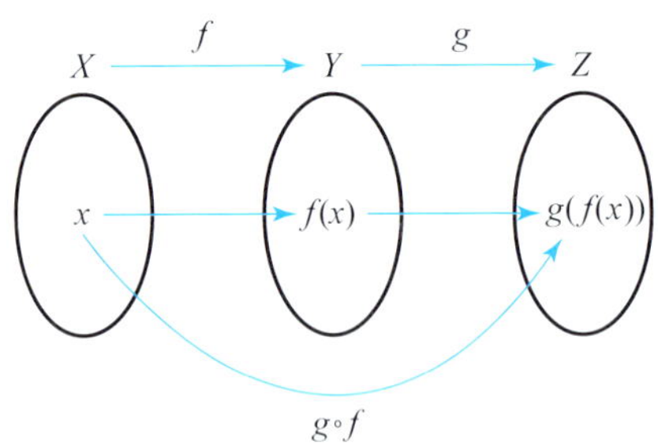

예를 들면, 다음과 같이 정의된 함수 f와 g에 대하여

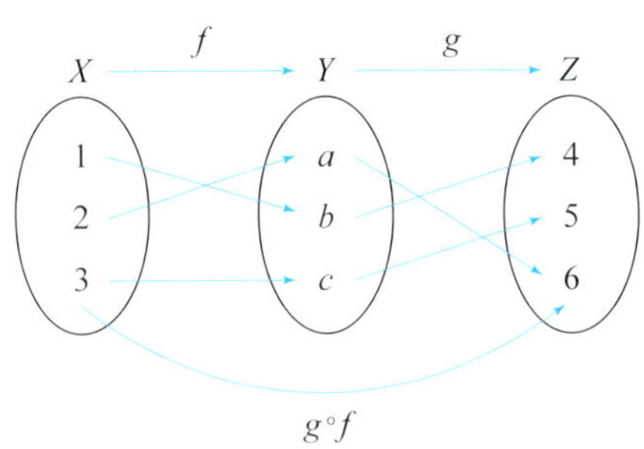

함수 $g \circ f : X \to Z$은 대응관계가

$$(g \circ f)(1) = g(f(1)) = g(b) = 4,$$
$$(g \circ f)(2) = g(f(2)) = g(a) = 6,$$
$$(g \circ f)(3) = g(f(3)) = g(c) = 5.$$

즉, $(g \circ f)(1) = 4$, $(g \circ f)(2) = 6$, $(g \circ f)(3) = 5$인 함수이다.

예제 3.1.10 함수 $f, g : R \to R$에서 $f(x) = 5x + 2$, $g(x) = x^2 + 2$일 때, 다음 값을 구하여라.

(1) $(f \circ f)(1)$ (2) $(g \circ f)(1)$

[풀이] 합성함수의 대응규칙을 따라서 구한다.

(1) $(f \circ f)(1) = f(f(1)) = 5f(1) + 2 = 5 \times 7 + 2 = 37.$

(2) $(g \circ f)(1) = g(f(1)) = f(1)^2 + 2 = 7^2 + 2 = 51.$ ■

예제 3.1.11 함수 $f,\ g : R \to R$에서 $f(x) = 3x - 1,\ g(x) = 2x + 1$일 때, $g \circ f$와 $f \circ g$를 구하고 결과를 비교하라.

[풀이] 합성함수에서 두 합성의 순서를 바꾸면 영향이 있는지 살펴본다.

$$\begin{aligned}(g \circ f)(x) &= g(f(x)) = 2f(x) + 1 \\ &= 2(3x - 1) + 1 = 6x - 1, \\ (f \circ g)(x) &= f(g(x)) = 3g(x) - 1 \\ &= 3(2x + 1) - 1 = 6x + 2\end{aligned}$$

이다. 두 함수는 서로 다르다. 따라서 $g \circ f \neq f \circ g$이다. ■

참고 일반적으로 $f \circ g \neq g \circ f$이다.

함수 $f : X \to Y$가 일대일 대응이면 Y의 원소 y에 대하여 $y = f(x)$인 X의 원소 x는 단 하나 존재하므로 $f^{-1}(y)$의 원소는 한 개다. 이 대응을 이용하여 Y에서 X로의 특별한 함수를 생각할 수 있다.

정의 3.1.10 역함수

함수 $f : X \to Y$가 일대일 대응함수 일 때, $f^{-1} : Y \to X$

$$f^{-1}(y) = x, \quad (\text{단, } y = f(x))$$

로 정의되는 함수 f^{-1}를 f의 **역함수**라 한다.

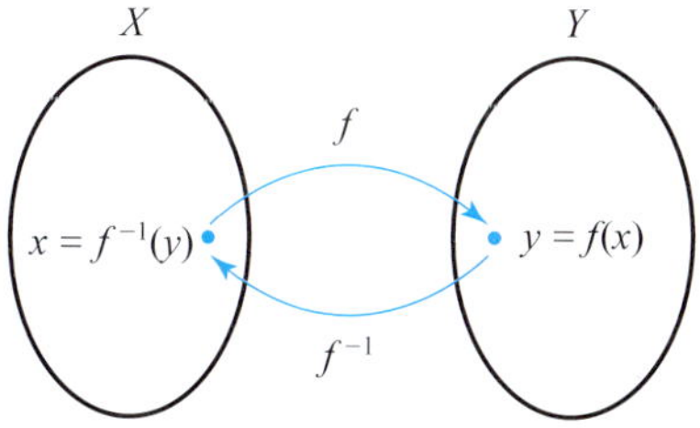

예를 들어, 다음과 같이 주어진 함수에서 다음이 성립한다.

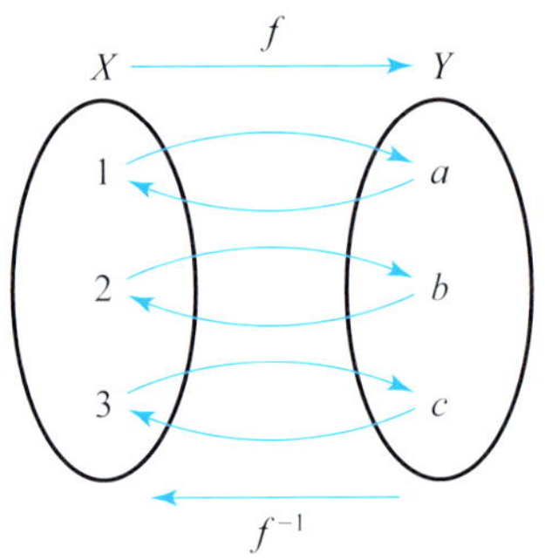

$$(f^{-1} \circ f)(2) = f^{-1}(f(2)) = f^{-1}(b) = 2,$$
$$(f \circ f^{-1})(c) = f(f^{-1}(c)) = f(3) = c.$$

역함수 f^{-1}의 정의역, 치역, 그래프 등에 관한 내용은 함수 f의 성질을 이용하여 알 수가 있다. 다음은 함수 f와 f^{-1}에 관한 관계를 설명해준다.

정리 3.1.1 역함수의 성질

함수 $f: X \to Y$가 일대일 대응일 때 역함수 $f^{-1}: Y \to X$에 대하여 다음이 성립한다.

(1) $y = f(x) \Leftrightarrow x = f^{-1}(y)$

(2) $(f^{-1} \circ f)(x) = x$, $(f \circ f^{-1})(y) = y$

(3) f^{-1}의 정의역 $\equiv f$의 치역, f^{-1}의 치역 $\equiv f$의 정의역

(4) f의 그래프와 f^{-1}의 그래프는 $y = x$에 대하여 선대칭

역함수 구하기

일대일 대응함수가 주어졌을 때, 주어진 함수의 역함수를 구하는 방법은 다음과 같다.

첫째, $y = f(x)$에서 x와 y를 바꾼다.
둘째, x와 y를 바꾼 식에서 y를 x에 관하여 정리하면 $y = f^{-1}(x)$가 된다.

예제 3.1.12 함수 $f: R \to R$, $f(x) = \frac{3}{2}x - 5$가 일대일 대응 함수임을 알 때, 역함수 $f^{-1}(x)$를 구하라.

[풀이] $y = f(x) = \frac{3}{2}x - 5$로부터 x와 y를 바꾸면 $x = \frac{3}{2}y - 5$이고 y를 x에 관하여 정리하면 $y = \frac{2x + 10}{3}$이다. 따라서 구하는 역함수는 $f^{-1}(x) = \frac{2}{3}x + \frac{10}{3}$이다. ■

예제 3.1.13 $f: [0, \infty) \to [0, \infty)$, $f(x) = x^2$의 역함수를 구하라.

[풀이] f가 일대일 대응함수임을 안다. 따라서 역함수가 존재한다.
$y = f(x) = x^2$에서 x와 y를 바꾸면 $x = y^2$이고 $y = \pm\sqrt{x}$이다. 그런데 애초에 $y \geq 0$이므로 구하는 역함수는 $f^{-1}(x) = \sqrt{x}$이다. ■

정의 3.1.10 우함수와 기함수

함수 f가 정의역 내에 있는 실수 x에 대하여

$$f(-x) = f(x)$$

이면 f는 우함수,

$$f(-x) = -f(x)$$

이면 f는 기함수라 한다.

예제 3.1.14 $f(x) = x^2 + 1$, $g(x) = x^3$은 각각 우함수, 기함수임을 보여라.

[풀이] $f(-x) = (-x)^2 + 1 = x^2 + 1 = f(x)$이므로 f는 우함수이다.
$g(-x) = (-x)^3 = -x^3 = -g(x)$이므로 g는 기함수이다. ■

참고 우함수의 그래프는 y축에 선대칭이고, 기함수의 그래프는 원점에 대하여 $180°$ 회전대칭이다.

연습문제 3.1

1. 집합 $X=\{-2, -1, 0, 1, 2\}$에서 실수 집합으로의 함수 $f(x)=2x-3$에 대하여 다음에 답하여라.

   (1) 함수 f의 정의역　　(2) 함수 f의 공변역

   (3) 함수 f의 치역　　(4) 함수 f의 그래프

2. 다음은 실수의 부분집합에서 정의된 함수이다. 이때 각 함수의 정의역을 구하라.

   (1) $f(x)=\dfrac{3x+2}{4}$　　(2) $f(x)=\dfrac{3x-5}{x+2}$

   (3) $f(x)=\sqrt{x^2-2x-8}$　　(4) $f(x)=2^x+\dfrac{1}{\sqrt{3x-4}}$

3. 다음 주어진 함수가 단사, 전사, 전단사 함수 중 어느 것인지 조사하라.

   (1) $f:[0, 3]\to R,\ f(x)=\dfrac{3}{2x+1}$

   (2) $f:[-2, 4]\to R,\ f(x)=\dfrac{2}{3}x-5$

   (3) $f:[0, 3]\to[-4, 12],\ f(x)=x^2+1$

   (4) $f:[-2, 1]\to[-2, 2],\ f(x)=(x+1)^2-3$

4. 두 함수 $f(x)=\dfrac{x+3}{2}$와 $g(x)=\sqrt{4x+1}$에 대하여 다음 값을 구하여라.

   (1) $(3f)(2)$　　(2) $(f+g)(3)$

   (3) $(fg)(6)$　　(4) $\left(\dfrac{f}{g}\right)(4)$

5. 두 함수 $f(x)=-3x+4,\ g(x)=\sqrt{x}+1$에 대하여 다음 함수를 구하여라.

   (1) $f\circ g$　　(2) $g\circ f$

   (3) $f\circ f$　　(4) $g\circ g$

6. 함수 $f,\ g:R\to R$가 다음과 같이 정의 되었을 때, 각 함수의 역함수를 구하여라.

   (1) $f(x)=-2x+1$　　(2) $f(x)=-\dfrac{1}{3}x+\dfrac{1}{2}$

7. 두 함수 $f(x)=x-1,\ g(x)=3x+2$일 때, 다음에 답하여라.

   (1) $g^{-1}\circ f^{-1}$을 구하여라.　　(2) $(f\circ g)^{-1}$을 구하여라.

8. 함수 $f:[0, \infty) \to [-3, \infty)$, $f(x) = x^2 - 3$의 역함수를 구하고 그래프를 그려라.

9. 다음 함수에서 우함수인지 또는 기함수인지를 말하라.

(1) $f(x) = x^2 - x$

(2) $f(x) = x^4 - 2x^2$

(3) $f(x) = x^3 - x$

(4) $f(x) = x^2 + x$

10. 주어진 함수 $f: R \to R$에 대하여 다음에 답하라.

(1) $g(x) = \dfrac{f(x) + f(-x)}{2}$는 우함수임을 보여라.

(2) $h(x) = \dfrac{f(x) - f(-x)}{2}$는 기함수임을 보여라.

3.2 다항함수, 유리함수, 무리함수

본 장에서는 실수의 부분집합을 정의역과 공역으로 가지는 함수들 중에서 다항함수, 유리함수, 무리함수에 대하여 알아본다. 이 함수들의 대응규칙은 물론 그래프를 그리는 것에 중점을 둔다.

다항함수

정의 3.2.1

주어진 실수 $a_0, a_1, \cdots, a_n$과 음이 아닌 정수 n에 대하여 정의역의 원소 x에 대하여

$$f(x) = a_n x^n + a_{n-1} x^{n-1} + \cdots + a_1 x + a_0 \quad (a_n \neq 0)$$

로 정의된 함수 f를 n차 **다항함수**라 한다.

$n = 1$일 때는 일차함수, $n = 2$일 때는 이차함수라 하는데 이들 함수에 대하여 알아보자.

일차함수와 그래프

일차함수는 실수 $a(\neq 0)$, b에 대하여 $f(x) = ax + b$이고 그래프는 y절편이 b이고 기울기가 a인 직선이다. 제한 조건이 없으면 정의역은 모든 실수의 집합이다.

일차함수의 그래프는 a의 부호에 따라 다음과 같다. 일반적으로 x-절편, y-절편을 구하여 두 점을 연결한다.

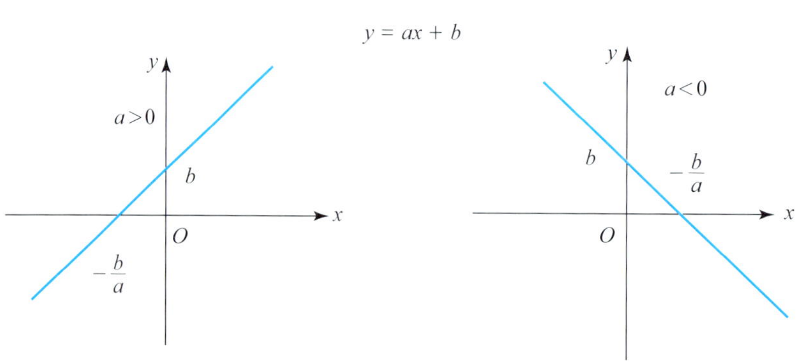

예제 3.2.1 다음 일차함수의 그래프를 그려라.

(1) $y = -2x + 1$ (2) $\frac{x}{2} - \frac{y}{3} = 1$

[풀이] x-절편과 y-절편을 구하여 그래프를 그려본다.

(1) x-절편: $\left(\frac{1}{2}, 0\right)$, y-절편: $(0, 1)$.

(2) x-절편: $(2, 0)$, y-절편: $(0, -3)$. ■

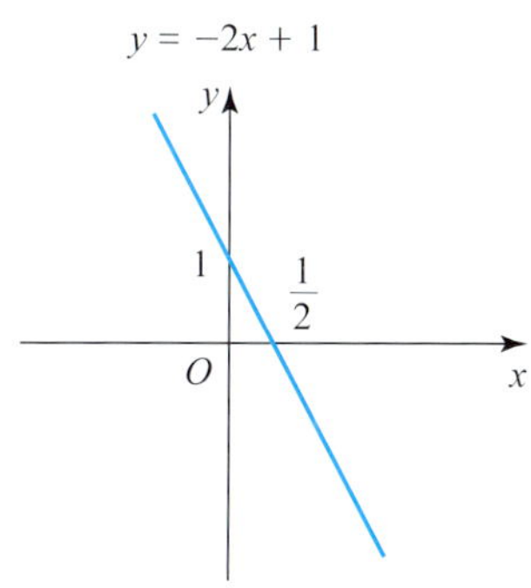

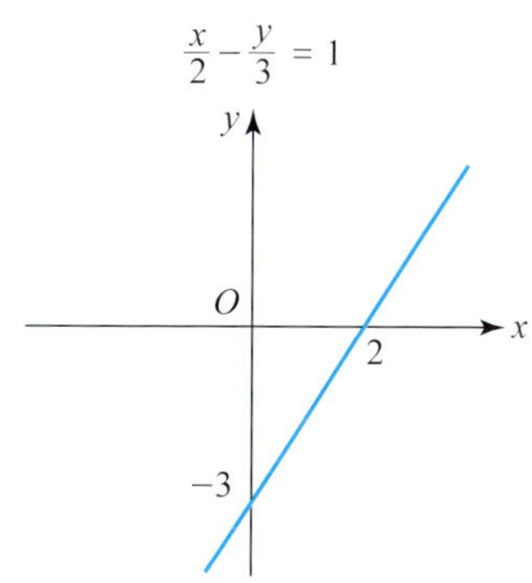

이차함수와 그래프

이차함수는 실수 $a(\neq 0)$, b, c에 대하여 $f(x) = ax^2 + bx + c$로 주어지는 함수이다. 이차식을 변형하면

$$\begin{aligned} f(x) &= ax^2 + bx + c \\ &= a\left(x + \frac{b}{2a}\right)^2 - \frac{b^2 - 4ac}{4a} \end{aligned}$$

이다. 특별한 제한이 없는 한 정의역은 모든 실수들의 집합이다.

이제 $D = b^2 - 4ac$라 하자. 이를 판별식이라 한다. 그러면 그래프의 y절편은 c이고 꼭짓점의 좌표는 $\left(-\frac{b}{2a}, -\frac{D}{4a}\right)$이고 x축과의 교점은 $\left(\frac{-b \pm \sqrt{D}}{2a}, 0\right)$이다.

함수의 그래프는 a의 부호와 판별식 D의 값에 따라 다음과 같은 모양이 된다.

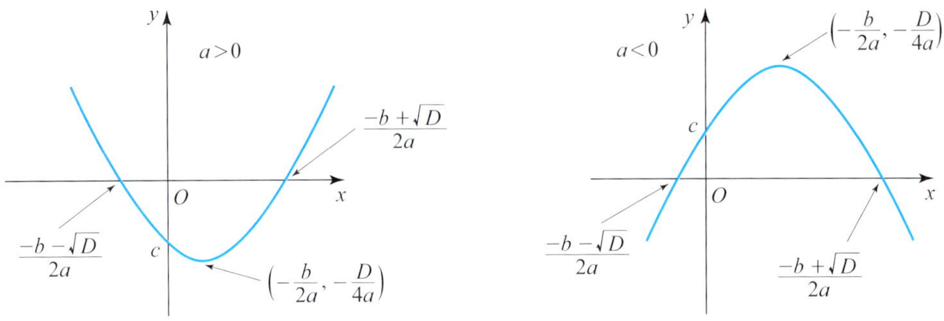

이차함수의 치역은 $a>0$이면 $y \geq -\dfrac{D}{4a}$인 모든 실수이고, $a<0$이면 $y \leq -\dfrac{D}{4a}$인 모든 실수이다.

이차함수는 정의역에 제한조건이 없으면 함수의 최댓값 또는 최솟값은 꼭짓점에서 발생하고 그 값은 꼭짓점의 y좌표의 값이다.

정의역이 제한되어 있는 상태에서 함수의 최댓값 또는 최솟값을 구하는 경우에는 꼭짓점의 x좌표가 제한된 영역에 포함되어있는지의 여부를 확인하는 것이 중요하다.

예제 3.2.2 다음 주어진 구간에서 정의된 함수의 최댓값과 최솟값을 구하라.

(1) $f(x)=x^2-2x, \quad (0 \leq x \leq 4)$

(2) $f(x)=-x^2-4x+2, \quad (-1 \leq x \leq 2)$

[풀이] 꼭짓점의 x좌표가 정의구역에 포함되는지 확인하고, 구간의 끝점에서의 함숫값을 구하여 비교하면 된다.

(1) 꼭짓점의 x좌표는 $x=-\dfrac{b}{2a}=-\dfrac{-2}{2}=1$이고 정의역에 포함된다. 이제 $x=0, 1, 4$에서 함숫값을 구하면 $f(0)=0$, $f(1)=-1$, $f(4)=8$이 되어 최댓값은 8, 최솟값은 -1.

(2) 꼭짓점의 x좌표는 $x=-\dfrac{b}{2a}=-\dfrac{-4}{2(-1)}=-2$이고 정의역에 포함되지 않는다. 이제 $x=-1, 2$에서 함숫값을 구하면 $f(-1)=5$, $f(2)=-10$이 되어 최댓값은 5, 최솟값은 -10. ■

함수의 그래프가 x축과의 만남의 유무는 판별식에 의하여 다음과 같이 결정된다.

$D > 0$일 때, x축과 두 점에서 만남.

$D = 0$일 때, x축과 한 점에서 만남(x축에 접함).

$D < 0$일 때, x축과 만나지 않음.

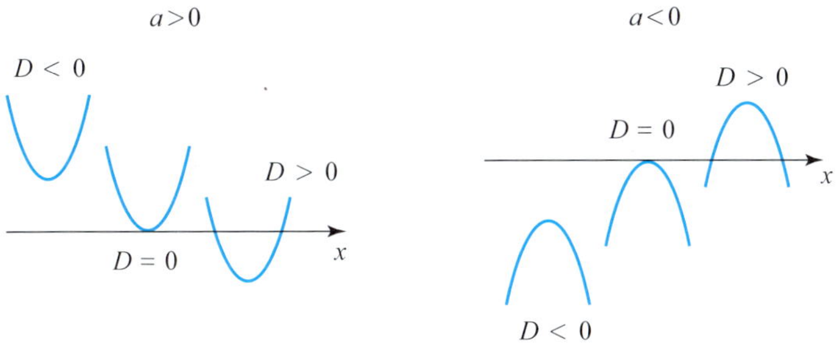

예제 3.2.3 이차함수 $y = x^2 - 2kx + 1$의 그래프가 x축과 다음과 같은 조건에서 만난다고 할 때, k의 값 또는 범위를 구하라.

(1) 두 점　　　　(2) 한 점　　　　(3) 만나지 않음

[풀이] 판별식 $D = b^2 - 4ac$의 부호 또는 값에 따라 결정된다.

(1) $D = (-2k)^2 - 4 > 0$으로부터 $k^2 - 1 > 0$이고 부등식의 해를 구하면 다음과 같다.

$$k < -1 \quad \text{또는} \quad k > 1.$$

(2) $D = 0$으로부터 $k^2 = 1$이므로 $k = -1,\ 1.$

(3) $D < 0$으로부터 $k^2 - 1 < 0$이고 부등식의 해는 $-1 < k < 1.$ ■

예제 3.2.4 일차함수 $y = 3x - 3$의 그래프와 이차함수 $y = -2x^2 + x - 4$의 그래프가 몇 개의 점에서 만나는지를 결정하라.

[풀이] 두 함수의 교점을 (x, y)라 하면,

$$3x - 3 = -2x^2 - 2x - 1,$$
$$2x^2 + 2x + 1 = 0$$

이다. 방정식의 좌변을 이차함수로 보고 판별식을 생각하면

$$D = (-2)^2 - 4(-2)(-1) = -5 < 0$$

이 되어 이차함수의 그래프는 x축과 만나지 않으므로 방정식은 실수해를 가지지 않는다. 따라서 두 함수의 그래프는 교점이 없다. ■

이차부등식의 문제는 인수분해를 하지 않고 판별식과 근의 공식을 이용하여 해결할 수 있다. 이제 이차부등식의 문제를 이차함수의 그래프와 관련시켜서 풀이해보자. 이차부등식은 $a(\neq 0)$에 대하여 다음과 같이 주어진다.

$$(1)\ ax^2+bx+c\geq 0 \quad \text{또는} \quad (2)\ ax^2+bx+c<0$$

주어진 부등식의 좌변에 있는 식을 이차함수로 생각하고, 판별식 D와 x축과의 교점관계를 생각하여 해를 구할 수 있다.

예제 3.2.5 다음 이차부등식의 해를 판별식과 근의 공식을 이용하여 구하라.

(1) $-x^2+4x+5\leq 0$ (2) $x^2-2x+4>0$ (3) $-x^2+2x-3>0$

[풀이] 부등식의 좌변을 이차함수로 보고 a에 해당하는 계수의 부호에 따른 그래프의 형태, 판별식을 이용한 x축과의 교점의 개수, 교점의 x좌표를 구하여 합당한 x의 범위를 구하면 된다.

(1) 부등식 좌변의 이차함수의 판별식을 구하면 $D=4^2-4(-1)5=36>0$이므로 그래프는 x축과 두 점에서 만난다. 교점의 x좌표는 $x=\dfrac{-b\pm\sqrt{D}}{2a}=\dfrac{-4\pm 6}{-2}=-1,\ 5$이다.

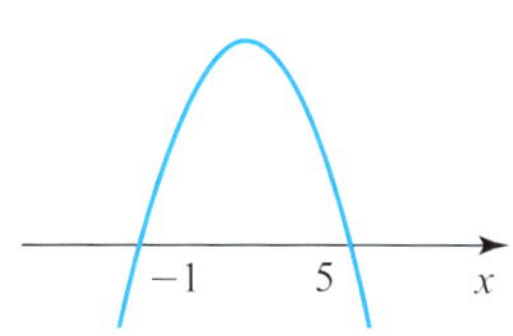

그래프로부터 구하는 영역은 $x\leq -1,\ x\geq 5$.

(2) 부등식 좌변의 이차함수의 판별식을 구하면 $D=(-2)^2-4(1)(4)=-12<0$이므로 그래프는 x축과 만나지 않는다.

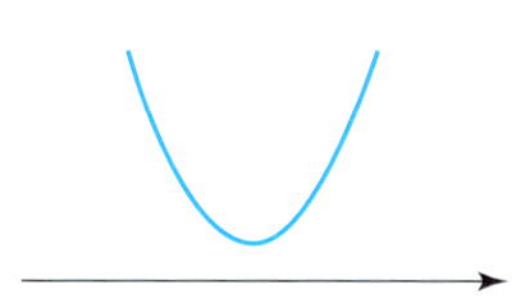

그래프로부터 구하는 x의 영역은 모든 실수이다.

(3) 부등식 좌변의 이차함수의 판별식을 구하면 $D = 2^2 - 4(-1)(-3) = -8 < 0$이므로 그래프는 x축과 만나지 않는다.

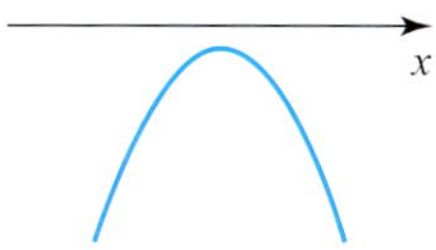

그래프로부터 구하는 x의 영역은 없다. 따라서 해는 존재하지 않는다. ■

유리함수와 그래프

정의 3.2.2

다항식 함수 $f(x)$, $g(x)$에 대하여 $h(x) = \dfrac{f(x)}{g(x)}$를 **유리함수**라 한다. 유리함수를 기약분수 꼴로 고쳤을 때 분모가 상수가 아니면 **분수함수**라 한다.

예를 들면,

$$y = \frac{1}{x+2}, \quad y = \frac{2x-3}{x^2+x-1}, \quad y = \frac{x^2-2x+4}{x-5}, \quad \cdots$$

등은 유리함수이다.

본 절에서는 주어진 실수 a, b, c, d에 대하여 다음 형태의 함수에 대하여 알아본다.

$$f(x) = \frac{ax+b}{cx+d}.$$

우선 가장 간단한 형태인 $y = \dfrac{k}{x}$의 그래프를 알아보자.

$y = \frac{k}{x}(k \neq 0)$의 그래프

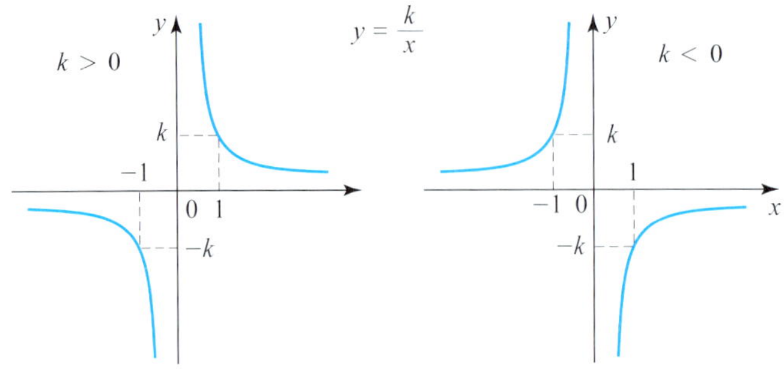

함수의 그래프가 만나지는 않으면서 가까이 접근하는 일정한 직선을 **점근선**이라 한다. 따라서 이 그래프의 점근선은 x축($y=0$)과 y축($x=0$)이다. 정의역은 $x \neq 0$인 모든 실수이고, 치역은 $y \neq 0$인 모든 실수이다.

예제 3.2.6 $y = \frac{3}{x}$와 $y = -\frac{2}{x}$의 그래프를 그려라.

[풀이] 여기서 $y = -\frac{2}{x} = \frac{-2}{x}$이고 $k = -2$이다. 그래프는 다음과 같다.

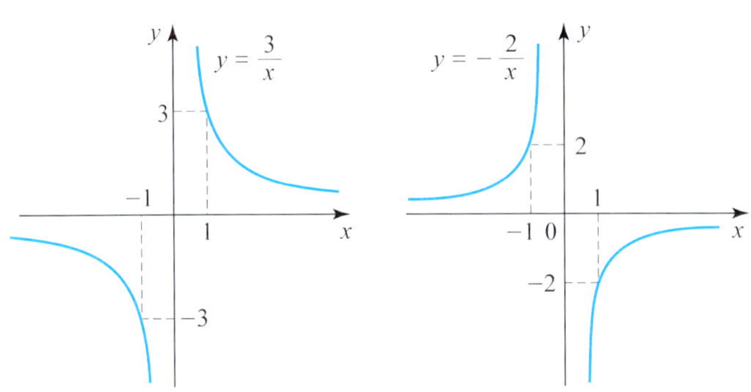

■

$y = \frac{ax+b}{cx+d}$ 의 그래프

위 함수는 다항식의 나눗셈 또는 적당한 변형에 의하여

$$y = \frac{k}{x-p} + q$$

로 표현할 수 있다. 이 함수의 그래프는 $y = \frac{k}{x}$의 그래프를 x축으로 p, y축으로 q만큼 평행

이동한 것이다. 이때 점근선은 직선 $x=p$, $y=q$이다. 정의역은 $x \neq p$인 모든 실수이고, 치역은 $y \neq q$인 모든 실수이다.

예제 3.2.7 $y=\dfrac{3}{x-2}+3$ 의 그래프를 그려리고 점근선을 구하라.

[풀이] $y=\dfrac{3}{x}$의 그래프를 x축으로 2, y축으로 3만큼 평행이동한 그래프로 다음과 같다. 점근선은 $x=2$, $y=3$이다.

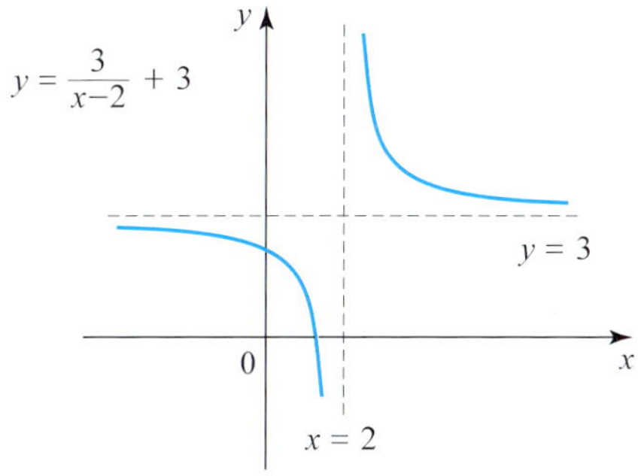

■

예제 3.2.8 다음 주어진 함수의 원형 $y=\dfrac{k}{x}$를 말하고, 점근선, 정의역, 치역을 말하라.

(1) $y=\dfrac{2x+3}{x-2}$ (2) $y=\dfrac{3x+1}{1-x}$

[풀이] (1) 분자를 분모로 나누어도 되지만 이 경우에는 다음 방법이 더 효율적이다. 즉,

$$y=\frac{2x+3}{x-2}=\frac{2(x-2)+7}{x-2}=2+\frac{7}{x-2}$$

로부터 $y=\dfrac{7}{x}$의 그래프를 평행 이동한 그래프이다. 점근선은 $x=2$, $y=2$이고, 정의역은 $x \neq 2$인 모든 실수, 치역은 $y \neq 2$인 모든 실수이다.

(2) 다항식의 나눗셈을 하면 몫이 -3, 나머지가 4이므로

$$y=\frac{3x+1}{1-x}=-3+\frac{4}{-x+1}=-3+\frac{-4}{x-1}$$

가 되어 $y=\dfrac{-4}{x}$의 그래프를 평행 이동한 그래프이다. 점근선은 $x=1$, $y=-3$이고, 정의역은 $x \neq -1$인 모든 실수, 치역은 $y \neq -3$인 모든 실수이다. ■

예제 3.2.9 $y+4=\dfrac{3}{2x+1}$의 원형 $y=\dfrac{k}{x}$를 말하고 정의역, 치역, 점근선을 말하라.

[풀이] 다음 연산

$$\frac{3}{2x+1}=\frac{3}{2\left(x-\left(-\frac{1}{2}\right)\right)}=\frac{3/2}{x-\left(-\frac{1}{2}\right)}$$

으로부터 주어진 함수는

$$y=\frac{3/2}{x-\left(-\frac{1}{2}\right)}+(-4)$$

로 변형이 되어 $y=\dfrac{3/2}{x}$의 그래프를 평행 이동한 그래프이다. 점근선은 $x=-\dfrac{1}{2}$, $y=-4$이고, 정의역은 $x\neq-\dfrac{1}{2}$인 모든 실수, 치역은 $y\neq-4$인 모든 실수이다. ■

정의 3.2.3

함수 $y=f(x)$에서 $f(x)$가 근호를 포함할 때, 이 함수를 **무리함수**라 한다.

예를 들어, $y=\sqrt{x+1}$, $y=\sqrt{1-3x^2}$은 무리함수이다. 무리함수에 정의역이 명시되어 있지 않은 때에는 근호 안의 값이 음이 아닌 모든 실수 전체의 집합을 정의역으로 한다.

예제 3.2.10 다음 무리함수의 정의역과 치역을 말하라.

(1) $y=\sqrt{4-x}$

(2) $y=\sqrt{3x-6}+2$

[풀이] (1) $4-x\geq 0$으로부터 정의역은 $x\leq 4$일 실수, 치역은 $y\geq 0$인 실수.

(2) $3x-6\geq 0$에서 정의역은 $x\geq 2$인 실수, 치역은 $y\geq 2$인 실수. ■

$y=\sqrt{kx}$ $(k\neq 0)$ 그래프

실수 k의 부호에 따라 다음과 같이 그려진다.

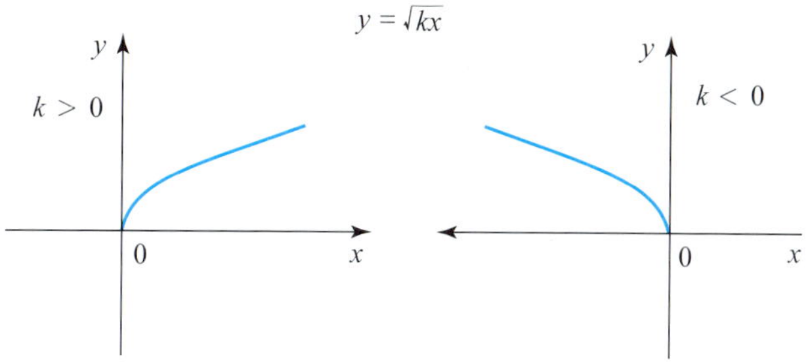

예를 들어, $y=\sqrt{2x}$의 그래프와 $y=\sqrt{-2x}$의 그래프는 각각 다음과 같다.

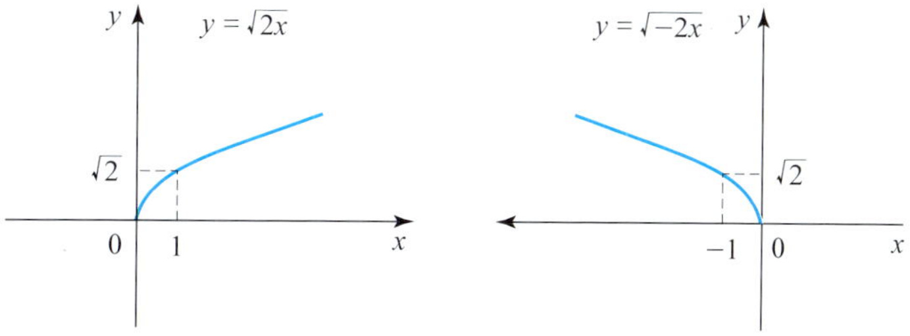

참고로 $y=-\sqrt{kx}$의 그래프는 $y=\sqrt{kx}$의 그래프와 x축에 선대칭인 그래프이다.

$y=\sqrt{k(x-p)}+q$의 그래프

이 함수의 그래프는 $y=\sqrt{kx}$ 그래프를 x축으로 p만큼, y축으로 q만큼 평행이동을 한 것이다.

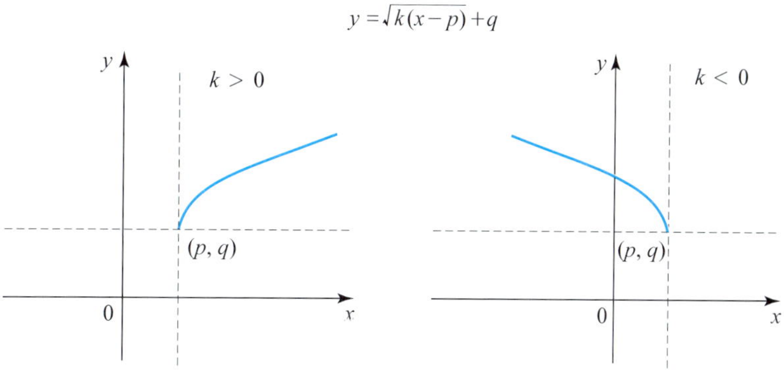

예제 3.2.11 두 함수 $y=\sqrt{2(x-1)}+2$, $y=\sqrt{-2(x-1)}+2$의 그래프를 그리고 정의역과 치역을 구하라.

[풀이] 함수 $y=\sqrt{2(x-1)}+2$의 그래프는 $y=\sqrt{2x}$의 그래프를 x축으로 1, y축으로 2 평행이동을 한 것이다. 정의역은 $x \ge 1$, 치역은 $y \ge 2$이다.

함수 $y=\sqrt{-2(x-1)}+2$의 그래프는 $y=\sqrt{-2x}$의 그래프를 x축으로 1, y축으로 2 평행이동을 한 것이다. 정의역은 $x \le 1$, 치역은 $y \ge 2$이다. 그래프는 각각 다음과 같다.

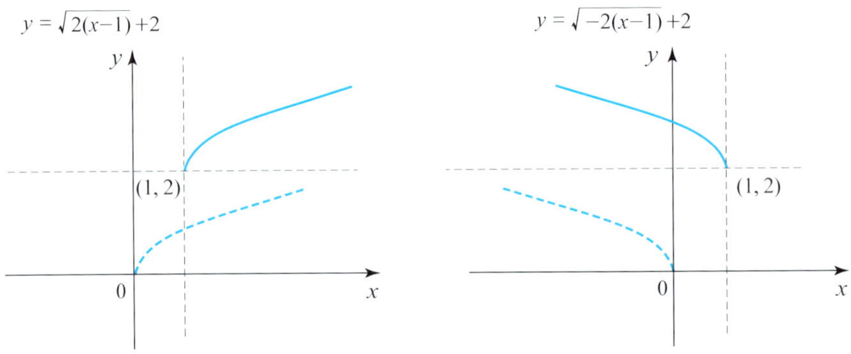

■

예제 3.2.12 다음 함수의 그래프는 어떤 함수의 그래프의 변형인가를 말하라.

(1) $y=-\sqrt{x+4}$ (2) $y=\sqrt{-2x+4}-3$

[풀이] (1) $y=-\sqrt{x+4}=-\sqrt{x-(-4)}$이므로 $y=\sqrt{x}$의 그래프를 x축으로 -4 평행 이동하고 x축에 선대칭인 그래프이다.

(2) $y=\sqrt{-2x+4}-3=\sqrt{-2(x-2)}-3$이므로 $y=\sqrt{-2x}$의 그래프를 x축으로 2, y축으로 -3 만큼 평행 이동한 그래프이다. ■

연습문제 3.2

1. 다음 일차함수의 x절편과 y절편을 구하여라.

(1) $y = -2x + 1$　　(2) $\dfrac{x}{2} - \dfrac{y}{3} = 1$

2. 다음 주어진 구간에서 정의된 함수의 최댓값과 최솟값을 구하여라.

(1) $f(x) = -x^2 + 2x, \quad (0 \le x \le 3)$

(2) $f(x) = x^2 + 2x + 2, \quad (0 \le x \le 1)$

3. 다음 이차함수의 그래프와 x축과의 교점의 수를 조사하여라.

(1) $y = 3x^2 - 2x - 2$　　(2) $y = -x^2 + 6x - 9$

4. 이차함수 $y = x^2 - 2kx + 4$의 그래프가 x축과 서로 다른 두 점에서 만나도록 k의 값 또는 범위를 구하여라.

5. 일차함수 $y = -x + 3$의 그래프와 이차함수 $y = -2x^2 + x + 4$의 그래프가 몇 개의 점에서 만나는지를 결정하여라.

6. 모든 실수 x에 대하여 $x^2 - x + k > 0$이 성립하도록 k의 값의 범위를 정하여라.

7. 다음 이차부등식의 해를 이차함수의 그래프를 이용하여 구하여라.

(1) $2x^2 - x - 1 > 0$　　(2) $-x^2 + 3x - 4 \ge 0$

(3) $x^2 - 4x + 3 \le 0$　　(4) $-x^2 + 2x + 8 < 0$

8. 다음 주어진 함수의 정의역, 치역과 점근선을 말하여라. 또 그래프에 관하여 말하라.

(1) $y = -\dfrac{x+1}{2x}$　　(2) $y = \dfrac{5-4x}{2x-1}$

(3) $y = \dfrac{2x+1}{x+1}$　　(4) $y = \dfrac{3x+1}{2-x}$

9. 다음 주어진 함수의 정의역과 치역을 말하여라. 또 그래프에 관하여 말하라.

(1) $y = \sqrt{2x-4}$　　(2) $y = \sqrt{9-3x} + 2$

(3) $y = \sqrt{4-2x} + 1$　　(4) $y = \sqrt{x+2} - 1$

3.3 지수함수와 로그함수

자연수에 대하여 정의된 지수 법칙이 유리수와 무리수까지 확장되는 과정을 살펴본다. 이를 바탕으로 지수함수와 로그함수를 정의하고 그 성질을 알아본다.

정의 3.3.1

자연수 n에 대하여 a를 n번 거듭하여 곱한 것을 **a의 n제곱**이라 하고 a^n으로 나타낸다. 이때

$$a^2,\ a^3,\ \cdots,\ a^n,\ \cdots$$

을 a의 **거듭제곱**이라 하고, a를 **밑**, n을 **지수**라 한다.

지수를 정수로 확장하기 위하여 다음과 같이 정의한다.

정의 3.3.2

$a \neq 0$이고 n이 자연수일 때 다음과 같이 정의한다.

$$a^0 = 1, \quad a^{-n} = \frac{1}{a^n}$$

두 정의에 의하여 정수인 지수에 대하여 다음이 성립한다.

정리 3.3.1

정수 m, n에 대하여 다음이 성립한다.

(1) $a^m a^n = a^{m+n}$

(2) $(a^m)^n = a^{mn}$

(3) $(ab)^m = a^m b^m$

(4) $a^m \div a^n = a^{m-n}$

정의 3.3.3

(1) 실수 a와 자연수 n에 대하여 $x^n = a$를 만족하는 x를 a의 **n제곱근**이라 한다.

(2) n이 짝수이고 $a>0$인 경우에는 a의 n제곱근 중에서 양의 실수와 음의 실수는 각각

$$\sqrt[n]{a}, \quad -\sqrt[n]{a}$$

로 표현한다. 또한 $n=2$일 때는 $\sqrt[2]{a}=\sqrt{a}$로 나타낸다.

n이 홀수인 경우에는 임의의 실수 a에 대하여 a의 n제곱근 중에서 실수인 것은 오직 하나 있으며, 이것을 $\sqrt[n]{a}$로 나타낸다.

일반적으로 복소수의 범위에서 실수 a의 n제곱근은 n개가 있다. 그러나 여기서는 a의 n제곱근 중에서 실수인 근 만을 생각하기로 한다.

예제 3.3.1 다음 거듭제곱근 중에서 실수인 것을 구하라.

(1) 16의 제곱근　　　　(2) -27의 세제곱근

[풀이] (1) 16의 제곱근을 x라 하면 제곱근의 정의에 의하여 $x^2=16$으로부터 $x=-4,\ 4$이다. 즉 $\sqrt{16}=4$이고 $-\sqrt{16}=-4$이다.

(2) -27의 세제곱근을 x라 하면 제곱근의 정의에 의하여 $x^3=-27$이고 $(-3)^3=-27$로부터 $x=-3$이다. 즉 $\sqrt[3]{-27}=-3$이다. ■

다음 정의에 의하여 지수는 유리수까지 확장이 된다.

정의 3.3.4

$m,\ n$은 양의 정수일 때, $n\geq 2$에 대하여 다음을 정의 한다.

$$a^{\frac{1}{n}}=\sqrt[n]{a}, \quad a^{\frac{m}{n}}=\sqrt[n]{a^m}$$

정리 3.3.2 거듭제곱근의 성질

$a>0,\ b>0$이고, $m,\ n$이 자연수 일 때, 다음이 성립한다.

(1) $\sqrt[n]{a}\sqrt[n]{b}=\sqrt[n]{ab}$　　　　(2) $\dfrac{\sqrt[n]{a}}{\sqrt[n]{b}}=\sqrt[n]{\dfrac{a}{b}}$

(3) $(\sqrt[n]{a})^m=\sqrt[n]{a^m}$　　　　(4) $\sqrt[m]{\sqrt[n]{a}}=\sqrt[mn]{a}$

예제 3.3.2 다음을 간단히 하라.

(1) $\sqrt[4]{4}\,\sqrt[4]{4}$ (2) $\dfrac{\sqrt[5]{128}}{\sqrt[5]{4}}$

(2) $(\sqrt[6]{9})^3$ (4) $\sqrt[3]{\sqrt{729}}$

[풀이] (1) $\sqrt[4]{4}\,\sqrt[4]{4} = \sqrt[4]{16} = 2.$ (2) $\dfrac{\sqrt[5]{128}}{\sqrt[5]{4}} = \sqrt[5]{\dfrac{128}{4}} = \sqrt[5]{32} = 2.$

(3) $(\sqrt[6]{9})^3 = \sqrt[6]{9^3} = \sqrt[6]{3^6} = 3.$ (4) $\sqrt[3]{\sqrt{729}} = \sqrt[6]{729} = 3.$ ■

자연수 지수에 대하여 성립되었던 지수법칙이 지수가 실수인 경우까지 확장이 된다.

정리 3.3.3 지수법칙

$a > 0$, $b > 0$이고 x, y가 실수일 때, 다음이 성립한다.

(1) $a^x a^y = a^{x+y}$ (2) $a^x \div a^y = a^{x-y}$

(3) $(a^x)^y = a^{xy}$ (4) $(ab)^x = a^x b^x$

예제 3.3.3 다음을 간단히 하라.

(1) $\sqrt{ab^2}\,\sqrt[3]{a^2b^4} \div \sqrt[6]{ab^5}$ (2) $(3^{\sqrt{2}} \div 3^{\sqrt{8}})^{\frac{1}{\sqrt{2}}}$

[풀이] 거듭제곱근의 성질과 지수법칙을 이용하여 구한다.

(1) $\sqrt{ab^2}\,\sqrt[3]{a^2b^4} \div \sqrt[6]{ab^5} = (ab^2)^{\frac{1}{2}}(a^2b^4)^{\frac{1}{3}}(ab^5)^{-\frac{1}{6}} = a^{\frac{1}{2}+\frac{2}{3}-\frac{1}{6}}b^{1+\frac{4}{3}-\frac{5}{6}} = ab^{\frac{3}{2}}.$

(2) $(3^{\sqrt{2}}3^{-\sqrt{8}})^{\frac{1}{\sqrt{2}}} = 3^{(\sqrt{2}-\sqrt{8})\frac{1}{\sqrt{2}}} = 3^{1-2} = \dfrac{1}{3}.$ ■

이제 로그에 대하여 알아보자. 로그는 다음과 같이 정의되는 실수이다.

정의 3.3.5

$a > 0$, $a \neq 1$일 때, 양수 b에 대하여 $a^x = b$를 만족시키는 실수 x는 반드시 하나 존재한다. 이때 다음과 같이 정의하고

$$a^x = b \Leftrightarrow x = \log_a b$$

x를 a를 밑으로 하는 b의 로그라고 읽고, b는 $\log_a b$의 진수라 한다.

예제 3.3.4 로그의 정의를 이용하여 다음 값을 구하라.

(1) $\log_{27} 9$ (2) $\log_2 \frac{1}{8}$

[풀이] (1) $\log_{27} 9 = x$라 하면 $9 = 27^x$로부터 $3^2 = 3^{3x}$이고 따라서 $x = \frac{2}{3}$.

(2) $\log_2 \frac{1}{8} = x$라 하면 $2^x = 8^{-1}$로부터 $2^x = 2^{-3}$이고 따라서 $x = -3$. ■

로그의 정의로부터 로그 연산에 대하여 다음과 같은 성질을 얻을 수 있다.

정리 3.3.4

$a > 0$, $a \neq 1$, $x > 0$, $y > 0$이고 k가 임의의 실수일 때 다음이 성립한다.

(1) $\log_a 1 = 0$, $\log_a a = 1$ (2) $\log_a xy = \log_a x + \log_a y$

(3) $\log_a \frac{x}{y} = \log_a x - \log_a y$ (4) $\log_a x^k = k \log_a x$

예제 3.3.5 다음을 간단히 하라.

(1) $2\log_2 \sqrt{8} + 3\log_2 \sqrt[3]{2}$ (2) $\log_2 18 - 4\log_2 \sqrt{6}$

[풀이] (1) $$\begin{aligned} 2\log_2 \sqrt{8} + 3\log_2 \sqrt[3]{2} &= 2\log_2 2^{3/2} + 3\log_2 2^{1/3} \\ &= 2 \cdot \frac{3}{2}\log_2 2 + 3 \cdot \frac{1}{3}\log_2 2 = 4. \end{aligned}$$

(2) $$\begin{aligned} \log_2 18 - 4\log_2 \sqrt{6} &= \log_2 2 \cdot 3^2 - 2\log_2 2 \cdot 3 \\ &= \log_2 2 + 2\log_2 3 - 2\log_2 2 - 2\log_2 3 = -1. \end{aligned}$$ ■

로그의 식을 계산하는 중에 로그의 밑을 변환 할 수 있으면 계산이 훨씬 간편해진다. 다음은 밑을 변환하는 공식이다.

정리 3.3.5

$a > 0,\ a \neq 1,\ c > 0,\ c \neq 1,\ b > 0$일 때, 다음이 성립한다.

$$\log_a b = \frac{\log_c b}{\log_c a}$$

참고 이 정리의 결과로 다음이 성립한다.

$$\log_a b = \frac{1}{\log_b a}, \qquad \log_{a^k} b = \frac{1}{k}\log_a b$$

예제 3.3.6 다음을 간단히 하라.

(1) $\log_4 3 \cdot \log_3 2$ (2) $\left(\log_5 2 + \log_{25} \frac{1}{2}\right)(\log_{0.5} 25 + \log_2 5)$

[풀이] 밑의 변환을 이용하여 간편하게 한다.

(1) $\log_4 3 \cdot \log_3 2 = \log_{2^2} 3 \cdot \log_3 2$

$$= \frac{1}{2}\log_2 3 \cdot \log_3 2 = \frac{1}{2}.$$

(2) $$\left(\log_5 2 + \log_{5^2} \frac{1}{2}\right)(\log_{0.5} 25 + \log_2 5) = (\log_5 2 + \log_{5^2} 2^{-1})(\log_{2^{-1}} 5^2 + \log_2 5)$$

$$= \left(\log_5 2 - \frac{1}{2}\log_5 2\right)(-2\log_2 5 + \log_2 5)$$

$$= -\frac{1}{2}.$$

지수함수와 그래프

정의 3.3.5

$a > 0,\ a \neq 1$일 때, 임의의 실수 x에 대하여

$$f(x) = a^x$$

로 정의되는 함수를 a를 밑으로 하는 **지수함수**라 한다.

별다른 제한이 없으면 정의역은 모든 실수이고, 치역은 양의 실수이다.

$y = a^x$의 그래프는 a의 영역에 따라 다음과 같다.

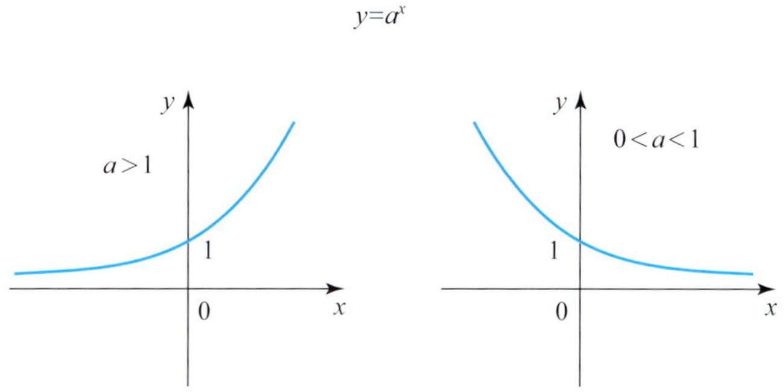

그래프로부터 지수함수의 점근선은 x축, 즉 $y = 0$이다.

예제 3.3.7 $y = 2^x$와 $y = 2^{-x}$의 그래프를 그려라.

[풀이] $y = 2^{-x} = \left(\frac{1}{2}\right)^x$임에 유의하자. 그래프는 다음과 같다.

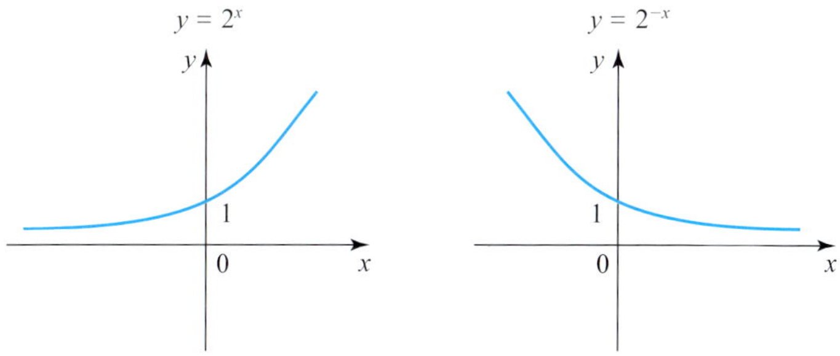

$y = a^{x-p} + q$의 그래프는 $y = a^x$의 그래프를 x축으로 p, y축으로 q만큼 평행 이동한 것이다. 정의역은 모든 실수, 치역은 $y > q$인 실수이고, 점근선은 $y = q$이다. ■

예제 3.3.8 $y = 2^{x-2} + 1$과 $y = 2^{-x+2} + 1$의 그래프를 그리고 점근선을 말하라.

[풀이] $2^{-x+2} = 2^{-(x-2)} = \left(\frac{1}{2}\right)^{x-2}$임에 유의하여 그래프를 그리면 다음과 같다. 이때 점근선은 두 그래프 모두 $y = 1$이다.

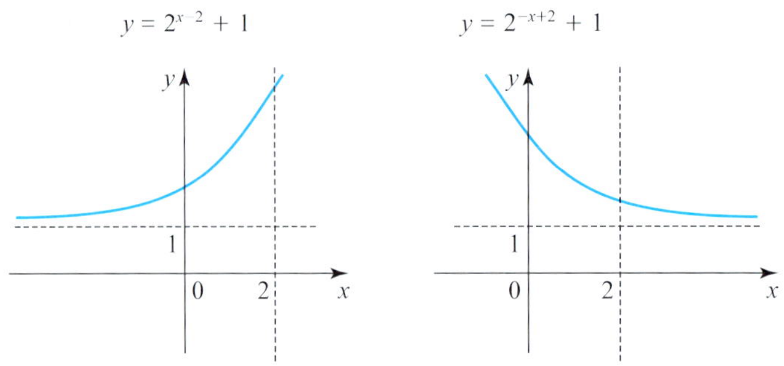

예제 3.3.9 $y = 3^{-x-2} - 4$의 그래프는 기본형으로부터 어떻게 이동하였는지를 설명하고 점근선, 정의역, 치역을 말하라.

[풀이] 주어진 함수의 식을 변형하면

$$y = 3^{-x-2} - 4 = 3^{-(x+2)} - 4$$
$$= (3^{-1})^{x-(-2)} - 4$$

으로부터 기본형 $y = \left(\frac{1}{3}\right)^x$을 x축으로 -2, y축으로 -4 만큼 평행 이동한 그래프이다. 점근선은 $y = -4$, 정의역은 모든 실수, 치역은 $y > -4$인 모든 실수이다. ■

로그함수와 그래프

정의 3.3.7

$a \neq 1$, $a > 0$일 때, 양의 실수 x에 대하여

$$f(x) = \log_a x$$

로 정의되는 함수를 a를 밑으로 하는 로그함수라 한다.

정의역은 다른 제한이 없는 한 양의 실수이고, 치역은 모든 실수이다.

$y = \log_a x$의 그래프는 a의 범위에 따라 다음과 같다.

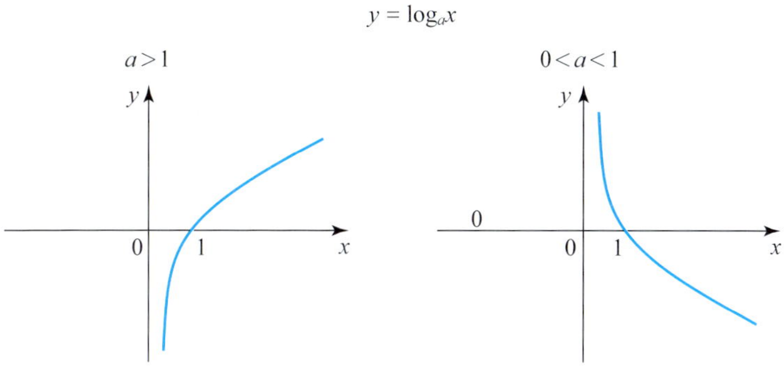

그래프에서 알 수 있듯이 $y=\log_a x$의 그래프의 점근선은 y축 또는 $x=0$이다.

예제 3.3.10 $y=\log_2 x$와 $y=\log_{\frac{1}{2}} x$의 그래프를 그려라.

[풀이] 그래프를 그리면 다음과 같다.

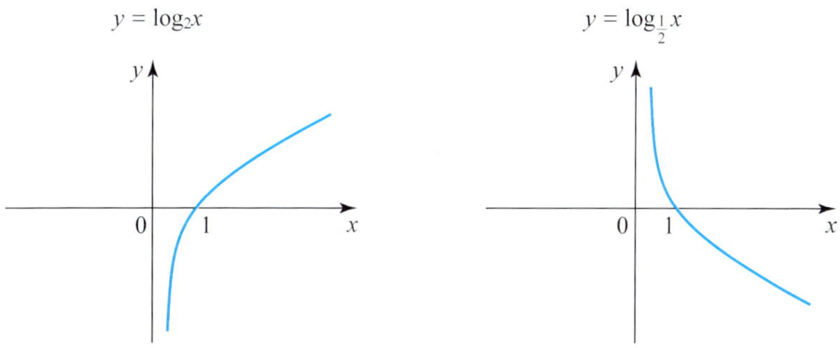

■

함수 $y=\log_a(x-\alpha)+\beta$의 그래프는 $y=\log_a x$의 그래프를 x축으로 α, y축으로 β만큼 평행 이동한 것이다.

예제 3.3.11 $y=\log_2(x-1)+2$와 $y=\log_{\frac{1}{2}}(x-1)+2$의 그래프를 그리고 점근선, 정의역을 구하라.

[풀이] 그래프를 그리면 다음과 같다. 정의역은 $x>1$, 점근선은 $x=1$이다.

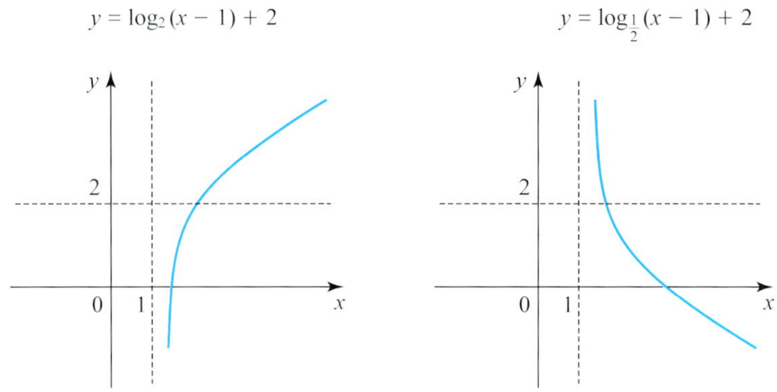

로그의 정의

$$y = a^x \Leftrightarrow x = \log_a y$$

로부터 두 함수 $y = a^x$와 $y = \log_a x$는 서로 역함수임을 알 수 있다. 따라서 두 함수의 그래프는 $y = x$에 선대칭이고, 지수함수의 치역이 로그함수의 정의역, 지수함수의 정의역이 로그함수의 치역임을 알 수 있다.

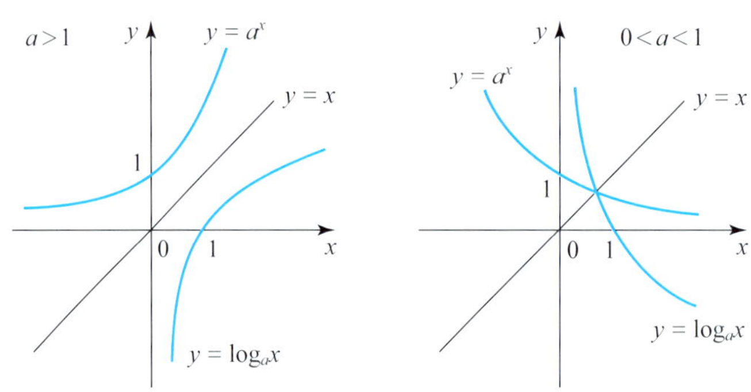

연습문제 3.3

1. 다음을 간단히 하라.

(1) $a^2 \div a^{-3} \times a^4$　(2) $(a^{-3})^2 \times (a^2)^{-4}$

(3) $\dfrac{a^2 \times a^{-3}}{a^{-2} \times a^4}$　(4) $\dfrac{(a^2)^{-3}}{a^5 \times a^{-2}}$

(5) $a^{\sqrt{3}} \div a^{2\sqrt{3}} \times a^{5\sqrt{3}}$　(6) $a^{\sqrt{3}} \times (a^{\sqrt{6}})^{\frac{1}{\sqrt{2}}}$

2. 다음을 간단히 하라.

(1) $(\sqrt[3]{2} \times \sqrt[5]{2})^{15}$　(2) $\sqrt[3]{\sqrt{5^3}} \times \sqrt{5}$

(3) $(\sqrt[3]{2})^6 \div \sqrt[5]{32^2}$　(4) $\sqrt[3]{\sqrt{27}} \times \sqrt{\dfrac{3}{4}} \times \sqrt[4]{144}$

3. 다음 값을 구하라.

(1) $\log_8 32$　(2) $\log_{0.1} 100$

(3) $\log_4 \sqrt{2}$　(4) $\log_2 \dfrac{1}{8}$

4. 다음을 간단히 하라.

(1) $2\log_2 \sqrt{8} + 3\log_2 3$　(2) $\log_2 18 - 4\log_2 \sqrt{6}$

(3) $\log_2 5 \cdot \log_5 3 \cdot \log_3 4$　(4) $\left(\log_3 5 + \log_9 \dfrac{1}{5}\right)\left(\log_5 \dfrac{1}{3} + \log_{25} 27\right)$

5. $y = 3^{-x}$의 그래프를 이용하여 다음 함수의 정의역, 치역, 점근선을 말하라.

(1) $y = 3^x - 1$　(2) $y = 3^{-x} + 1$

(3) $y = 3^{-x+1}$　(4) $y = -3^{-x-1}$

6. $y = \log_{\frac{1}{3}} x$의 그래프를 이용하여 다음 로그함수의 정의역, 치역, 점근선을 말하라.

(1) $y = \log_{\frac{1}{3}}(x+2)$　(2) $y - 1 = \log_{\frac{1}{3}} x$

(3) $y = \log_{\frac{1}{3}}(-x+1)$　(4) $y = -\log_{\frac{1}{3}}(x+1)$

3.4 삼각함수

동경과 각의 측정

한 점 O에서 반직선 $\overrightarrow{OP}$가 고정된 반직선 $\overrightarrow{OX}$를 기준으로 회전한다고 하자. 이때 $\overrightarrow{OX}$를 **기준선**(또는 시초선)이라 하고 $\overrightarrow{OP}$를 **동경**이라 한다. 각을 기준선에서 반시계방향으로 동경까지 측정한 각을 **양의 각**이라 하고 기준선에서 시계방향으로 동경까지 측정한 각을 **음의 각**이라 한다.

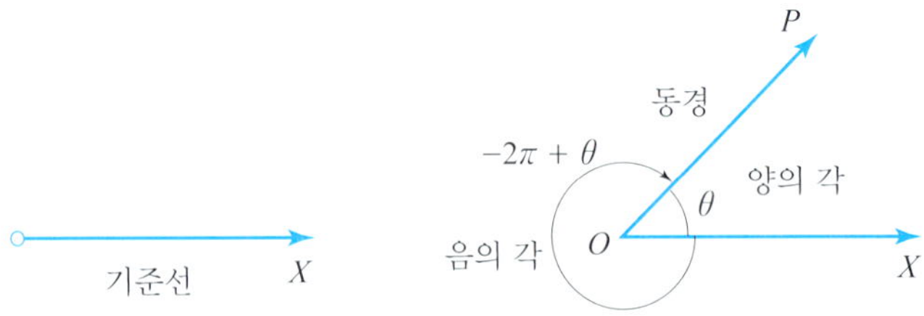

예를 들어, 30°,120°, −60°, −210°에 대한 동경을 그리면 다음과 같다.

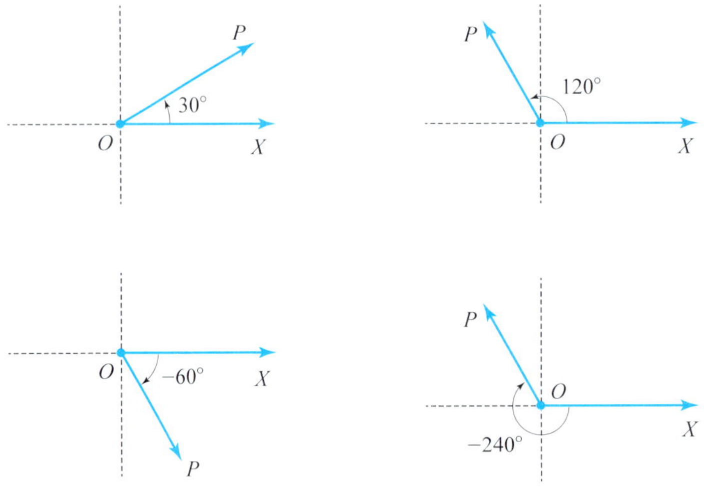

정의 3.4.1

$\angle XOP$ 크기의 하나를 $\alpha°$라 할 때, 동경 $\overrightarrow{OP}$로 정해지는 각의 크기는

$$360° \times n + \alpha° \text{ (단, } n\text{은 정수)}$$

로 나타낼 수 있다. 이것을 동경 $\overrightarrow{OP}$가 나타내는 **일반각**이라 한다.

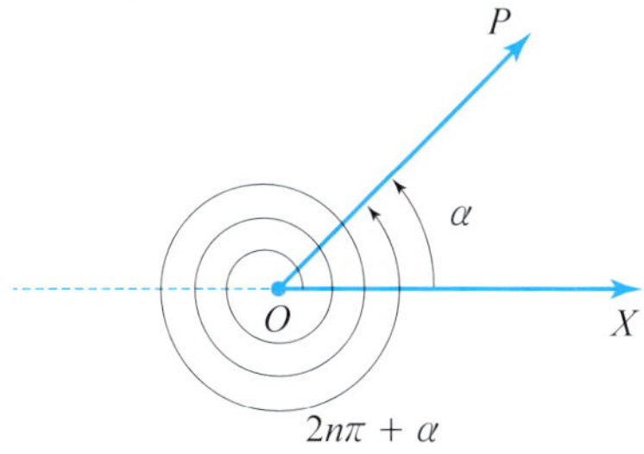

지금까지는 각의 단위를 원의 중심을 360등분하여 한 조각 부채꼴의 중심각의 크기를 1°로 정하는 육십분법을 사용하였다.

정의 3.4.2

반지름이 r인 원에서 호의 길이가 r인 부채꼴의 중심각을 1라디안(radian)이라 한다. 이것을 단위로 하여 각의 크기를 나타내는 방법을 **호도법**이라 한다.

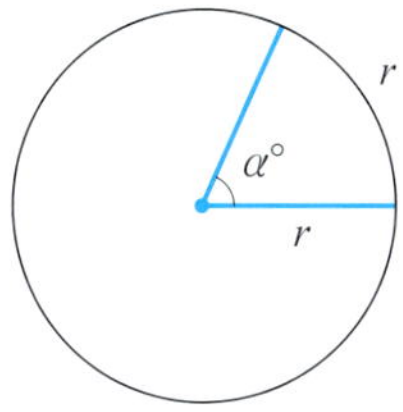

반지름이 r인 원에서 1라디안에 해당하는 각을 $\alpha°$라고 하자. 그러면 중심각과 호의 길이의 비에 의하여

$$360° : 2\pi r = \alpha° : r$$

$$\alpha = \frac{180}{\pi}$$

가 되어 두 측정 단위의 관계를 다음과 같음을 안다.

호도법과 육십분법

$$1\text{라디안} = \frac{180°}{\pi} \qquad 1° = \frac{\pi}{180}\ \text{라디안}$$

참고 이제부터 호도법인 경우에는 라디안을 생략하기로 한다. 따라서 °(도) 표시가 없는 각은 라디안 각으로 생각한다.

예제 3.4.1 다음에서 라디안은 °(도)로, °(도)는 라디안으로 나타내라.

(1) $15°$ (2) $135°$

(3) $\frac{\pi}{3}$ (4) $\frac{5}{3}\pi$

[풀이] 1라디안에 상응하는 °(도)와 1°에 상응하는 라디안의 관계를 곱하여 주면 된다.

(1) $15 \times \frac{\pi}{180} = \frac{\pi}{12}$. (2) $135 \times \frac{\pi}{180} = \frac{3}{4}\pi$.

(3) $\frac{\pi}{3} \times \frac{180°}{\pi} = 60°$. (4) $\frac{5}{3}\pi \times \frac{180°}{\pi} = 300°$.

정의 3.4.3 삼각비

직각삼각형에서 직각이 아닌 한 각을 중심으로 서로 다른 두 변에 대한 비를 다음과 같이 정의한다.

$$\sin\theta = \frac{b}{c} \quad \cos\theta = \frac{a}{c} \quad \tan\theta = \frac{b}{a}$$

$$\csc\theta = \frac{c}{b} \quad \sec\theta = \frac{c}{a} \quad \cot\theta = \frac{a}{b}$$

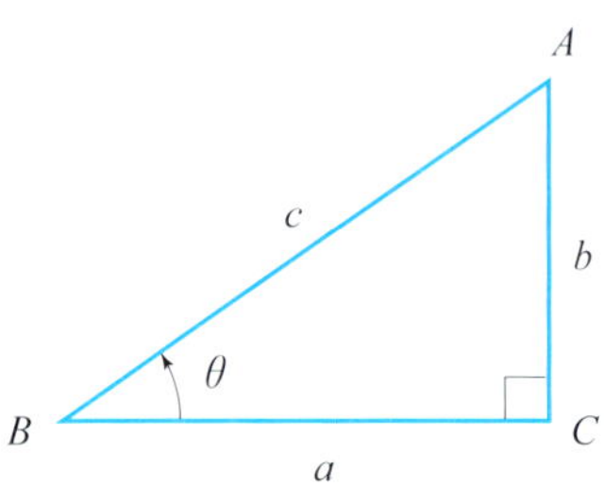

자주 사용되는 특수 각에 대한 삼각비를 구하여 보자. 특수 각은 다음과 같이 변의 길이가 2인 정삼각형과 변의 길이가 1인 정사각형에서 생각할 수 있다.

θ	30°	45°	60°
$\sin\theta$	$\frac{1}{2}$	$\frac{1}{\sqrt{2}}$	$\frac{\sqrt{3}}{2}$
$\cos\theta$	$\frac{\sqrt{3}}{2}$	$\frac{1}{\sqrt{2}}$	$\frac{1}{2}$
$\tan\theta$	$\frac{1}{\sqrt{3}}$	1	$\sqrt{3}$

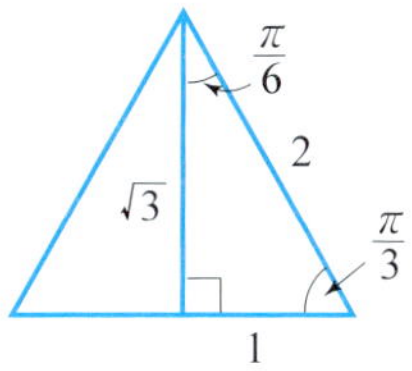

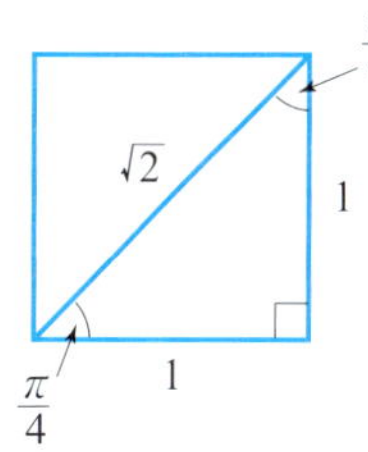

동경에 대한 삼각비

직교좌표 평면의 원점 O에서 x축의 양의 방향으로의 반직선을 기준선으로 하여 크기가 θ인 동경을 생각하고 동경에서 x축으로 수직선을 내려서 만들어 지는 직각삼각형을 생각한다. 이때 x축과 이 직각삼각형의 내부각의 크기가 동경의 크기 θ에 대한 삼각비의 중심각이 된다. 이와 같이 삼각비를 구하는 것을 동경에 대한 삼각비라고 한다.

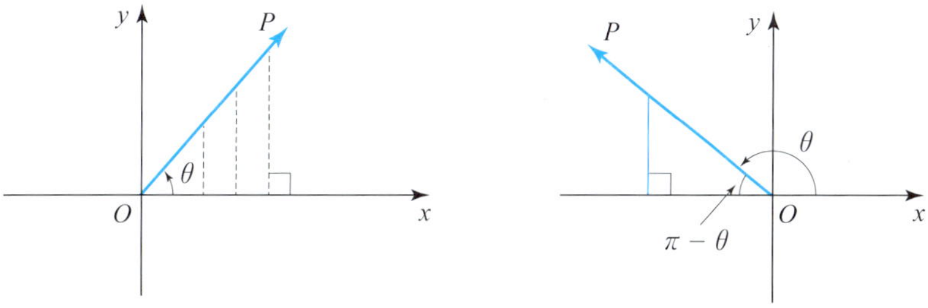

동경에 대한 삼각비를 생각할 때, 중심각이 같은 직각삼각형은 모두 닮음이므로 동경 위의 임의의 점에서 x축에 수직선을 내려서 직각삼각형을 만들어도 관계가 없다. 주의할 부분은 동경에서의 삼각비는 직각삼각형의 길이에서 밑변과 높이는 부호까지도 고려해야한다. 이때 빗변의 길이는 항상 양수이다.

예를 들어, 좌표평면에서 원점 O에서 각각 점 $A(3, 4)$, 점 $B(-4, 3)$를 지나는 동경 $\overrightarrow{OA}$와 $\overrightarrow{OB}$을 생각하자. 각각의 동경의 크기를 각각 α, β라 하고 삼각비를 구하여 보자.

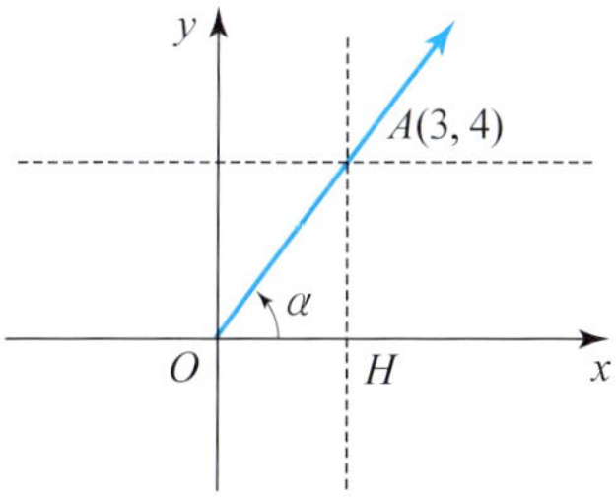

그림 (a)

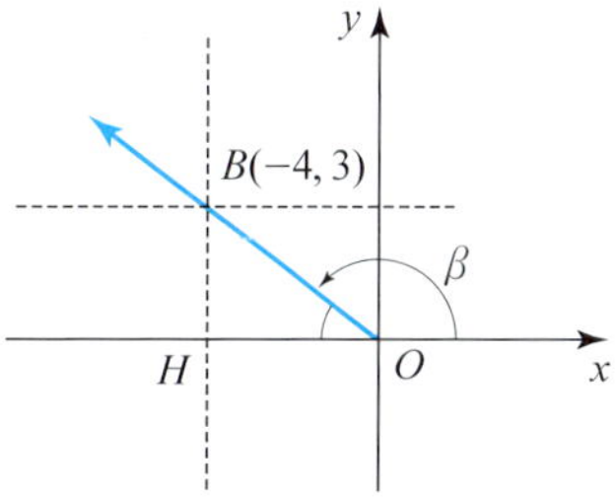

그림 (b)

그림 (a)에서 $|\overline{OH}| = 3$, $|\overline{AH}| = 4$이고 $|\overline{OA}| = \sqrt{3^3 + 4^2} = 5$이다. 따라서 삼각비는

$$\sin\alpha = \frac{4}{5}, \quad \cos\alpha = \frac{3}{5}, \quad \tan\alpha = \frac{4}{3}$$

이고, 그림 (b)에서 $|\overline{OH}| = -4$, $|\overline{BH}| = 3$이고 $|\overline{OB}| = 5$이다. 따라서 삼각비는

$$\sin\beta = \frac{3}{5}, \quad \cos\beta = \frac{-4}{5} = -\frac{4}{5}, \quad \tan\alpha = \frac{3}{-4} = -\frac{3}{4}$$

이다.

예제 3.4.2 원점과 주어진 점을 연결하는 반직선이 x축과 이루는 동경의 크기를 θ라 할 때, 각 동경에 대한 $\sin\theta$, $\cos\theta$, $\tan\theta$를 구하라.

(1) $(-2, -3)$ (2) $(1, -2)$

[풀이] 동경에 해당되는 직각삼각형을 그린 다음에 직각삼각형의 중심각을 생각하고 대각선의 길이를 구하여 문제를 해결한다.

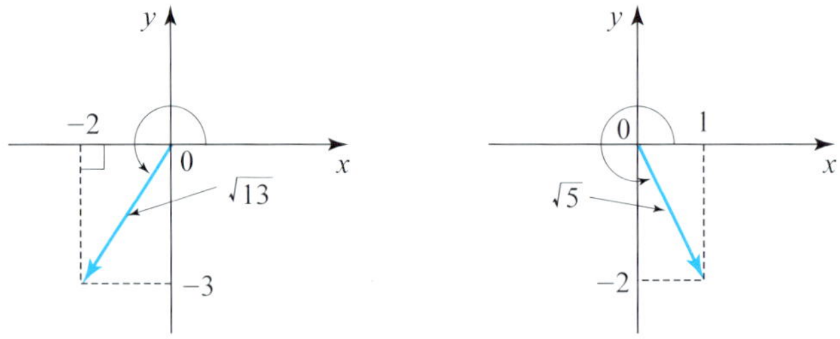

(1) $\sin\theta = -\frac{3}{\sqrt{13}}$, $\cos\theta = -\frac{2}{\sqrt{13}}$, $\tan\theta = \frac{3}{2}$.

(2) $\sin\theta = -\frac{2}{\sqrt{5}}$, $\cos\theta = \frac{1}{\sqrt{5}}$, $\tan\theta = -2$. ■

예제 3.4.3 특수 각에 대한 삼각비를 이용하여 다음의 값을 구하라.

(1) $\sin\frac{2\pi}{3}$ (2) $\cos 240°$

(3) $\tan\left(-\frac{5\pi}{4}\right)$ (4) $\sec\left(-\frac{13\pi}{6}\right)$

[풀이] 각각의 동경을 표시하고 특수 각에 대한 직각삼각형을 그리면 된다. 이때 대응하는 삼각형에 상응하는 변의 부호에 유의해야 한다. 대각선의 길이는 모두 양수 2이다.

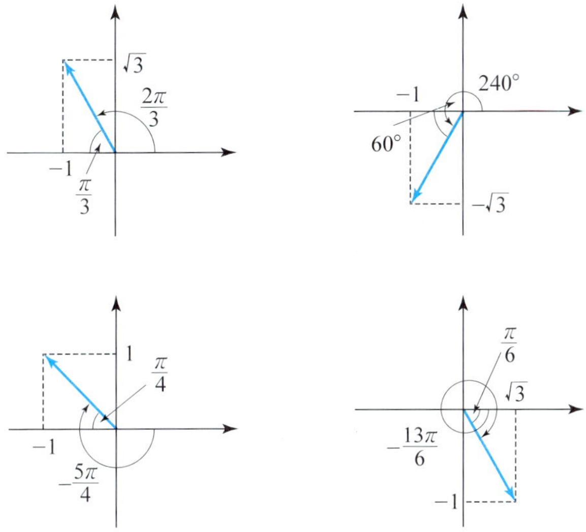

(1) $\sin\dfrac{2\pi}{3} = \dfrac{\sqrt{3}}{2}$.　　　　(2) $\cos 240° = -\dfrac{1}{2}$.

(3) $\tan\left(-\dfrac{5\pi}{4}\right) = -1$.

(4) $\cos\left(-\dfrac{13\pi}{6}\right) = \dfrac{\sqrt{3}}{2}$ 이므로 $\sec\left(-\dfrac{13\pi}{6}\right) = \dfrac{2}{\sqrt{3}}$. ■

정의 3.4.4 삼각함수

원점에서 x축의 양의 방향으로의 반직선을 시초선으로 하여 반지름이 r인 원위를 움직이는 동경의 크기 θ에 대하여 삼각비를 대응시키는 함수를 삼각함수라 한다.
일반적으로 삼각함수에는 싸인, 코싸인, 탄젠트, 코시켄트, 시켄트, 코탄젠트 함수가 있는데 각각 다음과 같이 정의되는 함수이다.

$$\sin\theta = \frac{y}{r},\quad \cos\theta = \frac{x}{r},\quad \tan\theta = \frac{y}{x}$$

$$\csc\theta = \frac{r}{y},\quad \sec\theta = \frac{r}{x},\quad \cot\theta = \frac{x}{y}$$

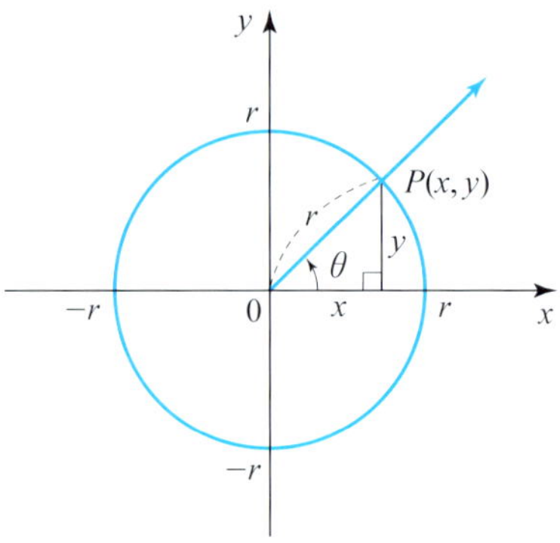

이때, 중심각 θ과 $\frac{\pi}{2}$에 대해 구할 수 없었던 삼각비의 값을 삼각함수의 값으로 다음과 같이 알게 된다. 즉,

$$\sin 0 = 0, \quad \cos 0 = 1, \quad \tan 0 = 0, \quad \sin\frac{\pi}{2} = 1, \quad \cos\frac{\pi}{2} = 0.$$

정의 3.4.5

모든 실수 x에 대하여 $f(x+p) = f(x)$를 만족하는 양수 p가 존재하면 f를 **주기함수**라 한다. 이때 이 같은 성질을 만족하는 최소의 양수 p를 **주기**라 한다.

본 장에서는 사인함수, 코사인함수, 탄젠트함수에 관하여 알아보도록 한다. 우선 각 함수의 그래프를 그리고 정의역과 치역에 대하여 알아보자.

삼각함수의 그래프를 평면좌표에 나타내면 다음과 같다. 동경의 크기를 θ 대신에 x로 하여 삼각함수를 나타내도록 한다.

$y = \sin x$의 그래프

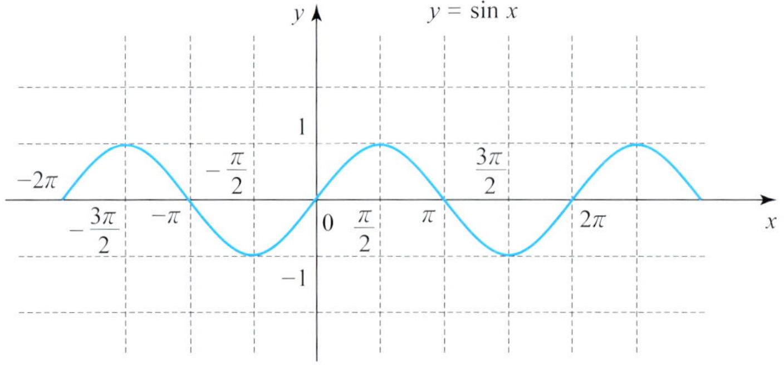

정의역: 모든 실수, 치역: $[-1, 1]$, 주기: 2π, $\sin(-x) = -\sin x$

$y = \cos x$의 그래프

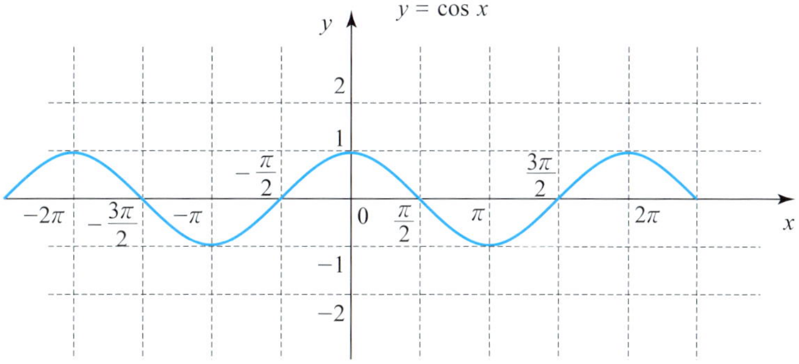

정의역: 모든 실수, 치역: $[-1, 1]$, 주기: 2π, $\cos(-x) = \cos x$

$y = \tan x$의 그래프

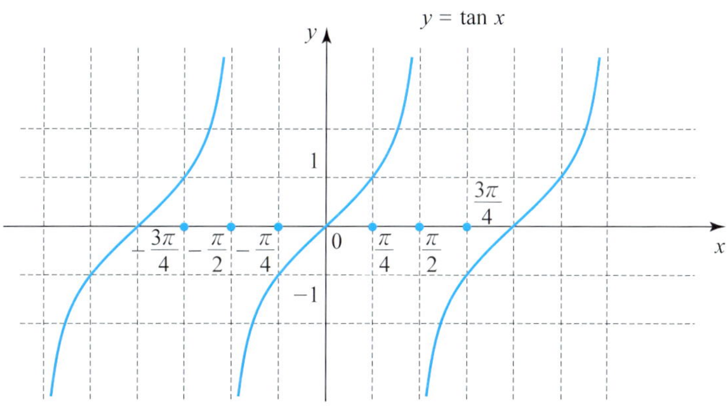

정의역: $x \neq (2n-1)\frac{\pi}{2}$인 실수 ($n$은 정수),
치역: 모든 실수, 주기: π, $\tan(-x) = -\tan x$

그래프의 변형

(1) $y - \beta = \sin(x - \alpha)$의 그래프는 $y = \sin x$의 그래프를 x축으로 α, y축으로 β만큼 평행 이동한 것이다.

(2) $y = -\sin x$의 그래프는 $y = \sin x$의 그래프를 x축을 중심으로 선대칭이다.

(3) $y = a\sin x$의 그래프는 $y = \sin x$의 함숫값을 a배한 것이다.

(4) $y = \sin ax$의 그래프는 $y = \sin x$와 모양은 같고 주기가 $\frac{2\pi}{|a|}$인 그래프이다.

위 변형은 다른 삼각함수도 똑같이 적용이 된다. 단, $y = \tan ax$의 주기는 $\dfrac{\pi}{|a|}$이다.

예제 3.4.4 $y = \sin\left(x - \dfrac{\pi}{2}\right)$와 $y = \sin\left(x - \dfrac{\pi}{2}\right) + 1$의 그래프를 그려라.

[풀이] $y = \sin x$의 그래프를 평행이동하면 다음과 같다.

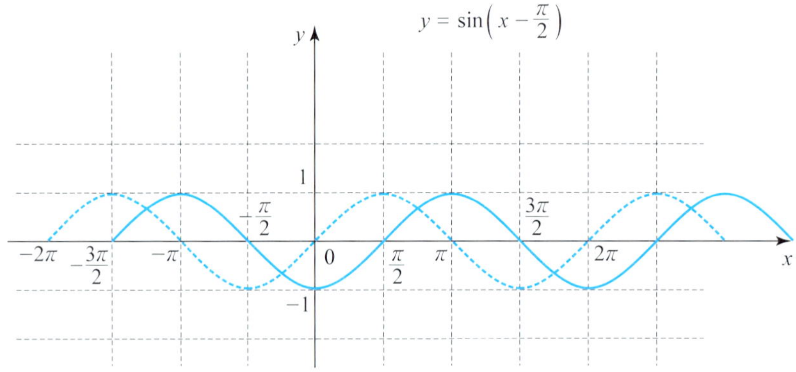

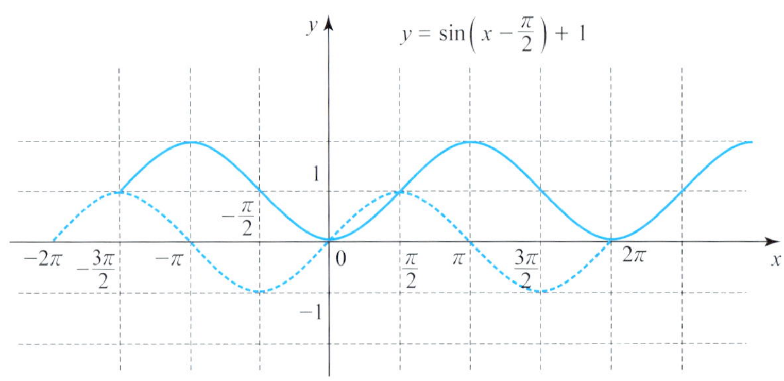

■

예제 3.4.5 $y = 2\sin x$와 $y = 2\sin\left(x - \dfrac{\pi}{2}\right) + 1$의 그래프를 그려라.

[풀이] $y = \sin x$의 그래프를 변형하면 다음과 같다.

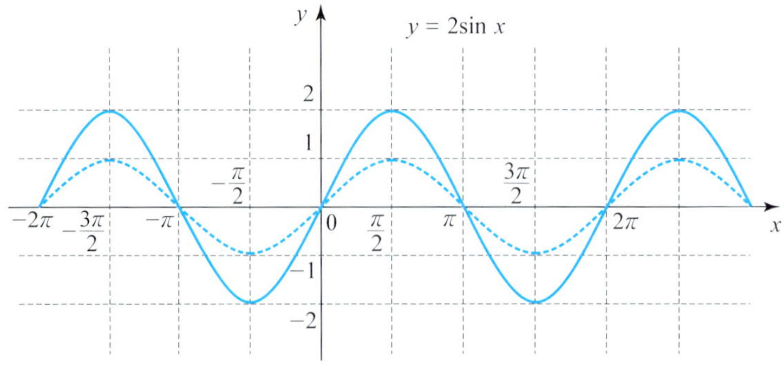

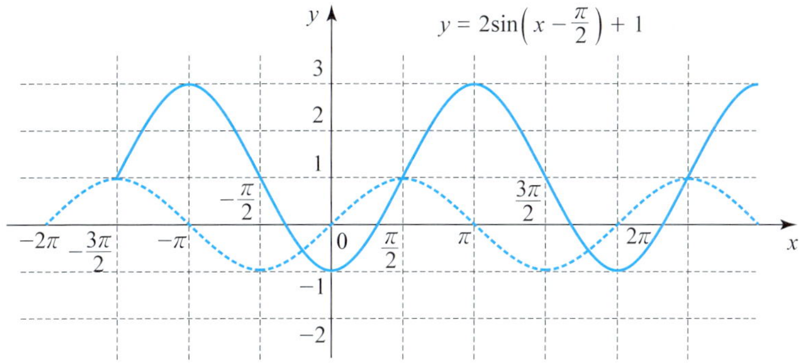

예제 3.4.6 $y = \sin 2x$와 $y = \sin 2\left(x - \frac{\pi}{2}\right) - 1$의 그래프를 그려라.

[풀이] $y = \sin 2x$의 주기는 π인 것에 주목하면 그래프에는 2π 구간 안에 $y = \sin x$ 그래프의 파형이 2개 나타나는 것을 알 수 있다.

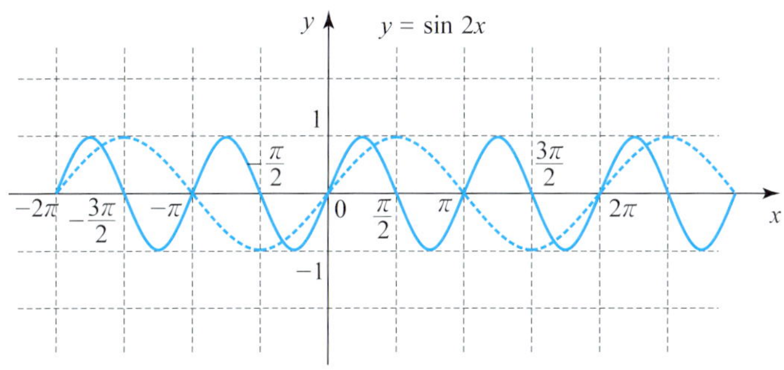

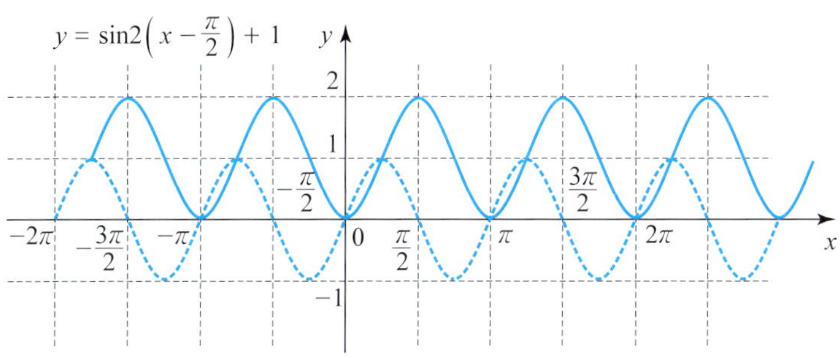

코사인함수와 탄젠트함수의 그래프에 관한 변형도 사인함수의 그래프와 같은 방식으로 하면 된다.

예제 3.4.7 다음 함수의 그래프는 $y=\cos x$의 그래프에 대하여 어떤 변화인지를 말하고 그래프를 그려라.

(1) $y=\cos\left(x-\frac{\pi}{2}\right)$　　(2) $y=-\cos x+1$

(3) $y=\cos(2x+\pi)$

[풀이] (1) $y=\cos\left(x-\frac{\pi}{2}\right)$의 그래프는 $y=\cos x$의 그래프를 x축으로 $\frac{\pi}{2}$ 평행 이동한 것이다.

(2) $y=-\cos x+1$의 그래프는 $y=\cos x$의 그래프를 y축으로 1 평행 이동한 그래프를 x축에 선대칭한 것이다.

(3) $y=\cos(2x+\pi)$의 그래프는 $y=\cos(2x+\pi)=\cos 2\left(x-\left(-\frac{\pi}{2}\right)\right)$로부터 $y=\cos 2x$의 그래프를 x축으로 $-\frac{\pi}{2}$ 평행 이동한 것이다.

이제 그래프를 그려보면 각각 다음과 같다.

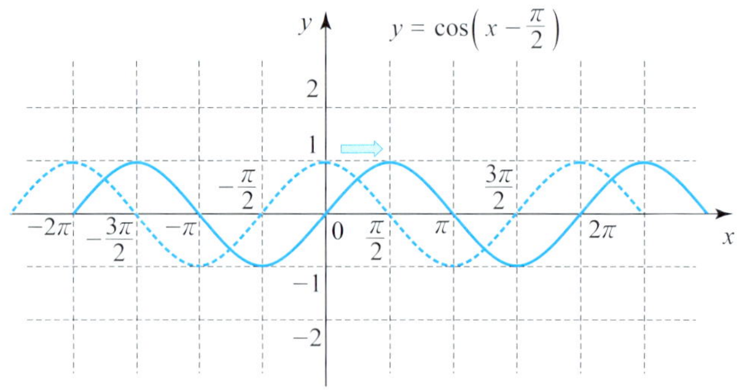

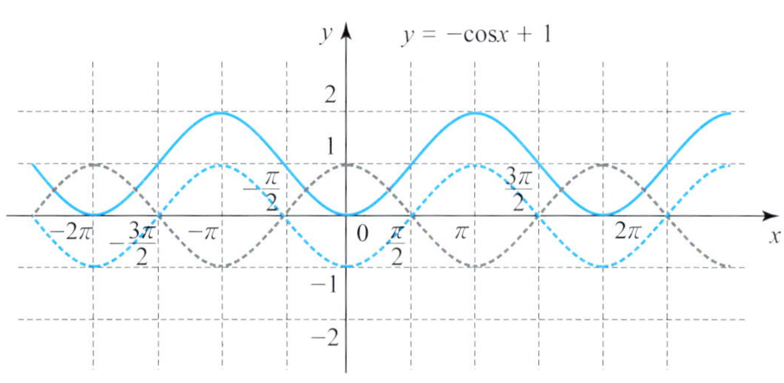

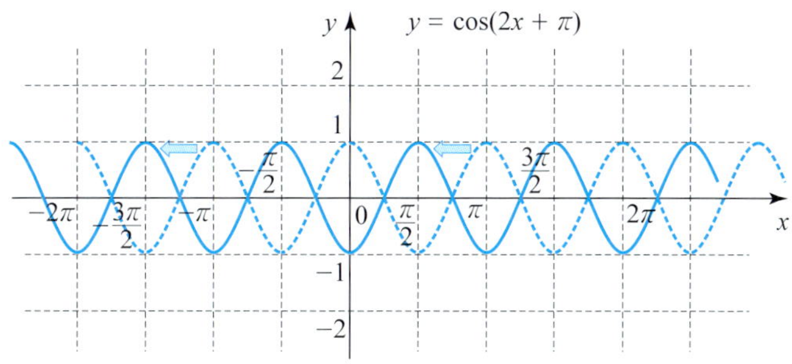

■

예제 3.4.8 다음 함수의 그래프는 $y = \tan x$의 그래프에 대하여 어떤 변화인지를 말하고 그래프를 그려라.

(1) $y = 2\tan x$ (2) $y = \tan 2x$ (3) $y = \tan\left(2x + \frac{\pi}{2}\right)$

[풀이] (1) $y = 2\tan x$의 그래프는 $y = \tan x$의 함수의 값을 2배한 그래프이다.

(2) $y = \tan 2x$의 그래프는 $y = \tan x$의 주기가 $\frac{\pi}{2}$로 변한 그래프이다.

(3) $y = \tan\left(2x + \frac{\pi}{2}\right)$의 그래프는 $y = \tan\left(2x + \frac{\pi}{2}\right) = \tan 2\left(x - \left(-\frac{\pi}{4}\right)\right)$로부터 $y = \tan 2x$의 그래프를 x축으로 $-\frac{\pi}{4}$ 평행 이동한 그래프이다.

이 그래프를 그려보면 각각 다음과 같다.

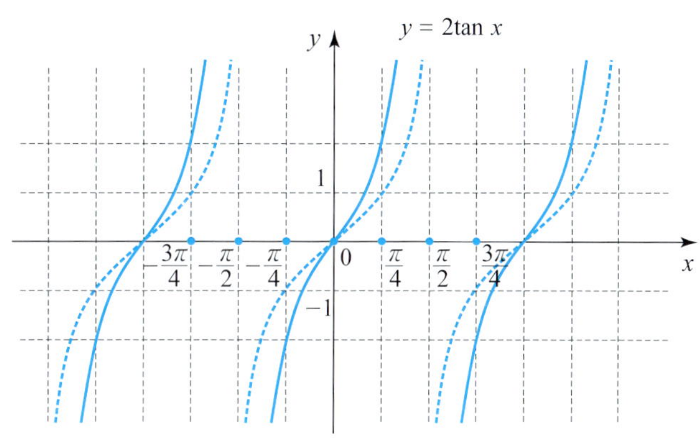

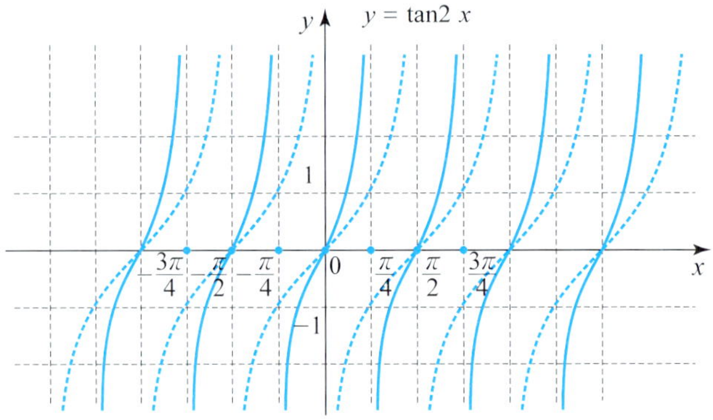

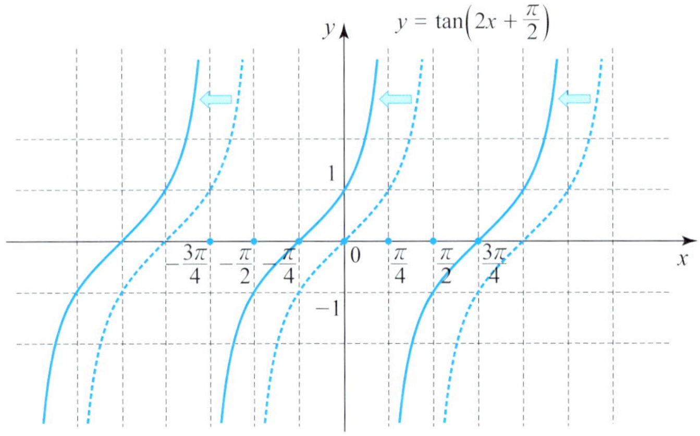

$y = \tan 2x$의 그래프에서는 π 구간에 $y = \tan x$ 그래프의 파형이 2개 나타나는 것을 알 수 있다. ■

삼각함수의 성질

삼각함수는 내용은 같으면서 다양한 표현을 가지는 것이 특징이다. 함숫값과 관련한 성질은 대부분 삼각비와 삼각함수의 정으로부터 쉽게 증명할 수 있다. 다음은 삼각비의 정의에 의하여 성립하는 성질이다.

[성질 1]

$$\tan\theta = \frac{\sin\theta}{\cos\theta}, \qquad \sin^2\theta + \cos^2\theta = 1, \qquad \tan^2\theta + 1 = \sec^2\theta$$

예제 3.4.9 $\sin\theta + \cos\theta = \frac{\sqrt{3}}{2}$일 때 $\sin\theta\cos\theta$의 값을 구하라.

[풀이] 주어진 문제의 양변을 제곱하고 두 번째 성질을 이용하면

$$1 + 2\sin\theta\cos\theta = \frac{3}{4},$$

$$\sin\theta\cos\theta = -\frac{1}{8}.$$

■

동경의 크기에 대한 일반각의 성질을 이용하면 같은 동경에 대한 삼각비는 같다는 것을 알 수 있다. 그 이유는 x축에 만들어지는 직각삼각형이 같기 때문이다. 따라서 임의의 정수 n에 대하여 다음 성질이 성립한다.

[성질 2]

$$\sin(2n\pi + \theta) = \sin\theta, \qquad \cos(2n\pi + \theta) = \cos\theta, \qquad \tan(2n\pi + \theta) = \tan\theta$$

예제 3.4.10 다음 값을 구하라.

(1) $\sin\left(-\frac{5\pi}{3}\right)$ (2) $\cos\frac{25}{6}\pi$ (3) $\tan\frac{17}{4}\pi$

[풀이] (1) $\sin\left(-\frac{5\pi}{3}\right) = \sin\left(-2\pi + \frac{\pi}{3}\right) = \sin\frac{\pi}{3} = \frac{\sqrt{3}}{2}.$

(2) $\cos\frac{25}{6}\pi = \cos\left(4\pi + \frac{\pi}{6}\right) = \cos\frac{\pi}{6} = \frac{\sqrt{3}}{2}.$

(3) $\tan\frac{17}{4}\pi = \tan\left(4\pi + \frac{\pi}{4}\right) = \tan\frac{\pi}{4} = 1.$ ■

아래 성질로부터 코사인함수는 우함수이고, 사인함수와 탄젠트함수는 기함수이다. 우함수의 그래프는 y축을 중심으로 선대칭이고 기함수의 그래프는 원점을 축으로 180° 회전대칭이다.

[성질 3]

$$\sin(-\theta) = -\sin\theta, \qquad \cos(-\theta) = \cos\theta, \qquad \tan(-\theta) = -\tan\theta$$

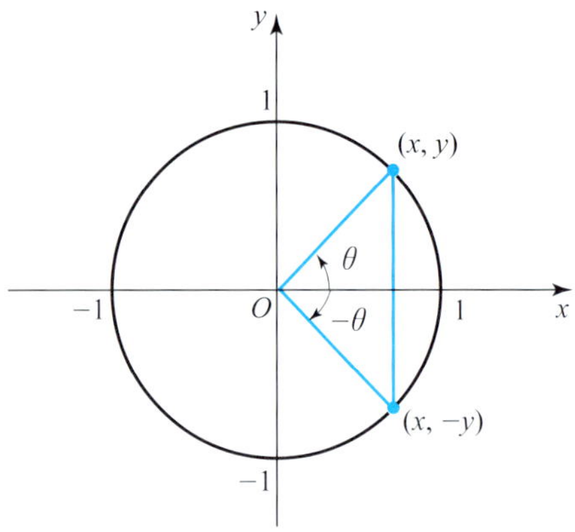

예제 3.4.11 다음 값을 구하라.

(1) $\sin\left(-\frac{\pi}{3}\right)$ (2) $\cos\left(-\frac{7}{3}\pi\right)$ (3) $\tan\left(-\frac{4}{3}\pi\right)$

[풀이] (1) $\sin\left(-\frac{\pi}{3}\right) = -\sin\frac{\pi}{3} = -\frac{\sqrt{3}}{2}$.

(2) $\cos\left(-\frac{7}{3}\pi\right) = \cos\frac{7}{3}\pi = \cos\frac{\pi}{3} = \frac{1}{2}$.

(3) $\tan\left(-\frac{4}{3}\pi\right) = -\tan\frac{4\pi}{3} = -\sqrt{3}$. ■

주어진 동경의 크기 θ를 π만큼 증가시켜서 $\pi+\theta$에 대응하는 직각삼각형을 x축에 만들면, 처음에 주어진 동경의 크기 θ에 해당하는 직각삼각형과 비교하여 x축에 있지 않는 꼭짓점의 좌표는 원점에 대한 회전이동이 되어 $(x, y) \to (-x, -y)$가 되는 것을 알 수 있다. 따라서 삼각비의 값이 처음 동경과 비교하여 부호만 바뀌게 된다.

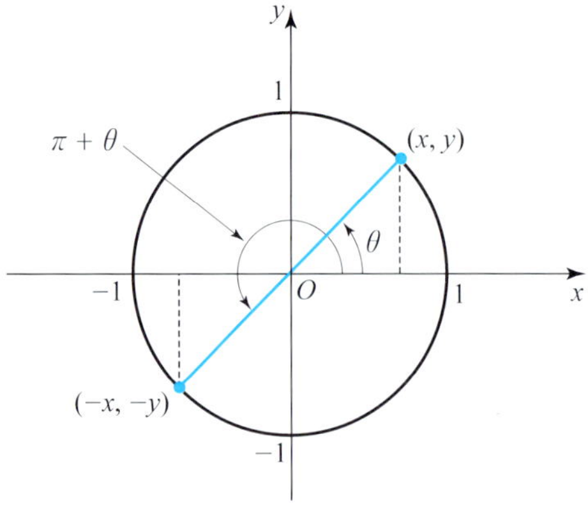

따라서 다음 성질을 알게 된다.

[성질 4]

$$\sin(\pi+\theta) = -\sin\theta, \qquad \cos(\pi+\theta) = -\cos\theta, \qquad \tan(\pi+\theta) = \tan\theta$$

예제 3.4.12 다음 삼각함수의 값을 구하라.

(1) $\sin\frac{4}{3}\pi$ (2) $\cos\frac{7}{6}\pi$ (3) $\tan\frac{5}{4}\pi$

[풀이] 동경의 크기를 $\pi+\theta$ 나타내어 공식을 적용하면 된다.

(1) $\sin\frac{4}{3}\pi = \sin\left(\pi+\frac{\pi}{3}\right) = -\sin\frac{\pi}{3} = -\frac{\sqrt{3}}{2}$.

(2) $\cos\frac{7}{6}\pi = \cos\left(\pi+\frac{\pi}{6}\right) = -\cos\frac{\pi}{6} = -\frac{\sqrt{3}}{2}$.

(3) $\tan\frac{5}{4}\pi = \tan\left(\pi+\frac{\pi}{4}\right) = \tan\frac{\pi}{4} = 1$. ■

주어진 동경의 크기 θ를 π에서 θ만큼 감한 동경의 크기 $\pi-\theta$에 대응하는 직각삼각형을 만들면, 처음 삼각형과 비교하여 x축에 있지 않는 꼭짓점의 좌표는 y축에 대하여 선대칭이 되어 좌표가 $(x, y) \to (-x, y)$로 변하는 것을 알 수 있다.

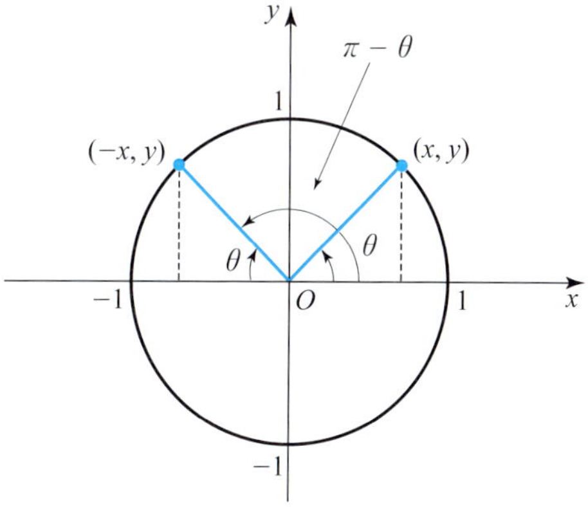

따라서 다음 성질을 알게 된다.

[성질 5]

$$\sin(\pi-\theta)=\sin\theta,\qquad \cos(\pi-\theta)=-\cos\theta,\qquad \tan(\pi-\theta)=-\tan\theta$$

예제 3.4.13 다음 삼각함수의 값을 구하라.

(1) $\sin\frac{5}{6}\pi$　　(2) $\cos\frac{4}{3}\pi$　　(3) $\tan\frac{3}{4}\pi$

[풀이] 동경을 π의 합 또는 차로 표현하여 풀이하면 된다.

(1) $\sin\frac{5}{6}\pi=\sin\left(\pi-\frac{\pi}{6}\right)=\sin\frac{\pi}{6}=\frac{1}{2}$.

(2) $\cos\frac{4}{3}\pi=\cos\left(\pi+\frac{\pi}{3}\right)=-\cos\frac{\pi}{3}=-\frac{1}{2}$.

(3) $\tan\frac{3}{4}\pi=\tan\left(\pi-\frac{\pi}{4}\right)=-\tan\frac{\pi}{4}=-1$. ■

주어진 동경의 크기 θ를 $\frac{\pi}{2}$에서 θ만큼 감소한 동경의 크기 $\frac{\pi}{2}-\theta$에 대응하는 직각삼각형을 x축에 만들면, 처음에 주어진 동경의 크기 θ에 해당하는 직각삼각형과 비교하여 x축에 있지 않는 꼭짓점의 좌표는 $(x, y)\to(-y, x)$가 되는 것을 알 수 있다. 따라서 삼각비의 값이 처음 동경과 비교하여 사인비는 코사인비로, 코사인비는 −사인비로, 탄젠트비는 −코탄젠트비로 바뀌게 된다.

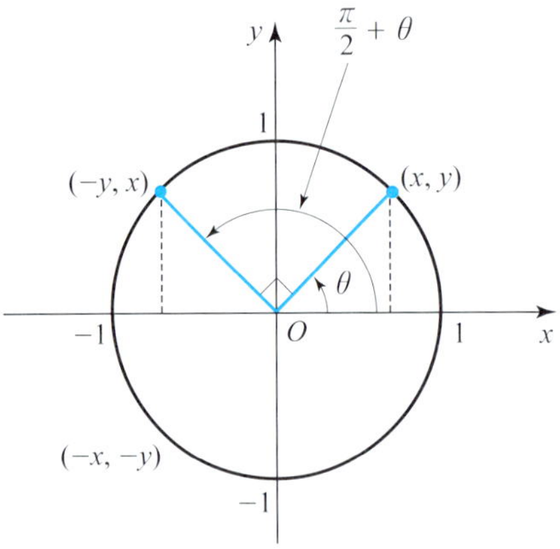

따라서 다음 성질을 가진다.

[성질 6]

$$\sin\left(\frac{\pi}{2}+\theta\right)=\cos\theta, \quad \cos\left(\frac{\pi}{2}+\theta\right)=-\sin\theta, \quad \tan\left(\frac{\pi}{2}+\theta\right)=-\cot\theta$$

예제 3.4.14 다음 삼각함수의 값을 구하라.

(1) $\sin\frac{5}{6}\pi$ (2) $\cos\frac{2}{3}\pi$ (3) $\tan\frac{3}{4}\pi$

[풀이] 동경의 크기를 $\frac{\pi}{2}+\theta$ 나타내어 공식을 적용하면 된다.

(1) $\sin\frac{5}{6}\pi=\sin\left(\frac{\pi}{2}+\frac{\pi}{3}\right)=\cos\frac{\pi}{3}=\frac{1}{2}$.

(2) $\cos\frac{2}{3}\pi=\cos\left(\frac{\pi}{2}+\frac{\pi}{6}\right)=-\sin\frac{\pi}{6}=-\frac{1}{2}$.

(3) $\tan\frac{3}{4}\pi=\tan\left(\frac{\pi}{2}+\frac{\pi}{4}\right)=-\cot\frac{\pi}{4}=-1$. ■

주어진 동경의 크기 θ에서 $\frac{\pi}{2}-\theta$에 대응하는 직각삼각형을 x축에 만들면, 처음에 주어진 동경의 크기 θ에 해당하는 직각삼각형과 비교하여 x축에 있지 않는 꼭짓점의 좌표는 (x, y)는 (y, x)가 되는 것을 알 수 있다. 따라서 삼각비의 값이 처음 동경과 비교하여 사인비는 코사인비로, 코사인비는 사인비로, 탄젠트비는 코탄젠트비로 바뀌게 된다.

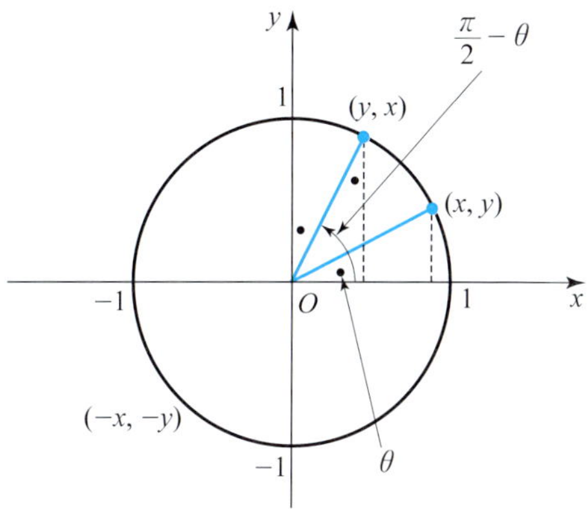

따라서 다음 성질을 가진다.

[성질 7]

$$\sin\left(\frac{\pi}{2}-\theta\right)=\cos\theta, \qquad \cos\left(\frac{\pi}{2}-\theta\right)=\sin\theta, \qquad \tan\left(\frac{\pi}{2}-\theta\right)=\cot\theta$$

지금까지 나열한 삼각함수의 성질을 요약하면 모든 삼각함수의 값은 그 동경의 크기가 어떠하든지 제1사분면에 있는 동경의 크기에 관한 삼각비로 나타낼 수 있다는 것을 의미한다.

이 외에도 삼각공식이 많이 있지만 앞으로 참고하게 되는 때를 위해서 자주 사용하게 되는 기초적인 삼각함수의 공식을 참고로 표로 만들어 본다.

1. 배각공식

(1) $\sin 2x = 2\sin x\cos x$

(2) $\cos 2x = \cos^2 x - \sin^2 x = 2\cos^2 x - 1 = 1 - 2\sin^2 x$

(3) $\tan 2x = \dfrac{2\tan x}{1-\tan^2 x}$

2. 반각공식

(1) $\cos^2 x = \dfrac{1+\cos 2x}{2}$

(2) $\sin^2 x = \dfrac{1-\cos 2x}{2}$

(3) $\tan^2 x = \dfrac{1-\cos x}{1+\cos x}$

3. 합과 차에 관한 공식

(1) $\sin(x \pm y) = \sin x\cos y \pm \cos x\sin y$

(2) $\cos(x \pm y) = \cos x\cos y \mp \sin x\sin y$

(3) $\tan(x \pm y) = \dfrac{\tan x \pm \tan y}{1 \mp \tan x\tan y}$

연습문제 3.4

1. 다음에서 육십분법은 호도법으로, 호도법은 육십분법으로 나타내어라.

(1) $90°$　　(2) $-60°$　　(3) $30°$

(4) $\frac{2}{3}\pi$　　(5) $-\frac{3}{4}\pi$　　(6) $\frac{3}{2}\pi$

2. 원점 O와 점 $P(-2, -3)$을 잇는 선분 OP를 동경으로 하는 각의 크기를 θ라고 할 때, $\sin\theta$, $\cos\theta$, $\tan\theta$의 값을 구하여라.

3. 다음 각 θ에 대한 동경의 위치를 찾고 이를 이용하여 $\sin\theta$, $\cos\theta$, $\tan\theta$의 값을 각각 구하여라.

(1) $45°$　　(2) $-\frac{2}{3}\pi$

(3) $-\frac{\pi}{6}$　　(4) $150°$

4. $\cos\theta = -\frac{5}{7}\left(\pi < \theta < \frac{3}{2}\pi\right)$ 때, $\sin\theta$, $\tan\theta$의 값을 각각 구하여라.

5. 다음 삼각함수의 값을 구하여라.

(1) $\sin\frac{19}{6}\pi$　　(2) $\cos\left(-\frac{19}{6}\pi\right)$

(3) $\tan\frac{17}{4}\pi$　　(4) $\sin\left(-\frac{16}{3}\pi\right)$

(5) $\cos\frac{15}{4}\pi$　　(6) $\tan\left(-\frac{11}{3}\pi\right)$

(7) $\sin\frac{17}{6}\pi$　　(8) $\cos\left(-\frac{17}{3}\pi\right)$

6. 다음 함수의 치역과 주기를 구하고 그래프를 그려라.

(1) $y = \sin\frac{x}{2}$　　(2) $y = 2\sin\left(x - \frac{\pi}{4}\right)$

(3) $y = \frac{1}{2}\cos 2\pi x$　　(4) $y = 3\cos\left(x + \frac{\pi}{3}\right)$

(5) $y = \frac{1}{2}\tan\frac{x}{2}$　　(6) $y = \tan\left(\frac{x}{2} - \frac{\pi}{4}\right)$

3.5 역삼각함수

역사인(sine)함수

함수 $y = \sin x$는 1−1 함수가 아니다. 따라서 역함수가 존재하지 않는다. 사인함수의 역함수를 생각하기 위해서는 함수가 1−1 대응이 되도록 정의역과 공역을 조정하여야 한다. 조정하는 방법은 많지만 이제 다음과 같이 정의하자.

$$f : \left[-\frac{\pi}{2},\ \frac{\pi}{2}\right] \to [-1,\ 1], \qquad f(x) = \sin x$$

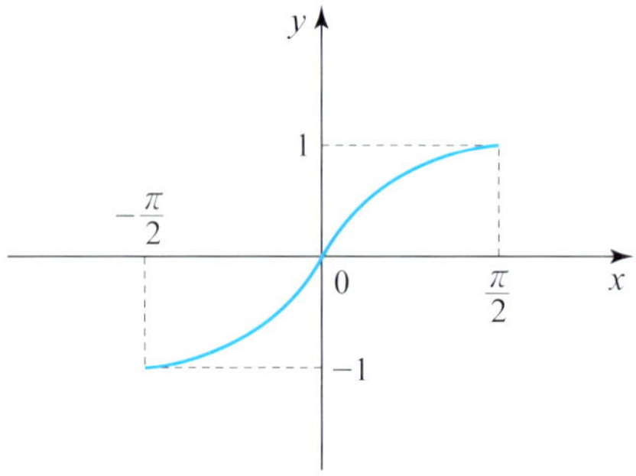

이때 사인함수는 1−1 대응함수이고 역함수가 존재하는데 이를 역사인함수라 한다. 또한 $\left[-\frac{\pi}{2},\ \frac{\pi}{2}\right]$를 역사인함수의 주치라 한다. 이제 역사인함수를 구해보자

$y = f(x) = \sin x$에서 x와 y를 서로 바꾸면 $x = \sin y$이고 y가 일반적인 대수로는 분리가 되지 않으므로 다음과 같이 정의하자.

$$x = \sin y \Leftrightarrow y = \sin^{-1} x$$

이때 $\sin^{-1} x$를 아크사인(arcsine) x라고 읽는다. 따라서 $f(x) = \sin x$의 역함수 $f^{-1}(x)$는 $f^{-1}(x) = \sin^{-1} x$가 된다. f와 f^{-1}의 관계를 이용하여 다음을 안다.

정의 3.5.1

함수 $y = \sin^{-1} x$는 역사인함수이고 다음과 같이 정의된다.

(1) 정의역이 $[-1,\ 1]$이고, 치역은 $\left[-\frac{\pi}{2},\ \frac{\pi}{2}\right]$.

(2) 함수의 그래프는 $y = \sin x$와 $y = x$에 대하여 선대칭.

(3) $y = \sin^{-1} x \Leftrightarrow \sin y = x$.

주의 $\sin^{-1}x \neq \dfrac{1}{\sin x} = \csc x$임에 주의하자.

$y=\sin^{-1}x$의 그래프는 주어진 구간에서 $y=\sin x$의 그래프를 $y=x$에 선대칭으로 그리면 다음과 같다.

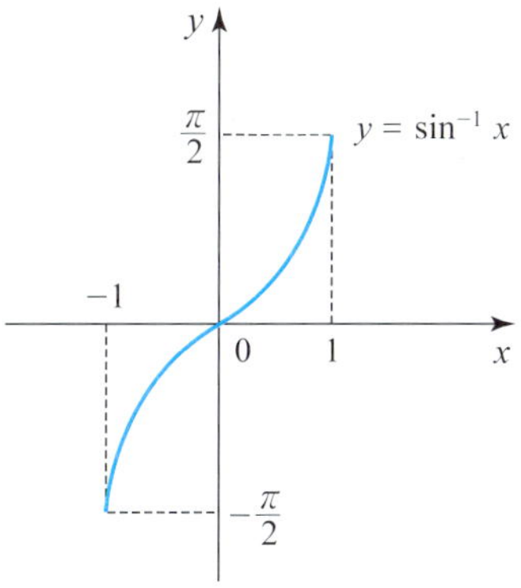

이제 $\sin^{-1}x$의 값을 구해보자. $\sin^{-1}x$에 대하여는 그 값을 대수적으로 아는 바가 없으니 식 (3)의 관계를 이용하여 값을 구한다.

예제 3.5.1 다음 값을 구하라.

(1) $\sin^{-1}\dfrac{\sqrt{3}}{2}$　　　　(2) $\cos\left(\sin^{-1}\dfrac{1}{2}\right)$

[풀이] (1) $\sin^{-1}\dfrac{\sqrt{3}}{2}=\theta$라 하면 $\theta\in\left[-\dfrac{\pi}{2}, \dfrac{\pi}{2}\right]$이고 $\sin\theta=\dfrac{\sqrt{3}}{2}$이다. 주치에서 $\sin\theta=\dfrac{\sqrt{3}}{2}$가 되는 동경의 크기 $\theta=\dfrac{\pi}{3}$이다. 따라서 $\sin^{-1}\dfrac{\sqrt{3}}{2}=\dfrac{\pi}{3}$.

(2) 일단 $\sin^{-1}\dfrac{1}{2}=\theta$라 하자. 그러면 $\theta\in\left[-\dfrac{\pi}{2}, \dfrac{\pi}{2}\right]$이고 $\sin\theta=\dfrac{1}{2}$이다. 주치에서 $\sin\theta=\dfrac{1}{2}$이 되는 동경의 크기 $\theta=\dfrac{\pi}{6}$이다. 따라서

$$\cos\left(\sin^{-1}\frac{1}{2}\right)=\cos\frac{\pi}{6}=\frac{\sqrt{3}}{2}.$$

■

예제 3.5.2 다음 값을 구하라.

(1) $\sin\left(\sin^{-1}\dfrac{2}{3}\right)$　　　　(2) $\sin^{-1}\left(\sin\left(-\dfrac{3}{2}\pi\right)\right)$　　　　(3) $\sin^{-1}2$

[풀이] (1) $\sin^{-1}\dfrac{2}{3}=\theta$라 하면 $\theta\in\left[-\dfrac{\pi}{2}, \dfrac{\pi}{2}\right]$이고 $\sin\theta=\dfrac{2}{3}$이다. 그런데 치환으로부터

$$\sin\left(\sin^{-1}\frac{2}{3}\right) = \sin\theta = \frac{2}{3}.$$

(2) $\sin\left(-\frac{3}{2}\pi\right) = 1$이므로 $\sin^{-1}\left(\sin\left(-\frac{3}{2}\pi\right)\right) = \sin^{-1}1$이다. 이제 $\sin^{-1}1 = \theta$라 하면 $\theta \in \left[-\frac{\pi}{2}, \frac{\pi}{2}\right]$이고 $\sin\theta = 1$이다. 주치에서 $\sin\theta = 1$인 동경의 크기 $\theta = \frac{\pi}{2}$이다. 따라서

$$\sin^{-1}\left(\sin\left(-\frac{3}{2}\pi\right)\right) = \sin^{-1}1 = \frac{\pi}{2}.$$

(3) $\sin^{-1}2$에서 $2 \notin [-1, 1]$이므로 $\sin^{-1}2$은 정의되지 않고 따라서 값은 존재하지 않는다. ■

역코사인(cosine)함수

역사인함수를 생각했던 것과 같은 방법으로 코사인함수의 역함수를 생각하기 위하여 함수

$$f: [0, \pi] \to [-1, 1], \quad f(x) = \cos x$$

를 정의하면 f는 1–1 대응 함수이고 역함수가 존재한다. 이 함수를 역코사인함수라 한다. 또한 $[0, \pi]$을 역코사인함수의 **주치**라 한다. 이제 역코사인함수를 구해보자. $y = \cos x$에서 y와 x를 교환하면 $x = \cos y$가 되어

$$x = \cos y \Leftrightarrow y = \cos^{-1}x$$

로 정의한다. 이 때 $\cos^{-1}x$를 아크코사인(arc cosine) x라 읽는다. 두 함수 $y = \cos^{-1}x$와 $y = \cos x$의 그래프는 $y = x$에 대하여 선대칭이다.

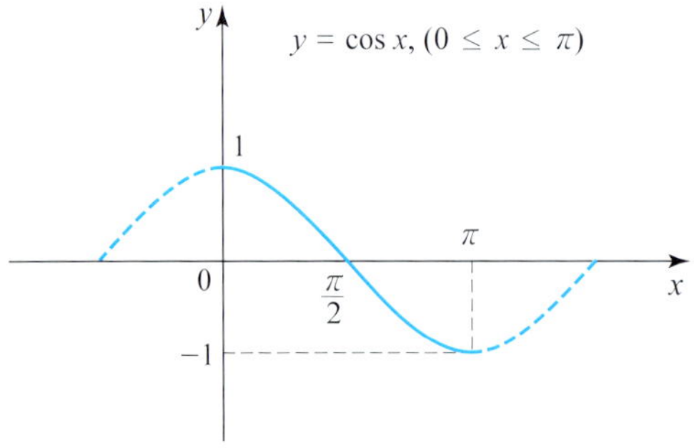

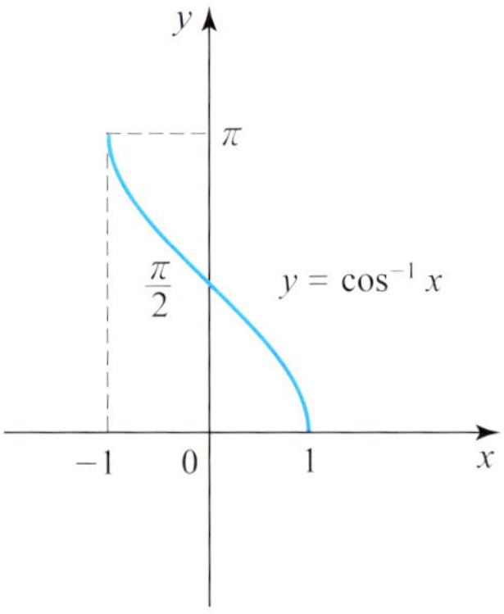

정의 3.5.2

함수 $y=\cos^{-1}x$는 역코사인함수이고 다음과 같이 정의된다.

(1) 정의역은 $[-1, 1]$, 치역은 $[0, \pi]$

(2) 함수의 그래프는 $y=\cos x$와 $y=x$에 선대칭

(3) $y=\cos^{-1}x \Leftrightarrow \cos y = x$

이제 관계 (3)을 이용하여 $\cos^{-1}x$의 값을 구해보자.

예제 3.5.3 다음 값을 구하라.

(1) $\cos^{-1}\left(-\dfrac{\sqrt{3}}{2}\right)$ (2) $\tan\left(\cos^{-1}\dfrac{1}{3}\right)$ (3) $\cos^{-1}\left(\cos\dfrac{\pi}{3}\right)$

[풀이] (1) $\cos^{-1}\left(-\dfrac{\sqrt{3}}{2}\right)=\theta$라 하면 $\theta\in[0, \pi]$이고 $\cos\theta=-\dfrac{\sqrt{3}}{2}$이다.

주치에서 $\cos\theta=-\dfrac{\sqrt{3}}{2}$가 되는 동경의 크기는 $\theta=\dfrac{5}{6}\pi$이다.

따라서 $\cos^{-1}\left(-\dfrac{\sqrt{3}}{2}\right)=\dfrac{5}{6}\pi$.

(2) $\cos^{-1}\dfrac{1}{3}=\theta$라 하면 하면 $\theta\in[0, \pi]$이고 $\cos\theta=\dfrac{1}{3}$이다. 특수각이 아니라 θ의 값을 알 수는 없으나, 주치에서 $\cos\theta=\dfrac{1}{3}$인 동경의 크기는 1사분면에 놓여있고 해당하는 직각삼각형을 그리면 다음과 같다.

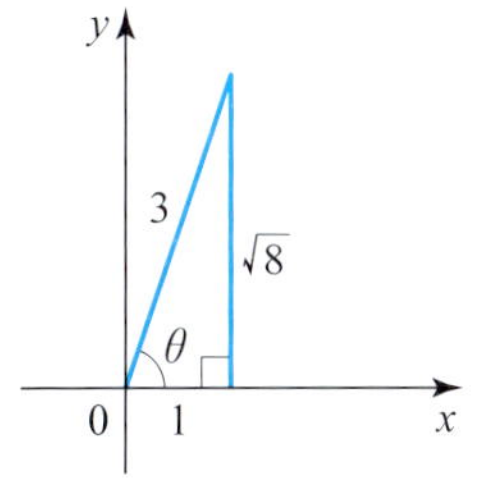

따라서 $\tan\left(\cos^{-1}\dfrac{1}{3}\right)=\tan\theta=\sqrt{8}$.

(3) $\cos^{-1}\left(\cos\dfrac{\pi}{3}\right)=\cos^{-1}\dfrac{1}{2}$이고 (1)번과 같은 방법으로 하면 $\cos^{-1}\dfrac{1}{2}=\dfrac{\pi}{3}$이 되어 구하는 값은 $\dfrac{\pi}{3}$이다. ■

역탄젠트(tangent)함수

함수 $f:\left(-\frac{\pi}{2}, \frac{\pi}{2}\right) \to R$, $f(x) = \tan x$는 1−1 대응함수이다. 따라서 역함수가 존재하고 이함수를 역탄젠트함수라 하고, $\left(-\frac{\pi}{2}, \frac{\pi}{2}\right)$을 역탄젠트함수의 주치라 한다.

$$x = \tan y \Leftrightarrow y = \tan^{-1} x$$

로 정의하고 $\tan^{-1}x$를 아크탄젠트라 읽는다.

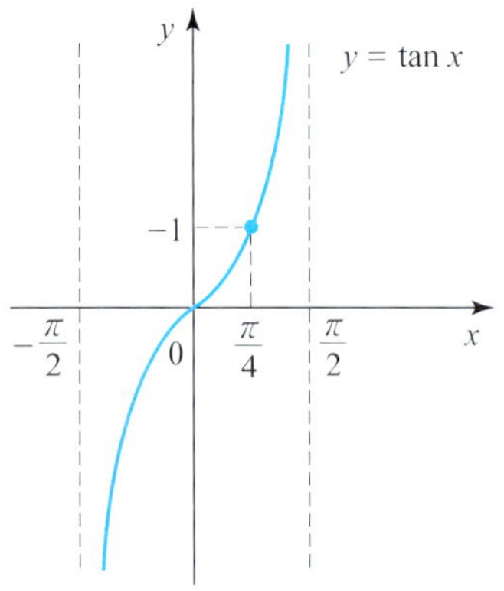

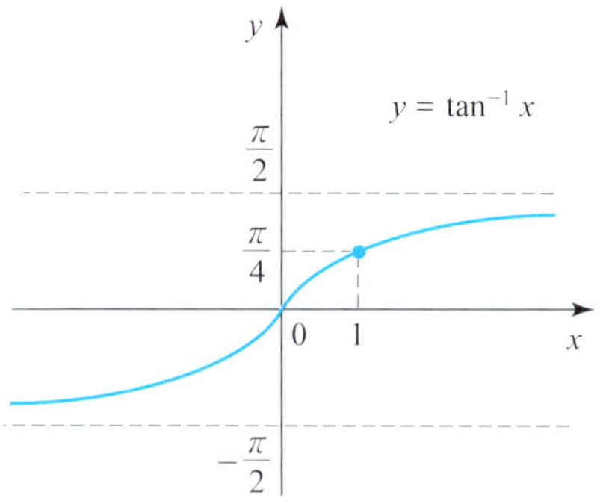

정의 3.5.3

함수 $y = \tan^{-1}x$은 역탄젠트함수이고 다음과 같이 정의된다.

(1) 정의역은 모든 실수, 치역은 $\left(-\frac{\pi}{2}, \frac{\pi}{2}\right)$.

(2) 함수의 그래프는 $y = \tan x$와 $y = x$에 선대칭.

(3) $y = \tan^{-1}x \Leftrightarrow \tan y = x$

이제 관계식 (3)을 이용하여 $\tan^{-1}x$의 값을 구해보자.

예제 3.5.4 다음 값을 구하라.

(1) $\tan^{-1}\left(-\frac{1}{\sqrt{3}}\right)$　　　(2) $\csc\left(\tan^{-1}\frac{1}{2}\right)$

[풀이] (1) $\tan^{-1}\left(-\frac{1}{\sqrt{3}}\right) = \theta$라 하면 $\theta \in \left(-\frac{\pi}{2}, \frac{\pi}{2}\right)$이고 $\tan\theta = -\frac{1}{\sqrt{3}}$이다. 주치에서 $\tan\theta = -\frac{1}{\sqrt{3}}$가 되는 동경의 위치를 구하면 $\theta = -\frac{\pi}{6}$이다. 따라서 구하는 값은

$$\tan^{-1}\left(-\frac{1}{\sqrt{3}}\right)=-\frac{\pi}{6}.$$

(2) $\tan^{-1}\frac{1}{2}=\theta$라 하면 $\theta\in\left(-\frac{\pi}{2},\ \frac{\pi}{2}\right)$이고 $\tan\theta=\frac{1}{2}$이다. 주치에서 $\tan\theta=\frac{1}{2}$가 되는 동경의 위치는 1사분면에 있다. 동경에 대한 삼각비를 구하면 그림으로부터

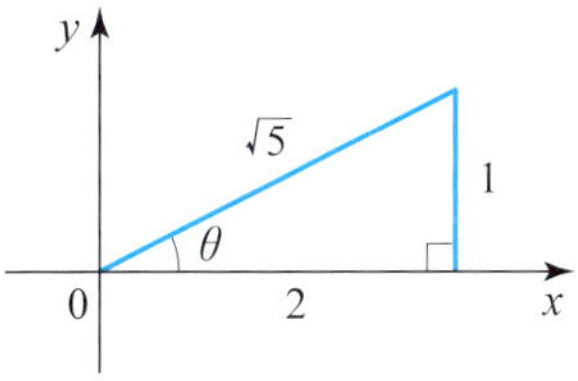

$$\csc\left(\tan^{-1}\frac{1}{2}\right)=\csc\theta=\frac{1}{\sin\theta}$$

로부터 $\sin\theta=\frac{1}{\sqrt{5}}$이므로 구하는 값은 $\sqrt{5}$이다. ■

기타 역삼각함수

기타의 삼각함수 $y=\sec x$, $y=\csc x$, $y=\cot x$도 정의역과 공역을 적절히 조절함으로써 그들의 역함수

$$y=\sec^{-1}x,\quad y=\csc^{-1}x,\quad y=\cot^{-1}x$$

를 다음과 같이 정의할 수 있다.

정의 3.5.4

$$y=\sec^{-1}x,\ |x|\ge 1 \ \Leftrightarrow\ \cos y=x,\ y\in\left[0,\ \frac{\pi}{2}\right)\cup\left(\frac{\pi}{2},\ \pi\right]$$

$$y=\csc^{-1}x,\ |x|\ge 1 \ \Leftrightarrow\ \csc y=x,\ y\in\left[-\frac{\pi}{2},\ 0\right)\cup\left(0,\ \frac{\pi}{2}\right]$$

$$y=\cot^{-1}x,\ -\infty<x<\infty \ \Leftrightarrow\ \cot y=x,\ y\in(0,\ \pi)$$

위 역삼각함수의 그래프는 다음과 같다.

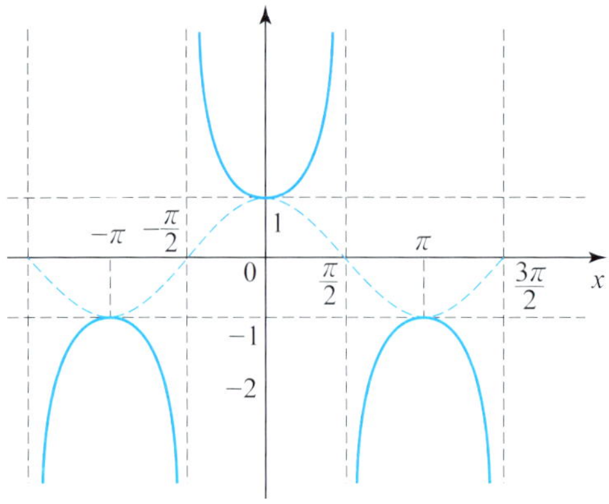

$y = \sec x$

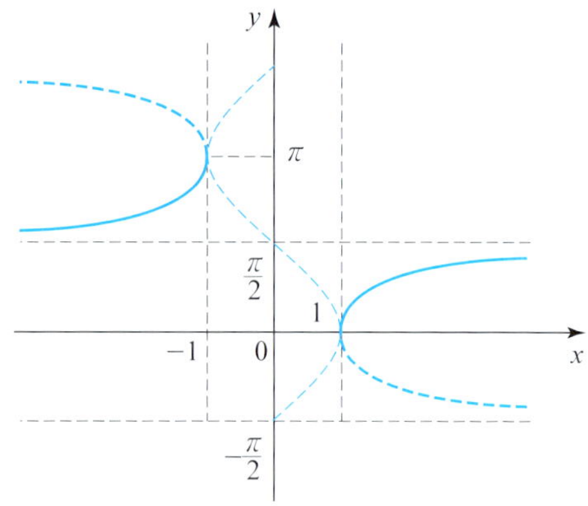

$y = \sec^{-1} x$

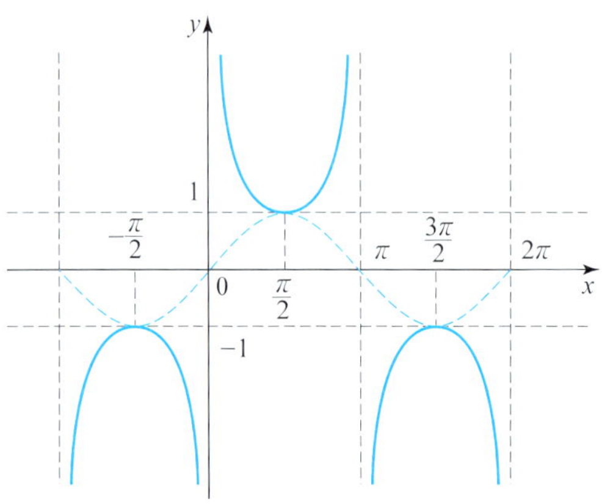

$y = \csc x$

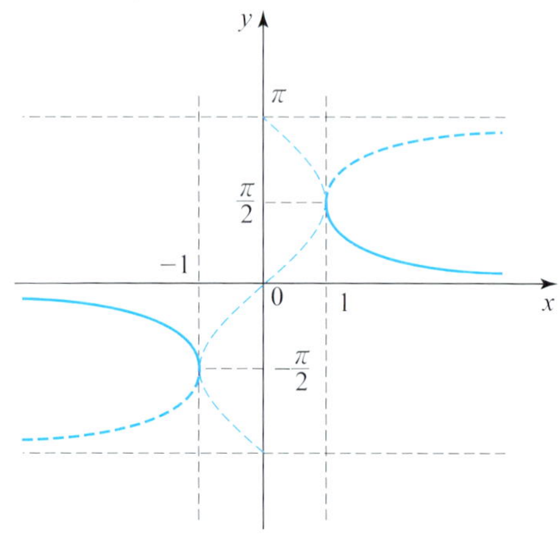

$y = \csc^{-1} x$

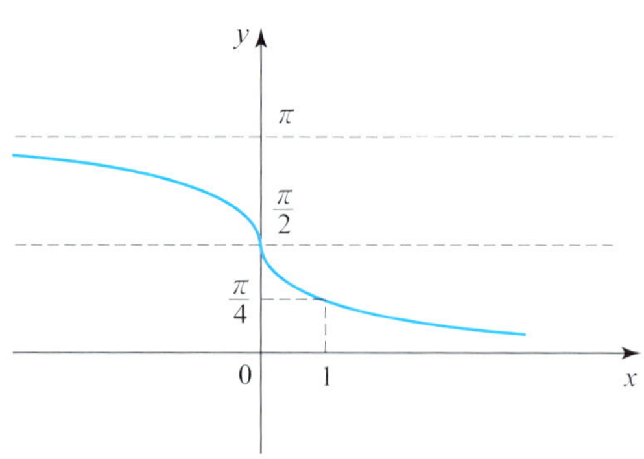

$y = \cot^{-1} x$

연습문제 3.5

1. 다음 함숫값을 구하라.

(1) $\cos^{-1}\left(-\frac{\sqrt{3}}{2}\right)$ (2) $\sin^{-1}\left(-\frac{\sqrt{3}}{2}\right)$

(3) $\tan^{-1}\left(-\frac{1}{\sqrt{3}}\right)$ (4) $\tan^{-1}(-\sqrt{3})$

(5) $\sec^{-1}\sqrt{2}$ (6) $\csc(\tan^{-1}3)$

2. 다음 함숫값을 구하라.

(1) $\sin^{-1}\left(\sin\frac{16}{3}\pi\right)$ (2) $\cos\left(\cos^{-1}\frac{3}{4}\right)$

(3) $\sin\left(2\cos^{-1}\frac{2}{3}\right)$ (4) $\sin\left(2\sin^{-1}\frac{3}{4}\right)$

(5) $\sec\left(\tan^{-1}\frac{3}{2}\right)$ (6) $\sin\left(\cos^{-1}\frac{2}{3}+\sin^{-1}\frac{2}{3}\right)$

3. 다음에 답하라.

(1) $\alpha=\cos^{-1}\left(-\frac{\sqrt{3}}{2}\right)$일 때, $\sin\alpha$, $\tan\alpha$, $\sec\alpha$, $\csc\alpha$를 구하라.

(2) $\alpha=\tan^{-1}\left(-\frac{3}{2}\right)$일 때, $\sin\alpha$, $\cos\alpha$, $\sec\alpha$, $\cot\alpha$를 구하라.

4. $x\in[-1,\ 1]$일 때, $\sin(\cos^{-1}x)$의 값을 구하라.

5. $\cos^{-1}x=\sin^{-1}x$를 만족하는 x값을 구하라.

Chapter 04

극한과 연속

4.1 함수의 극한

함수의 극한은 수학에서 매우 엄밀하게 정의되고 다루어져야 하는 내용이이다. 하지만 여기에서는 극한을 직관적으로 정의하고 이를 이용하여 관련된 문제를 풀이하는데 중점을 둔다.

다음과 같이 정의된 함수 $f(x)$의 그래프를 생각해보자.

$$f(x) = \begin{cases} x \quad , & x < 1 \\ 3 - x, & x \geq 1 \end{cases}$$

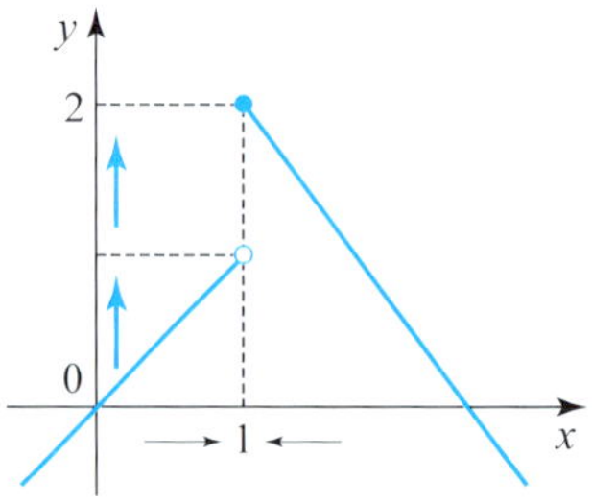

x가 왼쪽에서 1로 접근하면 이에 대응하는 함숫값 $f(x)$는 1로 접근하고, x가 오른쪽에서 1로 접근하면 이에 대응하는 함숫값 $f(x)$는 2로 접근한다.

정의 4.1.1 좌극한과 우극한

주어진 함수 $f(x)$와 실수 a에서

(1) x가 a의 왼쪽에서 a로 가까이 접근 할 때, 이에 대응하는 함숫값 $f(x)$가 일정한 실수 L로 접근하면

$$\lim_{x \to a^-} f(x) = L$$

로 쓰고, L을 a에서 $f(x)$ 의 **좌극한**이라 한다.

(2) x가 a의 오른쪽에서 a로 가까이 접근 할 때, 이에 대응하는 함숫값 $f(x)$가 일정한 실수 M로 접근하면

$$\lim_{x \to a^+} f(x) = M$$

로 쓰고, M을 a에서 $f(x)$의 **우극한**이라 하다.

함수 $f(x) = 2x + 1$의 그래프를 생각해 보자.

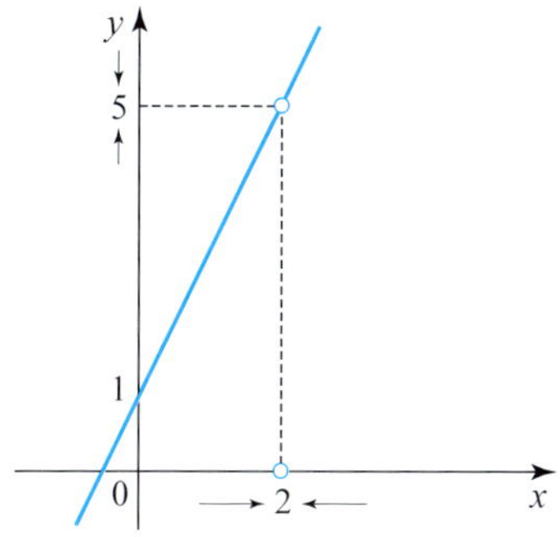

x가 2의 왼쪽에서 가까이 접근하면 이에 대응하는 함숫값 $f(x)$는 5로 가까이 접근하고, x가 2의 오른쪽에서 가까이 접근해도 이에 대응하는 함숫값 $f(x)$는 5로 가까이 접근하는 것을 알 수 있다.

정의 4.1.2 극한

x가 c의 왼쪽에서 접근하든 오른쪽에서 접근하든 동일한 실수 L로 접근하면

$$\lim_{x \to c} f(x) = L$$

로 쓰고, L을 c에서 $f(x)$의 극한이라 한다. 또한 극한이 존재하지 않으면 발산한다고 한다.

이제 함수의 좌극한, 우극한, 극한의 관계에 대하여 알아보자.

정리 4.1.1

1 $\lim_{x \to a} f(x) = L$이기 위한 필요충분조건은 $\lim_{x \to a^-} f(x) = \lim_{x \to a^+} f(x) = L$이다.

참고로 어떤 점에서 함수의 극한은 그 점에서의 함숫값과는 관계가 없다.

예제 4.1.1 함수 f의 그래프가 그림과 같을 때, $\lim_{x \to 2^-} f(x)$, $\lim_{x \to 2^+} f(x)$, $\lim_{x \to 2} f(x)$를 구하라.

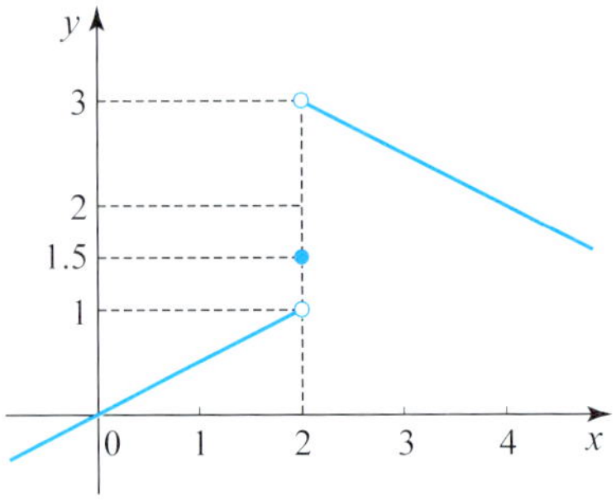

[풀이] $\lim_{x \to 2^-} f(x) = 1$이고 $\lim_{x \to 2^+} f(x) = 3$이지만 서로 다르므로 $\lim_{x \to 2} f(x)$는 존재하지 않는다. ■

예제 4.1.2 함수 f의 그래프가 그림과 같을 때, $\lim_{x \to 6^-} f(x)$, $\lim_{x \to 6^+} f(x)$, $\lim_{x \to 6} f(x)$를 구하라.

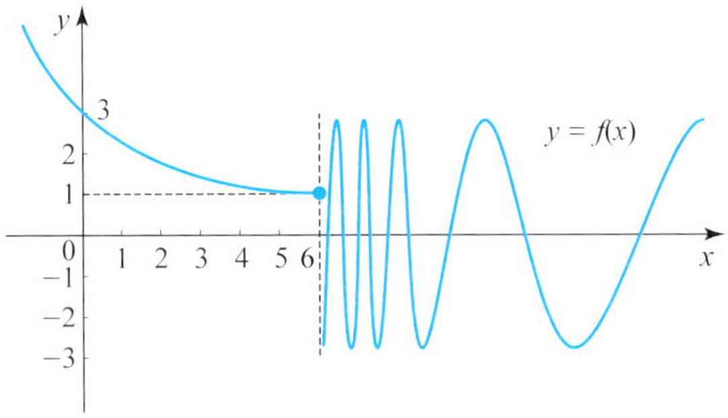

[풀이] $\lim_{x \to 6^-} f(x) = 1$이다. 그러나 x가 6의 오른쪽에서 가까이 접근하면 이에 대응하는 함숫값 $f(x)$는 -3과 3 사이에서 진동한다. 대응하는 함숫값이 가까이 접근하는 일정한 실수가 존재하지 않는다. 따라서 $\lim_{x \to 6^+} f(x)$는 존재하지 않고 결국 $\lim_{x \to 6} f(x)$는 존재하지 않는다. ■

함수 $y = \frac{1}{x}$의 그래프를 생각해 보자. 그러면 아무리 큰 양의 정수 N은 잡아도 x가 0의 오른쪽에서 0에 가까이 접근하면 대응하는 함숫값 $f(x)$는 궁극적으로 N보다 커지게 된다. 마찬가지로 아무리 큰 양의 정수 N은 잡아도 x가 0의 왼쪽에서 0에 가까이 접근하면 대응하는 함숫값 $f(x)$는 궁극적으로 $-N$보다 작아지게 된다.

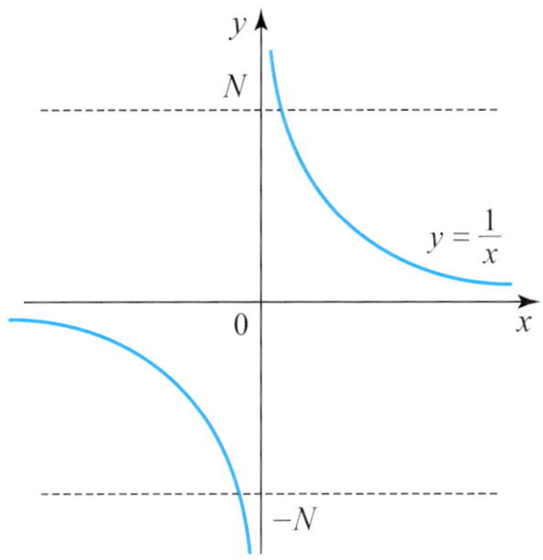

정의 4.1.3 무한으로의 발산

(1) x가 c의 왼쪽에서 c로 접근할 때 이에 대응하는 $f(x)$가 임의의 양수보다 커지면

$$\lim_{x\to c^-} f(x) = \infty$$

로 쓰고, c에서 f의 좌극한은 양의 무한으로 발산한다고 한다. 우극한에 대해서도 같은 정의를 한다.

(2) x가 c의 왼쪽에서 c로 접근 할 때 이에 대응하는 $f(x)$가 임의의 음수보다 작아지면

$$\lim_{x\to c^-} f(x) = -\infty$$

로 쓰고, c에서 f의 좌극한은 음의 무한으로 발산한다고 한다.

(3) $\lim_{x\to c^-} f(x) = \infty$이고 $\lim_{x\to c^+} f(x) = \infty$이면 $\lim_{x\to c} f(x) = \infty$로 쓰고, c에서 f의 극한은 양의 무한대로 발산한다.

(3) $\lim_{x\to c^-} f(x) = -\infty$이고 $\lim_{x\to c^+} f(x) = -\infty$이면 $\lim_{x\to c} f(x) = -\infty$ 로 쓰고, c에서 f의 극한은 음의 무한대로 발산한다.

주의 양의 무한으로 발산이든 음의 무한으로 발산이든 c에서 함수의 극한은 존재하지 않는다.

예제 4.1.3 함수 f와 g의 그래프가 그림과 같다고 할 때, $\lim_{x\to 2} f(x)$와 $\lim_{x\to -3} g(x)$를 구하라.

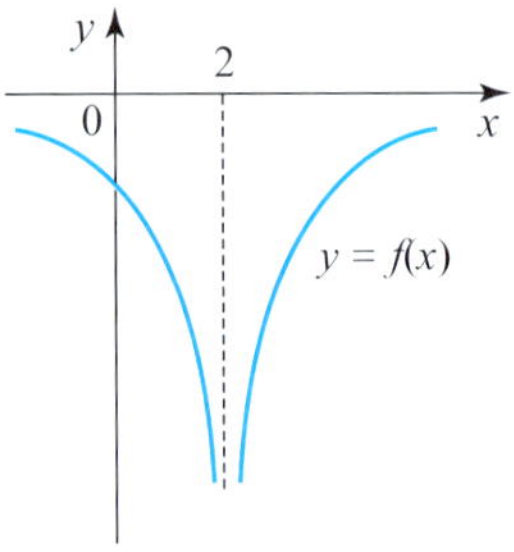

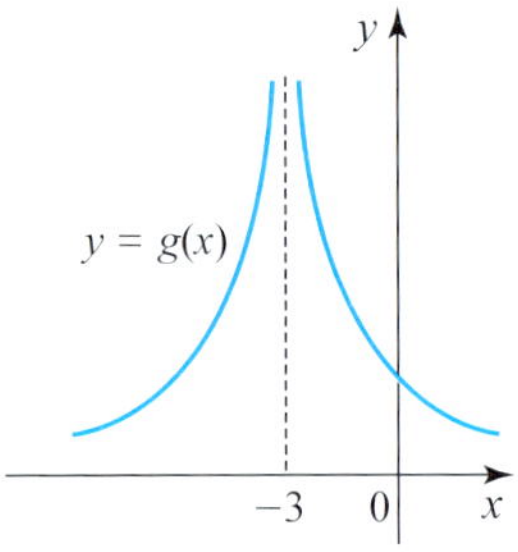

[풀이] $\lim_{x \to 2^-} f(x) = -\infty$, $\lim_{x \to 2^+} f(x) = -\infty$로 극한이 존재하지 않는다. 따라서 $\lim_{x \to 2} f(x) = -\infty$로 음의 무한으로 발산하고 극한은 존재하지 않는다. 마찬가지로 $\lim_{x \to -3} g(x) = \infty$, $\lim_{x \to -3^+} g(x) = \infty$로 극한이 존재하지 않는다. 따라서 $\lim_{x \to -3} g(x) = \infty$로 양의 무한으로 발산하고 극한은 존재하지 않는다. ■

정의 4.1.4

(1) x가 양으로 무한이 커질 때 이에 대응하는 함숫값 $f(x)$가 실수 L에 가까이 접근하면

$$\lim_{x \to \infty} f(x) = L$$

로 쓰고, **양의 무한에서** f의 극한은 L이라 한다.

(2) x가 음으로 무한이 작아질 때 이에 대응하는 함숫값 $f(x)$가 실수 L에 가까이 접근하면

$$\lim_{x \to -\infty} f(x) = L$$

로 쓰고, **음의 무한에서** f의 극한은 L이라 한다.

예제 4.1.4 함수 $f(x)$의 그래프가 그림과 같을 때, $\lim_{x \to -\infty} f(x)$와 $\lim_{x \to \infty} f(x)$를 구하라.

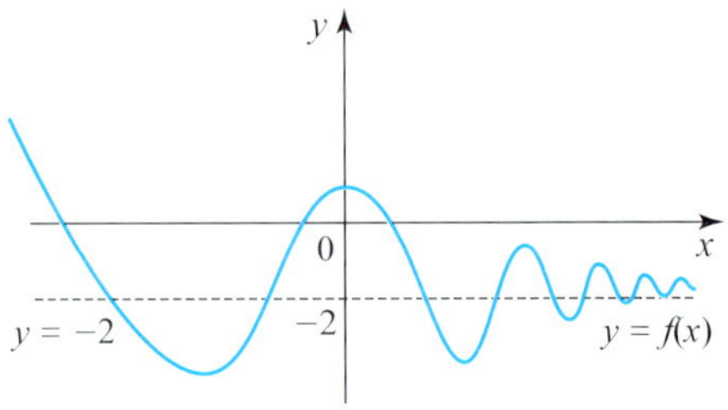

[풀이] x가 음으로 무한히 작아질 때 이에 대응하는 함숫값 $f(x)$는 임의의 양수보다 커지므로 $\lim_{x\to-\infty} f(x) = \infty$이고 극한이 존재하지 않는다. x가 양의 무한으로 커질 때 이에 대응하는 함숫값 $f(x)$는 -2로 가까이 접근한다. 따라서 $\lim_{x\to\infty} f(x) = -2$이다. ■

예제 4.1.5 $\lim_{x\to\infty}\frac{1}{x}$와 $\lim_{x\to-\infty}\frac{1}{x}$를 구하라.

[풀이] 함수 $f(x) = \frac{1}{x}$의 그래프로부터 $\lim_{x\to\infty}\frac{1}{x} = 0 = \lim_{x\to-\infty}\frac{1}{x}$임이 자명하다. ■

연습문제 4.1

1. 오른쪽 그림에서 다음에 답하라.

(1) $\lim_{x\to3^-} f(x)$ (2) $\lim_{x\to3^+} f(x)$

(3) $\lim_{x\to3} f(x)$ (4) $f(3)$

(5) $\lim_{x\to-\infty} f(x)$ (6) $\lim_{x\to\infty} f(x)$

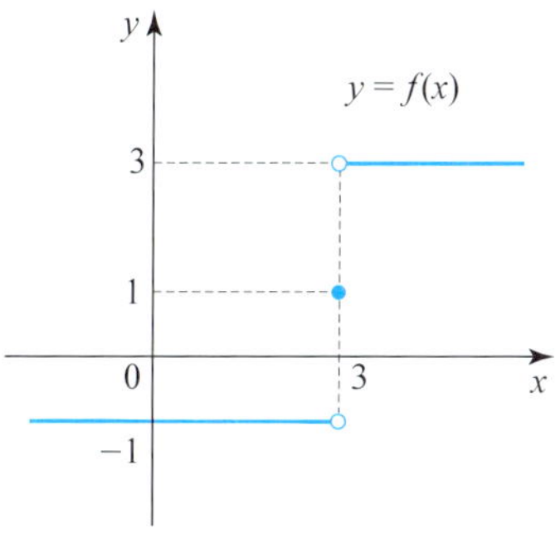

2. 오른쪽 그림에서 다음에 답하라.

(1) $\lim_{x\to2^-} f(x)$ (2) $\lim_{x\to2^+} f(x)$

(3) $\lim_{x\to2} f(x)$ (4) $f(2)$

(5) $\lim_{x\to-\infty} f(x)$ (6) $\lim_{x\to\infty} f(x)$

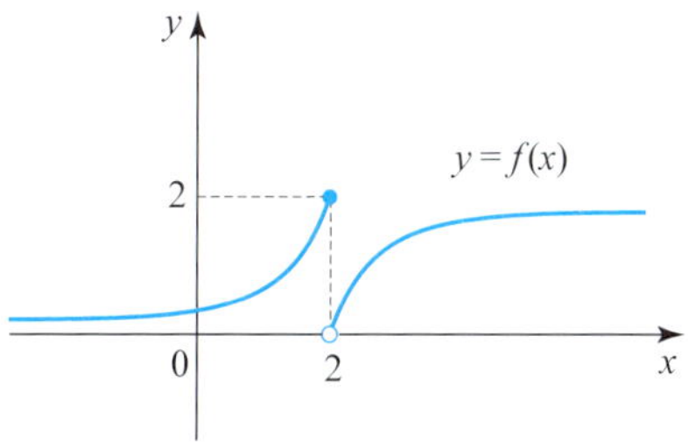

3. 오른쪽 그림에서 다음에 답하라.

(1) $\lim_{x\to4^-} g(x)$ (2) $\lim_{x\to4^+} g(x)$

(3) $\lim_{x\to4} g(x)$ (4) $g(4)$

(5) $\lim_{x\to-\infty} g(x)$ (6) $\lim_{x\to\infty} g(x)$

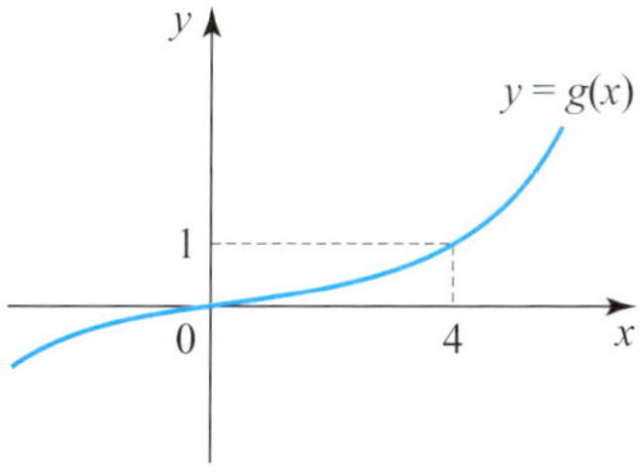

4. 오른쪽 그림에서 다음에 답하라.

(1) $\lim_{x \to -2^-} g(x)$ (2) $\lim_{x \to -2^+} g(x)$

(3) $\lim_{x \to -2} g(x)$ (4) $f(-2)$

(5) $\lim_{x \to -\infty} g(x)$ (6) $\lim_{x \to \infty} g(x)$

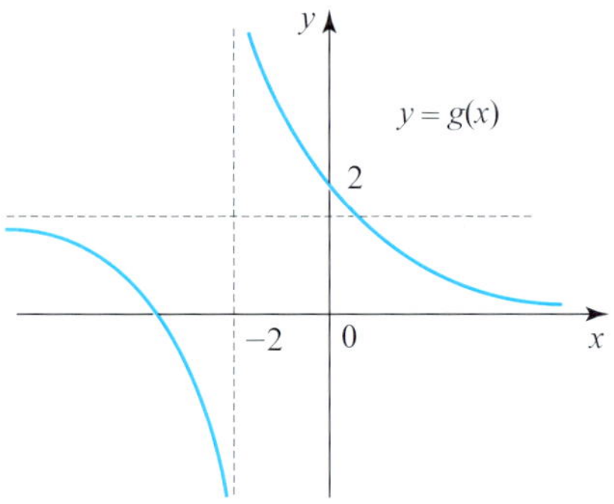

5. 오른쪽 그림에서 다음에 답하라.

(1) $\lim_{x \to 4^-} h(x)$ (2) $\lim_{x \to 4^+} h(x)$

(3) $\lim_{x \to 4} h(x)$ (4) $h(4)$

(5) $\lim_{x \to -\infty} h(x)$ (6) $\lim_{x \to \infty} h(x)$

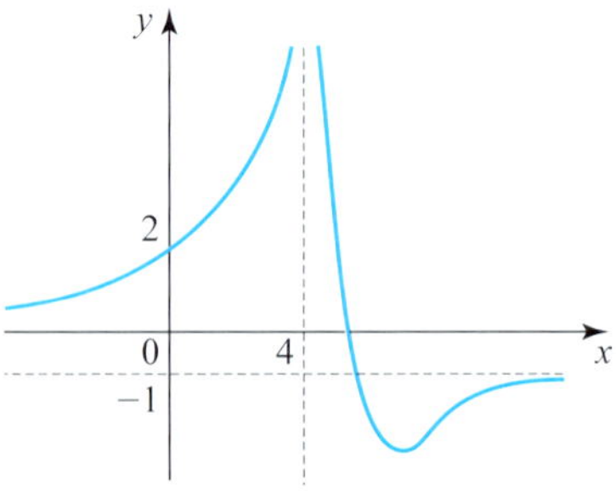

6. 아래 그림에서 $\lim_{x \to c} g(x)$가 존재하는 c의 집합을 구하라.

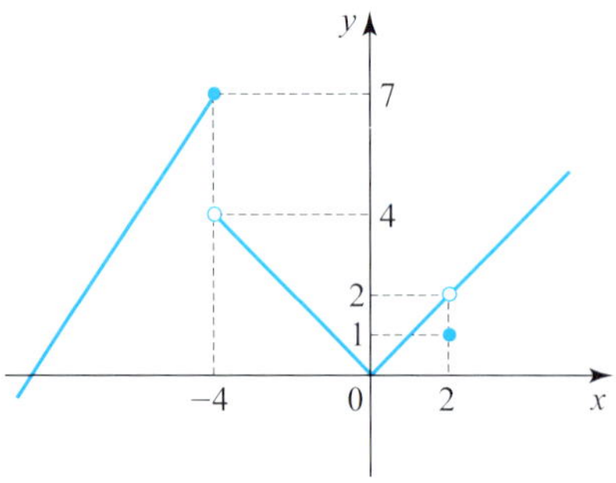

4.2 극한의 성질

앞 절에서는 직관적으로 함수의 극한을 정의하고, 함수의 그래프를 통하여 함수의 극한을 구하였다. 이 절에서는 극한의 성질을 이용하여 그래프를 그리지 않고 대수적으로 주어진 함수의 극한을 구하는 방법을 공부한다.

극한의 정의와 함수의 그래프를 이용하여 다음을 안다. 앞으로 극한 계산에서 이용한다.

(1) $\lim_{x \to c} k = \lim_{x \to \infty} k = \lim_{x \to -\infty} k = k$ (c는 임의의 실수)

(2) $\lim_{x \to c} x = c$ (c는 임의의 실수)

(3) $\lim_{x \to \infty} \frac{1}{x} = 0, \quad \lim_{x \to -\infty} \frac{1}{x} = 0$

정리 4.2.1 극한의 성질

k가 상수이고 $\lim_{x \to c} f(x) = L$이고 $\lim_{x \to c} g(x) = M$이라 하자. 그러면 다음이 성립한다.

(1) $\lim_{x \to c} kf(x) = k \lim_{x \to c} f(x) = kL$

(2) $\lim_{x \to c} [f(x) + g(x)] = \lim_{x \to c} f(x) + \lim_{x \to c} g(x) = L + M$

(3) $\lim_{x \to c} [f(x) - g(x)] = \lim_{x \to c} f(x) - \lim_{x \to c} g(x) = L - M$

(4) $\lim_{x \to c} f(x)g(x) = \lim_{x \to c} f(x) \lim_{x \to c} g(x) = LM$

(5) $\lim_{x \to c} \frac{f(x)}{g(x)} = \frac{\lim_{x \to c} f(x)}{\lim_{x \to c} g(x)} = \frac{L}{M}$ (단, $M \neq 0$)

(6) $\lim_{x \to c} \sqrt[n]{f(x)} = \sqrt[n]{\lim_{x \to c} f(x)} = \sqrt[n]{L}$ (단, n이 짝수이면 $L \geq 0$)

참고 여기서 $\lim_{x \to c}$는 $\lim_{x \to c^-}$, $\lim_{x \to c^+}$, $\lim_{x \to \infty}$, $\lim_{x \to -\infty}$ 등으로 바꾸어도 위의 등식들이 성립한다. 증명은 생략하고 이를 이용하여 극한을 계산하는 것에 집중한다.

예제 4.2.1 $\lim_{x \to 3} 4x$을 구하라.

[풀이] $\lim_{x \to 3} x = 3$이므로 성질 (1)에 의하여 $\lim_{x \to 3} 4x = 4 \times 3 = 12$. ■

예제 4.2.2 $\lim_{x \to c} x^2$을 구하라.

[풀이] $\lim_{x \to c} x = c$이고 극한의 성질 (4)에 의하여

$$\lim_{x \to c} x^2 = \lim_{x \to c} (x \cdot x) = c \cdot c = c^2.$$ ■

예제 4.2.3 $\lim_{x \to 5} (x^2 - 4x + 3)$을 구하라.

[풀이] $\lim_{x \to 5} x^2 = 5^2$, $\lim_{x \to 5} x = 5$, $\lim_{x \to 5} 3 = 3$이므로

$$\lim_{x \to 5} (x^2 - 4x + 3) = 5^2 - 4 \times 5 + 3 = 8.$$ ■

위 예제를 일반화하면 다음과 같이 다항식 함수의 극한을 구할 수 있다.

정리 4.2.2

다항식 함수 $f(x) = a_n x^n + a_{n-1} x^{n-1} + \cdots + a_1 x + a_0$의 c에서의 극한은 $f(c)$와 같다. 즉,

$$\lim_{x \to c} f(x) = a_n c^n + a_{n-1} c^{n-1} + \cdots + a_1 c + a_0$$

다시 말하자면 어떤 점에서 다항식 함수의 극한은 그 점에서 함숫값이다.

예제 4.2.4 $\lim_{x \to 2} (3x^2 - 4x + 1)$를 구하라.

[풀이] 다항식 함수의 극한이므로

$$\lim_{x \to 2} (3x^2 - 4x + 1) = 3 \times 2^2 - 4 \times 2 + 1 = 5.$$ ■

다항식 함수에 대한 극한과 극한의 성질 (5)를 이용하여 다음을 알 수 있다.

정리 4.2.3 유리식의 극한

$f(x)$와 $g(x)$가 다항식 함수이고 $g(c) \neq 0$이면

$$\lim_{x \to c} \frac{f(x)}{g(x)} = \frac{f(c)}{g(c)}$$

예제 4.2.5 $\lim_{x \to 1} \frac{5x^3+4}{x-3}$을 구하라.

[풀이] $\lim_{x \to 1}(5x^3+4) = 9$이고 $\lim_{x \to 1}(x-3) = -2$이므로 극한의 성질 (5)에 의하여

$$\lim_{x \to 1} \frac{5x^3+4}{x-3} = -\frac{9}{2}.$$

■

예제 4.2.6 $\lim_{x \to 4} \frac{2-x}{(x-4)(x+2)}$는 존재하는가?

[풀이] x가 4의 오른쪽에서 접근하면 분모은 0에 접근하는 양수이고 분자는 −2에 접근하므로

$$\lim_{x \to 4^+} \frac{2-x}{(x-4)(x+2)} = -\infty$$

로 우극한이 존재하지 않는다. 따라서 주어진 문제의 극한은 존재하지 않는다. 4에서 좌극한을 생각할 때 x가 4의 왼쪽에서 4로 접근하면 분자는 −2로 접근하고 분모는 0에 접근하는 음수가 되어

$$\lim_{x \to 4^-} \frac{2-x}{(x-4)(x+2)} = \infty$$

이다. 결론은 주어진 문제의 극한은 존재하지 않는다.

■

성질 (5)를 이용할 수 없는 경우, 즉

$$\lim_{x \to a} \frac{f(x)}{g(x)} = \frac{0}{0}, \ \frac{\infty}{\infty}, \ \frac{+\infty}{-\infty}, \ \frac{-\infty}{+\infty}$$

중의 하나가 되는 경우가 발생한다. 이 경우를 **부정형**이라 한다. 지금부터는 부정형의 극한에 대하여 극한을 구하는 방법에 대하여 공부하자.

예제 4.2.7 $\lim_{x\to 2}\frac{x^2-4}{x-2}$을 구하라.

[풀이] $\frac{0}{0}$의 부정형이다. 이때 분자를 인수분해하면

$$\lim_{x\to 2}\left(\frac{x^2-4}{x-2}\right)=\lim_{x\to 2}\frac{(x+2)(x-2)}{x-2}=\lim_{x\to 2}(x+2)=4.$$ ■

양 또는 음의 무한에서 다항식의 극한은 최고차항에 의하여 결정된다. 유리함수의 극한에서 음의 무한이나 양의 무한에서 극한을 구할 때는 분모의 최고차항으로 분모와 분자를 나누어 계산한다.

예제 4.2.8 $\lim_{x\to -\infty}\frac{4x^2-x}{2x^3-5}$을 구하라.

[풀이] $\frac{+\infty}{-\infty}$의 부정형이다. 분모의 최고차항 x^3으로 분모와 분자를 나누어 주면

$$\lim_{x\to -\infty}\left(\frac{4x^2-x}{2x^3-5}\right)=\lim_{x\to -\infty}\frac{\frac{4}{x}-\frac{1}{x^2}}{2-\frac{5}{x^3}}=\frac{0}{2}=0.$$ ■

예제 4.2.9 $\lim_{x\to \infty}\frac{3-2x^4}{x+1}$을 구하라.

[풀이] $\frac{-\infty}{+\infty}$의 부정형이다. 분모의 최고차항 x로 분자와 분모를 나누어 주면

$$\lim_{x\to \infty}\frac{\frac{3}{x}-2x^3}{1+\frac{1}{x}}$$

이 된다. 분모의 극한은 1이고 분자의 극한은 $-\infty$이므로 주어진 극한은 $-\infty$이 되어 음의 무한으로 발산하므로 극한은 존재하지 않는다. ■

예제 4.2.10 $\lim_{x\to -\infty}\frac{1-12x^3}{4x^3+5}$을 구하라.

[풀이] $\frac{+\infty}{-\infty}$의 부정형이다. 분모의 최고차항 x^3으로 분모와 분자를 나누어 분자와 분모의 극한을 각각 계산하면

$$\lim_{x\to -\infty}\frac{1-12x^3}{4x^3+5}=\lim_{x\to -\infty}\frac{\frac{1}{x^3}-12}{4+\frac{5}{x^3}}=\frac{-12}{4}=-3.$$ ■

예제 4.2.11 $\lim_{x \to -\infty} \frac{\sqrt{x^2+5}}{3x+4}$을 구하라.

[풀이] $\frac{+\infty}{-\infty}$의 부정형이다. 분자의 최고차항인 x로 분모와 분자를 나누면 되는데 이때 조심할 부분은 x가 음수이므로 $x = -\sqrt{x^2}$인 것에 유의하여

$$\lim_{x \to -\infty} \frac{\sqrt{x^2+5}}{3x+4} = \lim_{x \to -\infty} \frac{\frac{\sqrt{x^2+5}}{-\sqrt{x^2}}}{3+\frac{4}{x}} = \lim_{x \to -\infty} \frac{-\sqrt{\frac{x^2+5}{x^2}}}{3+\frac{4}{x}}$$

$$= \lim_{x \to -\infty} \frac{-\sqrt{1+\frac{5}{x^2}}}{3+\frac{4}{x}} = -\frac{1}{3}.$$

■

예제 4.2.12 $\lim_{x \to 0} \frac{\sqrt{x+7}-\sqrt{7}}{x}$을 구하라.

[풀이] $\frac{0}{0}$의 부정형이다. 분모의 극한이 되므로 극한의 성질을 적용할 수가 없다. 이제 분자를 유리화하기 위하여 분자와 분모에 $\sqrt{x+7}+\sqrt{7}$를 곱하면

$$\lim_{x \to 0} \frac{\sqrt{x+7}-\sqrt{7}}{x} = \lim_{x \to 0} \frac{(\sqrt{x+7}-\sqrt{7})(\sqrt{x+7}+\sqrt{7})}{x(\sqrt{x+7}+\sqrt{7})}$$

$$= \lim_{x \to 0} \frac{1}{\sqrt{x+7}+\sqrt{7}} = \frac{1}{2\sqrt{7}}.$$

■

연습문제 4.2

1. 다음 극한을 구하라.

(1) $\lim_{x \to -3} 2x$

(2) $\lim_{x \to \infty} (-3x)$

(3) $\lim_{x \to 2} \left(\sqrt{x^3} - 2x + 1\right)$

(4) $\lim_{t \to -2} (t^3 - 4t + 2)$

(5) $\lim_{x \to -1} 3x^2(2x+1)$

(6) $\lim_{x \to 2} 4(3x-2)(x+1)$

2. 다음 극한을 구하라.

(1) $\lim_{t \to 3^-} \frac{t^2 - t - 2}{t - 5}$

(2) $\lim_{x \to 2} \frac{x^2 - 3x}{x + 4}$

(3) $\lim_{x \to -3} \frac{x^2 - 9}{x + 3}$

(4) $\lim_{y \to 2} \frac{y^3 - 8}{y - 2}$

(5) $\lim_{y \to -5} \frac{y^2 + 3y - 10}{y + 5}$

(6) $\lim_{t \to -3} \frac{t + 3}{t^2 + 4t + 3}$

(7) $\lim_{x \to -\infty} \frac{3}{5x - 4}$

(8) $\lim_{x \to -\infty} \frac{4x + 1}{3x + 5}$

(9) $\lim_{x \to \infty} \frac{\sqrt{3x^2 - 4}}{x + 5}$

(10) $\lim_{x \to -\infty} \frac{\sqrt{3x^2 - 4}}{x + 5}$

(11) $\lim_{x \to 9} \frac{\sqrt{x} - 3}{x - 9}$

(12) $\lim_{y \to 0^-} \frac{y}{|y|}$

3. 다음 함수 $f(x)$에 대하여 다음에 답하라.

$$f(x) = \begin{cases} x - 3, & x \le 2 \\ 4x - 5, & x > 2 \end{cases}$$

(1) $\lim_{x \to 2^-} f(x)$

(2) $\lim_{x \to 2^+} f(x)$

(3) $\lim_{x \to 2} f(x)$

(4) $f(2)$

4. 다음 함수 $g(t)$에 대하여 다음에 답하라.

$$g(t) = \begin{cases} t + 2, & t > 0 \\ -t^2, & t \le 0 \end{cases}$$

(1) $\lim_{t \to 0^-} g(t)$

(2) $\lim_{t \to 0^+} g(t)$

(3) $\lim_{t \to 0} g(t)$

(4) $g(0)$

5. 함수 $h(x)$에 대하여 $\lim_{x \to 1} h(x)$을 구하라.

$$h(x) = \begin{cases} \frac{x^3 - 1}{x - 1}, & x \ne 1 \\ 5, & x = 1 \end{cases}$$

4.3 삼각함수의 극한

본 절에서는 Sandwich 정리를 공부하고 이를 이용하여 삼각함수의 극한을 구하도록 한다.

정리 4.3.1 Sandwich 정리

c를 포함하는 구간에서 세 함수사이에

$$g(x) \leq f(x) \leq h(x)$$

가 성립하고

$$\lim_{x \to c} g(x) = \lim_{x \to c} h(x) = L$$

이면

$$\lim_{x \to c} f(x) = L$$

이다.

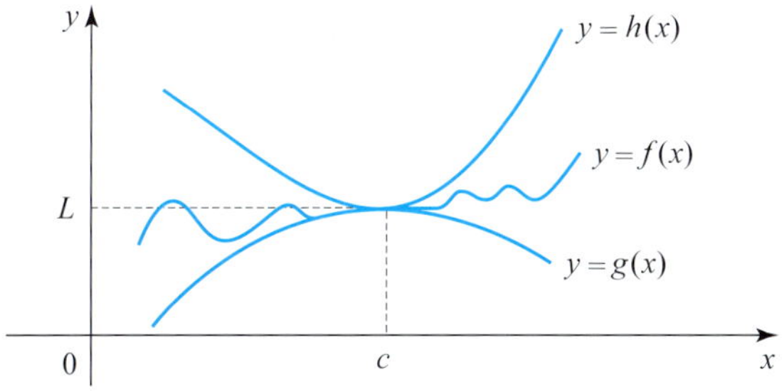

참고 위 정리에서 $\lim\limits_{x \to c}$을 $\lim\limits_{x \to c^-}$, $\lim\limits_{x \to c^+}$, $\lim\limits_{x \to \infty}$, $\lim\limits_{x \to -\infty}$ 등으로 바꾸어도 똑같은 결과를 얻는다. 단, $\lim\limits_{x \to \infty}$인 경우에는 적당한 양의 정수 N이 존재하여 $x > N$에 대하여

$$g(x) \leq f(x) \leq h(x)$$

이 성립해야 하고, 또 $\lim\limits_{x \to -\infty}$인 경우에는 당한 양의 정수 N이 존재하여 $x < -N$에 대하여

$$g(x) \leq f(x) \leq h(x)$$

이 성립해야 한다.

삼각함수 그래프로부터 다음 극한을 안다.

$$\lim_{x \to 0} \sin x = 0 \qquad \lim_{x \to 0} \cos x = 1 \qquad \lim_{x \to 0} \tan x = 0$$

앞 절에서 배운 극한의 성질과 삼각함수의 성질을 이용하여 삼각함수의 극한을 구하여 보자.

예제 4.3.1 $\lim_{x \to 0} \sec x$를 구하라.

[풀이] $\lim_{x \to 0} \sec x = \lim_{x \to 0} \dfrac{1}{\cos x} = \dfrac{1}{1} = 1.$ ■

삼각함수와 관련된 극한은 다음 극한을 이용하여 극한의 성질을 이용하면 된다.

정리 4.3.2

$$\lim_{\theta \to 0} \frac{\sin \theta}{\theta} = 1$$

[증명] 그림에서와 같이 θ가 $0 < \theta < \dfrac{\pi}{2}$라 하자.

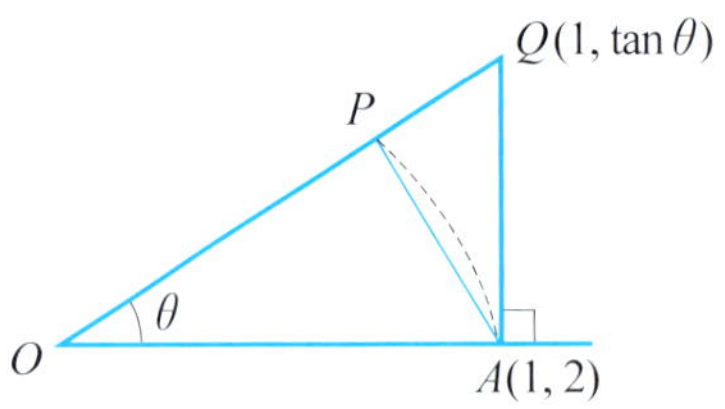

그러면 다음 부등식이 성립한다.

삼각형 OAP의 넓이 < 부채꼴 OAP의 넓이 < 삼각형 OAQ의 넓이

따라서

$$\frac{1}{2} \sin \theta < \frac{1}{2} \theta < \frac{1}{2} \tan \theta$$

가 성립한다. 부등식에 $\dfrac{2}{\sin \theta}$을 곱하면

$$1 < \frac{\theta}{\sin \theta} < \frac{1}{\cos \theta}$$

이고 정리하면

$$\cos\theta < \frac{\sin\theta}{\theta} < 1$$

이다. 그런데 $\lim_{\theta\to 0}\cos\theta = 1$이므로 Sandwich 정리에 의하여

$$\lim_{\theta\to 0^+}\frac{\sin\theta}{\theta} = 1$$

$\theta < 0$이고 $\lim_{\theta\to 0^-}\frac{\sin\theta}{\theta}$인 경우에는 $\theta = -\alpha(\alpha > 0)$의 치환에 의하여

$$\lim_{\theta\to 0^-}\frac{\sin\theta}{\theta} = \lim_{\alpha\to 0^+}\frac{\sin(-\alpha)}{-\alpha} = \lim_{\alpha\to 0^+}\frac{\sin\alpha}{\alpha} = 1$$

이다. 즉 0 에서의 좌극한과 우극한이 같으므로 $\lim_{\theta\to 0}\frac{\sin\theta}{\theta} = 1.$ ■

예제 4.3.2 $\lim_{\theta\to 0}\frac{\sin 2\theta}{\theta}$를 구하라.

[풀이] $2\theta = t$로 치환하면

$$\lim_{\theta\to 0}\frac{\sin 2\theta}{\theta} = \lim_{t\to 0} 2\cdot\frac{\sin t}{t} = 2\cdot 1 = 2.$$ ■

예제 4.3.3 $\lim_{\theta\to\infty}\frac{\sin\theta}{\theta}$를 구하라.

[풀이] 양수 θ에 대하여 $-1 < \sin\theta < 1$이므로

$$-\frac{1}{\theta} \le \frac{\sin\theta}{\theta} \le \frac{1}{\theta}$$

이다. 그런데 $\lim_{\theta\to\infty}\frac{1}{\theta} = 0$이므로 Sandwich 정리에 의하여

$$\lim_{\theta\to\infty}\frac{\sin\theta}{\theta} = 0.$$ ■

예제 4.3.4 $\lim_{x\to\infty}\sin\frac{1}{x}$을 구하라.

[풀이] $\frac{1}{x} = \theta$로 치환하면 $\lim_{x\to\infty}\sin\frac{1}{x} = \lim_{\theta\to 0}\sin\theta = 0.$ ■

예제 4.3.5 $\lim_{x\to -\infty}\left(1+\frac{1}{x}\right)\cos\frac{1}{x}$을 구하라.

[풀이] $\frac{1}{x} = \theta$로 치환하면

$$\lim_{x\to -\infty}\left(1+\frac{1}{x}\right)\cos\frac{1}{x} = \lim_{\theta\to 0^-}(1+\theta)\cos\theta = 1\cdot 1 = 1.$$ ■

연습문제 4.3

1. 다음 극한을 구하라.

(1) $\lim_{x \to 0} \frac{\sin 4x}{x}$

(2) $\lim_{x \to 0} \frac{x}{\tan x}$

(3) $\lim_{x \to 0} \frac{1 - 2\sin x}{1 + \cos x}$

(4) $\lim_{x \to 0} \frac{x}{\sin 2x}$

(5) $\lim_{\theta \to 0} \frac{\tan 2\theta}{\theta}$

(6) $\lim_{x \to 0} \frac{x + \sin x}{x}$

(7) $\lim_{\theta \to \frac{\pi}{2}} \frac{2\sin\theta}{1 + \cos\theta}$

(8) $\lim_{\theta \to \pi} \frac{\cos\theta}{1 + \sin\theta}$

(9) $\lim_{x \to 0} x \sin\frac{1}{x}$

(10) $\lim_{x \to 0} \frac{\cos x}{x^2}$

(11) $\lim_{x \to 0} \frac{\sin 6x}{\sin 8x}$

(12) $\lim_{x \to 0} \frac{\tan 7x}{\sin 3x}$

(13) $\lim_{\theta \to 0} \frac{\sin^2\theta}{\theta}$

(14) $\lim_{\theta \to 0} \frac{\tan 2\theta}{\theta}$

(15) $\lim_{h \to 0} \frac{\sin h}{1 - \cos h}$

(16) $\lim_{\theta \to 0} \frac{\theta^2}{1 - \cos\theta}$

(17) $\lim_{x \to 0} \frac{x}{\cos\left(\frac{\pi}{2} - x\right)}$

(18) $\lim_{\theta \to 0} \frac{\theta}{\cos\theta}$

2. 다음 극한을 주어진 변수로 치환하여 구하라.

(1) $\lim_{x \to \infty} x \sin\frac{1}{x}$ ($x = \frac{1}{t}$로 치환)

(2) $\lim_{x \to -\infty} x\left(1 - \cos\frac{1}{x}\right)$ ($x = \frac{1}{t}$로 치환)

(3) $\lim_{x \to \pi} \frac{\pi - x}{\sin x}$ ($\pi - x = t$로 치환)

3. $-1 \le x \le 1 (x \ne 0)$이면 $1 - \frac{x^2}{6} \le \frac{\sin x}{x} \le 1$이 성립한다. 이 부등식을 이용하여 $\lim_{x \to 0} \frac{\sin x}{x}$를 구하라.

4.4 지수함수와 로그함수의 극한

지수함수 $y = a^x$ $(a \neq 1,\ a > 0)$의 그래프로부터 다음 극한을 알 수 있다.

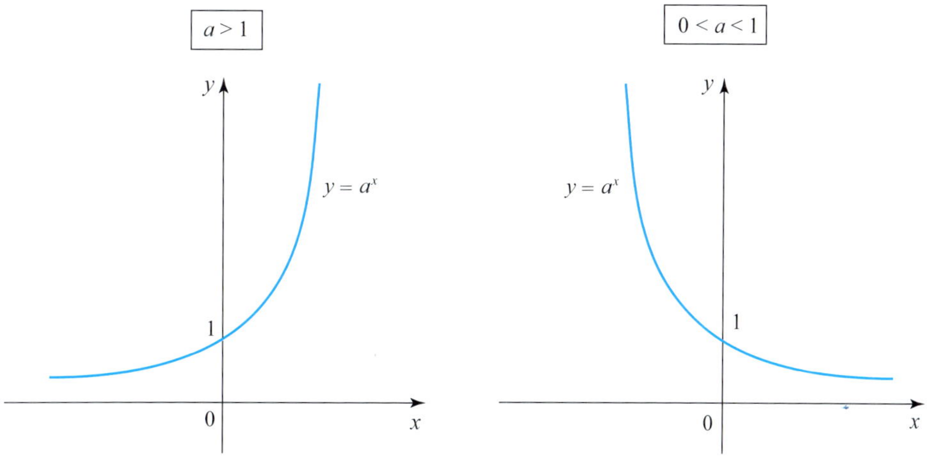

(1) $a > 1$일 때

$$\lim_{x\to\infty} a^x = \infty, \quad \lim_{x\to-\infty} a^x = 0$$

(2) $0 < a < 1$일 때

$$\lim_{x\to\infty} a^x = 0, \quad \lim_{x\to-\infty} a^x = \infty.$$

함수의 극한에 관한 성질과 지수함수의 성질을 이용하여 지수함수와 관련된 극한을 구하여 보자.

예제 4.4.1 $\displaystyle\lim_{x\to\infty} \frac{2^x + 2^{-x}}{2^x - 2^{-x}}$을 구하라.

[풀이] 분모와 분자의 극한이 존재하지 않으므로 극한의 성질을 이용할 수 없다. 이제 분모와 분자를 2^x로 나누고 극한을 계산하면

$$\lim_{x\to\infty} \frac{2^x + 2^{-x}}{2^x - 2^{-x}} = \lim_{x\to\infty} \frac{1 - 2^{-2x}}{1 + 2^{-2x}} = \frac{1}{1} = 1.$$ ■

로그함수 $y = \log_a x$ $(a > 1,\ a \neq 1)$의 그래프로부터 다음 극한을 알 수 있다.

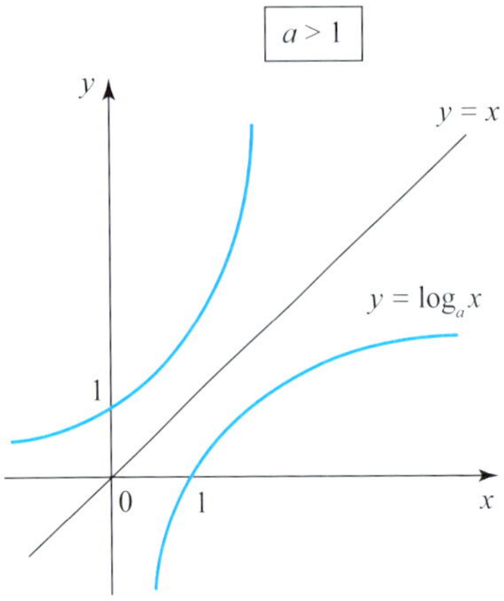

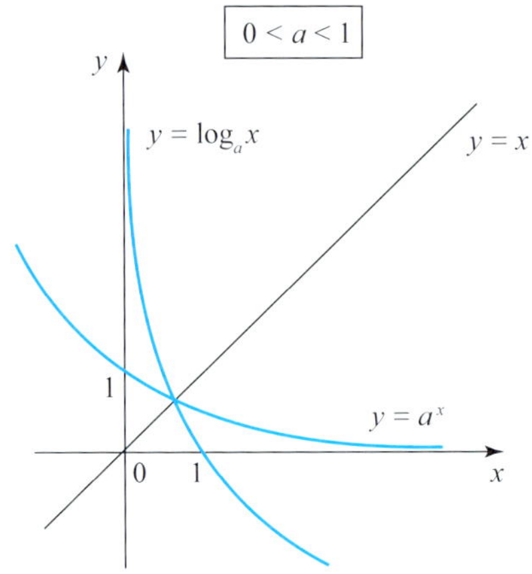

(1) $a > 1$일 때

$$\lim_{a \to \infty} \log_a x = \infty, \quad \lim_{x \to 0^+} \log_a x = -\infty$$

(2) $0 < a < 1$일 때

$$\lim_{a \to \infty} \log_a x = -\infty, \quad \lim_{x \to 0^+} \log_a x = \infty.$$

함수의 극한에 관한 성질과 로그함수의 성질을 이용하여 로그함수와 관련된 극한을 구하여 보자.

예제 4.4.2 $\lim_{x \to \infty} [\log_2 (x+1) - \log_2 x]$을 구하라.

[풀이] 두 함수의 차에 관한 극한인데 각각 극한이 존재하지 않으므로 극한의 성질을 이용할 수 없다. 이제 로그함수의 성질을 이용하면

$$\begin{aligned} \lim_{x \to \infty} [\log_2 (x+1) - \log_2 x] &= \lim_{x \to \infty} \log_2 \frac{x+1}{x} \\ &= \lim_{x \to \infty} \log_2 \left(1 + \frac{1}{x}\right) = \log_2 1 = 0. \end{aligned}$$ ■

x가 0에 한 없이 가까워질 때 이에 대응하여 $(1+x)^{\frac{1}{x}}$의 값도 일정한 무리수에 수렴하는 것으로 알려져 있다. 이 무리수를 e로 나타내고 **오일러 수**라 한다. 오일러수의 크기는 약

2.7183이다.

정의 4.4.1

$$\lim_{x \to 0}(1+x)^{\frac{1}{x}} = e$$

위 극한에서 $\frac{1}{x} = z$로 치환하면 다음이 성립한다.

$$\lim_{z \to \infty}\left(1+\frac{1}{z}\right)^{z} = e$$

예제 4.4.3 다음 극한을 구하라.

(1) $\lim_{x \to 0}(1+2x)^{\frac{1}{x}}$ (2) $\lim_{x \to \infty}\left(1+\frac{2}{x}\right)^{x}$

[풀이] 적절한 치환에 의하여 주어진 극한을 정의 4.4.1의 형태로 바꾼다.

(1) $2x = z$로 치환하면, 다음이 성립한다.

$$\begin{aligned}\lim_{x \to 0}(1+2x)^{\frac{1}{x}} &= \lim_{z \to 0}(1+z)^{\frac{2}{z}} \\ &= \lim_{z \to 0}\left\{(1+z)^{\frac{1}{z}}\right\}^{2} = e^{2}.\end{aligned}$$

(2) $\frac{2}{x} = z$로 치환하면, 다음이 성립한다.

$$\begin{aligned}\lim_{x \to \infty}\left(1+\frac{2}{x}\right)^{x} &= \lim_{z \to 0}(1+z)^{\frac{2}{z}} \\ &= \lim_{z \to 0}\left\{(1+z)^{\frac{1}{z}}\right\}^{2} = e^{2}.\end{aligned}$$

■

정의 4.4.2 자연로그

무리수 e를 밑으로 하는 로그함수 $\log_e x$를 자연로그라 한다. 자연로그는 밑 e를 생략하여 나타낸다. 즉,

$$\log_e x = \ln x$$

예제 4.4.4 다음 극한을 구하라.

(1) $\lim_{x\to0}\frac{\ln(1+x)}{x}$ (2) $\lim_{x\to0}\frac{e^x-1}{x}$

[풀이] 로그의 성질을 이용하여 분수형태에서 부정형의 극한을 구하는 방법을 배운다.

(1) $\frac{0}{0}$의 부정형이다. 이제 로그의 성질을 이용하여 형태를 변형시키면

$$\lim_{x\to0}\frac{\ln(1+x)}{x}=\lim_{x\to0}\frac{1}{x}\ln(1+x)$$
$$=\lim_{x\to0}\ln(1+x)^{\frac{1}{x}}=\ln e=1.$$

(2) $\frac{0}{0}$의 부정형이다. 형태를 변형하기 위하여 $e^x-1=z$로 치환하면

$$e^x=1+z\Leftrightarrow x=\ln(1+z)$$

이므로

$$\lim_{x\to0}\frac{e^x-1}{x}=\lim_{z\to0}\frac{z}{\ln(1+z)}=\lim_{z\to0}\frac{1}{\frac{1}{z}\ln(1+z)}$$
$$=\lim_{z\to0}\frac{1}{\ln(1+z)^{\frac{1}{z}}}=\frac{1}{\ln e}=1.$$

■

연습문제 4.4

1. 다음 극한을 구하라.

(1) $\lim_{x\to\infty}\frac{4^x-3^x}{4^x+3^x}$ (2) $\lim_{x\to\infty}\frac{3^x}{1+3^x}$

(3) $\lim_{x\to-\infty}\frac{5}{1-2^x}$ (4) $\lim_{x\to-\infty}\frac{2^{-x}+2^x}{3^{-x}+3^x}$

2. 다음 극한을 구하라.

(1) $\lim_{x\to\infty}\log_3(10x+5)$ (2) $\lim_{x\to2^+}\log_3(x-2)$

(3) $\lim_{x\to\infty}\log_{\frac{1}{2}}(x+5)$ (4) $\lim_{x\to5^+}\log_3(x-5)$

(5) $\lim_{x\to\infty}[\log_5(25x+5)-\log_5(x+7)]$ (6) $\lim_{x\to\infty}[\log_3 3^{x+2}-\log_3(3^x+2)]$

3. 다음 극한을 구하라.

(1) $\lim_{x \to 0} \dfrac{\ln(2+x) - \ln 2}{x}$

(2) $\lim_{x \to \infty} \log_2 \left(x - \sqrt{x^2 - 1}\right)$

(3) $\lim_{x \to 0} \dfrac{\ln(1+3x)}{x}$

(4) $\lim_{x \to 0} \dfrac{\log_2(1+3x)}{x}$

4. 다음 극한을 구하라.

(1) $\lim_{x \to 0} (1+3x)^{\frac{2}{x}}$

(2) $\lim_{x \to 0} (1-2x)^{\frac{1}{x}}$

(3) $\lim_{x \to \infty} \left(1 + \dfrac{1}{2x}\right)^{3x}$

(4) $\lim_{x \to 1} x^{\frac{1}{1-x}}$ (힌트: $x = 1 + t$로 치환)

5. 다음 극한을 구하라.

(1) $\lim_{x \to 0} \dfrac{e^{3x} - 1}{2x}$

(2) $\lim_{x \to 0} \dfrac{3^x - 1}{x}$

4.5 함수의 연속과 연속함수의 성질

함수의 그래프가 한 점에서 끊어지지 않고 연결되어 있는 경우와 그렇지 않은 경우가 있다. 그래프가 어떤 점에서 연결되어 있다는 의미를 대수적으로 정의해보자.

정의 4.5.1

함수 $f(x)$가 $x=c$를 포함하는 구간에서 정의되고

$$\lim_{x \to c} f(x) = f(c)$$

일 때 $f(x)$는 c에서 **연속**이라 한다. 함수 $f(x)$가 c에서 연속이 아닐 때 $f(x)$는 c에서 **불연속**이라 한다. 또 함수 $f(x)$가 정의역 내의 모든 점에서 연속이면 $f(x)$을 **연속함수**라 한다.

정리 4.5.1

$f(x)$가 c에서 연속이기 위한 필요충분조건은 다음과 같다.

(1) $f(c)$가 존재한다.

(2) $\lim_{x \to c} f(x)$가 존재한다.

(3) $\lim_{x \to c} f(x) = f(c)$.

위 세 가지 조건 중에 하나라도 만족하지 않으면 $f(x)$는 c에서 연속이 아니다. 예를 들어 함수의 그래프가 다음과 같이 주어진 경우를 생각해보자.

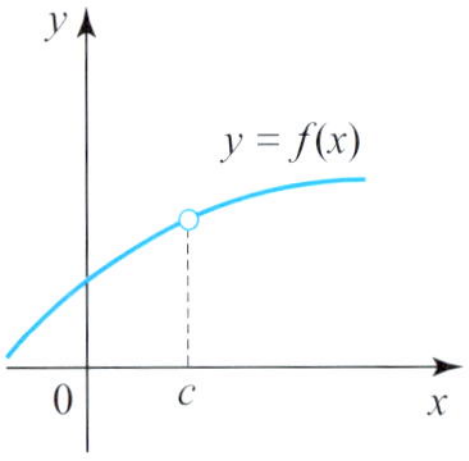

(a)

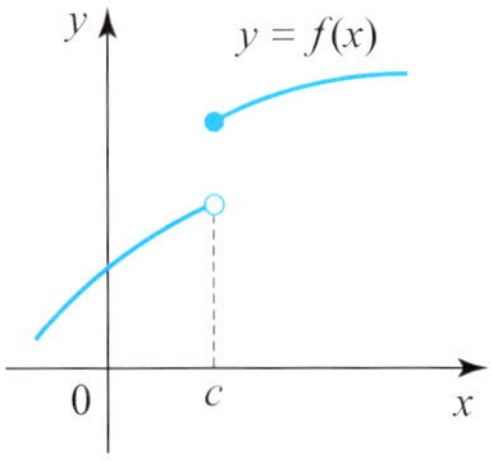

(b)

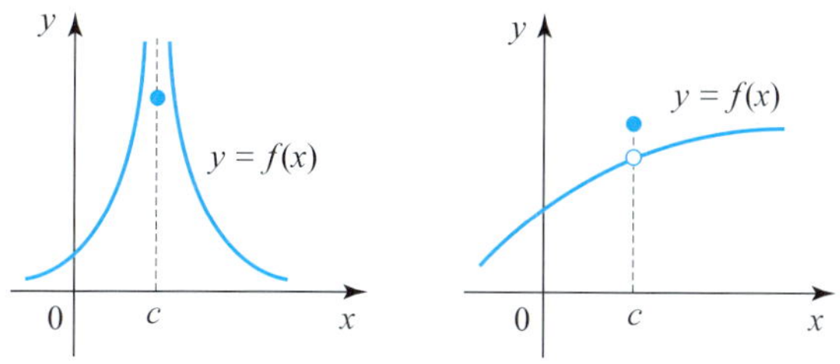

(c) (d)

주어진 함수들은 c에서 연속이 아니다. (a)에서 함숫값이 정의 되지 않았고, (b)와 (c)에서는 극한이 존재하지 않고, (d)에서는 극한과 함숫값이 서로 다르다.

예제 4.5.1 함수 $f(x) = |x|$는 $x = 0$에서 연속임을 보여라.

[풀이] $x = 0$에서 극한과 함숫값을 비교하면 $f(0) = 0$이고

$$\lim_{x \to 0^+} |x| = \lim_{x \to 0^+} x = 0, \qquad \lim_{x \to 0^-} |x| = \lim_{x \to 0^-} (-x) = 0$$

이므로 $\lim_{x \to 0} |x| = 0$이다. 즉 $f(0) = \lim_{x \to 0} f(x)$로부터 주어진 함수 f는 $x = 0$에서 연속이다. ■

예제 4.5.2 다음과 같이 정의된 함수 $f(x)$가 $x = 1$에서 연속이기 위한 k의 값을 구하라.

$$f(x) = \begin{cases} \dfrac{x^2 + x - 2}{x - 1}, & x \neq 1 \\ \quad k \quad, & x = 1 \end{cases}$$

[풀이] $x = 1$에서 극한을 구해보면

$$\lim_{x \to 1} f(x) = \lim_{x \to 1} \frac{x^2 + x - 2}{x - 1} = \lim_{x \to 1} (x + 2) = 3$$

이고 $x = 1$에서 연속이려면 $k = f(1) = \lim_{x \to 1} f(x)$가 성립해야 하므로 $k = 3$. ■

예제 4.5.3 다음과 같이 정의된 함수 $f(x)$가 $x = 0$에서 연속이기 위한 k의 값을 구하라.

$$f(x) = \begin{cases} \dfrac{1}{x}, & x \neq 0 \\ k, & x = 0 \end{cases}$$

[풀이] 이미 $\lim_{x\to 0}\frac{1}{x}$가 존재하지 않는 것을 안다. 따라서 $x=0$에서 이 함수를 연속되게 하는 함숫값 k는 존재하지 않는다. ■

정의 4.5.2

$\lim_{x\to c^-} f(x)=f(c)$일 때 f는 c에서 **좌연속**이라 하고, 또 $\lim_{x\to c^+} f(x)=f(c)$일 때 f는 c에서 **우연속**이라 한다.

예제 4.5.4 다음과 같이 정의된 함수 f는 $x=3$에서 불연속이지만 우연속임을 보여라.

$$f(x)=[x],\ [x]\text{는 } x\text{보다 크지 않은 최대정수}$$

[풀이] 먼저 $f(3)=3$이다. 이제 좌, 우극한을 구해보면

$$\lim_{x\to 3^-} f(x)=\lim_{x\to 3^-}[x]=2,$$
$$\lim_{x\to 3^+} f(x)=\lim_{x\to 3^+}[x]=3$$

로부터 $\lim_{x\to 3} f(x)$는 존재하지 않는다. 그러나 $\lim_{x\to 3^+} f(x)=f(3)$이므로 f는 3에서 우연속이다. ■

참고로 이 함수는 모든 정수에서 불연속이지만 우연속이다. 이 후에 자주 쓰이는 용어에 대하여 정의를 한다.

정의 4.5.3

함수 f가 $(a,\ b)$의 모든 점에서 연속이면 f는 **개구간 $(a,\ b)$에서 연속**이라 한다. 또 개구간 $(a,\ b)$의 모든 점에서 연속이고 a에서 우연속이고 b에서 좌연속이면 f는 **폐구간 $[a,\ b]$에서 연속**이라고 한다.

어떤 함수가 어디에서 연속인가를 아는 것은 극한을 구하는 문제뿐만 아니라 여러 응용에서 중요하다. 구체적으로 어떤 함수가 어디에서 연속인지 알아보자.

정리 4.5.2

f와 g가 c에서 연속이고 k가 상수일 때, 함수

$$f+g,\ f-g,\ kf,\ fg,\ \frac{f}{g}\ \ (\text{단, } g(c)\neq 0)$$

들도 c에서 연속이다.

[증명] 위 정리의 증명은 극한의 성질을 이용하여 쉽게 증명되므로 $f+g$가 c에서 연속인 것을 증명하도록 한다. f와 g가 c에서 연속이므로 $\lim_{x\to c} f(x) = f(c)$, $\lim_{x\to c} g(x) = g(c)$임을 안다. 따라서

$$\begin{aligned}\lim_{x\to c}(f+g)(x) &= \lim_{x\to c}(f(x)+g(x)) = \lim_{x\to c} f(x) + \lim_{x\to c} g(x)\\ &= f(c)+g(c) = (f+g)(c)\end{aligned}$$

이므로 $f+g$는 c에서 연속이다. ■

상수함수와 함수 $f(x)=x$는 모든 점에서 연속인 것을 안다. 이 사실과 위 정리를 이용하면 다음 사실을 알 수 있다.

정리 4.5.3

다항식 함수는 모든 실수에서 연속이다.

예제 4.5.5 함수 $f(x)=\begin{cases} x^2, & x\le 1 \\ x\ , & x>1 \end{cases}$일 때, f는 모든 실수에서 연속임을 보여라.

[풀이] $x=1$을 제외한 점에서는 다항식이므로 이 함수는 정리 4.5.3에 의하여 일단 1을 제외한 점에서 연속이다. 그런데 $f(1)=1^2=1$이고

$$\lim_{x\to 1^-} f(x) = \lim_{x\to 1^-} x^2 = 1, \qquad \lim_{x\to 1^+} f(x) = \lim_{x\to 1^+} x = 1$$

이므로 $\lim_{x\to 1} f(x) = 1$이다. 즉 $f(1) = \lim_{x\to 1} f(x)$가 되어 $x=1$에서 f는 연속이다. 결국 f는 모든 실수에서 연속이다. ■

정리 4.5.4

유리함수는 분모가 0이 되는 점을 제외한 모든 점에서 연속이다.

예제 4.5.6 함수 $f(x) = \dfrac{1}{x} + \dfrac{1}{(x-2)(x-3)}$이 연속인 점을 구하라.

[풀이] 분모가 0이 되는 점은 $x = 0,\ 2,\ 3$이므로 이 점들을 제외한 모든 실수에서 f는 연속이다. ■

극한의 성질로부터 다음 정리를 얻는다.

정리 4.5.5

$f(x) = \sqrt[n]{x}$은 n이 짝수이면 $[0, \infty)$에서 연속이고, n이 홀수이면 모든 실수에서 연속이다.

연속인 두 함수의 합성함수에 대하여 다음 정리를 얻는다.

정리 4.5.6

g가에서 c연속이고 f가에서 $g(c)$연속이면 $f \circ g$는 c에서 연속이다.

예제 4.5.7 함수 $f(x) = \sqrt{x^2 + 1}$은 모든 점에서 연속임을 보여라.

[풀이] $g(x) = x^2 + 1$, $h(x) = \sqrt{x}$라 놓으면 g는 다항식이므로 모든 실수에서 연속이고, h는 정리 4.5.5에 의하여 $[0, \infty)$에서 연속이다. $g(x) \geq 1$이므로 정리 4.5.6에 의하여

$$(h \circ g)(x) = \sqrt{x^2 + 1} = f(x)$$

는 모든 점에서 연속이다. ■

연속함수의 성질

유한 폐구간 $[a, b]$에서 연속인 함수가 갖는 여러 성질 가운데 두 가지 중요한 성질을 살펴보자.

정리 4.5.7　최댓값 최솟값 정리

함수 f가 폐구간 $[a, b]$에서 연속이면 f는 $[a, b]$에서 최댓값과 최솟값을 가진다. 다시 말하자면, $x_1, x_2 \in [a, b]$가 존재하여 모든 $x \in [a, b]$에 대하여 다음을 만족한다.

$$f(x_1) \le f(x) \le f(x_2)$$

이때 $f(x_1)$을 **최솟값**, $f(x_2)$를 **최댓값**이라 한다.

최솟값, 최댓값을 취하는 점 x_1, x_2는 (a, b)에 있는 점일 수도 있고 구간의 끝점이 될 수도 있다.

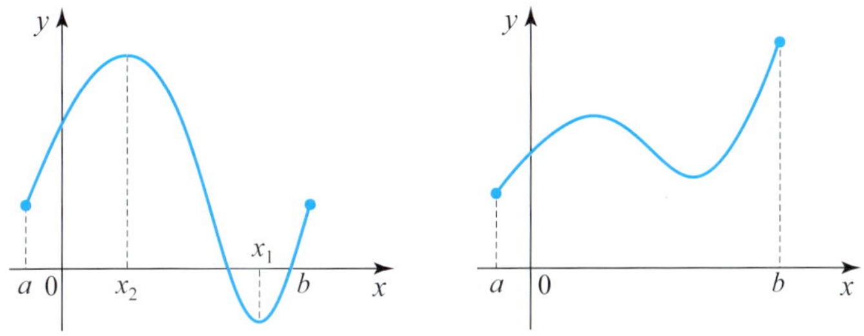

(a)　　　(b)

최댓값, 최솟값 정리의 조건을 만족하지 못하면 최댓값 또는 최솟값을 반드시 취한다는 보장을 못한다는 의미이다.

예제 4.5.8　$f(x) = 2x + 1$은 구간 $[0, 3)$에서 최솟값은 갖지만 최댓값은 가지지 못함을 보여라.

[풀이]　$0 \le x < 3$이면 $1 \le 2x + 1 < 7$이므로 $f(0) = 1$은 최솟값이다. 그러나 $0 \le x < 3$에서 $f(x) = 7$을 만족하는 점이 존재하지 않는다. 따라서 최댓값은 존재하지 않는다. 구간이 폐구간이 아니었음에 주목하자. ■

예제 4.5.9　다음 함수는 구간 $[1, 9]$에서 최댓값도 최솟값도 갖지 않음을 보여라.

$$f(x) = \begin{cases} \dfrac{5}{x-4}, & x \ne 4 \\ 0 \quad, & x = 4 \end{cases}$$

[풀이]　함수의 그래프를 그려서 참고해보면

$$\lim_{x \to 4^-} f(x) = -\infty, \quad \lim_{x \to 4^+} f(x) = \infty$$

임을 안다. 따라서 극댓값과 극솟값이 존재하지 않는다. 구간은 폐구간이었으나 f는 4에서 연속이 아님에 주목하자. ■

정리 4.5.8 중간값의 정리

함수 f가 폐구간 $[a, b]$에서 연속이고

$$f(a) < l < f(b)\text{이거나} \quad f(a) > L > f(b)$$

이면 $f(c) = L$을 만족하는 실수 c가 개구간 (a, b)안에 적어도 하나 존재한다.

중간값의 정리로부터 연속함수는 $f(a)$와 $f(b)$ 사이에 있는 모든 값을 함숫값으로 취함을 알 수 있다.

중간값의 정리는 방정식에서 해의 존재성과 그 위치를 추적하는데 매우 중요하게 적용이 된다.

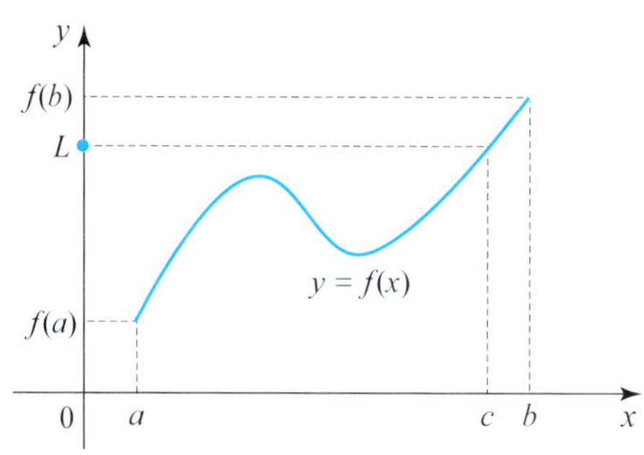

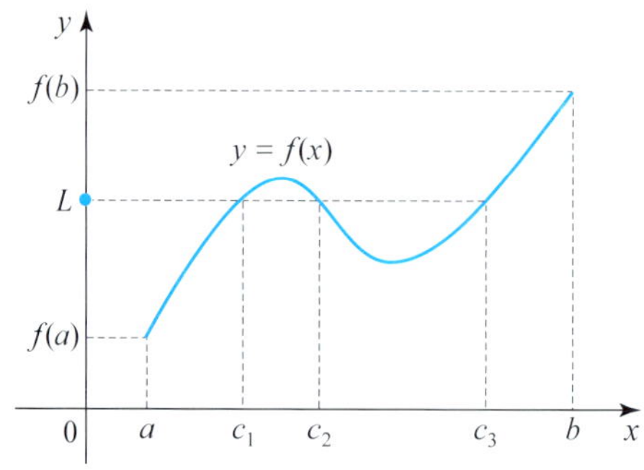

예제 4.5.10 방정식 $x^3 - x^2 + 3x - 5 = 0$의 해가 1과 2사이에 존재함을 보여라.

[풀이] 먼저 $f(x) = x^3 - x^2 + 3x - 5$이라 하면 다항함수이므로 구간 $[1, 2]$에서 연속이다. 주어진 방정식의 해를 구한다는 것은 $f(x) = 0$인 x를 구한다는 것에 착안을 하고,

$$f(1) = -2 < 0 < f(2) = 5$$

로부터 중간값의 정리에 의하여 $f(c) = 0$인 $c \in (1, 2)$가 존재 한다. 따라서 주어진 방정식의 해가 1과 2 사이에 적어도 하나 존재한다. ■

예제 4.5.11 방정식 $x^5 + 4x^3 - x = 2.5$은 구간 $[0, 1]$에서 적어도 하나의 해를 가짐을 보여라.

[풀이] $f(x) = x^5 + 4x^3 - x$라 하면 다항식이므로 구간 $[0, 1]$에서 연속이다. 또

$$f(0) = 0 < 2.5 < f(1) = 4$$

이므로 중간값의 정리에 의하여 $f(c) = 2.5$를 만족하는 $c \in (0, 1)$가 적어도 하나 존재한다. 따라서 주어진 방정식은 구간 $[0, 1]$에서 적어도 하나의 해를 가진다. ■

연습문제 4.5

1. 다음 주어진 함수가 연속인 정의역을 구하라.

(1) $f(x) = \dfrac{x+1}{x^2+1}$　　(2) $f(x) = \dfrac{x-1}{x^2-1}$

(3) $f(x) = \dfrac{x+4}{x^2-16}$　　(4) $f(x) = \dfrac{3x+1}{x^2+7x-2}$

(5) $f(x) = \dfrac{1+2/x}{1-2/x}$　　(6) $f(x) = \dfrac{4x^2-3x-1}{x+2}$

2. 다음 함수들이 모든 점에서 연속이 되도록 k값을 구하라.

(1) $f(x) = \begin{cases} \dfrac{x^2-3x-4}{x+1}, & x \neq -1 \\ k, & x = -1 \end{cases}$　　(2) $f(x) = \begin{cases} \dfrac{x^3-2x^2+3x}{x}, & x \neq 0 \\ k, & x = 0 \end{cases}$

(3) $f(x) = \begin{cases} 3x-4, & x \leq 2 \\ kx^2, & x > 2 \end{cases}$　　(4) $f(x) = \begin{cases} x^2-4, & x < 2 \\ k, & x = 2 \\ x-2, & x > 2 \end{cases}$

3. 함수 $f(x)=[x]$, $[x]$는 x를 넘지 않는 최대정수 이다. 이때, $f(x)$는 $x=-2$, 3에서 불연속임을 보여라. (실제로 모든 정수에서 불연속이다)

4. 함수 $f(x)=\dfrac{1+x^3}{1+x^2}$이 구간 $[1, 4]$에서 최댓값과 최솟값을 갖는지를 설명하라.

5. 함수 $f(x)=2-x^2$이 구간 $(-1, 1)$에서 최댓값과 최솟값을 갖는지를 설명하라.

6. 중간값의 정리를 이용하여 방정식 $x^3+3x-2=0$의 근이 0과 1 사이에 존재함을 보여라.

7. 방정식 $2x^3-3x^2+2x-2=0$의 해가 1과 2 사이에 존재함을 보여라.

8. $f(x)=x^3-x^2+x-3$에 대하여 $f(c)=11$이 되는 실수 c가 존재함을 보여라.

9. 다음 방정식의 실근의 존재를 주어진 구간에서 조사하라.

(1) $3^x=5$; $(0, 2)$ (2) $\log_3 x=2-x$; $(1, 3)$

도함수

Chapter 05

5.1 도함수

평균변화율과 순간변화율에 대하여 알아보자.

정의 5.1.1

함수 f에서 x의 값이 정의역의 한 점 a에서 $a+h$까지 변할 때, f의 **평균변화율**은

$$\frac{f(a+h)-f(a)}{h}$$

로 정의된다.

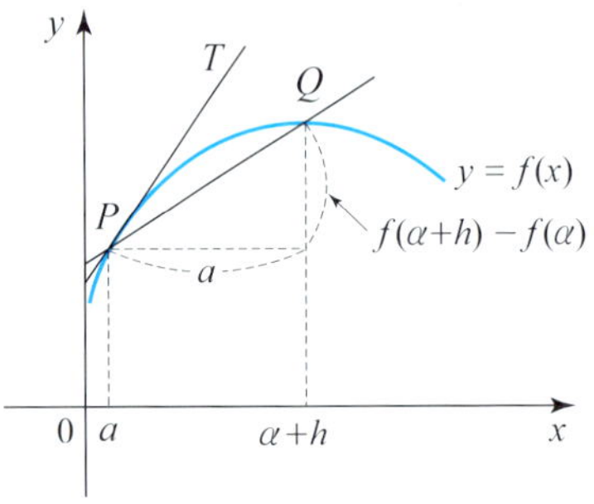

평균변화율은 함수 f의 그래프 위의 두 점 $P(a, f(a))$와 $Q(a+h, f(a+h))$를 잇는 직선의 기울기이다. 이제 a를 고정하고 h가 한 없이 0에 가까이 갈 때, 그래프 위의 점 Q는 곡선을 따라 점 P에 가까이 감에 따라 점 P에서 이 곡선에 대한 접선 PT로 접근하게 된다. 따라서

$$\lim_{h\to 0}\frac{f(a+h)-f(a)}{h}$$

가 존재하면 이 극한 값은 곡선 $y=f(x)$ 위의 점 $(a, f(a))$에서 곡선에 접하는 직선의 기울기를 나타낸다.

정의 5.1.2

함수 f의 정의역에 속하는 a에 대하여 극한

$$\lim_{h \to 0} \frac{f(a+h)-f(a)}{h}$$

가 존재하면 f는 a에서 **미분가능**하다고 하고, 이 극한 값을 a에서 f의 **미분계수** 또는 **순간변화율**이라 하고 $f'(a)$로 쓴다. 또 함수 f의 정의역의 모든 점에서 미분가능할 때 f를 **미분가능한 함수**라 부른다.

참고 $a+h=x$로 치환하면 다음이 성립함을 안다.

$$f'(a) = \lim_{h \to 0} \frac{f(a+h)-f(a)}{h} = \lim_{x \to a} \frac{f(x)-f(a)}{x-a}.$$

예제 5.1.1 $f(x)=x^2-3$일 때, $x=1$에서 $x=1.5$까지 변할 때 f의 평균변화율을 구하라.

[풀이] $f(1)=-2$, $f(1.5)=-1.75$이므로 평균변화율은

$$\frac{f(1.5)-f(1)}{1.5-1} = \frac{-1.75}{0.5} = -2.5.$$

예제 5.1.2 $f(x)=x^2+1$ 위의 점 $P(2, 5)$에서 접선의 기울기를 구하고, 곡선에 접하는 접선의 방정식을 구하라.

[풀이] 접선의 기울기는 $f'(2)$이므로

$$\begin{aligned} f'(2) &= \lim_{h \to 0} \frac{f(2+h)-f(2)}{h} \\ &= \lim_{h \to 0} \frac{(2+h)^2+1-2^2-1}{h} \\ &= \lim_{h \to 0} \frac{4h+h^2}{h} = \lim_{h \to 0} (4+h) = 4 \end{aligned}$$

이다. 접선 위의 점을 (x, y)라 하면 접선의 방정식은

$$y-5=4(x-2).$$

참고 점 (a, b)를 지나고 기울기가 m인 직선의 방정식은 직선 위의 점을 (x, y)라 하면 $y-b=m(x-a)$이다.

정의 5.1.3

함수 $y=f(x)$의 도함수 $f'(x)$는 f의 미분가능한 모든 점 x를 정의역으로 하여 다음과 같이 정의되는 함수이다.

$$f'(x)=\lim_{h\to 0}\frac{f(x+h)-f(x)}{h}$$

또 주어진 함수의 도함수를 구하는 것을 "**미분한다**"라고 한다.

주어진 함수 $y=f(x)$의 도함수를 나타내는 기호는

$$y',\quad f'(x),\quad \frac{dy}{dx},\quad \frac{df}{dx},\quad \frac{d}{dx}f(x)$$

등으로 나타낸다. 교재에 따라 기호를 혼용해서 쓰므로 본 교재에서도 다양하게 사용하도록 한다.

f의 도함수를 알면 a에서의 미분계수 $f'(a)$는 $x=a$에서 도함수의 함숫값 $f'(a)$가 된다.

예제 5.1.3 $f(x)=x^2+1$의 도함수 $f'(x)$를 정의에 의하여 구하고 곡선 위의 점 $(-2, 5)$와 점 $(1, 2)$에서 접선의 기울기를 구하라.

[풀이] 도함수의 정의에 의하여

$$\begin{aligned} f'(x) &= \lim_{h\to 0}\frac{f(x+h)-f(x)}{h} \\ &= \lim_{h\to 0}\frac{(x+h)^2+1-x^2-1}{h} \\ &= \lim_{h\to 0}\frac{2xh+h^2}{h}=\lim_{h\to 0}(2x+h)=2x \end{aligned}$$

이고, 각 점에서의 접선의 기울기는 $f'(-2)=(-2)\times 2=-4,\ f(1)=2.$ ■

예제 5.1.4 함수 $f(x)=\sqrt{x}$ 의 도함수를 정의에 의하여 구하고, 함수의 그래프 위의 점 (4, 2) 와 점 (1,1) 에서 접선의 기울기를 구하라.

[풀이] 도함수의 정의에 의하여

$$\begin{aligned} f'(x) &= \lim_{h\to 0}\frac{f(x+h)-f(x)}{h} \\ &= \lim_{h\to 0}\frac{\sqrt{x+h}-\sqrt{x}}{h} \\ &= \lim_{h\to 0}\frac{(\sqrt{x+h}-\sqrt{x})(\sqrt{x+h}+\sqrt{x})}{h(\sqrt{x+h}+\sqrt{x})} \\ &= \lim_{h\to 0}\frac{(x+h)-x}{h(\sqrt{x+h}+\sqrt{x})} \\ &= \lim_{h\to 0}\frac{1}{\sqrt{x+h}+\sqrt{x}} = \frac{1}{2\sqrt{x}} \end{aligned}$$

이다. 따라서 접선의 기울기는 각각 $f'(4)=\frac{1}{2\sqrt{4}}=\frac{1}{4}$, $f'(1)=\frac{1}{2}$. ■

정의 5.1.4

함수 $f(x)$의 $x=a$에서의 **좌도함수** $f'_-(a)$와 **우도함수** $f'_+(a)$는 각각 다음과 같이 정의된다.

$$f'_-(a)=\lim_{h\to 0^-}\frac{f(a+h)-f(a)}{h}$$

$$f'_+(a)=\lim_{h\to 0^+}\frac{f(a+h)-f(a)}{h}$$

예제 5.1.5 $f(x)=|x|$는 $x=0$에서 미분불능임을 보여라.

[풀이] 미분계수의 정의에 의하여

$$f'(0)=\lim_{h\to 0}\frac{f(0+h)-f(0)}{h}=\lim_{h\to 0}\frac{|h|}{h}$$

이다. 여기서 $x=0$의 좌우에서 함수가 다르기 때문에 좌도함수와 우도함수를 각각 구해보면

$$f'_+(0) = \lim_{h \to 0^+} \frac{|h|}{h} = \lim_{h \to 0^+} \frac{h}{h} = 1,$$

$$f'_-(0) = \lim_{h \to 0^-} \frac{|h|}{h} = \lim_{h \to 0^-} \frac{-h}{h} = -1$$

이다. 좌우 극한이 일치하지 않으므로 $f'(0)$는 존재하지 않는다. 따라서 $f(x) = |x|$는 $x = 0$에서 미분불능이다. ■

정의 5.1.5

(1) 함수 f가 개구간 (a, b)의 모든 점에서 미분가능이면 함수 f는 구간 (a, b)에서 미분가능이라 한다.

(2) 함수 f가 개구간 (a, b)의 모든 점에서 미분가능하고 a에서 우도함수와 b에서 좌도함수가 존재하면 f는 폐구간 $[a, b]$에서 미분가능이라 한다.

예제 5.1.5에서 $f(x) = |x|$은 $x = 0$에서 연속이지만 미분불능임을 보았다. 다음은 미분가능성은 연속이기 위한 충분조건임을 보여준다.

정리 5.1.1

함수 $f(x)$가 $x = a$에서 미분가능이면 $f(x)$는 a에서 연속이다.

[증명] $\lim_{x \to a} f(x) = f(a)$임을 보이면 된다. $f(x)$가 a에서 미분가능이므로 극한

$$\lim_{h \to 0} \frac{f(a+h) - f(a)}{h} = f'(a)$$

가 존재하고, 따라서

$$\begin{aligned}
\lim_{x \to a} f(x) &= \lim_{x \to a} \left(f(a) - \frac{f(x) - f(a)}{x - a}(x - a) \right) \\
&= \lim_{x \to a} f(a) - \lim_{x \to a} \frac{f(x) - f(a)}{x - a} \cdot \lim_{x \to a}(x - a) \\
&= f(a) - f'(a) \cdot 0 = f(a)
\end{aligned}$$

이다. 즉 $\lim_{x \to a} f(x) = f(a)$이고 따라서 $f(x)$는 a에서 연속이다. ■

함수 $y=f(x)$의 도함수 $f'(x)$를 $f(x)$의 1계 도함수라고도 한다. 1계 도함수의 도함수를 2계 도함수라 하고

$$y'', f''(x), f^{(2)}(x), \frac{d^2y}{dx^2}$$

등으로 나타낸다. $n \geq 3$ 이상일 때 n계 도함수는 비슷한 방법으로 나타낸다. 일반적으로 $n \geq 2$인 정수일 때 n계 도함수 $f^{(n)}(x)$를 f의 **고계 도함수**라 한다.

예제 5.1.6 $f(x)=x^2+1$일 때 $f'(x)=2x$임을 이용하여 2계 도함수 $f''(x)$를 구하라.

[풀이]

$$\begin{aligned} f''(x) &= \lim_{h\to 0}\frac{f'(x+h)-f'(x)}{h} \\ &= \lim_{h\to 0}\frac{2(x+h)-2x}{h} \\ &= \lim_{h\to 0}\frac{2h}{h} = 2 \end{aligned}$$

이므로 $f(x)$의 2계 도함수 $f''(x)=2$. ■

연습문제 5.1

1. 함수 $y=1-x^2$에 대하여 다음에 답하라.

(1) 곡선 위의 두 점 $(0, 1)$과 $(1, 0)$을 이은 선분의 기울기를 구하라.

(2) $(1, 0)$에서 곡선에 접하는 접선의 기울기를 구하라.

(3) $(1, 0)$에서 곡선에 접하는 접선의 방정식을 구하라.

2. 함수 $y=\frac{1}{x}$에 대하여 다음에 답하라.

(1) 곡선 위의 두 점 $(1, 1)$와 $\left(2, \frac{1}{2}\right)$을 이은 선분의 기울기를 구하라.

(2) 곡선 위의 점 $\left(2, \frac{1}{2}\right)$에서 접선의 기울기를 구하라.

(3) 곡선 위의 점 $\left(2, \frac{1}{2}\right)$에서 접선의 방정식을 구하라.

3. 함수 $f(t) = t^2 + t$는 t시각에서 배양 중인 박테리아의 수이다.

(1) $2 \le t \le 3$에서 박테리아 수의 평균증가율을 구하라.

(2) $t = 2$에서 박테리아 수의 순간 증가율을 구하라.

4. $f(x) = x^3$의 도함수를 정의에 의하여 구하고, $x = -1, 0, 1, 2$인 곡선 위의 점에서 접선의 기울기를 구하라.

5. 다음 함수에 대하여 정의에 따라 주어진 점에서 미분계수를 구하라.

(1) $f(x) = x^2 - x;\ a = 2$

(2) $f(x) = x^3;\ a = 1$

(3) $f(x) = \sqrt{x+1};\ a = 3$

(4) $f(x) = |2x - 1|;\ a = -1$

(5) $f(x) = \dfrac{1}{2x+1};\ a = 0$

(6) $f(x) = \dfrac{x}{x-2};\ a = 1$

6. 함수 $f(x)$가 다음과 같이 정의되었을 때 $f'(1)$이 존재하는가?

(1) $f(x) = \begin{cases} x^3, & x \ge 1 \\ x^2, & x < 1 \end{cases}$

(2) $f(x) = \begin{cases} (x-1)^3, & x \ge 1 \\ (x-1)^2, & x < 1 \end{cases}$

7. $y = \dfrac{5}{x} + 1$에서 $\left.\dfrac{dy}{dx}\right|_{x=-2}$의 값을 구하라.

5.2 미분법

도함수를 구하는 것을 "미분한다"라고 했다. 본 절에서는 기본 함수들의 도함수를 이용하여 좀 더 복잡한 함수들의 도함수를 간단하게 구할 수 있는 미분기법에 관한 정리를 소개한다.

정리 5.2.1

$f(x)=k$(k는 상수)이면 $f'(x)=0$이다.

[증명] $f'(x)=\lim_{h\to 0}\frac{f(x+h)-f(x)}{h}=\lim_{h\to 0}\frac{k-k}{h}=\lim_{h\to 0}0=0.$ ■

예제 5.2.1 다음 함수를 미분하라.

(1) $f(x)=e$ (2) $f(x)=4$ (3) $f(x)=\pi^3$

[풀이] (1), (2), (3)의 경우 $f(x)$가 모두 상수함수이므로 $f'(x)=0$이다. ■

정리 5.2.2

양의 정수 n에 대하여 $f(x)=x^n$이면 $f'(x)=nx^{n-1}$이다.

[증명]

$$\begin{aligned} f'(x) &= \lim_{h\to 0}\frac{f(x+h)-f(x)}{h}=\lim_{h\to 0}\frac{(x+h)^n-x^n}{h} \\ &= \lim_{h\to 0}\frac{\left(x^n+nx^{n-1}h+\frac{n(n-1)}{2}x^{n-2}h+\cdots+nxh^{n-1}+h^n\right)-x^n}{h} \\ &= \lim_{h\to 0}\left(nx^{n-1}+\frac{n(n-1)}{2}x^{n-2}h+\cdots+nxh^{n-2}+h^{n-1}\right) \\ &= nx^{n-1}. \end{aligned}$$

■

예제 5.2.2 다음 함수를 미분하라.

(1) $f(x)=x^5$ (2) $f(x)=x^{20}$

[풀이] (1) $n=5$이므로 $f'(x)=5x^4$.

(2) $n=20$이므로 $f'(x)=20x^{19}$. ■

정리 5.2.3

$f(x)$와 $g(x)$가 미분가능한 함수이고 k가 상수일 때 다음이 성립한다.

(1) $(kf)'(x)=kf'(x)$

(2) $(f+g)'(x)=f'(x)+g'(x)$

(3) $(f-g)'(x)=f'(x)-g'(x)$

(4) $(fg)'(x)=f'(x)g(x)+f(x)g'(x)$

(5) $\left(\dfrac{f}{g}\right)'(x)=\dfrac{f'(x)g(x)-f(x)g'(x)}{[g(x)]^2}$

[증명] (1)
$$\begin{aligned}(kf)'(x)&=\lim_{h\to 0}\frac{(kf)(x+h)-(kf)(x)}{h}\\&=\lim_{h\to 0}\frac{kf(x+h)-kf(x)}{h}\\&=\lim_{h\to 0}k\frac{f(x+h)-f(x)}{h}\\&=kf'(x).\end{aligned}$$

(2)
$$\begin{aligned}(f+g)'(x)&=\lim_{h\to 0}\frac{(f+g)(x+h)-(f+g)(x)}{h}\\&=\lim_{h\to 0}\frac{f(x+h)+g(x+h)-(f(x)+g(x))}{h}\\&=\lim_{h\to 0}\frac{f(x+h)-f(x)+g(x+h)-g(x)}{h}\\&=\lim_{h\to 0}\left(\frac{f(x+h)-f(x)}{h}+\frac{g(x+h)-g(x)}{h}\right)\\&=f'(x)+g'(x).\end{aligned}$$

(3) (2)의 증명과 같은 방법으로 증명이 된다.

(4) g가 a에서 미분가능이면 연속, 즉 $\lim_{h\to 0}g(x+h)=f(x)$임을 이용하여

$$
\begin{aligned}
(fg)'(x) &= \lim_{h\to 0}\frac{(fg)(x+h)-(fg)(x)}{h} \\
&= \lim_{h\to 0}\frac{f(x+h)g(x+h)-f(x)g(x)}{h} \\
&= \lim_{h\to 0}\frac{g(x+h)[f(x+h)-f(x)]+f(x)[g(x+h)-g(x)]}{h} \\
&= \lim_{h\to 0}\left[g(x+h)\,\frac{f(x+h)-f(x)}{h}+f(x)\,\frac{g(x+h)-g(x)}{h}\right] \\
&= f'(x)g(x)+f(x)g'(x).
\end{aligned}
$$

(5) (4)에서와 같이 미분가능이면 연속임을 이용하여

$$
\begin{aligned}
\left(\frac{f}{g}\right)'(x) &= \lim_{h\to 0}\frac{1}{h}\left[\left(\frac{f}{g}\right)(x+h)-\left(\frac{f}{g}\right)(x)\right] \\
&= \lim_{h\to 0}\frac{1}{h}\left[\frac{f(x+h)}{g(x+h)}-\frac{f(x)}{g(x)}\right] \\
&= \lim_{h\to 0}\frac{1}{h}\,\frac{f(x+h)g(x)-f(x)g(x+h)}{g(x+h)g(x)} \\
&= \lim_{h\to 0}\frac{1}{h}\,\frac{g(x)[f(x+h)-f(x)]-f(x)[g(x+h)-g(x)]}{g(x+h)g(x)} \\
&= \lim_{h\to 0}\left[\frac{f(x+h)-f(x)}{h}g(x)-f(x)\,\frac{g(x+h)-g(x)}{h}\right]\frac{1}{g(x+h)g(x)} \\
&= [f'(x)g(x)-f(x)g'(x)]\,\frac{1}{g^2(x)} \\
&= \frac{f'(x)g(x)-f(x)g'(x)}{g^2(x)}.
\end{aligned}
$$

■

예제 5.2.3 주어진 함수의 도함수를 구하라.

(1) $y = 3x^4$ (2) $y = 5x^4 - 2x^3$

[풀이] (1) $y' = 3(x^4)' = 12x^3$

(2) $y' = (5x^4)' - (2x^3)' = 20x^3 - 6x^2$ ■

예제 5.2.4 주어진 함수의 도함수를 구하라.

(1) $y = (4x^3 - 1)(x^2 + 3x)$ (2) $y = \dfrac{x^2+1}{3x-2}$

[풀이] (1) $y' = (4x^3 - 1)'(x^2 + 3x) + (4x^3 - 1)(x^2 + 3x)'$

$= 12x^2(x^2 + 3x) + (4x^3 - 1)(2x + 3) = 20x^4 + 48x^3 - 2x - 3.$

(2) $y' = \dfrac{(x^2+1)'(3x-2) - (x^2+1)(3x-2)'}{(3x-2)^2}$

$= \dfrac{2x(3x-2) - 3(x^2+1)}{(3x-2)^2} = \dfrac{3x^2 - 4x - 3}{(3x-2)^2}.$ ■

정리 5.2.4

n이 임의의 정수일 때 다음이 성립한다.

$$\frac{d}{dx}(x^n) = nx^{n-1}$$

[증명] $n > 0$인 경우에는 정리 5.2.2에서 보였으므로 $n = 0$인 경우와 $n < 0$인 경우만 증명하면 된다.

$n = 0$인 경우에는 $\dfrac{d}{dx}(x^0) = \dfrac{d}{dx}(1) = 0 = 0 \cdot x^{-1}$이다.

$n < 0$인 경우에는 $n = -m(m > 0)$이라 하자. 그러면

$$\begin{aligned}\frac{d}{dx}(x^n) &= \frac{d}{dx}(x^{-m}) \\ &= \frac{d}{dx}\left(\frac{1}{x^m}\right) = \frac{-mx^{m-1}}{x^{2m}} \\ &= -mx^{-m-1} = nx^{n-1}\end{aligned}$$

이다. 따라서 모든 정수 n에서 $(x^n)' = nx^{n-1}$이다. ■

예제 5.2.5 다음에서 $\dfrac{dy}{dx}$를 구하라.

(1) $y = x^{-7}$ (2) $y = \dfrac{1}{x^4}$

[풀이] (1) $\dfrac{dy}{dx} = (x^{-7})' = -7x^{-8} = -\dfrac{7}{x^8}.$

(2) $\dfrac{dy}{dx} = (x^{-4})' = -4x^{-5} = -\dfrac{4}{x^5}.$ ■

연습문제 5.2

1. 다음 주어진 함수의 도함수를 구하라.

(1) $y = 4x^7$

(2) $y = 3x^8 - 2x + 5$

(3) $y = -3x^{-8}$

(4) $y = 7x^{-6}$

(5) $f(x) = x^{-3} + \dfrac{1}{x^6}$

(6) $f(x) = 2x + \dfrac{1}{3x}$

(7) $f(x) = (3x^4 + 5)\left(2x - \dfrac{1}{3}\right)$

(8) $f(x) = \left(\dfrac{1}{x} - \dfrac{1}{x^3}\right)(4x^3 + 5)$

(9) $h(t) = \dfrac{2t}{3t + 4}$

(10) $h(t) = \dfrac{t^2 - 3}{2t}$

2. 다음 곡선 위의 점 (1, 0)에서 접선의 방정식을 구하라.

$$y = \frac{1 - \sqrt{x}}{1 + \sqrt{x}}$$

3. $y = ax^2 + bx$가 점 (2, 1)에서 기울기 4인 접선을 가질 때, a와 b의 값을 구하라.

4. 곡선 $y = x^2 + k$가 직선 $y = 2x$를 접선으로 갖도록 k의 값을 정하라.

5. 두 곡선이 한 점에서 만나고 그 교점에서 같은 접선을 가질 때 두 곡선이 그 점에서 접한다고 한다. 다음 두 곡선이 점 (1, 1)에서 접하도록 k의 값을 정하라.

$$y = 1 + kx - kx^2, \quad y = x^4$$

6. 두 곡선이 한 점에서 만나고 그 교점에서 접선이 직교할 때 두 곡선이 그 점에서 직교한다고 한다. 다음 두 곡선이 점 $\left(1, \dfrac{1}{2}\right)$에서 직교하도록 n의 값을 결정하라.

$$y = \frac{1}{2x^2}, \quad y = \frac{1}{2}x^n$$

5.3 연쇄법칙과 음함수의 미분

이전 절에서 도함수의 성질을 이용하여 다항식과 관련된 단순한 형태의 도함수를 구할 수 있었다. 그러나 보다 복잡한 경우에는 다음에서 소개하는 미분법을 이용하면 편리하게 도함수를 구할 수 있다.

정리 5.3.1 합성함수의 미분법(연쇄법칙)

함수 $g(x)$가 미분가능하고 $f(x)$가 $g(x)$의 치역을 포함하는 영역에서 미분가능하면 합성함수 $y=(f\circ g)(x)$도 미분가능하고, $y=(f\circ g)(x)=f(g(x))$에서 $u=g(x)$라 놓으면

$$\frac{dy}{dx}=\frac{dy}{du}\cdot\frac{du}{dx}$$

또는

$$(f\circ g)'(x)=f'(g(x))g'(x)$$

이다.

이 정리가 여러 복잡한 함수의 도함수를 구하는데 적용하는 방법을 알아보도록 하자.

예제 5.3.1 $y=(x^2-5x+10)^{30}$의 도함수를 구하라.

[풀이] $u=x^2-5x+10$라 놓으면 $y=u^{30}$이다. 도함수를 구하기 위하여 연쇄법칙을 적용하면

$$\begin{aligned}\frac{dy}{dx}&=\frac{dy}{du}\cdot\frac{du}{dx}=30u^{29}(2x-5)\\&=30(x^2-5x+10)^{29}(2x-5)\end{aligned}$$

이다. ■

예제 5.3.2 $f(x)=\dfrac{1}{3x^4+x^2-4}$일 때 $f'(x)$를 구하라.

[풀이] $u=3x^4+x^2-4$라 하면 $f(x)=\dfrac{1}{u}$이므로

$$f'(x)=\frac{df}{dx}=\frac{df}{du}\frac{du}{dx}$$

$$= \frac{d}{du}\left(\frac{1}{u}\right)\frac{d}{dx}(3x^4 + x^2 - 4)$$
$$= -u^{-2}(12x^3 + 2x) = -\frac{12x^3 + 2x}{(3x^4 + x^2 - 4)^2}$$

이다. ■

음함수의 미분법

y가 x의 함수일 때 $y = f(x)$와 같이 종속변수 y가 독립변수 x에 관한 식으로 표현된 경우를 양함수(explicit function)표현이라 한다. 반면에 x와 y의 관계식이

$$F(x, y) = 0$$

의 꼴로 주어질 때 이를 음함수(implicit function) 표현이라 한다. 이 경우에는 x의 값에 $F(x, y) = 0$을 만족시키는 y가 유일하게 존재한다.

예를 들어, y가 x의 함수이고 그 관계가

$$y^3 - 2y - x^2 + 3 = 0$$

일 때 이것은 음함수 표현이다. 이 경우에는 y를 x에 관한 식으로 나타낼 수가 없으므로 양함수 표현이 불가능하다. 물론 음함수 표현된 함수들 중에는 양함수 표현이 가능한 함수도 있다. 예를 들어 y는 x의 함수이고 그 관계가

$$2x - y + 3 = 0$$

인 경우의 양함수 표현은 $y = 2x + 3$이다.

정리 5.3.2

음함수 $F(x, y) = 0$에서 $\frac{dy}{dx}$를 구할 때는 y를 x의 함수로 보고 양변을 x에 관하여 미분한 다음 $\frac{dy}{dx}$를 좌변으로 분리하면 된다.

예제 5.3.4 방정식 $y^3 + 2y - x^2 = 0$에서 $\frac{dy}{dx}$를 구하라.

[풀이] y를 x의 함수로 보고 양변을 x에 대하여 미분하면

$$\frac{d}{dx}(y^3) + 2\frac{dy}{dx} - \frac{d}{dx}(x^2) = \frac{d}{dx}(0)$$

이고 연쇄법칙에 의하여

$$\frac{d}{dx}(y^3) = \frac{d}{dy}(y^3)\frac{dy}{dx} = 3y^2\frac{dy}{dx}$$

이므로

$$3y^2\frac{dy}{dx} + 2\frac{dy}{dx} - 2x = 0$$

이다. 이제 $\frac{dy}{dx}$를 왼쪽으로 분리하면

$$(3y^2 + 2)\frac{dy}{dx} = 2x,$$

$$\frac{dy}{dx} = \frac{2x}{3y^2 + 2}.$$ ■

예제 5.3.4 원 $x^2 + y^2 = 25$ 위의 점 (3, 4)에서 접선의 기울기와 접선의 방정식을 구하라.

[풀이] 먼저 방정식의 양변을 x에 관하여 미분하면

$$\frac{d}{dx}(x^2) + \frac{d}{dy}(y^2)\frac{dy}{dx} = \frac{d}{dx}(25),$$

$$2x + 2y\frac{dy}{dx} = 0$$

이고 따라서 $\frac{dy}{dx} = -\frac{x}{y}$이다. 점 (3, 4)에서 접선의 기울기는 $\frac{dy}{dx} = -\frac{3}{4}$이다. 접선 위의 점을 (x, y)라 하면 접선의 방정식은

$$y - 4 = -\frac{3}{4}(x - 3),$$

$$y = -\frac{3}{4}x + \frac{25}{4}.$$ ■

예제 5.3.5 $x^2 - xy + y^2 = 1$에서 $\frac{dy}{dx}$를 구하라.

[풀이] 두 함수의 곱의 미분에 의하여

$$\frac{d}{dx}(xy) = y\frac{d}{dx}(x) + x\frac{dy}{dx}$$

이므로 주어진 방정식을 x에 관하여 양변을 미분하면 정리하면

$$2x - y - x\frac{dy}{dx} + 2y\frac{dy}{dx} = 0$$

$$(2y - x)\frac{dy}{dx} = y - 2x$$

$$\frac{dy}{dx} = \frac{y - 2x}{2y - x}.$$

■

주어진 함수의 역함수가 존재하고 역함수 또한 미분가능일 때, 역함수를 구하지 않고서도 주어진 점에서 역함수의 미분계수를 구하는 방법이 있다.

정리 5.3.3 역함수의 미분법

미분가능한 함수 $y=f(x)$의 역함수 $x=f^{-1}(y)$가 존재하고 $f'(x)\neq 0$이면, $x=f^{-1}(y)$도 미분가능이고 다음이 성립한다.

$$\frac{dx}{dy} = \frac{1}{\frac{dy}{dx}}, \quad 즉\ (f^{-1})'(y) = \frac{1}{f'(x)}, \quad (단\ y=f(x))$$

[증명] $y=f(x)$의 역함수를 $x=f^{-1}(y)$라고 하자. 양변을 x에 관하여 미분하면 연쇄법칙에 의하여

$$1 = \frac{d}{dx}f^{-1}(y) = \frac{d}{dy}f^{-1}(y)\frac{dy}{dx}$$

이므로

$$\frac{dx}{dy} = \frac{1}{\frac{dy}{dx}}$$

또는

$$(f^{-1})'(y) = \frac{1}{f'(x)}, \quad (단,\ y=f(x))$$

이다. ■

예제 5.3.6 다음에 답하라.

(1) $y = x^3 - 2$에서 $\frac{dx}{dy}$를 구하라.

(2) 함수 $f(x) = x^2 + 3x + 1,\ x \geq -1.5$에 대하여 $(f^{-1})'(5)$의 값을 구하라.

[풀이] (1) $\dfrac{dy}{dx} = 3x^2$이므로 $\dfrac{dx}{dy} = \dfrac{1}{3x^2}$.

(2) 정리 5.5.5에 의하여 $(f^{-1})'(5) = \dfrac{1}{f'(x)}$이고 $f'(x) = 2x + 3$이다. 관계 $5 = f(x)$로부터 $x^2 + 3x + 1 = 5,\ x = 1$이다. 따라서

$$(f^{-1})'(5) = \frac{1}{f'(1)} = \frac{1}{5}.$$ ■

정리 5.3.4 매개변수 함수의 미분법

$x = f(t)$와 $y = g(t)$가 t에 관하여 미분가능이고 $f'(t) \neq 0$이면,

$$\frac{dy}{dx} = \frac{dy/dt}{dx/dt} = \frac{g'(t)}{f'(t)}$$

이다.

[증명] 연쇄법칙 $\dfrac{dy}{dx} = \dfrac{dy}{dt}\dfrac{dt}{dx} = \dfrac{dy/dt}{dx/dt}$에 의하여 자명하다. ■

예제 5.3.7 $x = \sqrt{t+1},\ y = t^2 - 3t + 2$일 때, $\dfrac{dy}{dx}$를 구하고 $t = 3$에서 접선의 기울기를 구하라.

[풀이] $x'(t) = \dfrac{1}{2\sqrt{t+1}},\ y'(t) = 2t - 3$이므로

$$\frac{dy}{dx} = \frac{y'(t)}{x'(t)} = 2\sqrt{t+1}\,(2t-3)$$

이고 $t = 3$에서 $\dfrac{dy}{dx} = 2\sqrt{3+1}(6-3) = 12.$ ■

지금까지는 정수 n에 대하여 $(x^n)' = nx^{n-1}$임을 알았다. 음함수의 미분을 이용하면 유리수 n에 대해서도 같은 결과임을 알 수 있다.

정리 5.3.5

r이 유리수이고 $y = x^r$일 때

$$\frac{dy}{dx} = rx^{r-1}$$

이다.

[증명] 두 정수 $m, n(\neq 0)$에 대하여 $r = \frac{m}{n}$이라 하자. 그러면

$$y = x^r = x^{\frac{m}{n}},$$
$$y^n = x^m$$

이고 양변을 x에 관하여 미분하면

$$ny^{n-1}\frac{dy}{dx} = mx^{m-1},$$
$$\frac{dy}{dx} = \frac{m}{n}y^{1-n}x^{m-1}$$
$$= \frac{m}{n}x^{m-1+\frac{m(1-n)}{n}}$$
$$= \frac{m}{n}x^{\frac{m}{n}-1} = rx^{r-1}$$

이다. ■

예제 5.3.8 $y = \sqrt{x^2 - x + 4}$에서 y'를 구하라.

[풀이] $u = x^2 - x + 4$로 놓으면 $y = \sqrt{u} = u^{\frac{1}{2}}$이므로 합성함수 미분에 의하여

$$y' = \frac{1}{2}u^{-\frac{1}{2}}(x^2 - x + 4)'$$
$$= -\frac{1}{2}\frac{2x-1}{\sqrt{u}}$$
$$= -\frac{2x-1}{2\sqrt{x^2 - x + 4}}.$$

■

예제 5.3.9 $y = \frac{\sqrt{x}}{1+\sqrt{x}}$에서 y'를 구하라.

[풀이] 분수함수에 관한 미분을 이용하면

$$y' = \frac{(\sqrt{x})'(1+\sqrt{x}) - \sqrt{x}\,(1+\sqrt{x})'}{(1+\sqrt{x})^2}$$

$$= \frac{\frac{1}{2\sqrt{x}}(1+\sqrt{x}) - \sqrt{x}\,\frac{1}{2\sqrt{x}}}{(1+\sqrt{x})^2}$$

$$= \frac{1}{2\sqrt{x}(1+\sqrt{x})^2}.$$

■

연습문제 5.3

1. 연쇄법칙을 이용하여 $\frac{dy}{dt}$를 구하라.

(1) $y=\sqrt{u},\ u=t+\frac{1}{t}$　　(2) $y=x^2-2x,\ x=\sqrt{t}$

(3) $y=u^9+u^2,\ u=t^3-2t$　　(4) $y=x^2+\frac{1}{x},\ x=2t-3$

2. 연쇄법칙을 이용하여 $\frac{dy}{dx}$를 구하라.

(1) $y=(x^3-2x^2+3)^6$　　(2) $y=\left(x-\frac{1}{x}\right)^8$

(3) $y=\frac{2}{(x^3+2x-5)^4}$　　(4) $y=\sqrt{x^2+3x+4}$

3. 음함수의 미분법을 이용하여 $\frac{dy}{dx}$를 구하라.

(1) $xy^{\frac{4}{3}}+5=x-2y$　　(2) $xy^3=6+xy^2$

(3) $x^2y-y^3=5$　　(4) $\sqrt{x+y}+xy=7$

4. 음함수의 미분법을 이용하여 다음 곡선 상의 주어진 점에서 접선의 기울기를 구하라.

(1) $x^2y+y^3x=10;\ (1,\ 2)$　　(2) $y^2+xy^2-x^2=5;\ (2,-1)$

(3) $\sqrt{x+y}+y=3;\ (3,1)$　　(4) $x^{\frac{2}{3}}-y^{\frac{2}{3}}+y=-1;\ (-1,1)$

5. 역함수의 도함수에 대하여 다음에 답하라.

(1) $f(x)=x^3-1$에 대하여 $(f^{-1})'(7)$의 값을 구하라.

(2) $f(x) = (x-1)^2 - 1\,(x > 1)$에 대하여 $(f^{-1})'(8)$의 값을 구하라.

6. 다음에 답하라.

(1) $x = 2t,\ y = t^3 + 1$일 때, $t = 2$일 때 $\dfrac{dy}{dx}$를 구하라.

(2) $x = t^3 - 2t,\ y = \sqrt{t^2 + 1}$일 때, $t = 1$에서 $\dfrac{dy}{dx}$를 구하라.

5.4 삼각함수와 역삼각함수의 도함수

이 절에서는 삼각함수의 도함수를 구해본다. 다음은 삼각함수의 도함수를 구하는 과정에서 필요한 극한다.

정리 5.4.1

(1) $\lim_{h \to 0} \sin h = 0$ (2) $\lim_{h \to 0} \cos h = 1$

(3) $\lim_{h \to 0} \frac{\sin h}{h} = 1$ (4) $\lim_{h \to 0} \frac{\cos h - 1}{h} = 0$

[증명] (1), (2)는 함수의 연속성에 의하여 (3)은 sandwich 정리에 의하여 이미 증명이 되었다. 여기서는 (4)만 증명하기로 하자. 먼저 $0 < h < \frac{\pi}{2}$인 경우를 생각해보자.

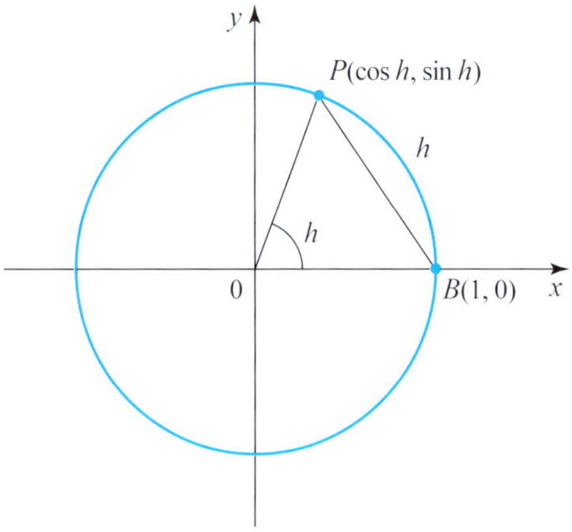

그림에서 선분 $\overline{BP}$의 길이는 호 $\overset{\frown}{BP}$의 길이 보다 작다.

$$\text{선분 } \overline{BP} \text{의 길이} = \sqrt{(1-\cos h)^2 + \sin^2 h}$$

$$\text{호 } \overset{\frown}{BP} \text{의 길이} = h$$

이로부터

$$0 < \sqrt{(1-\cos h)^2 + \sin^2 h} < h,$$

$$0 < (1-\cos h)^2 + \sin^2 h < h^2,$$

$$0 < 2 - 2\cos h < h^2,$$
$$0 < \frac{1 - \cos h}{h} < \frac{h}{2}$$

이다. 부등식의 좌변과 우변은 $\lim_{h \to 0^+}$에서 극한이 0이므로 Sandwich 정리에 의하여

$$\lim_{h \to 0^+} \frac{\cos h - 1}{h} = 0$$

이다. 이제 $h < 0$인 경우에 대하여 $h = -t\,(t > 0)$로 치환하면

$$\begin{aligned}\lim_{h \to 0^-} \frac{\cos h - 1}{h} &= \lim_{t \to 0^+} \frac{\cos(-t) - 1}{-t} \\ &= \lim_{t \to 0^+} \frac{1 - \cos t}{t} = 0\end{aligned}$$

이다. 따라서

$$\lim_{h \to 0} \frac{\cos h - 1}{h} = 0$$

이다. ■

삼각함수와 관련된 함수의 도함수는 다음이 성립한다.

정리 5.4.2

(1) $(\sin x)' = \cos x$ (2) $(\cos x)' = -\sin x$

(3) $(\tan x)' = \sec^2 x$ (4) $(\cot x)' = -\csc^2 x$

(5) $(\sec x)' = \sec x \tan x$ (6) $(\csc x)' = -\csc x \cot x$

[증명] (1) 등식 $\sin(x+h) = \sin x \cos h + \cos x \sin h$을 적용하면

$$\begin{aligned}(\sin x)' &= \lim_{h \to 0} \frac{\sin(x+h) - \sin x}{h} \\ &= \lim_{h \to 0} \frac{\sin x \cos h + \cos x \sin h - \sin x}{h} \\ &= \lim_{h \to 0} \left[\sin x \frac{\cos h - 1}{h} + \cos x \frac{\sin h}{h}\right] \\ &= \sin x \cdot 0 + \cos x \cdot 1 = \cos x.\end{aligned}$$

(2) 등식 $\cos(x+h) = \cos x\cosh - \sin x\sinh$을 적용하면

$$\begin{aligned}(\cos x)' &= \lim_{h\to 0}\frac{\cos(x+h)-\cos x}{h}\\ &= \lim_{h\to 0}\frac{\cos x\cosh-\sin x\sinh-\cos x}{h}\\ &= \lim_{h\to 0}\left[\cos x\frac{\cosh-1}{h}-\sin x\frac{\sinh}{h}\right]\\ &= \cos x\cdot 0-\sin x\cdot 1=-\sin x.\end{aligned}$$

(3)
$$\begin{aligned}(\tan x)' &= \left(\frac{\sin x}{\cos x}\right)' = \frac{(\sin x)'\cos x-\sin x(\cos x)'}{\cos^2 x}\\ &= \frac{\cos^2 x+\sin^2 x}{\cos^2 x}\\ &= \frac{1}{\cos^2 x}=\sec^2 x.\end{aligned}$$

(4), (5), (6)도 삼각함수의 관계와 도함수의 성질을 이용하여 같은 방법으로 증명이 된다. ■

예제 5.4.1 다음 함수의 도함수를 구하라.

(1) $y=\sin 4x$ (2) $y=\sin(\sqrt{x}+x)$

[풀이] 합성함수에 대한 연쇄법칙을 이용한다.

(1) $\dfrac{dy}{dx}=\cos 4x(4x)'=4\cos 4x.$

(2) $\dfrac{dy}{dx}=\cos(\sqrt{x}+x)(\sqrt{x}+x)'=\cos(\sqrt{x}+x)\left(\dfrac{1}{2\sqrt{x}}+1\right).$ ■

예제 5.4.2 $y=\cos^3 2x$의 도함수를 구하라.

[풀이] 합성함수에 대한 연쇄법칙을 2번 적용하여 구한다.

$$\begin{aligned}\frac{dy}{dx} &= 3\cos^2 2x(\cos 2x)'\\ &= 3\cos^2 2x(-\sin 2x)(2x)'\\ &= -6\cos^2 2x\sin 2x.\end{aligned}$$
■

예제 5.4.3 다음 함수의 도함수를 구하라.

(1) $y=\tan\sqrt{x}$　　(2) $y=\cot x^2$

(3) $y=\sec(x^2+x)$　　(4) $y=\csc\sqrt{x}$

[풀이] 기본 함수의 도함수에 연쇄법칙을 이용하면 된다.

(1) $\dfrac{dy}{dx}=\sec^2\sqrt{x}\,(\sqrt{x})'=\dfrac{\sec^2\sqrt{x}}{2\sqrt{x}}$.

(2) $\dfrac{dy}{dx}=-\csc^2(x^2)(x^2)'=-2x\csc^2(x^2)$.

(3) $\dfrac{dy}{dx}=\sec(x^2+x)\tan(x^2+x)(x^2+x)'=(2x+1)\sec(x^2+x)\tan(x^2+x)$.

(4) $\dfrac{dy}{dx}=-\csc\sqrt{x}\,\cot\sqrt{x}\,(\sqrt{x})'=\dfrac{-\csc\sqrt{x}\,\cot\sqrt{x}}{2\sqrt{x}}$. ■

역삼각함수의 도함수

역삼각함수의 도함수를 구하는 데는 다음 사실이 이용된다. 즉, $y=f(x)$의 역함수 $x=f^{-1}(y)$의 도함수 $(f^{-1})'(y)$는

$$(f^{-1})'(y)=\frac{dx}{dy}=\frac{1}{dy/dx}=\frac{1}{f'(x)}$$

이다.

정리 5.4.3

역삼각함수의 도함수에 대하여 다음이 성립한다.

(1) $(\sin^{-1}x)'=\dfrac{1}{\sqrt{1-x^2}}$, $(|x|<1)$

(2) $(\cos^{-1}x)'=-\dfrac{1}{\sqrt{1-x^2}}$, $(x<1)$

(3) $(\tan^{-1}x)'=\dfrac{1}{1+x^2}$, $(-\infty<x<\infty)$

(4) $(\cot^{-1}x)'=-\dfrac{1}{1+x^2}$, $(-\infty<x<\infty)$

(5) $(\sec^{-1}x)'=\dfrac{1}{|x|\sqrt{x^2-1}}$, $(x>1)$

(6) $(\csc^{-1}x)'=-\dfrac{1}{|x|\sqrt{x^2-1}}$, $(x>1)$

[증명] (1) $y = \sin^{-1}x$라 하면 $x = \sin y$이고 역함수의 도함수에 의하여

$$\frac{dy}{dx} = \frac{1}{dx/dy} = \frac{1}{\cos y}$$

이다. 한편, $-\frac{\pi}{2} < y < \frac{\pi}{2}$이므로 $\cos y > 0$이고 $\cos y = \sqrt{1-\sin^2 y} = \sqrt{1-x^2}$ 이다. 따라서

$$\frac{dy}{dx} = \frac{1}{\sqrt{1-x^2}}, \quad (|x| < 1)$$

이다.

(2) $y = \cos^{-1}x$라 하면 $x = \cos y$이고 역함수의 도함수에 의하여

$$\frac{dy}{dx} = \frac{1}{dx/dy} = -\frac{1}{\sin y}$$

이다. 한편, $0 < y < \pi$이므로 $\sin y > 0$이고 $\sin y = \sqrt{1-\cos^2 y} = \sqrt{1-x^2}$이다. 따라서

$$\frac{dy}{dx} = -\frac{1}{\sqrt{1-x^2}}, \quad (|x| < 1)$$

이다.

(3) $y = \tan^{-1}x$라 하면 $x = \tan y$이고 역함수의 도함수에 의하여

$$\frac{dy}{dx} = \frac{1}{dx/dy} = \frac{1}{\sec^2 y}$$

이다. 한편, $\sec^2 y = 1 + \tan^2 y = 1 + x^2$이므로

$$\frac{dy}{dx} = \frac{1}{1+x^2}, \quad (-\infty < x < \infty)$$

이다.

같은 방법으로 (4), (5), (6)을 증명할 수 있으므로 생략한다. ■

예제 5.4.4 다음 함수의 도함수를 구하라.

(1) $y = \sin^{-1}(1-x)$ (2) $y = \cos^{-1}(x^2)$

(3) $y = \tan^{-1}(\sqrt{x})$ (4) $y = \sec^{-1}(-2x)$

[풀이] (1) $y' = \frac{1}{\sqrt{1-(1-x)^2}}(1-x)' = -\frac{1}{\sqrt{2x-x^2}}$.

(2) $y' = -\frac{1}{\sqrt{1-(x^2)^2}}(x^2)' = -\frac{2x}{\sqrt{1-x^4}}$.

(3) $y' = \dfrac{1}{1+(\sqrt{x})^2}(\sqrt{x})' = \dfrac{1}{2\sqrt{x}(1+x)}$.

(4) $y' = \dfrac{1}{|-2x|\sqrt{(-2x)^2-1}}(-2x)' = -\dfrac{1}{|x|\sqrt{4x^2-1}}$. ■

연습문제 5.4

1. 다음 함수의 도함수를 구하라.

(1) $f(x) = 2\sin x - 3\cos x$

(2) $f(x) = \sin^2 x + \cos x$

(3) $f(x) = x\sin x$

(4) $f(x) = \tan x \csc x$

(5) $f(x) = \dfrac{\tan x}{1+\sec x}$

(6) $f(x) = \sec x - \tan x$

(7) $f(x) = \dfrac{\sec x}{\cot x}$

(8) $f(x) = \dfrac{1}{\tan x}$

2. 다음 함수의 도함수를 구하라.

(1) $y = \cos(x^2 + 2x)$

(2) $y = \sin(2-3x)$

(3) $y = \sin(\tan x)$

(4) $\cos^2\sqrt{3x}$

(5) $y = \sin^2(2x+3)$

(6) $y = \tan^2(1+x^2)$

3. 다음 함수의 도함수를 구하라.

(1) $y = \sin^{-1}(x^2)$

(2) $y = \cos^{-1}(1-x)$

(3) $y = (x^2-1)\sin^{-1}\sqrt{x}$

(4) $y = x\cos^{-1}\sqrt{x}$

(5) $y = x\tan^{-1}(3x)$

(6) $y = \dfrac{1}{\sin^{-1}x}$

4. 다음 함수의 도함수를 구하라.

(1) $f(x) = \sec^{-1}\dfrac{1}{x}$

(2) $f(x) = \cot^{-1}(2x+1)$

(3) $f(x) = \sec^{-1}\sqrt{x}$

(4) $f(x) = x^2\sec^{-1}(2x+1)$

5. 다음 함수의 주어진 점에서 접선의 방정식을 구하라.

(1) $y = \cos x;\ x = \dfrac{\pi}{3}$

(2) $y = \tan x;\ x = -\dfrac{\pi}{4}$

6. $y = \cot^{-1}x$일 때, $\dfrac{dy}{dx} = -\dfrac{1}{1+x^2}$임을 증명하라.

5.5 로그함수, 지수함수의 도함수

함수의 극한을 이용하여 지수함수의 도함수를 구할 수 있고, 또한 음함수 미분을 통하여 지수함수의 도함수를 간단히 구할 수 있다.

로그함수의 도함수

오일러 수 e는 수열 $\left(1+\frac{1}{n}\right)^n$의 극한, 즉 $\lim_{n\to\infty}\left(1+\frac{1}{n}\right)^n = e$로 정의되었다. 이제 실수 x에 대하여, 적절한 치환에 의하여

$$\lim_{n\to\infty}\left(1+\frac{x}{n}\right)^n = e^x$$

이다. 여기서 $\frac{1}{n} = h$로 치환하면

$$\lim_{h\to 0}(1+hx)^{\frac{1}{h}} = e^x$$

을 얻는다. 이 극한은 로그함수의 극한을 구하는데 사용된다.

정리 5.5.1

(1) $(\log_a x)' = \frac{1}{x}\log_a e$　　　(2) $(\ln x)' = \frac{1}{x}$

[증명] (1) 로그함수의 성질을 이용하여 극한을 계산한다.

$$\begin{aligned}(\log_a x)' &= \lim_{h\to 0}\frac{\log_a(x+h)-\log_a x}{h}\\ &= \lim_{h\to 0}\frac{1}{h}\log_a\frac{x+h}{x}\\ &= \lim_{h\to 0}\log_a\left(1+\frac{h}{x}\right)^{\frac{1}{h}}\end{aligned}$$

이고 $\lim_{h\to 0}(1+hx)^{\frac{1}{h}} = e^x$에 의하여

$$= \log_a e^{\frac{1}{x}} = \frac{1}{x}\log_a e$$

이다.

(2) $\ln x = \log_e x$로부터 (1)에 의하여

$$(\ln x)' = \frac{1}{x}\log_e e = \frac{1}{x}$$

이다. ■

예제 5.5.1 $y = \log_2(x^3 - 2x + 4)$일 때 $\frac{dy}{dx}$를 구하라.

[풀이] $u = x^3 - 2x + 4$로 치환하면 $y = \log_2 u$이고 연쇄법칙을 적용하면

$$\frac{dy}{dx} = \frac{dy}{du}\frac{du}{dx} = \frac{1}{u}\log_2 e\,(3x^2 - 2)$$
$$= \frac{3x^2 - 2}{x^3 - 2x + 4}\log_2 e.$$ ■

다음 내용을 알면 로그함수의 합성과 관련된 함수의 도함수를 구하는 것이 편리하다.

정리 5.5.2

(1) $\frac{d}{dx}\{\log_a f(x)\} = \frac{f'(x)}{f(x)}\log_a e$ (2) $\frac{d}{dx}\{\ln f(x)\} = \frac{f'(x)}{f(x)}$

[증명] $u = f(x)$로 치환하여 연쇄법칙을 이용하면 (1)과 (2)를 얻는다. ■

예제 5.5.2 다음에서 $\frac{dy}{dx}$를 구하라.

(1) $y = \ln(x^2 + 4)$ (2) $\log_3 \sin x$

[풀이] (1) $\frac{dy}{dx} = \frac{(x^2+4)'}{x^2+4} = \frac{2x}{x^2+4}$.

(2) $\frac{dy}{dx} = \frac{(\sin x)'}{\sin x}\log_3 e = \cot x \log_3 e$. ■

로그함수가 분수 꼴을 포함는 경우에 도함수를 구할 때는 로그의 성질을 이용하여 주어진 함수를 간결하게 표현한 후에 도함수를 구하면 간편하다.

예제 5.5.3 다음에서 $\frac{dy}{dx}$를 구하라.

(1) $y = \ln\left(\dfrac{1+x^2}{1-x^2}\right)$　　　　　　(2) $y = \ln\left(x^2\sqrt{\dfrac{x+3}{x+1}}\right)$

[풀이] (1) $y = \ln\left(\dfrac{1+x^2}{1-x^2}\right) = \ln(1+x^2) - \ln(1-x^2)$로부터

$$\frac{dy}{dx} = \frac{(1+x^2)'}{1+x^2} - \frac{(1-x^2)'}{1-x^2}$$
$$= \frac{2x}{1+x^2} + \frac{2x}{1-x^2} = \frac{4x}{1-x^4}.$$

(2) $y = 2\ln x + \dfrac{1}{2}(\ln(x+3) - \ln(x+1))$로부터

$$\frac{dy}{dx} = \frac{2}{x} + \frac{1}{2}\left(\frac{1}{x+3} - \frac{1}{x+1}\right).$$

■

예제 5.5.4 다음 함수의 도함수를 구하라.

(1) $y = \dfrac{(x+1)^2}{(x+3)^2(x-1)}$　　　　　　(2) $y = x^2\sqrt{x+3}$

[풀이] (1) 양변에 로그를 취하여 정리하면

$$\ln y = 2\ln(x+1) - 2\ln(x+3) - \ln(x-1)$$

이고, 양변을 x에 관하여 미분하면

$$\frac{y'}{y} = \frac{2}{x+1} - \frac{2}{x+3} - \frac{1}{x-1},$$
$$y' = \left(\frac{2}{x+1} - \frac{2}{x+3} - \frac{1}{x-1}\right)y.$$

(2) (1)과 같은 방법으로

$$\ln y = 2\ln x + \frac{1}{2}\ln(x+3),$$
$$\frac{y'}{y} = \frac{2}{x} + \frac{1}{2}\frac{1}{x+3}$$
$$y' = \left(\frac{2}{x} + \frac{1}{2}\frac{1}{x+3}\right)y.$$

■

유리수 r에 대하여 $(x^r)' = rx^{r-1}$은 실수지수 까지 확장될 수 있다.

예제 5.5.5 실수 a에 대하여 $y = x^a$일 때, $y' = ax^{a-1}$임을 보여라.

[풀이] 양변에 로그를 취하고 x에 관하여 미분하면

$$\ln y = a \ln x$$
$$\frac{y'}{y} = \frac{a}{x},$$
$$y' = \frac{a}{x} x^a = ax^{a-1}.$$

■

지수함수의 도함수

지수함수의 도함수는 지수함수의 양변에 로그를 취한 다음에 양변을 미분하면 쉽게 얻을 수 있다.

정리 5.5.2

(1) $(a^x)' = a^x \ln a$ (2) $(e^x)' = e^x$

[증명] (1) $y = a^x$의 양변에 로그를 취하고 x에 관하여 미분하면

$$\ln y = x \ln a,$$
$$\frac{y'}{y} = \ln a,$$
$$y' = y \ln a = a^x \ln a$$

이다.

(2) (1)에 의하여 $(e^x)' = e^x \ln e = e^x$이다. ■

예제 5.5.6 다음에서 도함수 $\dfrac{dy}{dx}$를 구하라.

(1) $y = \pi^{\sin x}$ (2) $y = e^{\cos 2x}$

[풀이] (1) $\dfrac{dy}{dx} = \pi^{\sin x} \ln \pi\, (\sin x)' = \pi^{\sin x} \ln \pi \cos x.$

(2) $\dfrac{dy}{dx} = e^{\cos 2x} (\cos 2x)'$

$$= e^{\cos 2x}(-\sin 2x)(2x)' = -2e^{\cos 2x}\sin 2x.$$ ■

지수함수와 합성함수의 도함수에 의하여 다음을 알 수 있다.

정리 5.5.3

(1) $\dfrac{d}{dx}\{a^{f(x)}\} = a^{f(x)}f'(x)\ln a$ (2) $\dfrac{d}{dx}\{e^{f(x)}\} = e^{f(x)}f'(x)$

예제 5.5.7 $y = e^{-3x}\ln x$일 때, y'를 구하라.

[풀이] 두 함수의 곱에 관한 미분을 적용하면

$$\begin{aligned} y' &= (e^{-3x})'\ln x + e^{-3x}(\ln x)' \\ &= e^{-3x}(-3x)'\ln x + e^{-3x}\frac{1}{x} \\ &= e^{-3x}\left(\frac{1}{x} - 3\ln x\right). \end{aligned}$$ ■

예제 5.5.8 $y = x^x$일 때 y'을 구하라.

[풀이] 지수함수 x^n에서 n은 고정된 실수이다. 여기서 지수는 x로 변수이기 때문에 도함수 $(x^n)' = nx^{n-1}$이 적용되지 못한다. 양변에 로그를 취하고 x에 관하여 미분하면

$$\begin{aligned} &\ln y = x\ln x, \\ &\frac{y'}{y} = \ln x + x\frac{1}{x}, \\ &y' = (\ln x + 1)x^x. \end{aligned}$$ ■

연습문제 5.5

1. 다음 함수의 도함수를 구하라.

(1) $y = \ln(x+1)^2$ (2) $y = \log_3 5x$

(3) $y = \ln(2 - x^2)$ (4) $y = \log\dfrac{x+1}{x}$

(5) $y = \sqrt{\ln 2x}$ (6) $y = \ln\frac{1-x^2}{1+x^2}$

(7) $y = \ln x\sqrt{x^2+1}$ (8) $y = \ln\sqrt{\frac{x^2}{(x+3)^4}}$

(9) $y = \frac{x}{1+\ln x}$ (10) $y = \ln(\ln 2x)$

(11) $y = \ln(\sin^2 x)$ (12) $y = \ln(\sec x + \tan x)$

(13) $y = \ln(\cos x)$ (14) $y = x\tan x^{-1} - \ln\sqrt{x^2+1}$

2. 다음 함수의 도함수를 로그를 취하여 구하라.

(1) $y = \frac{x^2\sqrt{3x+2}}{(2x+1)^3}$ (2) $y = \sqrt[3]{\frac{x^2+1}{x(x+5)}}$

3. 다음 함수에 대하여 주어진 점에서 $\frac{dy}{dx}$를 구하라.

(1) $y = \sin(\ln x);\ x = 1$ (2) $y = \ln(x^2-4);\ x = 3$

(3) $y = \tan^{-1}(\ln x);\ x = \frac{1}{e}$ (4) $y = \ln\sqrt{x^2+1};\ x = -2$

4. 다음 함수의 도함수를 구하라.

(1) $y = 3^{2x}$ (2) $y = 2^{\ln x}$

(3) $y = e^{\ln 5x}$ (4) $y = e^{x^3}$

5. 다음 함수의 도함수를 구하라.

(1) $y = (2x)^{\frac{1}{x}}$ (2) $y = x^{\sqrt{2x}}$

(3) $y = x^{\ln(x^2+1)}$ (4) $y = (\ln x)^{x+1}$

6. 다음 함수의 이계도함수를 구하라.

(1) $y = xe^{x^2}$ (2) $y = x^2\ln x$

(3) $y = \log\frac{3}{x-2}$ (4) $y = e^{\cos x}$

도함수의 응용

Chapter 06

6.1 최댓값과 최솟값

어떤 문제에서 가장 좋은 방법을 찾는 것이 최적화 문제이다. 최적화 문제의 대부분은 주어진 함수에서 최댓값 또는 최솟값을 구하는 문제이다.

정의 6.1.1

함수 $y=f(x)$가 정의역 D에서 정의되고 $c \in D$일 때 모든 $x \in D$에 대하여

(1) $f(c) \geq f(x)$이면 f는 $x=c$에서 **최댓값** $f(c)$를 갖는다.

(2) $f(c) \leq f(x)$이면 f는 $x=c$에서 **최솟값** $f(c)$를 갖는다.

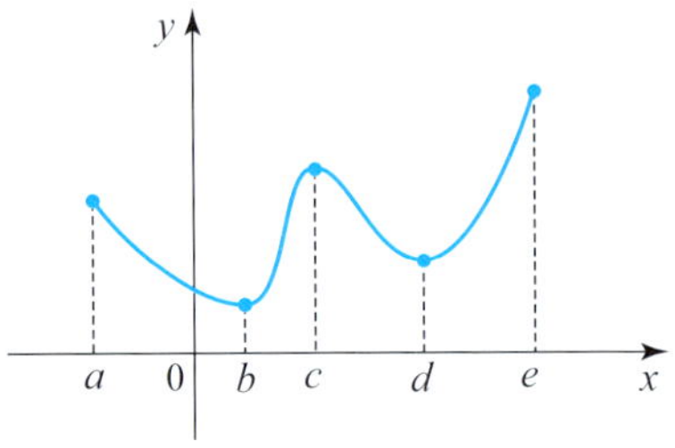

그림에서 보는 바와 같이 $y=f(x)$의 영역을 $D=[a, c]$라 할 때 f는

$$x=b\text{에서 최솟값 } f(b),\ x=e\text{에서 최댓값 } f(e)$$

을 갖는다. f가 $x=d$에서 최솟값은 아니지만 d의 근방에서는 가장 작은 값을 가짐을 알 수 있다. 마찬가지로 $x=a$ 또는 $x=c$에서 최댓값은 아니지만 $x=a$ 또는 $x=c$ 근방에서 최댓값을 갖는다.

정의 6.1.2

함수 $y=f(x)$가 정의역이 D이고 $c \in D$일 때 c를 포함하는 어떤 개구간 (α, β)가 존재하여 모든 $x \in D$에 대하여

(1) $f(c) \geq f(x)$이면 f는 $x=c$에서 **극댓값** $f(c)$를 갖는다.

(2) $f(c) \leq f(x)$이면 f는 $x=c$에서 **극솟값** $f(c)$를 갖는다.

(3) $f(c)$가 극댓값 또는 극솟값일 때 $f(c)$를 **극값**이라 한다.

위 그림에서 f는 $x=d$에서 극솟값을 갖고, $x=a, c, e$에서 극댓값을 가진다. 최댓값 또는 최솟값은 당연히 극댓값 또는 극솟값이 되지만 일반적으로 그 역은 성립하지 않는다.

정의 6.1.3

함수 $f(x)$가 폐구간 $[a, b]$에서 정의되었을 때

(1) $f'(c)=0$인 점 $c \in (a, b)$를 f의 **정점**이라고 한다.

(2) 구간의 끝점이 아닌 점으로서 도함수가 존재하지 않는 점을 f의 **특이점**이라고 한다.

(3) 정점, 특이점, 끝점을 합쳐서 **임계점**이라고 한다.

예를 들어, 함수 f가 끝 점이 아닌 점 $x=c$에서 미분가능이고 극값을 가진다면 곡선 위의 점 $(c, f(c))$에서 접선의 기울기는 다음가 같이 0이 될 것이다.

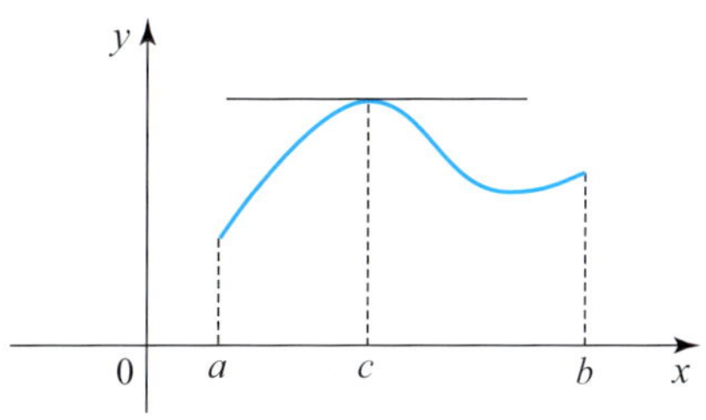

실제로 이 사실을 다음과 같이 증명할 수 있다.

정리 6.1.1

함수 $f(x)$가 구간 $[a, b]$에서 연속이고 끝점이 아닌 점 c에서 극값을 가지며 $f'(c)$가 존재하면 $f'(c)=0$이다.

[증명] 함수 $f(x)$가 $x=c$에서 극댓값을 갖는다고 가정하면, c 근방의 모든 x값에 대하여 $f(x) \le f(c)$이다. 가정에서

$$f'(c)=\lim_{x \to c} \frac{f(x)-f(c)}{x-c}$$

가 존재한다. 그런데, 좌도함수와 우도함수를 구해보면

$$f_+'(c) = \lim_{x \to c^+} \frac{f(x) - f(c)}{x - c} \leq 0,$$

$$f_-'(c) = \lim_{x \to c^-} \frac{f(x) - f(c)}{x - c} \geq 0$$

이므로

$$f'(c) = f_+'(c) = f_-'(c) = 0$$

이다. 비슷한 방법으로 $x = c$에서 극솟값을 갖는 경우에도 증명이 된다. ■

여기서 주목할 것은 정점이라고 해서 그 점에서 반드시 극값을 가지지는 않는다고 것이다. 예를 들어, 함수 $f(x) = x^3$은 $f'(x) = 3x^2$이고 $f'(x) = 0$에서 $x = 0$은 정점이다. 그러나 $f(0)$은 그래프에서 보는 바와 같이 극값이 아니다.

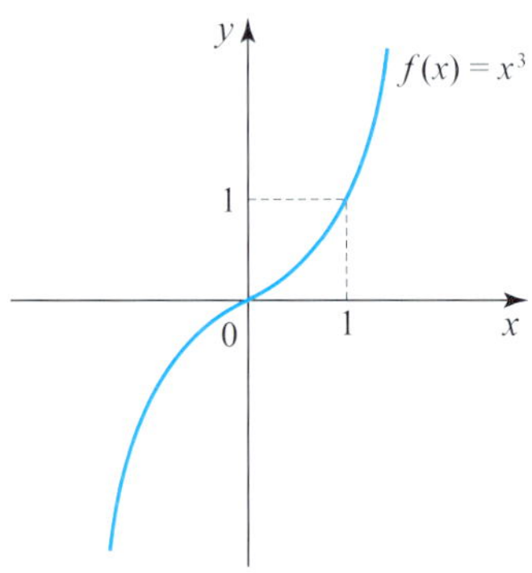

유한 폐구간에서 함수의 최댓값과 최솟값을 대수적으로 구하는 방법은 임계점을 구하여 그 점에서 함숫값을 비교하여 최댓값과 최솟값을 결정하면 된다.

예제 6.1.1 폐구간 $[0,\ 2]$에서 함수 $f(x) = 2x^3 - 6x + 1$의 최댓값과 최솟값을 구하라.

[풀이] $f(x)$가 다항함수이므로 모든 점에서 미분가능이다. 따라서 이 함수의 임계점은 구간의 끝 점과 정점이다. 정점을 구하면 $f'(x) = 6x^2 - 6 = 0$으로부터 $x = -1, 1$이다. 주어진 구간에 속하는 점은 1이다. 따라서 주어진 구간에서 이 함수의 임계점 $x = 0, 1, 2$에서 함숫값을 구하면

$$f(0) = 1,\quad f(1) = -3,\quad f(2) = 16 - 12 + 1 = 7$$

이 되어 최솟값은 -3, 최댓값은 7이다. ■

예제 6.1.2 함수 $f(x) = |x^2 - 2|$, $-2 \leq x \leq 3$에서의 최댓값과 최솟값을 구하라.

[풀이] 절댓값 기호를 풀어서 함수를 표현하면 다음과 같다.

$$f(x) = \begin{cases} x^2 - 2, & -2 \leq x < -\sqrt{2} \\ 2 - x^2, & -\sqrt{2} \leq x < \sqrt{2} \\ x^2 - 2, & \sqrt{2} \leq x \leq 3 \end{cases}$$

구간이 나누어지는 점을 제외하면 다항식이므로 미분가능이므로 도함수는

$$f'(x) = \begin{cases} 2x, & -2 < x < -\sqrt{2} \\ -2x, & -\sqrt{2} < x < \sqrt{2} \\ 2x, & \sqrt{2} < x < 3 \end{cases}$$

이다. 정점은 구간 $-\sqrt{2} < x < \sqrt{2}$에서 0이다. $x = -\sqrt{2}$와 $x = \sqrt{2}$에서는 좌도함수와 우도함수가 각각

$$f_-'(-\sqrt{2}) = -2\sqrt{2}, \quad f_+'(-\sqrt{2}) = 2\sqrt{2}$$
$$f_-'(\sqrt{2}) = -2\sqrt{2}, \quad f_+'(\sqrt{2}) = 2\sqrt{2}$$

이 되어 f는 $x = -\sqrt{2}$, $\sqrt{2}$에서 미분불능이 되어 특이점이 된다. 따라서 임계점은

$$x = -2, \ -\sqrt{2}, \ 0, \ \sqrt{2}, \ 3$$

이고 대응하는 함숫값은

$$f(-2) = 0, \quad f(-\sqrt{2}) = 0, \quad f(0) = 2, \quad f(\sqrt{2}) = 0, \quad f(3) = 7$$

이다. 따라서 최솟값은 0, 최댓값은 7. ■

연습문제 6.1

1. 다음 함수들이 각각 주어진 구간에서 최댓값과 최솟값을 갖는지 알아보고, 있다면 그 값을 구하라.

(1) $f(x) = x^3$; $[2, 4]$, $(1, 6)$　　(2) $f(x) = 2 - x^2$; $[-1, 1]$, $(-1, 1)$

2. 다음 주어진 구간에서 각 함수의 최댓값과 최솟값을 구하라.

(1) $f(x) = |x| + 2, \; -2 \le x \le 1$

(2) $f(x) = \begin{cases} x^2 + 1, & -1 \le x \le 0 \\ 1 - x^2, & 0 \le x \le 1 \end{cases}$

(3) $f(x) = \sqrt{10 - x^2}, \; -1 \le x \le 2$

3. $f(x) = x^3 + 3x^2 + 2$가 $\left[-\frac{1}{3}, 3\right]$에서 정의되었을 때, $f(x)$의 임계점을 모두 구하고 최댓값과 최솟값을 구하라.

4. 구간 $[-5, 10]$에서 함수 $f(x) = |x - 5| + |x + 2|$의 최댓값과 최솟값을 구하라.

5. 함수 $f(x) = \frac{1}{2}(\sin x + \cos x), \; 0 \le x \le 2\pi$의 극댓값과 극솟값을 구하라.

6.2 평균값의 정리

평균값의 정리는 미분과 관련된 여러 문제를 해결하는데 많이 사용되는 정리이다. 먼저 기하학적인 의미를 이해하는 것이 중요하지만, 증명부분도 잘 이해한다면 다른 정리들을 증명하는데 많은 도움이 된다.

정리 6.2.1 롤의 정리

함수 $y = f(x)$가 폐구간 $[a, b]$에서 연속이고 개구간 (a, b)에서 미분가능하며 $f(a) = f(b) = 0$ 이면 $f'(c) = 0$인 $c \in (a, b)$가 적어도 하나 존재한다.

[증명] f가 상수함수 $f(x) = 0$이면 모든 $x \in (a, b)$에서 $f'(x) = 0$이므로 $f'(c) = 0$인 c는 무수히 많다. f가 상수함수가 아닌 경우 f는 폐구간 $[a, b]$에서 최댓값과 최솟값을 갖지만, 상수함수가 아니므로 양끝 점에서 동시에 최댓값 또는 최솟값을 가질 수 없다. 만약 최댓값 $f(c)$가 $f(a)$가 아니라면 $a < c < b$이다. 함수 $f(x)$는 (a, b)에서 미분가능하고 정리 6.1.1에 의하여 $f'(c) = 0$이다.

예제 6.2.1 구간 $[0, 2]$에서 함수 $f(x) = x^3 - 4x$가 롤의 정리를 만족함을 확인하고 롤의 정리를 만족하는 c를 구하라.

[풀이] f는 다항식이므로 모든 구간에서 미분가능이다. 따라서 폐구간 $[0, 2]$에서 연속이고 $(0, 2)$에서 미분가능이다. 또 $f(0) = f(2) = 0$이므로 롤의 정리를 만족한다.

$$f'(x) = 3x^2 - 4,$$
$$f'(c) = 3c^2 - 4 = 0,$$
$$c = \pm \frac{2}{\sqrt{3}}$$

에서 구간 $(0, 2)$에 속하는 값은 $c = \dfrac{2}{\sqrt{3}}$이다. ■

정리 6.2.2 **평균값의 정리**

함수 $y=f(x)$가 폐구간 $[a, b]$에서 연속이고 개구간 (a, b)에서 미분가능하면, a와 b 사이에 다음을 만족하는 c가 적어도 하나 존재한다.

$$\frac{f(b)-f(a)}{b-a}=f'(c)$$

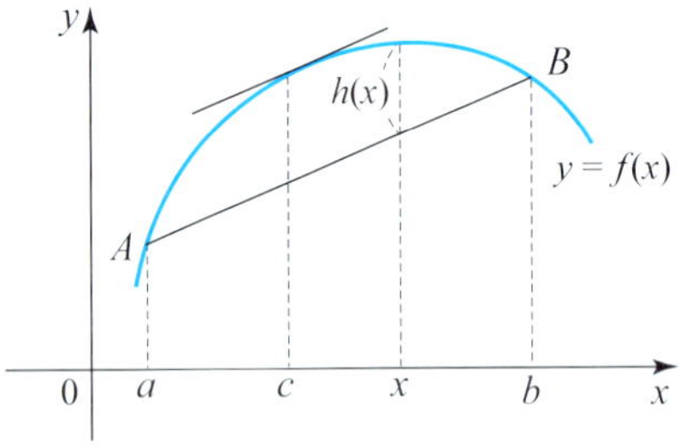

[증명] 그림에서 점 $A(a, f(a))$와 점 $B(b, f(b))$를 지나는 직선의 방정식은

$$y-f(a)=\frac{f(b)-f(a)}{b-a}(x-a)$$

즉

$$y=\frac{f(b)-f(a)}{b-a}(x-a)+f(a)$$

이다. 이제 함수 $f(x)$와 이 직선과의 차의 함수

$$h(x)=f(x)-\frac{f(b)-f(a)}{b-a}(x-a)-f(a)$$

를 생각하면 h는 $[a, b]$에서 연속이고 개구간 (a, b)에서 미분가능하고 또 $h(a)=h(b)=0$이 되어 롤의 정리를 만족한다. 따라서 $h'(c)=0$인 $c\in(a, b)$가 적어도 하나 존재하므로

$$f'(c)=\frac{f(b)-f(a)}{b-a}$$

이다. ■

예제 6.2.2 함수 $f(x)=x^2$이 구간 $[-1, 2]$에서 평균값의 정리를 만족함을 보이고, 평균값의 정리를 만족하는 점 c를 구하라.

[풀이] $f(x)=x^2$은 $[-1, 2]$에서 연속이고 $(-1, 2)$에서 미분가능이다. 따라서 평균값 정리에 의하여 다음을 만족하는 점 $c \in (-1, 2)$가 적어도 하나 존재한다. 즉

$$\frac{f(2)-f(-1)}{2-(-1)} = f'(c),$$

$$1 = 2c, \quad c = \frac{1}{2}.$$

■

예제 6.2.3 함수 $f(x) = \frac{1}{2}x^{2/3}$는 폐구간 $[-8, 27]$에서 평균값의 정리가 성립하지 않는 이유를 설명하라.

[풀이] 함수 f는 폐구간 $[-8, 27]$에서 연속이다. 도함수 $f'(x) = \frac{1}{3\sqrt[3]{x}}$이므로 $x=0$에서 미분불능이다. 따라서 폐구간 $[-8, 27]$에서 평균값 정리의 가정을 만족하지 않는다. 따라서

$$\frac{f(8)-f(-1)}{8-(-1)} = f'(c)$$

인 점 $c \in (-8, 27)$이 존재할 수도 있고 존재하지 않을 수도 있다. 실제로 위 방정식에서 c를 구하여 보면

$$\frac{1}{3\sqrt[3]{c}} = \frac{1}{14},$$

$$c = \left(\frac{14}{3}\right)^3 \fallingdotseq 101.6$$

이므로 $c \notin (-8, 27)$이다. 따라서 평균값 정리를 만족하는 c가 존재하지 않는다. ■

정리 6.2.3

함수 $y=f(x)$가 폐구간 $[a, b]$에서 연속이고 개구간 (a, b)의 모든 x에서 $f'(x)=0$이면 f는 상수함수이다.

[증명] $x_1, x_2 \in (a, b)$이고 $x_1 < x_2$라 하자. 그러면 폐구간 $[x_1, x_2]$에서 f는 평균값 정리의 모든 가정을 만족한다. 따라서 평균값 정리에 의하여

$$\frac{f(x_2)-f(x_1)}{x_2-x_1} = f'(c)$$

를 만족하는 $c \in (x_1, x_2)$가 존재한다. 그런데 $f'(c) = 0$이므로

$$\frac{f(x_2) - f(x_1)}{x_2 - x_1} = 0,$$
$$f(x_1) = f(x_2)$$

이다. 즉 $f(x)$는 임의의 두 점에서 함숫값이 같으므로 상수함수이다. ■

정리 6.2.4

함수 $y = f(x)$가 폐구간 $[a, b]$에서 연속이고 개구간 (a, b)의 모든 x에서 $f'(x) = g'(x)$이면 적당한 상수 c에 대하여 $f(x) = g(x) + c$이다.

[증명] $h(x) = f(x) - g(x)$라 두면, 모든 $x \in (a, b)$에서 $h'(x) = f'(x) - g'(x) = 0$이다. 따라서 정리 6.2.2에 의하여 h는 (a, b)에서 상수함수이므로 적당한 상수 c에 대하여 $h(x) = f(x) - g(x) = c$, 즉 $f(x) = g(x) + c$이다. ■

연습문제 6.2

1. 다음 함수가 주어진 구간에서 Rolle의 정리의 가정을 만족함을 보이고, 그 정리를 만족하는 점 c를 구하라.

(1) $f(x) = x^2 - 6x + 8; [2, 4]$ (2) $f(x) = x^3 - 3x^2 + 2x; [0, 2]$

(3) $f(x) = \cos x; \left[\frac{\pi}{2}, \frac{3\pi}{2}\right]$ (4) $f(x) = \frac{x^2 - 1}{x - 2}; [-1, 1]$

2. 주어진 구간에서 함수는 평균값 정리의 가정을 만족함을 보이고, 그 정리를 만족하는 점 c를 구하라.

(1) $f(x) = x^2 + x; [-4, 6]$ (2) $f(x) = x^3 + x - 4; [-1, 2]$

(3) $f(x) = \sqrt{x + 1}; [0, 3]$ (4) $f(x) = x + \frac{1}{x}; [3, 4]$

3. f는 모든 x에서 $f'(x) = 0$이고 $f(0) = 3$이라 하자. 그러면 모든 x에서 $f(x) = 3$임을 보여라.

4. 평균값의 정리를 이용하여 두 실수 a, b에 대하여 $|\cos b - \cos a| \le |b - a|$임을 보여라.

6.3 함수의 증감과 일계도함수

본 장에서는 함수의 증감 여부를 판정하는 법과 이를 이용하여 극댓값, 극솟값을 구하는 법에 대하여 공부한다.

먼저 주어진 구간에서 함수가 증가하고 감소하는 것에 대한 정의를 하도록 하자.

정의 6.3.1

함수 $f : I \to R$가 구간 I내의 모든 $x_1, x_2 (x_1 < x_2)$에 대하여 $f(x_1) < f(x_2)$이면 $f(x)$는 구간 I에서 **증가**한다고 하며, $f(x_1) > f(x_2)$이면 $f(x)$는 구간 I에서 **감소**한다고 한다. $f(x)$가 구간 I에서 감소 또는 증가 둘 중하나만 일 때 $f(x)$는 구간 I에서 **단조함수**라 한다.

예를 들면, 함수 $f(x) = x^2$은 그래프에서 보는 바와 같이 $(-\infty, 0]$에서 감소하고, $[0, \infty)$에서 증가이다.

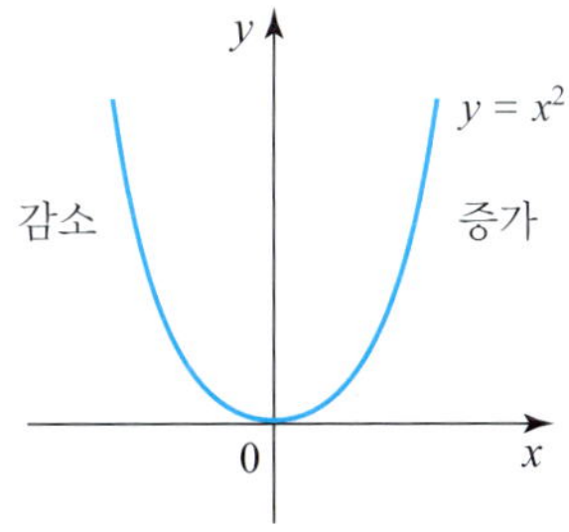

다음은 그래프를 그리지 않고 대수적으로 함수가 증가 또는 감소하는 구간을 판정하도록 알려준다.

정리 6.3.1 함수의 증가와 감소 판별

함수 $f(x)$가 구간 $[a, b]$에서 연속이고 (a, b)에서 미분가능할 때 다음이 성립한다.

(1) 모든 $x \in (a, b)$에 대하여 $f'(x) > 0$이면 $f(x)$는 구간 $[a, b]$에서 증가한다.

(2) 모든 $x \in (a, b)$에 대하여 $f'(x) < 0$이면 $f(x)$는 구간 $[a, b]$에서 감소한다.

[증명] 구간 $[a, b]$ 내의 임의의 두 점 $x_1, x_2(x_1 < x_2)$라 하면 함수 $f(x)$는 구간 $[x_1, x_2]$에서 평균값 정리의 모든 가정을 만족한다. 따라서

$$\frac{f(x_2)-f(x_1)}{x_2-x_1}=f'(c)$$

을 만족하는 점 $c \in (x_1, x_2)$가 존재한다. 모든 $x \in (a, b)$에 대하여 $f'(x) > 0$이면

$$f(x_2)-f(x_2)=(x_2-x_1)f'(c)>0$$

이다. 따라서 구간 $[a, b]$ 내의 임의의 두 점 $x_1, x_2(x_1 < x_2)$에서 $f(x_1) < f(x_2)$이므로 f는 구간 $[a, b]$에서 증가한다.

(2)도 (1)과 같은 방법으로 증명된다. ■

예제 6.3.1 $f(x)=x^3-\frac{3}{2}x^2-6x+4$일 때 $f(x)$가 증가 또는 감소하는 구간을 구하라.

[풀이] $f(x)$의 도함수를 구하면

$$f'(x)=3x^2-3x-6=3(x-2)(x+1)$$

이다. 따라서

$$x<-1,\ x>2\text{이면 } f'(x)>0,$$
$$-1<x<2\text{이면 } f'(x)<0$$

이다. 결국 $(-\infty, -1)$ 또는 $(2, \infty)$에서 $f(x)$는 증가하고, 구간 $(-1, 2)$에서 $f(x)$는 감소한다. ■

예제 6.3.2 구간 $\left[0, \frac{\pi}{2}\right]$에서 $\sin x \le x$임을 보여라.

[풀이] $f(x)=x-\sin x$라 하자. 그러면 $f(x)$는 $\left[0, \frac{\pi}{2}\right]$에서 연속이고 $\left(0, \frac{\pi}{2}\right)$에서 미분가능이다. 또 모든 $x \in \left(0, \frac{\pi}{2}\right)$에서

$$f'(x)=1-\cos x \ge 0$$

이므로 증가함수이다. 최솟값은 $f(0)=0$이므로 구간 $\left[0, \frac{\pi}{2}\right]$에서 $f(x) \ge 0$ 즉, $x \ge \sin x$이다. ■

다음 정리는 미분가능인 함수에서 극댓값 또는 극솟값은 정점에서만 발생한다는 것을 말해준다.

정리 6.3.2

함수 $f(x)$가 $x=c$에서 극댓값 또는 극솟값을 갖고 $f'(c)$가 존재한다면, $f'(c)=0$이다.

[증명] $f(x)$가 c에서 극댓값을 갖는다고 가정하자. 정의에 따라서 $h>0$이고 충분히 작다면

$$\frac{f(c+h)-f(c)}{h}<0$$

이고 따라서

$$\lim_{h\to 0^+}\frac{f(c+h)-f(c)}{h}\le 0$$

이다. 가정에 의하여 $f'(c)$가 존재하므로

$$f'(c)=\lim_{h\to 0}\frac{f(c+h)-f(c)}{h}=\lim_{h\to 0^+}\frac{f(c+h)-f(c)}{h}\le 0$$

이고 $f'(c)\le 0$이다. $h<0$일 때에도 같은 방법으로 $f'(c)\ge 0$임을 보일 수 있다. 따라서 $f'(c)=0$이다.

$f(x)$가 c에서 극댓값을 갖는 경우에도 유사한 방법으로 $f'(c)=0$임을 증명할 수 있다. ■

예제 6.3.3 $f(x)=x^3$이면 $f'(0)=0$이지만 $f(0)$는 극댓값도 아니고, 극솟값도 아님을 보여라.

[풀이] $f(x)$의 정점은 $f'(x)=3x^2=0$으로부터 $x=0$이다. 그래프에서 보듯이 $f(0)$는 극댓값도 아니고 극솟값도 아니다. ■

다음 정리는 함수가 정점에서 극솟값 또는 극댓값을 가지기 위한 조건을 알려준다.

정리 6.3.3 **일계도함수에 의한 극값의 판정**

함수 $f(x)$가 구간 (a, b)에서 미분가능하고, 점 $c \in (a, b)$에서 $f'(0) = 0$이라 할 때 다음이 성립한다.

(1) $x = c$의 좌우에서 $f'(x)$의 부호가 양(+)에서 음(−)으로 변하면 $x = c$에서 극대가 된다. 이때 $f(c)$는 극댓값, 점 $(c, f(c))$는 극대점이다.

(2) $x = c$의 좌우에서 $f'(x)$의 부호가 양(−)에서 음(+)으로 변하면 $x = c$에서 극소가 된다. 이때 $f(c)$는 극솟값, 점 $(c, f(c))$는 극소점이다.

[증명] (1) f가 점 c의 왼쪽에서 증가하고 왼쪽에서 감소하므로 이므로 적당한 양수 δ에 대하여 $x \in (c - \delta, c)$에 대하여

$$f(x) \le f(c)$$

이고, $x \in (c, c + \delta)$에 대하여

$$f(x) \le f(c)$$

이므로 $f(x)$는 $x = c$에서 극댓값 $f(c)$를 갖는다.

(2) (1)의 증명과 유사하다. ■

예제 6.3.4 $f(x) = \frac{1}{3}x^3 - x + 2$의 극값을 구하라.

[풀이] 함수 $f(x)$는 다항식이므로 모든 구간에서 미분가능하다. 극값은 정점에서만 발생하므로

$$f'(x) = x^2 - 1 = (x - 1)(x + 1)$$

에서 정점을 구하면 $f'(x) = 0$으로부터 $x = -1, 1$이다. 정점에서 극대 또는 극소 여부는 다음 표를 통하여 알아보면 편하다.

x		-1		1	
$f'(x)$	+	0	−	0	+
$f(x)$	↗	극대	↘	극소	↗

$x = -1$에서 극댓값 $f(-1) = \frac{8}{3}$, $x = 1$에서 극솟값 $f(1) = \frac{4}{3}$을 갖는다. ■

예제 6.3.5 함수 $f(x)=\dfrac{2x-1}{x^2+2}$의 극값을 구하라.

[풀이] 도함수 $f'(x)$를 구하면

$$f'(x)=\frac{2(x^2+2)-(2x-1)2x}{(x^2+2)^2}=\frac{-2(x+1)(x-2)}{(x^2+2)^2}$$

이고 정점을 구하기 위해 $f'(x)=0$이면 $x=-1,\ 2$이다. 정점에서 극값의 유무를 표를 만들어 확인해 보자.

x		-1		2	
$f'(x)$	$-$	0	$+$	0	$-$
$f(x)$	↘	극소	↗	극대	↘

$x=-1$에서 극솟값 $f(-1)=-1$, $x=2$에서 극댓값 $f(2)=\dfrac{1}{2}$을 갖는다. ■

연습문제 6.3

1. 다음 주어진 함수에 대하여 증가, 감소하는 구간을 구하고 극댓값과 극솟값을 구하라.

(1) $f(x)=2-2x-x^2$　　(2) $f(x)=x^3+x+5$

(3) $f(x)=x^4-4x^3-8x^2+1$　　(4) $f(x)=x^{\frac{1}{5}}(x+1)$

(5) $f(x)=x(6-2x)^2$　　(6) $f(x)=|x^2-1|$

2. 다음 주어진 함수에 대하여 증가, 감소하는 구간을 구하고 극댓값과 극솟값을 구하라.

(1) $f(x)=\dfrac{x}{x-1}$　　(2) $f(x)=\dfrac{1}{\sqrt{x-1}}$

(3) $f(x)=\ln\dfrac{1}{x}$　　(4) $f(x)=\dfrac{e^x}{x}$

(5) $f(x)=-\dfrac{1}{4}x^4+\dfrac{1}{6}x^3+\dfrac{1}{2}x^2-\dfrac{1}{2}x$　　(6) $f(x)=xe^{-x}$

3. 구간 $[1,\ 5]$에서 함수 $f(x)=2x^3-15x^2+36x$의 최댓값과 최솟값을 구하라.

4. 함수 $f(x) = x^3 + ax^2 + bx + 1$가 $x = -1$에서 극솟값을 $x = -3$에서 극댓값을 가질 때, a와 b의 값을 구하라.

5. $y = \frac{3}{5}x^5 - x^4 + 2x^3 - 6x^2 + 12x + 1$에 접하는 직선 중에서 기울기가 최소인 직선의 방정식을 구하라.

6.4 함수의 볼록성과 이계도함수

이 절에서는 함수의 이계도함수를 이용하여 함수가 주어진 구간에서 위로 볼록 또는 아래로 볼록하기 위한 조건을 알아보고 또 극값도 구해본다.

정의 6.4.1

함수 $f(x)$가 (a, b)에서 미분가능일 때 $f'(x)$가 (a, b)에서 증가하면, 즉 구간 (a, b) 내의 임의의 점에서 접선이 $y=f(x)$의 그래프 보다 아래에 있으면 $f(x)$는 (a, b)에서 **아래로 볼록**이다 하고, $f'(x)$가 (a, b)에서 감소하면서, 즉 구간 (a, b) 내의 임의의 점에서 접선이 $y=f(x)$의 그래프 보다 위에 있으면 $f(x)$는 (a, b)에서 **위로 볼록**하다고 한다.

예를 들어, $f(x)=x^3$일 때 그래프에서 보듯이 $f(x)$는 $(-\infty, 0)$에서 위로 볼록이고, $(0, \infty)$에서는 아래로 볼록이다.

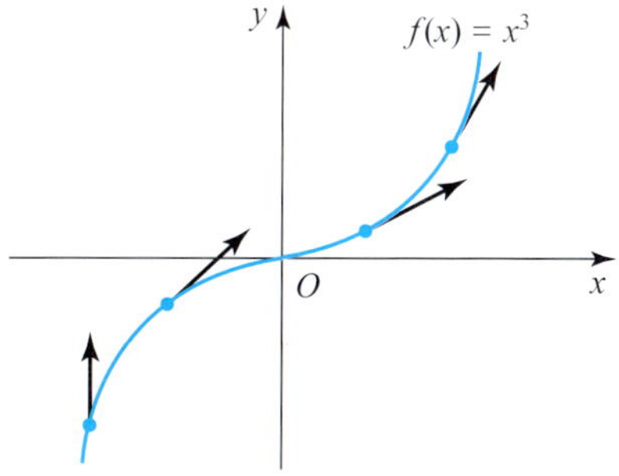

정의 6.4.2

$y=f(x)$가 점 $x=a$에서 연속함수이고 이 점을 경계로 좌우에서 볼록 상태가 바뀌면 곡선 위의 점 $(a, f(a))$를 곡선 $y=f(x)$의 **변곡점**이라 한다.

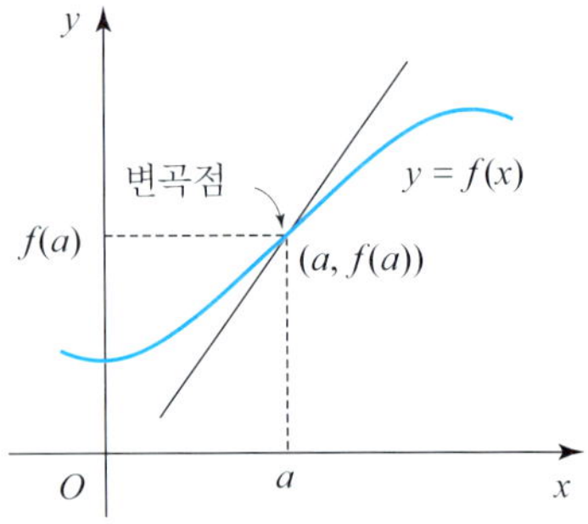

정리 6.4.1

$f(x)$가 (a, b)에서 두 번 미분가능하고 $f''(x)$가 연속일 때, 다음이 성립한다.

(1) (a, b)에서 $f''(x) > 0$이면 $f(x)$는 (a, b)에서 아래로 볼록이다.

(2) (a, b)에서 $f''(x) < 0$이면 $f(x)$는 (a, b)에서 위로 볼록이다.

(3) $f''(c) = 0$이고 c의 좌우에서 $f''(x)$의 부호가 바뀌면, 점 $(c, f(c))$는 변곡점이다.

예제 6.4.1 $f(x) = x^3 - 3x - 1$의 증가, 감소, 아래로 볼록, 위로 볼록인 구간을 구하라.

[풀이]

$$f'(x) = 3x^2 - 3 = 3(x+1)(x-1)$$

이므로

$$x < -1 \text{ 또는 } x > 1\text{이면 } f'(x) > 0$$

$$-1 < x < 1\text{이면 } f'(x) < 0$$

따라서 $f(x)$는 $(-\infty, -1)$과 $(1, \infty)$에서 증가하고, $(-1, 1)$에서 감소한다.
$f''(x) = 6x$이므로 $x > 0$이면 $f''(x) > 0$이고, $x < 0$이면 $f''(x) < 0$이다.
따라서 $f(x)$는 $(0, \infty)$에서 아래로 볼록이고, $(-\infty, 0)$에서 위로 볼록이다. ■

예제 6.4.2 $f(x) = x^4 - 2x^3$의 변곡점을 구하라.

[풀이] 일계 및 이계도함수는

$$f'(x) = 4x^3 - 6x^2,$$
$$f''(x) = 12x^2 - 12x = 12x(x-1)$$

이다. $f''(x)=0$에서 $x=0,\ 1$이다. 표를 만들어서 부호를 판단해보면

x		0		1	
$f''(x)$	$+$	0	$-$	0	$+$

이므로 변곡점은 $(0, f(0)),\ (1, f(1))$ 즉, $(0, 0),\ (1, -1)$이다. ■

예제 6.4.3 $f(x)=x^4$의 변곡점을 구하라.

[풀이] 일계 및 이계도함수는 $f'(x)=4x^3,\ f''(x)=12x^2$이다. $f''(x)=0$에 $x=0$이다. $x=0$의 전후에서 $f''(x)>0$이므로 $(0, f(0))$은 변곡점이 아니다. 따라서 이 함수는 변곡점이 없다. ■

이제 이계도함수를 이용하여 미분가능한 함수의 극댓값과 극솟값을 구하는 방법을 알아보자.

정리 6.4.2

함수 $f(x)$가 (a, b)에서 두 번 미분가능하고 $c\in(a, b)$에서 $f'(c)=0$이라 하자. 이때
(1) $f''(c)<0$이면 $f(c)$는 극댓값이다.
(2) $f''(c)>0$이면 $f(c)$는 극솟값이다.

[증명] (1)과 (2)의 증명이 비슷하므로 여기서는 (1)만 증명한다. 가정에서 $f'(c)=0$이므로

$$f''(c)=\lim_{x\to c}\frac{f'(x)-f'(c)}{x-c}=\lim_{x\to c}\frac{f'(x)}{x-c}<0$$

이다. 따라서 적당한 양수 δ가 존재하여 모든 $x\in(c-\delta,\ c+\delta),\ x\neq c$에 대하여

$$\frac{f'(x)}{x-c}<0$$

이다. 만약 $c-\delta<x<c$이면 $f'(x)>0$이므로 $f(x)$는 $(c-\delta,\ c)$에서 증가하고, $c<x<c+\delta$이면 $f'(x)<0$이므로 $f(x)$는 $(c,\ c+\delta)$에서 감소한다. 따라서 $f(c)$는 극댓값이다. ■

예제 6.4.4 $f(x) = 2x^3 - 9x^2 + 5$의 극댓값과 극솟값을 구하라.

[풀이]

$$f'(x) = 6x^2 - 18x = 6x(x-3),$$
$$f''(x) = 12x - 18 = 6(2x-3)$$

이므로 $f'(x) = 0$에서 $x = 0, 3$이다. 이때 $f''(0) = -18 < 0$이므로 $f(0) = 5$는 극댓값이고, $f''(3) = 18 > 0$이므로 $f(3) = -22$는 극솟값이다. ■

예제 6.4.5 $f(x) = x^4 - 2x^3$의 극값을 모두 구하라.

[풀이] $f(x)$는 모든 점에서 미분가능한 함수이므로 극값이 발생하는 점의 후보자는 정점이다.

$$f'(x) = 4x^3 - 6x^2 = 2x^2(2x-3)$$

이므로 $f'(x) = 0$에서 $x = 0, \frac{3}{2}$이다. 한편 $f''(x) = 12x^2 - 12x = 12x(x-1)$이고 $f''\left(\frac{3}{2}\right) = 9 > 0$이므로 $f\left(\frac{3}{2}\right) = -\frac{27}{16}$은 극솟값이다. 그러나 $f''(0) = 0$이므로 정리 6.4.2를 적용할 수 없다. 이 경우에는 일계도함수를 이용한 판정법을 사용한다. 즉

x		0		3/2
$f'(x)$	−	0	−	0

$x = 0$에서 극값이 발생하지 않는다. ■

예제 6.4.6 $f(x) = x^4 - 4x^3 + 7$에 대하여 극점과 변곡점을 구하고 곡선의 개형을 그려라.

[풀이]

$$f'(x) = 4x^3 - 12x^2 = 4x^2(x-3),$$
$$f''(x) = 12x^2 - 24x = 12x(x-2)$$

이고 $f'(x) = 0$에서 $x = 0, 3$이고 $f''(x) = 0$에서 $x = 0, 2$이다. 표를 작성하여 극점과 변곡점의 상태를 확인해 보자.

x		0		2		3	
$f'(x)$	−	0		−		0	+
$f''(x)$	+	0	−	0		+	
$f(x)$	아래로 볼록	변곡	위로 볼록	변곡	아래로 볼록	극소	

극솟값은 $f(3) = -20$, 변곡점은 $(0,\ 7)$, $(2,\ -9)$이다. 이를 바탕으로 그래프의 개형을 그리면 다음과 같다.

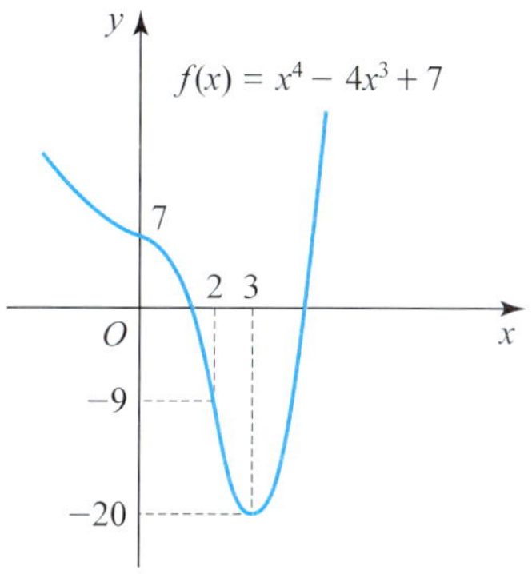

연습문제 6.4

1. 다음 함수들의 극값과 변곡점, 아래로 볼록인 구간과 위로 볼록되는 구간을 구하라.

(1) $f(x) = x^4 - 6x^2$　　(2) $f(x) = \dfrac{x}{x^2 + 1}$

(3) $f(x) = xe^x$　　(4) $f(x) = x \ln x$

2. 이계도함수를 이용하여 다음 함수들의 극값을 구하라.

(1) $f(x) = 2x^3 - 9x^2 + 12x$　　(2) $f(x) = (2x - 1)^5$

(3) $f(x) = \sin x + \cos x,\ 0 \le x \le 2\pi$　　(4) $f(x) = \dfrac{x}{2} - \sin x,\ 0 \le x \le 2\pi$

3. 곡선 $y = x^3 + bx^2 + cx + d$이 $x = 1$에서 변곡점을 가질 때 b의 값을 구하라. (단, b, c, d는 상수)

6.5 부정형과 로피탈의 법칙

x가 a로 접근할 때 $f(x)$와 $g(x)$에 대하여

$$\frac{f(x)}{g(x)},\ f(x)g(x),\ f(x)-g(x),\ f(x)^{g(x)}$$

이고, 극한이 각각

$$\frac{0}{0},\ \frac{\pm f}{\pm f},\ 0\cdot\infty,\ \infty-\infty,\ 0^0,\ 0^\infty,\ \infty^0,\ 1^\infty$$

의 모양이 된다면 이러한 형태의 극한을 **부정형**이라 한다. 이러한 경우에 극한의 존재여부를 판단하는 방법에 대하여 공부한다.

정리 6.5.1 로피탈의 법칙

함수 $f(x)$와 $g(x)$가 $f(a)=g(a)=0$이고 $f'(a)$와 $g'(a)$가 존재하고 $g'(a)\neq 0$이면 다음이 성립한다.

$$\lim_{x\to a}\frac{f(x)}{g(x)}=\frac{f'(a)}{g'(a)}$$

[증명] 도함수의 정의와 극한의 성질에 의하여

$$\frac{f'(a)}{g'(a)}=\frac{\lim\limits_{x\to a}\dfrac{f(x)-f(a)}{x-a}}{\lim\limits_{x\to a}\dfrac{g(x)-g(a)}{x-a}}=\lim_{x\to a}\frac{f(x)-f(a)}{g(x)-g(a)}$$

$$=\lim_{x\to a}\frac{f(x)}{g(x)}$$

이다. 따라서

$$\lim_{x\to a}\frac{f(x)}{g(x)}=\frac{f'(a)}{g'(a)}$$

이다. ■

참고 $f'(x)$와 $g'(x)$가 a에서 연속이고 $g'(a)\neq 0$이고 이면

$$\lim_{x \to a} \frac{f(x)}{g(x)} = \lim_{x \to a} \frac{f'(x)}{g'(x)}$$

임을 알면 극한의 계산이 간편하다.

예제 6.5.1 다음 극한을 구하라.

(1) $\lim_{x \to 1} \frac{x^2 - 1}{x^3 - 1}$　　　(2) $\lim_{x \to 0} \frac{3x + \sin 2x}{x - \sin 3x}$

[풀이] (1) 극한이 $\frac{0}{0}$꼴이므로 분모, 분자의 도함수가 1에서 연속이므로

$$\lim_{x \to 1} \frac{x^2 - 1}{x^3 - 1} = \lim_{x \to 1} \frac{(x^2 - 1)'}{(x^3 - 1)'} = \lim_{x \to 1} \frac{2x}{3x^2} = \frac{2}{3}$$

이다.

(2) 극한이 $\frac{0}{0}$꼴이고 분모 분자 함수의 도함수가 0에서 연속이므로

$$\begin{aligned} \lim_{x \to 0} \frac{3x + \sin 2x}{x - \sin 3x} &= \lim_{x \to 0} \frac{(3x + \sin 2x)'}{(x - \sin 3x)'} \\ &= \lim_{x \to 0} \frac{3 + 2\cos 2x}{1 - 3\cos 3x} = \frac{3 + 2}{1 - 3} = -\frac{5}{2} \end{aligned}$$

이다. ■

정리 6.5.2

함수 $f(x)$와 $g(x)$가 $f(a) = g(a) = 0$이고, a를 포함하는 개구간 I에서 미분가능하며, a를 제외한 개구간 I의 모든 점 x에 대하여 $g'(x) \neq 0$이면 다음이 성립한다.

$$\lim_{x \to a} \frac{f(x)}{g(x)} = \lim_{x \to a} \frac{f'(a)}{g'(a)}$$

참고 정리 6.5.1과 비교하여 정리 6.5.2의 의미를 설명하자면 분수 꼴의 극한이 $\frac{0}{0}$이 계속되는 한 정리 6.5.1을 되풀이 하여 적용할 수 있다는 것이다.

예제 6.5.2 $\lim_{x \to 0} \frac{x - \sin x}{x^2}$을 구하라.

[풀이] 정리 6.5.1을 연속으로 적용하는 경우이다.

$$
\begin{aligned}
&\lim_{x\to 0}\frac{x-\sin x}{x^2} \quad \left(\frac{0}{0}\text{ 형태}\right)\\
&=\lim_{x\to 0}\frac{(x-\sin x)'}{(x^2)'}=\lim_{x\to 0}\frac{1-\cos x}{2x} \quad \left(\frac{0}{0}\text{ 형 태}\right)\\
&=\lim_{x\to 0}\frac{(1-\cos x)'}{(2x)'}=\lim_{x\to 0}\frac{\sin x}{2}=\frac{0}{2}=0.
\end{aligned}
$$

■

로피탈의 법칙에서 $\lim\limits_{x\to a}$는 $\lim\limits_{x\to a^+}$, $\lim\limits_{x\to a^-}$, $\lim\limits_{x\to\infty}$, $\lim\limits_{x\to-\infty}$로 바꾸어도 같은 결과를 얻을 수 있다. $\lim\limits_{x\to\infty}$인 경우에는 $f(a)=g(a)=0$이라는 조건 대신에 $\lim\limits_{x\to\infty}f(x)=\lim\limits_{x\to\infty}g(x)=0$이 성립하면 된다.

정리 6.5.3

$\lim\limits_{x\to a}|f(x)|=\lim\limits_{x\to a}|g(x)|=\infty$이면 다음이 성립한다.

$$\lim_{x\to a}\frac{f(x)}{g(x)}=\lim_{x\to a}\frac{f'(x)}{g'(x)}$$

예제 6.5.3 $\lim\limits_{x\to\infty}\dfrac{2x-3x^2}{5x+6x^3}$을 구하라.

[풀이] 양의 무한이나 음의 무한에서 다항식의 극한은 최고차항에 의하여 결정된다. 따라서

$$\lim_{x\to\infty}|2x-3x^2|=\lim_{x\to\infty}|5x+6x^3|=\infty$$

이고 로피탈의 정리 6.5.1을 적용하면

$$
\begin{aligned}
&\lim_{x\to\infty}\frac{2x-3x^2}{5x+6x^3} \quad \left(\frac{-\infty}{\infty}\text{ 형태}\right)\\
&=\lim_{x\to\infty}\frac{(2x-3x^2)'}{(5x+6x^3)'}=\lim_{x\to\infty}\frac{2-6x}{5+18x^2} \quad \left(\frac{-\infty}{\infty}\text{ 형태}\right)\\
&\qquad\qquad=\lim_{x\to\infty}\frac{(2-6x)'}{(5+18x^2)'}=\lim_{x\to\infty}\left(-\frac{1}{6x}\right)=0.
\end{aligned}
$$

■

참고 이 경우에는 로피탈의 법칙을 적용하는 것보다 분모, 분자를 최고차로 나누어 계산하는 것이 편리하다. 즉

$$\lim_{x\to\infty}\frac{2x-3x^2}{5x+6x^3}=\lim_{x\to\infty}\frac{\frac{2}{x^2}-\frac{3}{x}}{\frac{5}{x^2}+6}=\frac{0}{6}=0.$$

$\infty\cdot 0$ 형태와 $\infty-\infty$의 극한은 로피탈의 정리를 이용하기 위해서는 주어진 식을 분수 꼴로 고친다음 극한이 $\frac{0}{0}$ 또는 $\frac{\infty}{\infty}$의 형태가 되게 하여야 한다.

예제 6.5.4 $\lim_{x\to\frac{\pi}{2}}\left(x-\frac{\pi}{2}\right)\tan x$ 을 구하라.

[풀이] 극한이 $0\cdot(\pm\infty)$의 형태이다. 주어진 극한을 분수 꼴로 고치면

$$\begin{aligned}\lim_{x\to\frac{\pi}{2}}\left(x-\frac{\pi}{2}\right)\tan x&=\lim_{x\to\frac{\pi}{2}}\frac{\left(x-\frac{\pi}{2}\right)\sin x}{\cos x}\quad\left(\frac{0}{0}\text{ 형태}\right)\\&=\lim_{x\to\frac{\pi}{2}}\frac{\left[\left(x-\frac{\pi}{2}\right)\sin x\right]'}{(\cos x)'}\\&=\lim_{x\to\frac{\pi}{2}}\frac{\sin x+\left(x-\frac{\pi}{2}\right)\cos x}{-\sin x}=-1.\end{aligned}$$

예제 6.5.5 $\lim_{x\to 0}\left(\frac{2}{x}-\frac{2}{\sin x}\right)$을 구하라.

[풀이] 극한이 $\pm\infty\mp\infty$ 형태이다. 주어진 극한을 분수 꼴로 고치면

$$\begin{aligned}\lim_{x\to 0}\left(\frac{2}{x}-\frac{2}{\sin x}\right)&=2\lim_{x\to 0}\frac{\sin x-x}{x\sin x}\quad\left(\frac{0}{0}\text{ 형태}\right)\\&=2\lim_{x\to\infty}\frac{(\sin x-x)'}{(x\sin x)'}=2\lim_{x\to 0}\frac{\cos x-1}{\sin x+x\cos x}\quad\left(\frac{0}{0}\text{ 형태}\right)\\&=2\lim_{x\to 0}\frac{(\cos x-1)'}{(\sin x+x\cos x)'}=2\lim_{x\to 0}\frac{-\sin x}{2\cos x-x\sin x}=\frac{0}{2}=0.\end{aligned}$$

극한이 0^0, ∞^0, 0^∞, 1^∞ 형태일 때는 $b^a=e^{\ln b^a}=e^{a\ln b}$로부터

$$g(x)^{f(x)}=e^{f(x)\ln g(x)}$$

에서 지수부분을 분수 꼴

$$f(x)\ln g(x)=\frac{\ln g(x)}{\dfrac{1}{f(x)}}$$

로 고쳐서 극한을 구하는 과정에서 로피탈의 법칙을 이용하면 된다.

예제 6.5.6 $\lim_{x\to 0^+} x^x$를 구하라.

[풀이] 극한이 0^0의 형태로

$$\lim_{x\to 0^+} x^x = \lim_{x\to 0^+} e^{x\ln x}$$

에서 로피탈의 법칙을 적용하여 지수부분의 극한을 구하면

$$\lim_{x\to 0^+} x\ln x = \lim_{x\to 0^+}\frac{\ln x}{\dfrac{1}{x}} = \lim_{x\to 0^+}\frac{\dfrac{1}{x}}{-\dfrac{1}{x^2}} = \lim_{x\to 0^+}(-x)=0$$

이다. 따라서 구하는 극한은

$$\lim_{x\to 0^+} x^x = \lim_{x\to 0^+} e^{x\ln x} = e^0 = 1.$$

■

예제 6.5.7 $\lim_{x\to 0}(\cos x)^{\frac{1}{x}}$을 구하라.

[풀이] 극한이 1^∞의 형태로

$$\lim_{x\to 0}(\cos x)^{\frac{1}{x}} = \lim_{x\to 0} e^{\frac{1}{x}\ln\cos x}$$

에서 로피탈의 법칙을 적용하여 지수부분의 극한을 구하면

$$\begin{aligned}\lim_{x\to 0}\frac{1}{x}\ln\cos x &= \lim_{x\to 0}\frac{\ln\cos x}{x}\\ &= \lim_{x\to 0}\frac{-\sin x}{\cos x} = \frac{0}{1} = 0\end{aligned}$$

이다. 따라서 구하는 극한은

$$\lim_{x\to 0}(\cos x)^{\frac{1}{x}} = \lim_{x\to 0} e^{\frac{1}{x}\ln\cos x} = e^0 = 1.$$

■

연습문제 6.5

1. 다음 극한을 구하라.

(1) $\lim_{x \to 2} \frac{x^3 - x^2 - 4}{x^2 - 4}$

(2) $\lim_{x \to 2} \frac{\sqrt{x^2 + 4}}{x}$

(3) $\lim_{x \to 0} \frac{xe^x}{1 - e^x}$

(4) $\lim_{x \to 0} \frac{e^x - x - 1}{3x^2}$

(5) $\lim_{x \to 0} \frac{\tan 7x}{\sin 3x}$

(6) $\lim_{x \to 0} \frac{x^2}{1 - \cos^2 x}$

(7) $\lim_{x \to 0} \frac{x \cos x}{\sin^2 x}$

(8) $\lim_{x \to 0^+} \frac{\cot x}{\ln x}$

(9) $\lim_{x \to \infty} \frac{x^3}{e^x}$

(10) $\lim_{x \to \infty} \frac{\ln x^3}{x^2}$

(11) $\lim_{x \to \infty} \frac{5x + 2\ln x}{x + 3\ln x}$

(12) $\lim_{x \to 0} \frac{8^x - 2^x}{4x}$

2. 다음 극한을 구하라.

(1) $\lim_{x \to 0} \left(\csc x - \frac{1}{x} \right)$

(2) $\lim_{x \to 0} (\cot x - \csc x)$

(3) $\lim_{x \to 0^+} \left(\frac{1}{\sqrt{x}} - \frac{1}{x} \right)$

(4) $\lim_{x \to \infty} \left(\sqrt{x^2 + x + 3} - 2x \right)$

3. 다음 극한을 구하라.

(1) $\lim_{x \to 0^+} x \ln x$

(2) $\lim_{x \to 0^+} x e^{\frac{1}{x}}$

(3) $\lim_{x \to \infty} x \left(e^{\frac{1}{x}} - 1 \right)$

(4) $\lim_{x \to \pi^+} (x - \pi) \ln(\sin(x - \pi))$

4. 다음 극한을 구하라.

(1) $\lim_{x \to \infty} x^{\frac{1}{1-x}}$

(2) $\lim_{x \to \infty} x^{\frac{1}{\ln x}}$

(3) $\lim_{x \to 0^+} x^{\sin x}$

(4) $\lim_{x \to 0^+} (\sin x)^x$

(5) $\lim_{x \to 0} (\cos x)^{\frac{1}{x}}$

(6) $\lim_{x \to \frac{\pi}{2}^-} (\tan x)^{\cos x}$

(7) $\lim_{x \to \infty} (3^x + 2^x)^{\frac{1}{x}}$

(8) $\lim_{x \to 1} (\ln x)^{x-1}$

6.6 순간변화율의 응용

속도와 가속도

어떤 물체가 운동방정식 $x=x(t)$를 따라 수직선 위를 움직인다고 하자. 그러면 x는 시각 t에서 물체가 원점으로부터 떨어진 위치를 나타낸다. 시각 $t=a$에서부터 $t=a+\Delta t$까지 위치의 평균 변화는 $\frac{x(t+\Delta t)-x(t)}{\Delta t}$이다. 이때 t시각에서 위치의 순간변화량을 **속도** $v(t)$라 하고

$$v(t)=\frac{dx}{dt}=\lim_{\Delta t\to 0}\frac{x(t+\Delta t)-x(t)}{\Delta t}$$

로 정의된다. 속도의 크기 $|v(t)|$를 속력이라 한다.

또 t시각에서 속도의 순간변화량은 **가속도** $a(t)$라 하고

$$\begin{aligned}a(t)&=\frac{dv}{dt}=\lim_{\Delta t\to 0}\frac{v(t+\Delta t)-v(t)}{\Delta t}\\&=\lim_{\Delta t\to 0}\frac{x'(t+\Delta t)-x'(t)}{\Delta t}=x''(t)\end{aligned}$$

로 정의된다.

정의 6.6.1

수직선 위를 움직이는 물체의 시각 t에서 원점으로 부터의 위치가 $x=x(t)$일 때

(1) t시각에서 이 물체의 속도 $v(t)$는

$$v(t)=x'(t)=\frac{dx}{dt}$$

(2) t시각에서 이 물체의 가속도 $a(t)$는

$$a(t)=v'(t)=x''(t)=\frac{d^2x}{dt^2}$$

예제 6.6.1 수직원 위를 움직이는 물체의 위치가 시각 t에서 $x=2t-t\cos t$일 때, 시각 $t=\frac{\pi}{6}$에서 이 물체의 속도와 가속도를 구하라.

[풀이] 속도 $v(t) = x'(t) = 2 - \cos t + t\sin t$,

가속도 $a(t) = v'(t) = 2\sin t + t\cos t$이므로

$$v\left(\frac{\pi}{6}\right) = 2 - \frac{\sqrt{3}}{2} + \frac{\pi}{12}, \quad a\left(\frac{\pi}{6}\right) = 1 + \frac{\sqrt{3}}{12}\pi. \qquad ■$$

도함수를 순간변화율에 적용하는 다른 예제를 좀 더 다루어 보자. 이러한 경우에는 상황에 맞는 그림을 그리고 필요한 변수를 할당하여 관계식을 구하는 것이 중요하다.

예제 6.6.2 구 모양의 기구 안에 $50(\text{cm}^3/\text{sec})$로 공기를 불어 넣는다고 한다. 기구의 구의 반지름이 1 m가 되는 순간 구의 반지름의 증가속도를 구하라.

[풀이] $V = V(t)$와 $r = r(t)$을 각각 t시각에서 구의 부피와 반지름이라 하자.

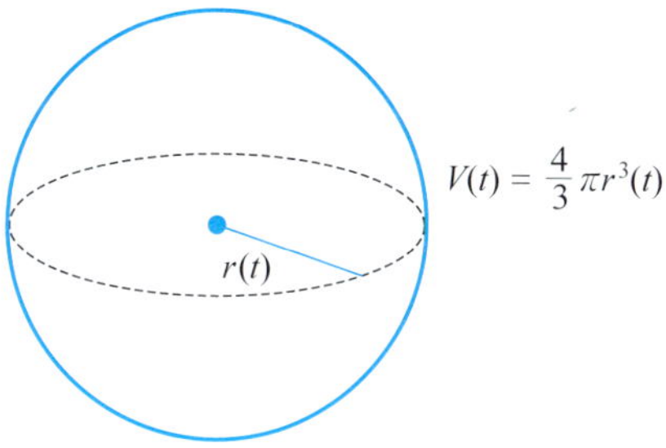

그러면 관계식

$$V(t) = \frac{4}{3}\pi r^3(t)$$

이 성립하고, 주어진 조건은 $\frac{dV}{dt} = 50(\text{cm}^3/\text{sec})$이고 구하고자 하는 것은 $r = 5\,(\text{m})$일 때, $\frac{dr}{dt}$이다. 관계식의 양변을 t에 관하여 미분하면

$$\frac{dV}{dt} = 4\pi r^2(t)\frac{dr}{dt},$$

$$\frac{dr}{dt} = \frac{1}{4\pi r^2(t)}\frac{dV}{dt}$$

이고 주어진 조건에서

$$\frac{dr}{dt} = \frac{1}{4\pi(100)^2} \times 50 = \frac{1}{800\pi}(\text{cm/sec}). \qquad ■$$

예제 6.6.3 원통형의 물탱크에 있는 물을 매초 10 cm^3의 비율로 빼낼 때, t시각 후 물의 높이가 변하는 속도를 구하라.

[풀이] 원통의 반지름을 r이라 하면 r은 상수이다. 이제 $h=h(t)$, $V=V(t)$을 각각 t시각에서 원통에서 높이와 물의 부피라 하자.

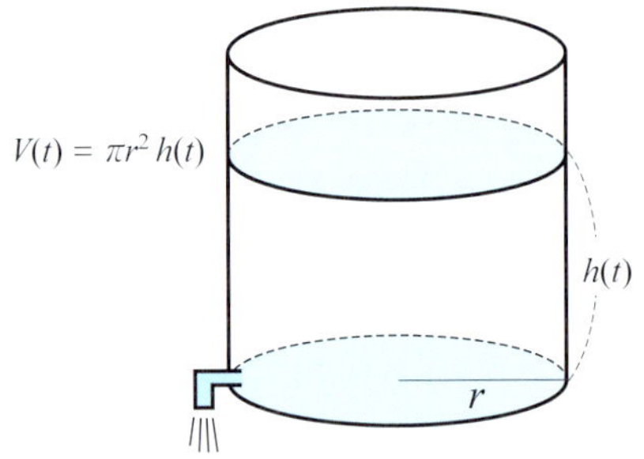

원통의 부피에 관한 공식

$$V(t)=\pi r^2 h(t)$$

으로부터 양변을 t에 관하여 미분하면

$$\frac{dV}{dt}=\pi r^2\frac{dh}{dt},$$

$$\frac{dh}{dt}=\frac{1}{\pi r^2}\frac{dV}{dt}$$

이다. 조건에서 물이 빠져나가므로 $\frac{dV}{dt}=-10(\text{cm}^3/\text{sec})$이고 따라서

$$\frac{dh}{dt}=\frac{1}{\pi r^2}\times(-10)=-\frac{10}{\pi r^2}\ (\text{cm/sec})$$

이다. 즉 매초 $\frac{10}{\pi r^2}$ cm 낮아지고 있다. ■

예제 6.6.4 길이가 10 m인 사다리가 수직 벽면에 기대어 있다. 사다리의 밑 부분은 벽면으로부터 0.5(m/sec) 의 비율로 벽면으로부터 멀어져 간다. 사다리의 바닥이 벽에서 4 m 떨어졌을 때, 사다리의 위쪽 끝이 미끄러져 내려오는 속도를 구하라.

[풀이] 벽면에 수직인 상태, 즉 시각 $t=0$에서 사다리의 밑면을 xy-평면의 원점으로 생각하자. 그러면 시간이 지남에 따라 사다리의 윗면은 y축을 따라 원점으로 움직이고, 사

다리의 밑면은 x축을 따라 원점에서 멀어진다.

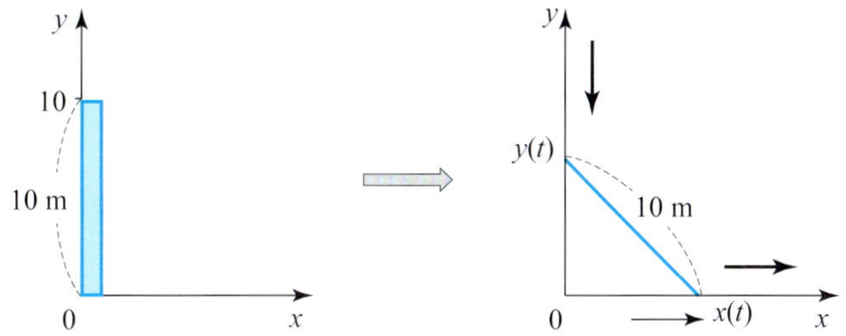

이제 t시각 후에 사다리 윗면의 위치를 $y = y(t)$, 밑면의 위치를 $x = x(t)$라 하면

$$x^2(t) + y^2(t) = 100$$

가 성립한다. 문제의 해는 $x(t) = 4$일 때 $\dfrac{dy}{dt}$를 구하는 것이므로 식의 양변을 t에 관하여 미분하면

$$2x(t)\frac{dx}{dt} + 2y(t)\frac{dy}{dt} = 0,$$

$$\frac{dy}{dt} = -\frac{x(t)}{y(t)}\frac{dx}{dt}$$

이다. $x = 4\ (\mathrm{m})$일 때 $y^2 = 100 - 16 = 84$에서 $y = 2\sqrt{21}$이므로 사다리의 윗면의 속도는

$$\frac{dy}{dt} = -\frac{4}{2\sqrt{21}} \times 0.5 = -\frac{1}{\sqrt{21}}$$

이다. 즉 사다리의 윗면은 매초 $\dfrac{1}{\sqrt{21}}$의 크기로 아래 쪽으로 내려오고 있다. ■

연습문제 6.6

1. x 축 위를 움직이는 물체의 t시각에서의 위치 $x(t)$가 다음과 같을 때 주어진 시각에서 속도와 가속도를 구하라.

(1) $x(t) = -2t^2 + 4t + 1;\ t = 2$　　　(2) $x(t) = (2t^2 - 3t + 1)^2;\ t = 1$

2. 구의 반지름이 2 cm/sec의 비율로 변하고 있다. 구의 표면적이 64π cm^{3}이 되는 순간에 구의 부피의 변화율을 구하라.

3. 초속 10 m로 수직상방으로 던진 공의 지상으로부터의 거리 y는 $y(t) = 10t - 5t^2$로 주어진다.

(1) 최고점에 도달하는 시간을 구하라.

(2) 지상에서 최고점 까지의 높이를 구하라.

(3) 지상에 다시 떨어졌을 때의 속도를 구하라.

4. 공기 펌프로 매분 8 m^{3}의 공기를 구 모양의 기구에 불어넣고 있다. 기구의 반지름이 5 m가 된 순간의 반지름의 증가속도를 구하라.

5. 원형의 금속판을 오븐에 넣고 열을 가하면 반지름이 매분 0.002 cm 증가한다. 금속판의 반지름이 60 cm가 되었을 때 금속판의 면적의 증가율을 구하라.

6. 그림과 같은 원추형의 물탱크에 1분에 $9l$의 물을 채우고 있다. 물의 높이가 6 m가 될 때 물의 높이의 증가율을 구하라.

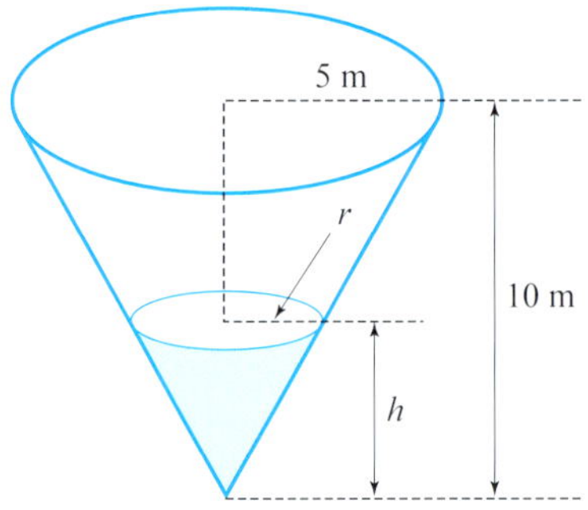

7. 자동차 A는 시속 60 km의 속력으로 동쪽으로 곧게 뻗은 도로를 달리고, 자동차 B는 시속 50 km의 속력으로 남쪽으로 곧게 뻗은 도로를 달리고 있다. 두 도로의 교차지점으로부터 A는 0.4 km, B는 0.3 km의 거리에 있게 될 때, 두 자동차의 접근비율을 구하라.

8. 직선 모양의 호숫가에서 3 km 떨어진 지점에 섬이 있다. 그리고 섬에서 가장 가까운 호숫가의 지점 P에서 호숫가를 따라 15 km 떨어진 지점에 도시 Q가 있다. 보트로는 시속 2 km, 육로로는 시속 4 km로 움직일 때, 가장 짧은 시간에 도시 Q에 도착하려면 어느 지점에 상륙해야 하는가?

Chapter 07 적분

7.1 부정적분

함수의 미분을 통하여 $(x^3+2x)'=3x^2+2$임을 안다. 이와 같이 주어진 두 함수 $F(x)$와 $f(x)$에 대하여

$$F'(x)=f(x)$$

이 성립할 때, $F(x)$를 $f(x)$의 **부정적분** 또는 **원시함수**라 한다. 이때 $F(x)$를

$$F(x)=\int f(x)dx$$

로 나타내고, $f(x)$를 피적분함수라 한다.

예제 7.1.1 함수 x^3+4, x^3-2은 $3x^2$의 부정적분임을 보여라.

[풀이] $(x^3+4)'=3x^2$, $(x^3-2)'=3x^2$이므로 두 함수는 모두 $3x^2$의 부정적분이다. ■

위 예제에서 본 바와 같이 한 함수의 부정적은 여러 개 존재한다. 이제 $F(x)$와 $G(x)$가 $f(x)$의 부정적분이라 하자. 그러면

$$F'(x)=f(x),\ G'(x)=f(x)$$

이므로

$$(F(x)-G(x))'=f(x)-f(x)=0$$

이다. 그러면 $F(x)-G(x)$는 상수함수이고 상수 C에 대하여

$$F(x)=G(x)+C$$

이다. 즉 하나의 부정적분 $F(x)$가 주어지면 다른 부정적분은 $F(x)$에 상수 C를 더해준 것이 된다. 따라서

$$\int f(x)dx=F(x)+C$$

과 같이 표시된다. 여기서 C를 **적분상수**, x를 적분변수라 부르고, 부정적분을 구하는 것을 **적분**한다고 한다.

예를 들면, $(x^2)'=2x$, $(\sin x)'=\cos x$이므로

$$\int 2x\,dx = x^2 + C, \qquad \int \cos x\,dx = \sin x + C$$

이다.

참고로 부정적분의 정의에 의하여 다음 관계가 성립하는 것을 알 수 있다.

$$\frac{d}{dx}\left[\int f(x)dx\right] = f(x), \qquad \int \frac{d}{dx}F(x)dx = F(x) + C.$$

예제 7.1.2 다음 부정적분을 구하라.

(1) $\int x^5\,dx$ (2) $\int \frac{1}{\sqrt{u}}\,du$

[풀이] (1) $\frac{d}{dx}\left(\frac{1}{6}x^6\right) = x^5$이므로 $\int x^5\,dx = \frac{1}{6}x^6 + C.$

(2) $\frac{d}{du}\left(2u^{\frac{1}{2}}\right) = u^{-\frac{1}{2}} = \frac{1}{\sqrt{u}}$이므로 $\int \frac{1}{\sqrt{u}}du = 2\sqrt{u} + C.$ ■

부정적분의 계산은 함수의 미분공식으로부터 바로 나온다. 중요한 미분공식과 부정적분과의 관계를 다음과 같이 제시한다.

(1) $\frac{d}{dx}(kx) = k$ (k는 상수) $\qquad \int k\,dx = kx + C$

(2) $\frac{d}{dx}\left(\frac{1}{r+1}x^{r+1}\right) = x^r \qquad \int x^r dx = \frac{1}{r+1}x^{r+1} + C \ (r \neq -1)$

(3) $\frac{d}{dx}(\ln|x|) = \frac{1}{x} \qquad \int \frac{1}{x}dx = \ln|x| + C$

(4) $\frac{d}{dx}\left(\frac{1}{a}\sin(ax)\right) = \cos(ax) \qquad \int \cos(ax)dx = \frac{1}{a}\sin(ax) + C$

(5) $\frac{d}{dx}\left(-\frac{1}{a}\cos(ax)\right) = \sin(ax) \qquad \int \sin(ax)dx = -\frac{1}{a}\cos(ax) + C$

(6) $\frac{d}{dx}\left(\frac{1}{a}\tan(ax)\right) = \sec^2(ax) \qquad \int \sec^2(ax)dx = \frac{1}{a}\tan(ax) + C$

(7) $\frac{d}{dx}\left(-\frac{1}{a}\cot(ax)\right) = \csc^2(ax) \qquad \int \csc^2(ax)dx = -\frac{1}{a}\cot(ax) + C$

(8) $\frac{d}{dx}\left(\frac{1}{a}\sec(ax)\right) = \sec(ax)\tan(ax) \qquad \int \sec(ax)\tan(ax)dx = \frac{1}{a}\sec(ax) + C$

(9) $\frac{d}{dx}\left(-\frac{1}{a}\csc(ax)\right)=\csc(ax)\cot(ax)$ $\int \csc(ax)\cot(ax)dx=-\frac{1}{a}\csc(ax)+C$

(10) $\frac{d}{dx}\left(\frac{1}{a}e^{ax}\right)=e^{ax}$ $\int e^{ax}dx=\frac{1}{a}e^{ax}+C$

(11) $\frac{d}{dx}\left(\frac{1}{k\ln a}a^{kx}\right)=a^{kx}$ $\int a^{kx}dx=\frac{1}{k\ln a}a^{kx}+C$

피적분 함수가 하나의 항으로 되어 있는 경우에는 위 적분 공식을 이용하여 쉽게 적분을 계산할 수 있다. 피적분 함수가 여러 개의 항을 포함하거나 상수가 곱해진 경우에는 다음의 적분의 성질을 이용하여 부정적분을 어렵지 않게 구할 수 있다.

정리 7.1.1

함수 $f(x)$와 $g(x)$의 부정적분이 존재할 때 다음이 성립한다.

(1) $\int kf(x)dx=k\int f(x)dx$ (단, k는 상수)

(2) $\int [f(x)\pm g(x)]dx=\int f(x)dx \pm \int g(x)dx$

예제 7.1.3 다음 부정적분을 구하라.

(1) $\int 5x^2\,dx$ (2) $\int (x+\cos x)dx$

[풀이] (1) $\int 5x^2\,dx=5\int x^2\,dx$

$$=5\left(\frac{1}{3}x^3+C_1\right)=\frac{5}{3}x^3+C. \quad (\text{단, } C=5C_1)$$

(2) $\int (x+\cos x)dx=\int xdx+\int \cos x\,dx$

$$=\frac{1}{2}x^2+C_1+\sin x+C_2$$

$$=\frac{1}{2}x^2+\sin x+C \quad (\text{단, } C=C_1+C_2).$$

■

참고 적분하는 과정에서 개개의 피적분 함수의 적분 상수를 사용하지 않고 최종적으로 한 개의 적분 상수를 사용하는 것이 간편하다.

예제 7.1.4 $\int\left(\frac{1}{3x}+e^{2x}\right)dx$를 구하라.

[풀이] $(\ln|x|)'=\frac{1}{x}$이고 $\left(\frac{1}{2}e^{2x}\right)'=e^{2x}$

이므로 부정적분의 성질에 의하여

$$\int\left(\frac{1}{3x}+e^{2x}\right)dx=\frac{1}{3}\ln|x|+\frac{1}{2}e^{2x}+C.$$

■

예제 7.1.5 다음 부정적분을 구하라.

(1) $\int(3x-2)^2\,dx$　　(2) $\int(e^{-2x}+1)^2\,dx$

[풀이] 항을 전개한 다음에 적분의 성질을 적용하여 적분하면 된다.

(1) $$\begin{aligned}\int(3x-2)^2\,dx&=\int(9x^2-12x+4)dx\\&=\frac{9}{3}x^3-\frac{12}{2}x^2+4x+C\\&=3x^3-6x^2+4x+C.\end{aligned}$$

(2) $$\begin{aligned}\int(e^{-2x}+1)^2\,dx&=\int(e^{-4x}+2e^{-2x}+1)dx\\&=-\frac{1}{4}e^{-4x}-e^{-2x}+x+C.\end{aligned}$$

■

삼각함수와 관련된 부정적분을 구하는데 기본적인 삼각함수 공식은 다음과 같다.

$$\sin^2 x+\cos^2 x=1,\quad \sin 2x=2\sin x\cos x$$

예제 7.1.6 $\int(\sin x+\cos x)^2\,dx$를 구하라.

[풀이] 항을 전개하고 위에 있는 등식을 이용하면 된다.

$$\begin{aligned}\int(\sin x+\cos x)^2\,dx&=\int(\sin^2 x+2\sin x\cos x+\cos^2 x)dx\\&=\int(\sin^2 x+\cos^2 x+2\sin x\cos x)dx\\&=\int(1+\sin 2x)dx=x-\frac{1}{2}\cos 2x+C.\end{aligned}$$

■

피적분 함수가 $\sin^2 x$나 $\cos^2 x$를 포함하는 경우에는 다음 삼각함수 공식을 이용한다.

$$\sin^2(ax) = \frac{1-\cos(2ax)}{2}, \quad \cos^2(ax) = \frac{1+\cos(2ax)}{2}$$

예제 7.1.7 다음 부정적분을 구하라.

(1) $\int \sin^2 x\, dx$ (2) $\int \sin^2(3x)\, dx$

[풀이] 위에 있는 공식에서 (1)에서 $a=1$, (2)에서 $a=3$이다.

$$\begin{aligned}(1)\ \int \sin^2 x\, dx &= \int \frac{1-\cos 2x}{2}\, dx = \int \frac{1}{2}(1-\cos 2x)\, dx \\ &= \frac{1}{2}\left(x - \frac{1}{2}\sin 2x\right) + C \\ &= \frac{1}{2}x - \frac{1}{4}\sin 2x + C.\end{aligned}$$

$$\begin{aligned}(2)\ \int \sin^2(3x)\, dx &= \int \frac{1-\cos 6x}{2}\, dx = \int \frac{1}{2}(1-\cos 6x)\, dx \\ &= \frac{1}{2}\left(x - \frac{1}{6}\sin 6x\right) + C \\ &= \frac{1}{2}x - \frac{1}{12}\sin 6x + C.\end{aligned}$$

■

예제 7.1.8 $\int \left(\cos\frac{x}{2} - 3\right)^2 dx$를 구하라.

[풀이] 항을 전개하고 위 공식을 이용한다.

$$\begin{aligned}\int \left(\cos\frac{x}{2} - 3\right)^2 dx &= \int \left(\cos^2\frac{x}{2} - 6\cos\frac{x}{2} + 9\right) dx \\ &= \int \left(\frac{1+\cos x}{2} - 6\cos\frac{x}{2} + 9\right) dx \\ &= \frac{1}{2}(x + \sin x) - \frac{6}{1/2}\sin\frac{x}{2} + 9x + C \\ &= \frac{1}{2}(x + \sin x) - 12\sin\frac{x}{2} + 9x + C.\end{aligned}$$

■

예제 7.1.9 $f'(x) = e^{2x} - \cos x$라고 할 때, $f(0) = 3$이 되는 $f(x)$를 구하라.

[풀이] 부정적분의 정의에 의하여

$$f(x) = \int f'(x)dx = \int (e^{2x} - \cos x)dx$$
$$= \frac{1}{2}e^{2x} - \sin x + C.$$

이고, $f(0) = \frac{1}{2} + C = 3$, $C = \frac{5}{2}$이다. 따라서 구하는 해는

$$f(x) = \frac{1}{2}e^{2x} - \sin x + \frac{5}{2}.$$ ■

예제 7.1.10 $f(x) - g(x) = 2x$인 $f(x)$와 $g(x)$가 다음 식

$$2\int f(x)dx + \int g(x)dx = x^2 + 2x$$

를 만족할 때, $f(x)$와 $g(x)$를 구하라.

[풀이] 적분의 성질에 의하여 다음과 같이 표현 할 수 있다.

$$\int (2f(x) + g(x))dx = x^2 + 2x.$$

양변을 x에 관하여 미분하면, 부정적분의 정의에 의하여

$$2f(x) + g(x) = 2x + 2$$

이고 $f(x) - g(x) = 2x$와 결합하여 해를 구하면

$$f(x) = \frac{1}{3}(4x + 2)\text{이고 } g(x) = -\frac{2}{3}(x - 1).$$ ■

예제 7.1.11 평면 위의 점 $\left(\frac{\pi}{2}, -1\right)$를 지나는 곡선 $y = f(x)$가 있다. 곡선 위의 임의의 점 (x, y)에서 접선의 기울기가 $\cos x - 2\sin x$일 때, 이 곡선 $y = f(x)$를 구하라.

[풀이] 임의의 점에서 곡선의 기울기는 $f'(x)$와 같으므로 $f'(x) = \cos x - 2\sin x$이다. 따라서

$$f(x) = \int f'(x)dx$$
$$= \sin x + 2\cos x + C$$

이고

$$f\left(\frac{\pi}{2}\right) = 1 + C = -1,\ C = -2$$

이다. 그러므로 구하는 곡선은

$$f(x) = \sin x + 2\cos x - 2.$$

■

연습문제 7.1

1. 다음 부정적분을 구하라.

(1) $\int \left(x^2 - \frac{1}{x^3}\right)^2 dx$

(2) $\int (\sqrt{x} - 3x)^2 dx$

(3) $\int \left(\frac{1}{x^2} - \frac{2}{\sqrt{x}}\right) dx$

(4) $\int \frac{x^3 - 1}{x - 1} dx$

(5) $\int \left(\sin 3x - \cos \frac{1}{2}x\right) dx$

(6) $\int e^{3x-2} dx$

2. 다음 부정적분을 구하라.

(1) $\int (2 - \sin 3x)^2 dx$

(2) $\int \csc^2 x\, dx$

(3) $\int \left(\cos \frac{x}{2} - 2\right)^2 dx$

(4) $\int (\tan x + \sec x)^2 dx$

(5) $\int \frac{\sin^2 x}{1 - \cos x} dx$

(6) $\int \frac{\sin^3 x + \cos^3 x}{\sin x + \cos x} dx$

3. 다음 부정적분을 구하라.

(1) $\int (e^{2x} - e^{-3x})^2 dx$

(2) $\int \left(e^{-3x} - \frac{2}{x}\right) dx$

(3) $\int \frac{e^{2x} - 1}{e^x + 1} dx$

(4) $\int \frac{x^{-3} + 1}{x^{-1} + 1} dx$

4. 다음 식을 만족하는 $f(x)$를 구하라.

$$\int (f(x) + \tan^3 x) dx = \frac{1}{x}$$

5. 평면 위의 한 점 $\left(\frac{\pi}{2},\ 0\right)$을 지나는 곡선 $y = f(x)$가 있다. 곡선 위의 임의의 점 $(x,\ y)$에서 접선의 기울기가 $e^{3x} - \sin \frac{1}{2}x$일 때, 이 곡선의 식 $f(x)$를 구하라.

6. 다음을 만족하는 함수 $f(x)$를 구하라.

$$f'(x) = \frac{1}{3x} - x + 2, \quad f(1) = \frac{1}{2}$$

7. 다음 방정식을 만족하는 함수 $f(x)$를 구하라.

$$x f(x) - \int f(x)\,dx = \frac{1}{3}x^3 - 4x, \quad f(2) = -2$$

7.2 구분구적법과 정적분

불규칙한 대상의 넓이나 부피를 구하고자 할 때 대상을 넓이나 부피가 쉽게 계산이 되는 도형(예를 들면, 직사각형이나 직육면체)으로 나누어 이들의 합을 구하고 극한을 취하여 얻을 수 있다. 이러한 일련의 과정을 통하여 넓이나 부피를 얻는 방법을 구분구적법이라 한다. 다음 예를 통하여 구분구적법을 이해하도록 하자.

예제 7.2.1 구간 [0, 1]에서 함수 $y = x^2$의 그래프와 x축으로 둘러싸인 부분의 넓이 S를 구하라.

[풀이] 구간 [0, 1]을 n등분한 점을 차례로 $x_0, x_1, \cdots, x_n$이라 하자. 실제로

$$x_0 = 0, \quad x_i = \frac{i}{n}, \quad i = 1, 2, \cdots, n$$

이다.

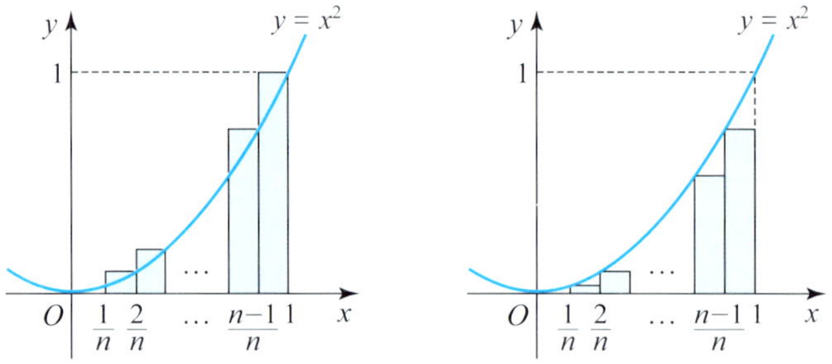

나누어진 구간 $[x_{i-1}, x_i]$에서 높이가 x_i^2인 직사각형을 만들어 직사각형들의 넓이의 합을 $S(n)$이라 하면

$$S(n) = \sum_{i=1}^{n} x_i^2 (x_i - x_{i-1}) = \sum_{i=1}^{n} \left(\frac{i}{n}\right)^2 \frac{1}{n} = \frac{1}{n^3} \sum_{i=1}^{n} i^2$$
$$= \frac{1}{n^3} \frac{n(n+1)(2n+1)}{6}$$

이다. 이제 n이 무한이 커짐에 따라 넓이의 합은 구하는 넓이로 수렴하는 것으로 짐작할 수 있다. 따라서

$$\lim_{n\to\infty} S(n) = \lim_{n\to\infty} \frac{n(n+1)(2n+1)}{6n^3} = \frac{1}{3}$$

로부터 구하는 넓이 $S = \frac{1}{3}$이다. ■

이제 구분구적법을 일반적인 구간 $[a, b]$와 연속함수 $y = f(x)$에 적용해보자. 구간 $[a, b]$를 n등분한 점들을 $x_0, x_1, \cdots, x_n$이라 하면

$$x_i = a + \frac{b-a}{n} i, \quad (i = 0, 1, \cdots, n), \quad x_i - x_{i-1} = \frac{b-a}{n}$$

이다. 소구간 $[x_{i-1}, x_i]$에서 높이가 $f(x_i)$인 직사각형의 넓이는 $\frac{b-a}{n} f(x_i)$이고 넓이의 합은

$$S(n) = \sum_{i=1}^{n} f(x_i) \frac{b-a}{n}$$

이다. 이때 극한

$$\lim_{n\to\infty} S(n) = \lim_{n\to\infty} \frac{b-a}{n} \sum_{i=1}^{n} f(x_i)$$

이 존재하면 이 극한을

$$\int_a^b f(x)\,dx$$

로 나타내고, 구간 $[a, b]$에서 f의 **정적분**이라 하고 a는 **적분하한**, b는 **적분상한**, $f(x)$는 **피적분함수**라고 한다.

정적분이 존재하는 경우 f가 $[a, b]$에서 **적분가능**하다 하고, 정적분을 구하는 것을 간단히 **적분한다**고도 한다.

예를 들어, 예제 1에서 x^2은 $[0, 1]$에서 적분가능하고

$$\int_0^1 x^2\,dx = \frac{1}{3}$$

이라고 쓸 수 있다.

정리 7.2.1

함수 $f : [a, b] \to R$가 연속함수이면 f는 $[a, b]$에서 적분가능하다.

정적분의 정의를 생각하면, 구간 $[a, b]$에서 $f(x) \geq 0$이고 적분가능하다면 $\int_a^b f(x)\,dx$는

$f(x)$의 그래프와 x축 사이의 넓이를 나타낸다.

일반적으로 함수 $f(x)$가 양과 음의 값을 모두 갖는다고 하면 다음과 같은 사실을 알 수 있다.

정리 7.2.2

구간 $[a, b]$에서 연속인 함수 $f(x)$에 대하여

$$\int_a^b f(x)\,dx = (x\text{축 위 부분의 면적}) - (x\text{축 아래 부분의 면적})$$

이다.

예제 7.2.2 정적분 $\int_0^1 \sqrt{1-x^2}\,dx$를 구하라.

[풀이] $y = \sqrt{1-x^2}$은 반지름이 1이고 중심이 원점에 있는 원의 일부이다. 그래프를 그려보면 다음과 같다.

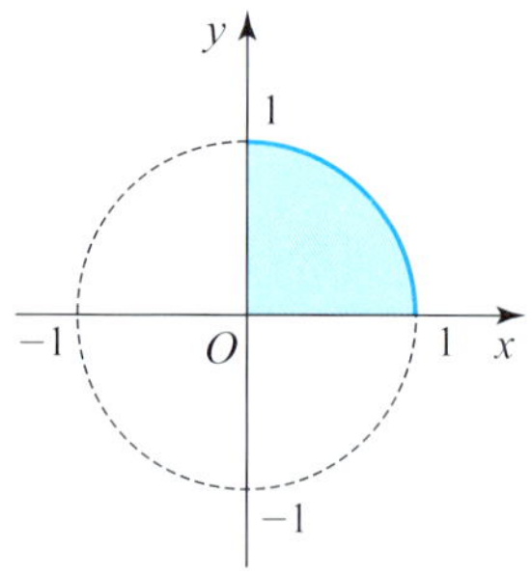

구분구적법에 따라 계산하는 대신 원의 넓이의 공식을 이용하여 구하면

$$\int_0^1 \sqrt{1-x^2}\,dx = \frac{1}{4}\pi.$$

■

예제 7.2.3 정적분 $\int_0^3 (x-1)\,dx$를 구하라.

[풀이] $y = x - 1$의 그래프를 그려보면 그림에서 보듯이 두 삼각형의 넓이를 A_1, A_2라 하면

$$\int_0^3 (x-1)\,dx = A_1 - A_2 = 2 - \frac{1}{2} = 1.5$$

이다.

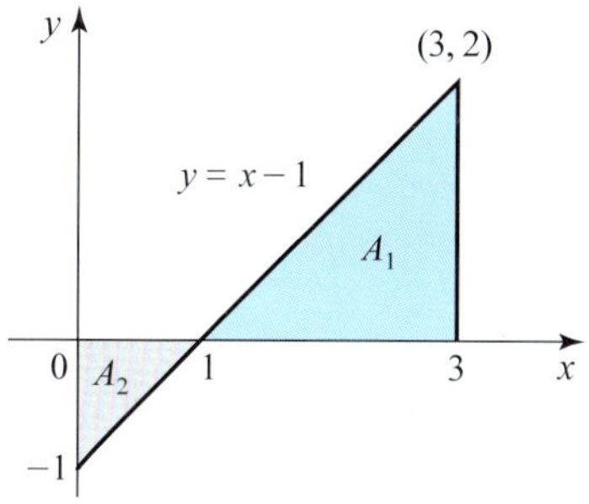

정적분의 기본 성질 몇 가지를 살펴보면 다음과 같다. 아래 성질들은 정적분의 정의에 따르면 쉽게 이해할 수 있다.

정리 7.2.3 정적분의 기본성질

함수 f가 $[a, b]$에서 연속일 때 다음이 성립한다.

(1) $\int_a^a f(x)dx = 0$

(2) $\int_a^b f(x)dx = -\int_b^a f(x)dx$

(3) $\int_a^c f(x)dx + \int_c^b f(x)dx = \int_a^b f(x)dx$

예제 7.2.4 $\int_4^9 f(x)dx = 3$이고 $\int_4^6 f(x)dx = -2$일 때, $\int_6^9 f(x)dx$의 값은?

[풀이] $\int_4^9 f(x)dx = \int_4^6 f(x)dx + \int_6^9 f(x)dx$이므로 $\int_6^9 f(x)dx = 3-(-2) = 5$.

정리 7.2.4 정적분의 선형성

함수 f와 g가 $[a, b]$에서 연속일 때 다음이 성립한다.

(1) $\int_a^b kf(x)dx = k\int_a^b f(x)dx$ (단, k는 상수)

(2) $\int_a^b (f(x)+g(x))dx = \int_a^b f(x)dx + \int_a^b g(x)dx$

다음은 정적분의 부등식과 관련된 성질이다.

정리 7.2.5

(1) 함수 f가 $[a, b]$에서 연속이고 모든 $x \in [a, b]$에서 $f(x) \ge 0$이면

$$\int_a^b f(x)dx \ge 0$$

(2) 함수 f와 g가 $[a, b]$에서 연속이고 모든 $x \in [a, b]$에서 $f(x) - g(x) \ge 0$이면

$$\int_a^b f(x)dx \ge \int_a^b g(x)dx$$

(3) 함수 f가 $[a, b]$에서 연속이면

$$\left|\int_a^b f(x)dx\right| \le \int_a^b |f(x)|dx$$

미분가능한 함수에 대하여 평균값의 정리가 있듯이 정적분에서도 평균값의 정리가 다음과 같이 성립한다.

정리 7.2.6

함수 f가 $[a, b]$에서 연속이면 다음이 성립하는 $c \in (a, b)$가 존재한다.

$$\int_a^b f(x)dx = f(c)(b-a)$$

[증명] 구간 $[a, b]$에서 f의 최솟값을 m, 최댓값을 M이라 하면 모든 $x \in [a, b]$에서

$$m \le f(x) \le M$$

이고

$$\int_a^b m\,dx \le \int_a^b f(x)dx \le \int_a^b M dx,$$

$$m(b-a) \le \int_a^b f(x) \le M(b-a),$$

$$m \le \frac{1}{b-a}\int_a^b f(x)dx \le M$$

이다. 연속함수의 중간값 정리에 의하여

$$\frac{1}{b-a}\int_a^b f(x)dx = f(c), \quad 즉 \int_a^b f(x)dx = f(c)(b-a)$$

가 성립하는 $c \in (a, b)$가 존재한다. ■

예제 7.2.5 함수 $f(x) = x^2$에 대하여 $\int_0^3 x^2 dx = 9$을 알 때, [0, 3]에서 평균값의 정리가 성립하는 c를 구하라.

[풀이]

$$\int_0^3 x^2 dx = 9 = (3-0) f(c),$$

$$c^2 = 3$$

으로부터 $c = \sqrt{3}$이다. ■

정적분의 정의에 의하여 그 값을 구하는 것은 특수한 경우를 제외 하고는 매우 어렵다. 또한 적분가능하다 할지라도 계산이 불가능한 경우가 많다. 따라서 정적분을 구하기 위한 특별한 방법이 필요하다. 이를 위해서 정적분과 부정적분 사이의 관계를 살펴보고, 정적분의 몇 가지 성질을 알아보자.

정리 7.2.7 미적분학의 근본원리 1

$f(x)$가 $[a, b]$에서 연속일 때 $x \in [a, b]$에 대하여

$$F(x) = \int_a^x f(t)dt$$

라 두면 $F(x)$는 미분가능함수이고 다음이 성립한다.

$$\frac{d}{dx}F(x) = \frac{d}{dx}\int_a^x f(t)dt = f(x)$$

[증명]

$$\begin{aligned}\frac{F(x+h)-F(x)}{h} &= \frac{1}{h}\left[\int_a^{x+h} f(t)dt - \int_a^x f(t)dt\right] \\ &= \frac{1}{h}\left[\left(\int_a^x f(t)dt + \int_x^{x+h} f(t)dt\right) - \int_a^x f(t)dt\right] \\ &= \frac{1}{h}\int_x^{x+h} f(t)dt\end{aligned}$$

이다. 구간 $[x, x+h]$에서 f의 최댓값을 M, 최솟값을 m이라 하면 $t \in [x, x+h]$에서

$$m \le f(t) \le M$$

이므로

$$\int_x^{x+h} m\,dt \le \int_x^{x+h} f(t)\,dt \le \int_x^{x+h} M\,dt,$$

$$mh \le \int_x^{x+h} f(t)\,dt \le Mh,$$

$$m \le \frac{1}{h}\int_x^{x+h} f(t)\,dt \le M$$

이다. 연속함수의 중간값 정리에 의하여

$$\frac{1}{h}\int_x^{x+h} f(t)\,dt = f(c)$$

을 만족하는 $c \in [x, x+h]$가 존재한다. 이제 $h \to 0$일 때 $c \to x$이고

$$\frac{F(x+h) - F(x)}{h} = \frac{1}{h}\int_x^{x+h} f(t)\,dt = f(c)$$

이므로

$$\begin{aligned} F'(x) &= \lim_{h\to 0} \frac{F(x+h) - F(x)}{h} \\ &= \lim_{h\to 0} \frac{1}{h}\int_x^{x+h} f(t)\,dt \\ &= \lim_{h\to 0} f(c) = f(x). \end{aligned}$$

■

예제 7.2.6 $F(x) = \int_1^x \frac{1}{1+t^4}\,dt$일 때 $F'(x)$를 구하라.

[풀이] 정리 7.2.7에 의하여

$$F'(x) = \frac{1}{1+x^4}.$$

■

예제 7.2.7 $F(x) = \int_1^{x^5} e^{-t^2}\,dt$일 때 $F'(x)$를 구하라.

[풀이] 적분상한이 x가 아니므로 $x^5 = u$로 치환하면

$$F(x) = \int_1^u e^{-t^2}\,dt$$

가 된다. 연쇄법칙을 이용하면

$$\begin{aligned}\frac{d}{dx}F(x) &= \frac{d}{dx}\int_1^u e^{-t^2}\,dt \\ &= \frac{d}{du}\left(\int_1^u e^{-t^2}\,dt\right)\frac{du}{dx} \\ &= e^{-u^2}5x^4 = 5x^4 e^{-x^{10}}.\end{aligned}$$ ■

예제 7.2.8 $F(x)=\int_x^{x^2}\sin t\,dt$일 때 $F'(x)$를 구하라.

[풀이] 적분하한이 상수가 되도록 다시 표현하면, 임의의 실수 a에 대하여

$$\begin{aligned}F(x) &= \int_x^a \sin t\,dt + \int_a^{x^2}\sin t\,dt \\ &= -\int_a^x \sin t\,dt + \int_a^{x^2}\sin t\,dt\end{aligned}$$

이고 양변을 x에 관하여 미분하면

$$\begin{aligned}F'(x) &= -\sin x + \sin(x^2)(x^2)' \\ &= -\sin x + 2x\sin(x^2).\end{aligned}$$ ■

이제 정적분을 쉽게 구하는 방법이 제시된다.

정리 7.2.8 미적분학의 기본정리 2

$F(x)$가 $f(x)$의 부정적분 중의 하나이면 다음이 성립한다.

$$\int_a^b f(x)\,dx = F(b) - F(a)$$

이다. (여기서 $F(b)-F(a)\ =[F(x)]_a^b$로 쓰기도 한다)

[증명] 이제 $G(x)=\int_a^x f(t)\,dt$라 하자. 그러면 정리 7.2.7에 의하여

$$G'(x) = f(x)$$

가 되고 가정에 의하여 $F'(x)=f(x)$이다. $F'(x)=G'(x)$이므로

$$F(x) = G(x) + C \quad (C\text{는 상수})$$

라 쓸 수 있다. 이제 다음을 생각해 보면

$$\begin{aligned}F(b)-F(a)&=G(b)-G(a)\\&=\int_a^b f(x)dx-\int_a^a f(x)dx\\&=\int_a^b f(x)dx\end{aligned}$$

즉

$$\int_a^b f(x)dx=F(b)-F(a).$$ ■

예제 7.2.9 다음 정적분을 구하라

(1) $\int_1^2 3x^2\,dx$ (2) $\int_0^{\frac{\pi}{4}}\sin x\,dx$

[풀이] (1) $(x^3)'=3x^2$이므로

$$\int_1^2 3x^2\,dx=[x^3]_1^2=8-1=7.$$

(2) $(-\cos x)'=\sin x$이므로

$$\int_0^{\frac{\pi}{4}}\sin x\,dx=[-\cos x]_0^{\frac{\pi}{4}}=-\cos\frac{\pi}{4}+\cos 0=-\frac{1}{\sqrt{2}}+1.$$ ■

여러 함수의 합이나 차에 대한 정적분은 적절한 정적분의 성질을 이용하여 처리하면 간편하다.

예제 7.2.10 다음 정적분을 계산하라.

(1) $\int_{-1}^1 (x^2-2x+3)dx$ (2) $\int_{-2}^3 (x+1)^2\,dx-\int_{-2}^3 (x-1)^2\,dx$

[풀이] (1) 피적분 함수에서 각각의 부정정분을 구하여 일괄적으로 처리한다.

$$\begin{aligned}\int_{-1}^1 (x^2-2x+3)dx&=\left[\frac{1}{3}x^3-x^2+3x\right]_{-1}^1\\&=\left(\frac{1}{3}-1+3\right)-\left(-\frac{1}{3}-1-3\right)=\frac{20}{3}.\end{aligned}$$

(2) 두 정적분이 적분구간이 같은 것에 착안하면 간편하다.

$$\begin{aligned}&\int_{-2}^{3}(x+1)^2\,dx-\int_{-2}^{3}(x-1)^2\,dx\\&=\int_{-2}^{3}\left((x+1)^2-(x-1)^2\right)dx\\&=\int_{-2}^{3}4x\,dx=[2x^2]_{-2}^{3}=18-8=10.\end{aligned}$$ ■

예제 7.2.11 $\int_{-2}^{1}|x+1|dx$를 계산하라.

[풀이] 먼저 피적분함수에서 절댓값 기호를 제거하면

$$|x+1|=\begin{cases}-(x+1), & -2\le x<-1\\ x+1, & -1\le x\le 1\end{cases}$$

이므로 다음과 같다.

$$\begin{aligned}\int_{-2}^{1}|x+1|\,dx&=\int_{-2}^{-1}-(x+1)dx+\int_{-1}^{1}(x+1)dx\\&=\left[-\frac{1}{2}x^2-x\right]_{-2}^{-1}+\left[\frac{1}{2}x^2+x\right]_{-1}^{1}\\&=\frac{1}{2}+2=\frac{5}{2}.\end{aligned}$$ ■

예제 7.2.12 다음 정적분을 구하라.

(1) $\int_{1}^{4}\left(y+\frac{1}{y}\right)^2dy$ (2) $\int_{1}^{3}\left(e^{2t}-\frac{1}{t}\right)dt$

[풀이] 거듭제곱은 항을 전개하여 부정적분을 구한다. 또한 적분변수는 정적분의 값에 영향을 미치지 못한다.

(1) $$\begin{aligned}\int_{1}^{4}\left(y+\frac{1}{y}\right)^2dy&=\int_{1}^{4}\left(y^2+2+\frac{1}{y^2}\right)dy\\&=\left[\frac{1}{3}y^3+2y-\frac{1}{y}\right]_{1}^{4}=\frac{111}{4}.\end{aligned}$$

(2) $$\int_{1}^{3}\left(e^{2t}-\frac{1}{t}\right)dt=\left[\frac{1}{2}e^{2t}-\ln|t|\right]_{1}^{3}=\frac{1}{2}e^6-\ln 3-\frac{1}{2}e^2.$$ ■

연습문제 7.2

1. 구분구적법을 이용하여 다음 도형의 넓이를 구하라.

(1) $y = 1 - x$, x축, y축으로 둘러싸인 도형의 넓이.

(2) $y = x(1 \le x \le 2)$의 그래프와 x축 사이의 넓이.

2. 다음 정적분을 구하라.

(1) $\displaystyle\int_{-2}^{1} 3x\,dx$ (2) $\displaystyle\int_{1}^{2} (1 - x)\,dx$

(3) $\displaystyle\int_{0}^{1} (x + \sqrt{x})^2\,dx$ (4) $\displaystyle\int_{1}^{3} \frac{1}{x^3}\,dx$

(5) $\displaystyle\int_{-2}^{2} \sqrt{4 - x^2}\,dx$ (6) $\displaystyle\int_{1}^{2} \frac{x^3 + 1}{x + 1}\,dx$

(7) $\displaystyle\int_{0}^{4} |\sqrt{x} - 2|\,dx$ (8) $\displaystyle\int_{-2}^{2} |x + 1|\,dx$

3. 다음 정적분을 구하라.

(1) $\displaystyle\int_{-\pi}^{\pi} \cos\frac{x}{2}\,dx$ (2) $\displaystyle\int_{0}^{\frac{\pi}{8}} (1 + \sec^2 2x)\,dx$

(3) $\displaystyle\int_{0}^{\pi} \left(\sin 2x - 3\cos\frac{x}{2}\right)dx$ (4) $\displaystyle\int_{0}^{\frac{\pi}{3}} 8\sec\theta\tan\theta\,d\theta$

(5) $\displaystyle\int_{0}^{1} (e^{-x} + 2)^2\,dx$ (6) $\displaystyle\int_{0}^{1} \frac{e^{3x} - 8}{e^x - 2}\,dx$

4, 다음 함수의 도함수를 구하라.

(1) $\displaystyle y = \int_{3}^{x} \frac{1}{1 + t^3}\,dt$ (2) $\displaystyle y = \int_{x}^{x^2} \sqrt{t^2 - 2t}\,dt$

(3) $\displaystyle y = \int_{\sqrt{x}}^{2\pi} \sin^2\theta\,d\theta$ (4) $\displaystyle y = \int_{0}^{x^2} (t^2 - 1)^5\,dt$

5. 다음 극한을 구하라.

(1) $\displaystyle \lim_{x \to 2} \frac{1}{x - 2} \int_{2}^{2x-2} \sqrt{t^2 + 4}\,dt$ (2) $\displaystyle \lim_{x \to 0} \frac{1}{x^8} \int_{0}^{x^2} \frac{4t^3}{t^3 + 2}\,dt$

7.3 치환적분

두 함수 $F(x)$와 $g(x)$가 미분가능한 함수이면 합성함수 미분법에 의하여

$$\frac{d}{dx}F(g(x)) = F'(g(x))g'(x)$$

가 성립한다. 여기서 $F'(x) = f(x)$라 하면

$$\int f(g(x))g'(x)\,dx = F(g(x)) + C$$

이다. 역으로 실제 부정적분

$$\int f(g(x))g'(x)\,dx$$

을 구하는 경우에는 $u = g(x)$로 치환하면

$$\frac{du}{dx} = g'(x),\ du = g'(x)\,dx$$

가 되어

$$\int f(g(x))g'(x)\,dx = \int f(u)\,du$$

가 된다. 우변을 변수 u에 관하여 부정적분을 구한 다음에 $u = g(x)$를 대입하면 문제의 풀이가 완결된다. 이 과정에서 어떤 함수를 u로 치환할지 짐작하는 것이 중요하다.

예제 7.3.1 $\int (3x^2 + 4)^5 x\,dx$를 구하라.

[풀이] $u = 3x^2 + 4$라 하면 $du = 6x\,dx$이고 $dx = \frac{1}{6x}du$이다. 따라서

$$\int (3x^2 + 4)^5 x\,dx = \int \frac{1}{6}u^5\,du$$
$$= \frac{1}{36}u^6 + C = \frac{1}{36}(3x^2 + 1)^6 + C.$$ ■

예제 7.3.2 $\int \cos^3 x \sin x\,dx$를 구하라.

[풀이] $u = \cos x$라 하면 $du = -\sin x\,dx$이고 $dx = -\frac{1}{\sin x}du$이다. 따라서

$$\int \cos^3 x \sin x\, dx = \int (-u^3)\, du = -\frac{1}{4}u^4 + C$$
$$= -\frac{1}{4}\cos^4 x + C.$$ ■

예제 7.3.3 $\int \left(\frac{1}{4}e^x - 5\right)^3 e^x\, dx$를 구하라.

[풀이] $u = \frac{1}{4}e^x - 5$라 하면 $du = \frac{1}{4}e^x dx$이고 $dx = \frac{4}{e^x}du$이다. 따라서

$$\int \left(\frac{1}{4}e^x - 5\right)^3 e^x\, dx = \int 4u^3\, du = u^4 + C$$
$$= \left(\frac{1}{4}e^x - 5\right)^4 + C.$$ ■

예제 7.3.4 $\int \frac{x}{\sqrt{3x^2+4}}\, dx$를 구하라.

[풀이] $u = 3x^2 + 4$라 하면 $du = 6x\, dx$이고 $dx = \frac{1}{6x}du$이다. 따라서

$$\int \frac{x}{\sqrt{3x^2+4}}\, dx = \int \frac{1}{6}\frac{1}{\sqrt{u}}du = \frac{1}{3}u^{\frac{1}{2}} + C$$
$$= \frac{1}{3}\sqrt{3x^2+4} + C.$$ ■

예제 7.3.5 $\int \tan x\, dx$를 구하라.

[풀이] 식을 변형하면

$$\int \tan x\, dx = \int \frac{\sin x}{\cos x}dx$$

이고 $u = \cos x$라 하면 $du = -\sin x\, dx$이고 $dx = -\frac{1}{\sin x}du$이다. 따라서

$$\int \tan x\, dx = \int -\frac{1}{u}du = -\ln|u| + C$$
$$= -\ln|\cos x| + C \quad (= \ln|\sec x| + C).$$ ■

이제 정적분에서 피적분함수의 부정적분을 치환적분으로 구하는 경우에 대하여 그 값을 구하는 방법을 살펴보자.

정리 7.3.1 정적분에서의 치환적분

함수 $f(x)$와 $g(x)$가 미분가능한 함수이면

$$\int_a^b f(g(x))g'(x)dx = \int_{g(a)}^{g(b)} f(u)\,du$$

이다.

[증명] $u = g(x)$로 치환하고 $f(x)$의 부정적분을 $F(x)$라 하면

$$\frac{d}{dx}F(g(x)) = F'(g(x))g'(x) = f(g(x))g'(x)$$

이므로

$$\begin{aligned}\int_a^b f(g(x))g'(x)dx &= [F(g(x))]_a^b = F(g(b)) - F(g(a))\\ &= \int_{g(a)}^{g(b)} f(u)du.\end{aligned}$$

■

실제 치환을 이용한 정적분의 계산은 다음과 같이 이루어진다.

$$\int_a^b f(g(x))g'(x)dx \xrightarrow[g(a)=\alpha,\ g(b)=\beta]{g(x)=u,\ g'(x)dx=du} \int_\alpha^\beta f(u)du.$$

적분구간이 $[a, b]$에서 $[\alpha, \beta] = [g(a), g(b)]$로 바뀜에 유의하라.

예제 7.3.6 $\int_0^1 \sqrt{2x+3}\,dx$를 구하라.

[풀이] $u = 2x + 3$으로 치환하면 $du = 2dx$이고 적분구간은 $x = 0$이면 $u = 3$이고, $x = 1$일 때 $u = 5$가 되어 치환적분 구간은 $[3, 5]$이다. 따라서

$$\begin{aligned}\int_0^1 \sqrt{2x+3}\,dx &= \int_3^5 \frac{1}{2}\sqrt{u}\,du = \left[\frac{1}{3}u^{3/2}\right]_3^5\\ &= \frac{5}{3}\sqrt{5} - \sqrt{3}.\end{aligned}$$

■

예제 7.3.7 $\int_e^{e^2} \frac{1}{x\ln x}\,dx$를 구하라.

[풀이] $u = \ln x$로 치환하면 $du = \frac{1}{x}dx$이고 적분구간은 $x = e$이면 $u = 1$이고, $x = e^2$일 때

$u=2$가 되어 치환적분 구간은 $[0,\ 2]$이다. 따라서

$$\int_e^{e^2}\frac{1}{x\ln x}dx=\int_1^2\frac{1}{u}du=[\ln|u|]_1^2=\ln 2\,. \qquad ■$$

삼각치환

피적분 함수가 $\sqrt{a^2\pm x^2}$ 또는 $\sqrt{x^2-a^2}$을 포함하는 경우에는 삼각함수를 이용하여 다음과 같이 치환한다. 이 경우 삼각함수를 이용하는 치환이므로 **삼각치환**이라 한다.

$\sqrt{a^2-x^2}:x=a\sin\theta,\ \ dx=a\cos\theta\,d\theta$

$\sqrt{a^2+x^2}:x=a\tan\theta,\ \ dx=a\sec^2\theta\,d\theta$

$\sqrt{x^2-a^2}:x=a\sec\theta,\ \ dx=a\sec\theta\tan\theta\,d\theta$

예제 7.3.8 $\int_0^1\sqrt{1-x^2}\,dx$를 구하라.

[풀이] $x=\sin\theta$로 치환하면 $dx=\cos\theta\,d\theta$이고 적분구간은 $x=0$이면 $\theta=0$이고, $x=1$일 때 $\theta=\frac{\pi}{2}$가 되어 치환적분 구간은 $\left[0,\ \frac{\pi}{2}\right]$이다. 따라서

$$\int_0^1\sqrt{1-x^2}\,dx=\int_0^{\frac{\pi}{2}}\sqrt{1-\sin^2\theta}\,\cos\theta\,d\theta=\int_0^{\frac{\pi}{2}}\cos^2\theta\,d\theta$$

$$=\int_0^{\frac{\pi}{2}}\frac{1+\cos 2\theta}{2}d\theta$$

$$=\left[\frac{\theta}{2}+\frac{\sin 2\theta}{4}\right]_0^{\frac{\pi}{2}}=\frac{\pi}{4}. \qquad ■$$

예제 7.3.9 $\int_0^2\frac{1}{(4+x^2)^{3/2}}dx$를 구하라.

[풀이] $x=2\tan\theta$로 치환하면 $dx=2\sec^2\theta\,d\theta$이고 적분구간은 $x=0$이면 $\theta=0$이고, $x=2$일 때 $\theta=\frac{\pi}{4}$가 되어 치환적분 구간은 $\left[0,\ \frac{\pi}{4}\right]$이다. 따라서

$$\int_0^2 \frac{1}{(4+x^2)^{3/2}}\,dx = \int_0^{\frac{\pi}{4}} \frac{1}{(4(1+\tan^2\theta))^{3/2}}\,2\sec^2\theta\,d\theta$$
$$= \int_0^{\frac{\pi}{4}} \frac{1}{4\sec\theta}\,d\theta = \frac{1}{4}\int_0^{\frac{\pi}{4}}\cos\theta\,d\theta$$
$$= \left[\frac{1}{4}\sin\theta\right]_0^{\frac{\pi}{4}} = \frac{1}{4\sqrt{2}}.$$ ■

예제 7.3.10 $\int_0^{\frac{1}{2}} \frac{x^2}{\sqrt{1-x^2}}\,dx$를 구하라.

[풀이] $x=\sin\theta$로 치환하면 $dx=\cos\theta\,d\theta$이고 적분구간은 $x=0$이면 $\theta=0$이고, $x=\frac{1}{2}$일 때 $\theta=\frac{\pi}{6}$가 되어 치환적분 구간은 $\left[0, \frac{\pi}{6}\right]$이다. 따라서

$$\int_0^{\frac{1}{2}} \frac{x^2}{\sqrt{1-x^2}}\,dx = \int_0^{\frac{\pi}{6}} \frac{\sin^2\theta}{\sqrt{1-\sin^2\theta}}\cos\theta\,d\theta$$
$$= \int_0^{\frac{\pi}{6}} \sin^2\theta\,d\theta = \int_0^{\frac{\pi}{6}} \frac{1-\cos 2\theta}{2}\,d\theta$$
$$= \left[\frac{1}{2}\theta - \frac{\sin 2\theta}{4}\right]_0^{\frac{\pi}{6}} = \frac{\pi}{12} - \frac{\sqrt{3}}{8}.$$ ■

연습문제 7.3

1. 다음 부정적분을 구하라.

(1) $\int x^2(2+x^3)^4\,dx$

(2) $\int x\sqrt{x^2+4}\,dx$

(3) $\int \frac{x}{\sqrt{x^2-3}}\,dx$

(4) $\int \frac{\sin x}{1+\cos^2 x}\,dx$

(5) $\int \frac{e^x}{(e^x+3)^6}\,dx$

(6) $\int \frac{1}{x\ln x}\,dx$

(7) $\int e^x\sqrt{e^x+3}\,dx$

(8) $\int x^2 e^{-x^3}\,dx$

2. 다음 정적분을 구하라.

(1) $\displaystyle\int_0^1 \frac{2x}{x^2+1}dx$

(2) $\displaystyle\int_0^2 \frac{x}{1+4x^2}dx$

(3) $\displaystyle\int_0^1 x(1+x^2)^3 dx$

(4) $\displaystyle\int_0^2 x^2\sqrt{x^3+1}\,dx$

(5) $\displaystyle\int_0^{\frac{\pi}{2}} \sin^3 x\cos x\,dx$

(6) $\displaystyle\int_0^{\frac{\pi}{6}} \cos^2 x\,dx$

(7) $\displaystyle\int_0^1 \frac{2e^x}{1+e^x}dx$

(8) $\displaystyle\int_2^3 \frac{1}{x(\ln x)^2}dx$

3. 삼각치환을 이용하여 다음 적분의 해를 구하라.

(1) $\displaystyle\int \sqrt{16-x^2}\,dx$

(2) $\displaystyle\int \frac{1}{x\sqrt{1-x^2}}dx$

(3) $\displaystyle\int \sqrt{2x-x^2}\,dx$

(4) $\displaystyle\int_0^2 x^2\sqrt{4-x^2}\,dx$

(5) $\displaystyle\int_{-2}^2 \frac{1}{4+x^2}dx$

(6) $\displaystyle\int_{\frac{1}{2}}^1 \frac{\sqrt{1-x^2}}{x^2}dx$

7.4 부분적분법

함수 $u = u(x)$와 $v = v(x)$의 부정적분이 간단히 구해진다 하더라도 피적분 함수가 $u(x)v(x)$인 경우 $\int u(x)v(x)dx$를 구하는 것은 쉽지 않다. 이런 경우에는 미분공식

$$(uv)' = u'v + uv'$$

으로부터

$$u'v = (uv)' - uv'$$

임을 이용하여

$$\int u'v\,dx = uv - \int uv'\,dx$$

가 된다. 이 식에서 우변의 부정적분이 수월하게 구해지기를 기대한다. 이와 같은 적분방법을 **부분적분법**이라 한다.

즉, 피적분 함수가 두 함수의 곱일 때, 한 함수는 이미 미분이 된 상태로 보는 것이다. 부분적분법의 성패는 어느 것을 미분된 함수로 선택하느냐에 달려있다. 이제 예제를 통하여 부분적분법에 익숙해져 보자.

예제 7.4.1 $\int x\cos x\,dx$를 구하라.

[풀이] $u' = \cos x,\ v = x$로 두면 $u = \sin x,\ v' = 1$이다. 이제 부분적분법을 적용하면

$$\begin{aligned}\int x\cos x\,dx &= x\sin x - \int \sin x\,dx \\ &= x\sin x + \cos x + C.\end{aligned}$$

■

예제 7.4.2 $\int xe^x\,dx$를 구하라.

[풀이] $u' = e^x,\ v = x$로 두면 $u = e^x,\ v' = 1$이다. 이제 부분적분법을 적용하면

$$\begin{aligned}\int xe^x\,dx &= xe^x - \int e^x\,dx \\ &= xe^x - e^x + C.\end{aligned}$$

■

예제 7.4.3 $\int x^2 e^x\,dx$를 구하라.

[풀이] $u' = e^x,\ v = x^2$로 두면 $u' = e^x,\ v' = 2x$이다. 이제 부분적분법을 적용하면

$$\int x^2 e^x dx = x^2 e^x - 2\int xe^x dx$$

가 된다. 그런데 우변에 나타나는 부정적분을 구하려면 부분적분법을 한 번 더 적용해야 한다. 예제 2의 결과를 이용하면

$$\begin{aligned}\int x^2 e^x dx &= x^2 e^x - 2\int xe^x dx \\ &= x^2 e^x - 2xe^x + 2e^x + C.\end{aligned}$$

■

예제 7.4.4 $\int \ln x\, dx$를 구하라.

[풀이] $\ln x = 1 \cdot \ln x$로 보고 $u' = 1,\ v = \ln x$로 두면 $u = x,\ v' = \frac{1}{x}$이다. 이제 부분적분법을 적용하면

$$\int \ln x\, dx = x \ln x - \int 1 dx = x \ln x - x + C.$$

■

예제 7.4.5 $\int e^x \sin x\, dx$를 구하라.

[풀이] $u' = e^x,\ v = \sin x$로 두면 $u = e^x,\ v' = \cos x$이다. 이제 부분적분법을 적용하면

$$\int e^x \sin x\, dx = e^x \sin x - \int e^x \cos x\, dx$$

이다. 이제 $\int e^x \cos x\, dx$을 구하기 위해 $u' = e^x,\ v = \cos x$로 두면 $u = e^x,\ v' = -\sin x$이므로

$$\int e^x \cos x\, dx = e^x \cos x + \int e^x \sin x\, dx$$

이다. 따라서

$$\begin{aligned}\int e^x \sin x dx &= e^x \sin x - e^x \cos x - \int e^x \cos x dx, \\ 2\int e^x \sin x dx &= e^x \sin x - e^x \cos x, \\ \int e^x \sin x\, dx &= \frac{1}{2}(e^x \sin x - e^x \cos x)\end{aligned}$$

이다. 이것은 $e^x \cos x$의 부정적분의 하나이므로 결국 구하는 해는

$$\int e^x \sin x dx = \frac{1}{2}(e^x \sin x - e^x \cos x) + C.$$

■

이제 정적분에서 부분적분법을 이용하는 경우에 대하여 알아보자. 미분공식에 의하여

$$u'(x)v(x) = (u(x)v(x))' - u(x)v'(x)$$

이므로

$$\begin{aligned}\int_a^b u'(x)v(x)dx &= \int_a^b (u(x)v(x))'dx - \int_a^b u(x)v'(x)dx \\ &= [u(x)v(x)]_a^b - \int_a^b u(x)v'(x)dx\end{aligned}$$

이다. 다른 방법은 부분적분법에 의하여 부정적분을 구한 다음에 적분상한의 값과 적분하한의 값의 차를 계산해도 된다.

예제 7.4.6 $\int_0^{\frac{\pi}{2}} x\cos x\,dx$를 구하라.

[풀이] **(방법 1)** $u' = \cos x,\ v = x$로 두면 $u = \sin x,\ v' = 1$이므로

$$\begin{aligned}\int_0^{\frac{\pi}{2}} x\cos x\,dx &= [x\sin x]_0^{\frac{\pi}{2}} - \int_0^{\frac{\pi}{2}} \sin x\,dx \\ &= \frac{\pi}{2} - [-\cos x]_0^{\frac{\pi}{2}} = \frac{\pi}{2} - 1.\end{aligned}$$

(방법 2) 예제 1에서

$$\int x\cos x\,dx = x\sin x + \cos x + C$$

이므로

$$\begin{aligned}\int_0^{\frac{\pi}{2}} x\cos x\,dx &= [x\sin x + \cos x]_0^{\frac{\pi}{2}} \\ &= \frac{\pi}{2} - 1.\end{aligned}$$

■

어떤 방법을 사용하던지 같은 결과가 나오므로 주어진 상황에 따라서 편리한 방법으로 하면 된다.

예제 7.4.7 $\int_1^e x\ln x\,dx$를 구하라.

[풀이] $u' = x,\ v = \ln x$로 두면 $u = \frac{1}{2}x^2,\ v' = \frac{1}{x}$이므로

$$\begin{aligned}\int_1^e x\ln x\,dx &= \left[\frac{1}{2}x^2\ln x\right]_1^e - \int_1^e \frac{1}{2}x\,dx \\ &= \frac{1}{2}e^2 - \left[\frac{1}{4}x^2\right]_1^e = \frac{1}{2}e^2 - \left(\frac{1}{4}e^2 - \frac{1}{4}\right) \\ &= \frac{1}{4}(e^2+1).\end{aligned}$$ ■

예제 7.4.8 $\int_0^\pi e^x \sin x\,dx$를 구하라.

[풀이] 예제 5에서

$$\int e^x \sin x\,dx = \frac{1}{2}(e^x\sin x - e^x\cos x) + C$$

이므로

$$\begin{aligned}\int_0^\pi e^x\sin x\,dx &= \left[\frac{1}{2}e^x(\sin x - \cos x)\right]_0^\pi \\ &= \frac{1}{2}(e^\pi + 1).\end{aligned}$$ ■

연습문제 7.4

1. 다음 적분의 해를 구하라.

(1) $\int 3xe^{2x}\,dx$ (2) $\int xe^{-2x}\,dx$

(3) $\int_0^2 (2x-5)e^x\,dx$ (4) $\int_0^1 x^2e^{-3x}\,dx$

2. 다음 적분의 해를 구하라.

(1) $\int x\sin x\,dx$ (2) $\int x\cos 3x\,dx$

(3) $\int_0^\pi x^2\sin x\,dx$ (4) $\int_0^{\frac{\pi}{2}} x^2\cos 2x\,dx$

3. 다음 적분의 해를 구하라.

(1) $\int (\ln x)^2\,dx$ (2) $\int \frac{\ln x}{x^2}\,dx$

(3) $\int_1^e x^2\ln x\,dx$ (4) $\int_e^{e^2} (3x^2+x)\ln x\,dx$

4. 다음 적분의 해를 구하라.

(1) $\int e^{-2x}\cos 2x\,dx$ (2) $\int xe^{x^2}\cos(x^2)\,dx$

(3) $\int_0^{\pi} e^x \sin x\,dx$ (4) $\int_0^{\frac{\pi}{3}} e^{3x}\cos x\,dx$

5. 점 (1, 0)를 지나는 곡선 $y = f(x)$ 위의 임의의 점 (x, y)에서 기울기는 xe^{2x}이다. 이때 $f(0)$의 값을 구하라.

6. 미분가능한 함수 $f(x)$에 대하여 $f(e) = 3$이고

$$\int f(x)\,dx = x\,f(x) - x\ln x$$

일 때, $f(2)$ 값을 구하라.

7.5 삼각함수와 역삼각함수의 적분법

피적분함수가 $\sin x$와 $\cos x$들의 곱으로 이루어져 있을 경우에 부정적분을 계산하는 방법을 알아보자. 예를 들어 다음의 세 가지 형태의 적분을 고려하자.

1. $\int \sin^n x\,dx$

2. $\int \cos^n x\,dx$

3. $\int \sin^n x \cos^m x\,dx$

1번과 2번 형태의 부정적분은 다음의 정리로부터 계산될 수 있다.

정리 7.5.1

$n \geq 2$인 자연수라고 하면 다음이 성립한다.

(1) $\displaystyle\int \sin^n x\,dx = -\frac{1}{n}\sin^{n-1}x\cdot\cos x + \frac{n-1}{n}\int \sin^{n-2}x\,dx$

(2) $\displaystyle\int \cos^n x\,dx = \frac{1}{n}\cos^{n-1}x\cdot\sin x + \frac{n-1}{n}\int \cos^{n-2}x\,dx$

[증명] $I_n = \int \sin^n x\,dx$로 두면 부분적분법을 적용하여 다음과 같은 계산을 할 수 있다.

$$\begin{aligned}
I_n &= \int \sin^{n-1}x\cdot\sin x\,dx \\
&= \int \sin^{n-1}x\cdot(-\cos x)'\,dx \\
&= -\sin^{n-1}x\cos x + \int (n-1)\sin^{n-2}x\cdot\cos^2 x\,dx \\
&= -\sin^{n-1}x\cos x + \int (n-1)\sin^{n-2}x\cdot(1-\sin^2 x)\,dx \\
&= -\sin^{n-1}x\cos x + (n-1)\int \sin^{n-2}x\,dx - (n-1)\int \sin^n x\,dx \\
&= -\sin^{n-1}x\cos x + (n-1)I_{n-2} - (n-1)I_n.
\end{aligned}$$

위 식을 I_n에 관하여 정리하면

$$I_n = -\frac{1}{n}\sin^{n-1}x\cdot\cos x + \frac{n-1}{n}I_{n-2}$$

이다.

(2)도 부분적분법을 이용하여 같은 방법으로 증명이 되므로 증명된다. ■

예제 7.5.1 $\int \cos^3 x\, dx$를 구하라.

[풀이] 정리의 공식을 이용하면 $n=3$인 경우이므로

$$\begin{aligned}\int \cos^3 x\, dx &= \frac{1}{3}\cos^2 x \sin x + \frac{2}{3}\int \cos x\, dx \\ &= \frac{1}{3}\cos^2 x \sin x + \frac{2}{3}\sin x + C.\end{aligned}$$ ■

예제 7.5.2 $\int \cos^5 x\, dx$를 구하라.

[풀이] 정리의 공식을 이용하면 $n=5$인 경우이므로

$$\int \cos^5 x\, dx = \frac{1}{5}\cos^4 x \sin x + \frac{4}{5}\int \cos^3 x\, dx$$

이고 예제 1의 결과를 이용하면

$$\int \cos^5 x\, dx = \frac{1}{5}\cos^4 x \sin x + \frac{4}{15}\cos^2 x \sin x + \frac{8}{15}\sin x + C.$$ ■

$\sin x$와 $\cos x$가 서로 섞인 거듭제곱은 $\sin^2 x + \cos^2 x = 1$을 이용하여 정리 7.5.1의 형태로 변형하여 쓰거나 치환적분을 사용한다. 이제 적분형태가 음이 아닌 정수 m, n에 대하여

$$\int \sin^m x \cos^n x\, dx$$

가 같다고 하자. 이때는 다음의 두 가지 경우

I. m이나 n 둘 중 하나만 홀수; II. m과 n이 짝수

로 나누어서 풀이를 한다.

I. m이 홀수인 경우

m이 홀수이므로 적당한 정수 k에 대하여 $m = 2k+1$이다. 한편

$$\begin{aligned}\sin^m x &= \sin^{2k+1} x = \sin^{2k} x \sin x \\ &= (\sin^2 x)^k \sin x = (1-\cos^2 x)^k \sin x\end{aligned}$$

이므로 $\cos x = u$로 치환하여 부정적분을 구하면 된다.

예제 7.5.3 $\int \sin^3 x \cos^2 x\, dx$를 구하라.

[풀이]

$$\begin{aligned}\int \sin^3 x \cos^2 x\, dx &= \int \sin^2 x \sin x \cos^2 x\, dx \\ &= \int (1-\cos^2 x)\cos^2 x \sin x\, dx \\ &= \int (\cos^2 x - \cos^4 x)\sin x\, dx\end{aligned}$$

$u = \cos x$로 치환

$$\begin{aligned}&= -\int (u^2 - u^4)du = -\frac{1}{3}u^3 + \frac{1}{5}u^5 + C \\ &= -\frac{1}{3}\cos^3 x + \frac{1}{5}\cos^5 x + C.\end{aligned}$$

■

예제 7.5.4 $\int \sin^4 x \cos^3 x\, dx$를 구하라.

[풀이]

$$\begin{aligned}\int \sin^4 x \cos^3 x\, dx &= \int \sin^4 x \cos^2 x \cos x\, dx \\ &= \int \sin^4 x(1-\sin^2 x)\cos x\, dx \\ &= \int (\sin^4 x - \sin^6 x)\cos dx\end{aligned}$$

$u = \sin x$로 치환

$$\begin{aligned}&= \int (u^4 - u^6)du = \frac{1}{5}u^5 - \frac{1}{7}u^7 + C \\ &= \frac{1}{5}\sin^5 x - \frac{1}{7}\sin^7 x + C.\end{aligned}$$

■

II. m과 n이 짝수인 경우

$$\sin^2 x = \frac{1-\cos 2x}{2}, \quad \cos^2 x = \frac{1+\cos 2x}{2}$$

을 이용하여 피적분 함수를 변형한 후 경우 I을 적용한다.

예제 7.5.5 $\int \sin^2 x \cos^2 x\, dx$를 구하라.

[풀이]

$$
\begin{aligned}
\int \sin^2 x \cos^2 x\, dx &= \int \frac{1-\cos 2x}{2}\frac{1+\cos 2x}{2}dx \\
&= \int \frac{1-\cos^2 2x}{4}dx \\
&= \left(1-\frac{1+\cos 4x}{2}\right)dx \\
&= \frac{1}{4}\left(\frac{1}{2}x-\frac{1}{8}\sin 4x\right)+C.
\end{aligned}
$$

■

n이 양의 정수일 때, $\tan^n x$, $\cot^n x$, $\sec^n x$, $\csc^n x$형의 적분은 공식

$$\tan^2 x = \sec^2 x - 1, \quad \cot^2 x = \csc^2 x - 1$$

을 이용한다.

예제 7.5.6 $\int \tan^3 x\, dx$를 구하라.

[풀이]

$$
\begin{aligned}
\int \tan^3 x\, dx &= \int \tan x \tan^2 x\, dx \\
&= \int \tan x(\sec^2 x - 1)\, dx \\
&= \int \tan x \sec^2 x\, dx - \int \tan x\, dx
\end{aligned}
$$

치환적분에 의하여

$$= \frac{1}{2}\tan^2 x + \ln|\cos x| + C.$$

■

다음으로 $\int \sec x\, dx$와 $\int \csc x\, dx$를 구해보자. 다른 방법이 있지만 여기서는 $(\ln f(x))' = \dfrac{f'(x)}{f(x)}$를 이용하여 구해 본다.

$$
\begin{aligned}
\int \sec x\, dx &= \int \frac{\sec x(\sec x + \tan x)}{\sec x + \tan x}dx \\
&= \int \frac{(\sec x + \tan x)'}{\sec x + \tan x}dx \\
&= \ln|\sec x + \tan x| + C.
\end{aligned}
$$

같은 방법으로

$$\int \csc x\, dx = -\ln|\csc x + \cot x| + C$$

임을 알 수 있다. 이제 이 결과를 이용하여 다음을 구해보자.

예제 7.5.7 $\int \sec^3 x\, dx$를 구하라.

[풀이] 주어진 문제를 $\int \sec^3 x\, dx = \int \sec^2 x \sec x\, dx$로 표현하고 $u' = \sec^2 x,\ v = \sec x$라 두면 $u = \tan x,\ v' = \sec x \tan x$가 되어

$$\begin{aligned} \int \sec^3 x\, dx &= \sec x \tan x - \int \sec x \tan^2 x\, dx \\ &= \sec x \tan x - \int \sec x(\sec^2 x - 1)dx \\ &= \sec x \tan x - \int \sec^3 x\, dx + \int \sec x\, dx \end{aligned}$$

이고 식을 정리하고 $\sec x$의 부정적분을 이용하면

$$\int \sec^3 x\, dx = \frac{1}{2}\sec x \tan x + \frac{1}{2}\ln|\sec x + \tan x| + C.$$ ■

역삼각함수의 부정적분을 구하기 위하여 간단히 다음을 상기하자. 기본형에서 변형된 형태의 부정적분은 치환적분법에 의하여 구하면 된다.

$$\int \frac{1}{\sqrt{1-x^2}}dx = \sin^{-1}x + C.$$

$$\int \frac{1}{1+x^2}dx = \tan^{-1}x + C.$$

예제 7.5.8 $\int \frac{1}{4+x^2}dx$를 구하라.

[풀이] 피적분 함수를 변형하여 치환적분을 적용하면

$$\begin{aligned} \int \frac{1}{4+x^2}\, dx &= \int \frac{1}{4(1+(x/2)^2)}dx \\ &= \int \frac{1}{2}\frac{1}{1+u^2}du \quad \left(u = \frac{x}{2}\text{로 치환}\right) \end{aligned}$$

$$= \frac{1}{2}\tan^{-1}u + C$$

$$= \frac{1}{2}\tan^{-1}\left(\frac{x}{2}\right) + C.$$ ■

예제 7.5.9 $\int \frac{x}{\sqrt{1-9x^4}}\,dx$를 구하라.

[풀이] $9x^4 = (3x^2)^2$으로부터 $u = 3x^2$로 치환하면 $du = 6x\,dx$이므로

$$\int \frac{x}{\sqrt{1-9x^4}}\,dx = \int \frac{1}{6}\frac{1}{\sqrt{1-u^2}}\,du$$

$$= \frac{1}{6}\sin^{-1}u + C$$

$$= \frac{1}{6}\sin^{-1}(3x^2) + C.$$ ■

예제 7.5.10 $\int_0^{\frac{\sqrt{3}}{2}} \frac{1}{1+4x^2}\,dx$를 구하라.

[풀이] $u = 2x$로 치환하면 $du = 2dx$이고 $x = 0$일 때 $u = 0$, $x = \frac{\sqrt{3}}{2}$일 때 $u = \sqrt{3}$이다. 치환적분법을 적용하면

$$\int_0^{\frac{\sqrt{3}}{2}} \frac{1}{1+4x^2}\,dx = \int_0^{\sqrt{3}} \frac{1}{2}\,\frac{1}{1+u^2}\,du$$

$$= \left[\frac{1}{2}\tan^{-1}u\right]_0^{\sqrt{3}}$$

$$= \frac{1}{2}(\tan^{-1}\sqrt{3} - \tan^{-1}0)$$

$$= \frac{\pi}{6}.$$ ■

예제 7.5.11 $\int \frac{1}{x^2+2x+2}\,dx$를 구하라.

[풀이] 피적분 함수를 변형하여 치환적분을 적용하면

$$\int \frac{1}{x^2+2x+2}\,dx = \int \frac{1}{1+(1+x)^2}\,dx$$

$$= \int \frac{1}{1+u^2}\,dx \qquad (u = 1 + x\text{로 치환})$$

$$= \tan^{-1}u + C$$

$$= \tan^{-1}(1+x) + C\cdot$$ ■

연습문제 7.5

1. 다음 적분의 해를 구하라.

(1) $\int \sin^3 x \cos^3 x\, dx$

(2) $\int_0^{\frac{\pi}{4}} \sin^4 x\, dx$

(3) $\int \sin^2(2x)\cos^2(2x)\, dx$

(4) $\int_0^{\frac{\pi}{3}} \sin^2 x \cos^5 x\, dx$

(5) $\int \frac{\sin^4 x}{\cos^2 x}\, dx$

(6) $\int_0^{\frac{\pi}{4}} \frac{\sin x \cos x}{1+\sin^2 x}\, dx$

2. 다음 적분의 해를 구하라.

(1) $\int (1+\tan x)^2\, dx$

(2) $\int (\tan x + \cot x)^2\, dx$

(3) $\int \sec^4 x\, dx$

(4) $\int e^x \sec^4(e^x+1)\, dx$

(5) $\int_0^{\frac{\pi}{6}} \tan^2(2x)\, dx$

(6) $\int_0^{\frac{\pi}{3}} \tan^3 x \sec x\, dx$

3. 다음 적분의 해를 구하라.

(1) $\int \frac{e^x}{1+e^{2x}}\, dx$

(2) $\int \frac{\sin^{-1} x}{\sqrt{1-x^2}}\, dx$

(3) $\int \frac{2x}{\sqrt{1-x^4}}\, dx$

(4) $\int_1^2 \frac{1}{1+4x^2}\, dx$

(5) $\int_0^{\frac{\pi}{3}} \frac{\sin x}{1+\cos^2 x}\, dx$

(6) $\int_0^1 \frac{\tan^{-1} x}{1+x^2}\, dx$

7.6 유리함수의 적분법

함수 $f(x)$와 $g(x)$가 다항식일 때 $\dfrac{f(x)}{g(x)}$를 유리함수라 한다. $f(x)$의 차수가 $g(x)$의 차수보다 같거나 크면

$$f(x) = g(x)q(x) + r(x)$$

인 다항식 $q(x)$와 $r(x)$가 존재한다. $q(x)$는 몫이라 하고 $r(x)$라 하는데 $r(x)$의 차수는 $g(x)$의 차수보다 작다. 이제 유리함수의 적분 $\displaystyle\int \frac{f(x)}{g(x)}dx$를 살펴보면

$$\int \frac{f(x)}{g(x)}dx = \int q(x)dx + \int \frac{r(x)}{g(x)}dx$$

인데 $\displaystyle\int q(x)dx$는 다항식의 부정적분이므로 쉽다. 문제가 되는 부분은

$$\int \frac{r(x)}{g(x)}dx \quad \cdots\cdots\cdots\cdots\cdots\cdots \quad (*)$$

인데 이 부분에 대하여 알아보도록 하자. 이를 위해 분모가 많이 사용되는 부정적분은

(1) $\displaystyle\int \frac{1}{ax+b}dx = \frac{1}{a}\ln|ax+b| + C \qquad (a \neq 0)$

(2) $\displaystyle\int \frac{1}{(ax+b)^n}dx = \frac{1}{a}\frac{1}{1-n}\frac{1}{(ax+b)^{n-1}} + C \qquad (a \neq 0,\ n \neq 1)$

인데 치환적분에 의하여 쉽게 알 수 있다.

예제 7.6.1 $\displaystyle\int \frac{1}{(2x-3)^3}dx$를 구하라.

[풀이] $a=2,\ n=3$인 경우이므로

$$\int \frac{1}{(2x-3)^3}dx = -\frac{1}{4}\frac{1}{(2x-3)^2} + C.$$ ■

예제 7.6.2 $\displaystyle\int_0^1 \frac{2}{(-3x+4)^2}dx$를 구하라.

[풀이] $a=-3,\ n=2$인 경우이므로

$$\int_0^1 \frac{2}{(-3x+4)^2}dx = \left[\frac{2}{3}\frac{1}{-3x+4}\right]_0^1 = \frac{2}{3}-\frac{1}{6}=\frac{1}{2}.$$

■

유리함수 적분 (*)에서 분모 $g(x)$를 소인수 분해하여 전체 분수를 소인수인 분수들의 합으로 표시하여 해를 구하게 되는데 이 방법을 **부분분수 분해법**이라 한다.

예제 7.6.3 $\int \frac{1}{x^2-x-2}dx$를 구하라.

[풀이] 피적분함수의 분모를 인수분해하고 부분분수의 합으로 표시하면

$$\begin{aligned}\int \frac{1}{x^2-x-2}dx &= \int \frac{1}{(x+1)(x-2)}dx \\ &= \int \left(\frac{A}{x+1}+\frac{B}{x-2}\right)dx \\ &= A\ln|x+1| + B\ln|x-2| + C\end{aligned}$$

이다. 이제 상수 A, B를 결정하는 일이 남았다. 부분분수의 합을 다시 통분하여 처음 유리식의 분자와 비교하면

$$1 = A(x-2)+B(x+1)$$

이고

$$x=2\text{일 때},\ 1=3B,\ B=\frac{1}{3},$$

$$x=-1\text{일 때},\ 1=-3A,\quad A=-\frac{1}{3}$$

이다. 따라서 구하는 해는

$$\int \frac{1}{x^2-x-2}dx = -\frac{1}{3}|x+1| + \frac{1}{3}\ln|x-2| + C.$$

■

예제 7.6.4 $\int \frac{x^2-4}{(x-1)(x+2)(x-3)}dx$를 구하라.

[풀이] 피적분 함수의 분모를 부분분수의 합으로 표시하면

$$\int \frac{x^2-4}{(x-1)(x+2)(x-3)}dx = \int \left(\frac{A}{x-1} + \frac{B}{x+2} + \frac{D}{x-3}\right)dx$$
$$= A\ln|x-1| + B\ln|x+2| + D\ln|x-3| + C$$

이다. 이제 상수 A, B, D를 결정하는 일이 남았다. 부부분수의 합을 다시 통분하여 처음 유리식의 분자와 비교하면

$$x^2 - 4 = A(x+2)(x-3) + B(x-1)(x-3) + D(x-1)(x+2)$$

이고

$$x = -2\text{일 때},\ 0 = 15B,\ B = 0,$$
$$x = 3\text{일 때},\ 5 = 10D,\ D = \frac{1}{2},$$
$$x = 1\text{일 때},\ -3 = -6A,\ A = \frac{1}{2}$$

이다. 따라서 구하는 해는

$$\frac{1}{2}\ln|x-1| + \frac{1}{2}\ln|x-3| + C.$$ ■

예제 7.6.5 $\int \frac{x-1}{(x-2)^2(x+1)}dx$ 를 구하라.

[풀이] 분모가 거듭제곱의 형태에서 다음을 살펴보자.

$$\frac{ax+b}{(x-2)^2} = \frac{a(x-2)+(b-2a)}{(x-2)^2} = \frac{a}{x-2} + \frac{b+2a}{(x-2)^2}$$

즉, 분모의 차수를 내림으로 전부 합해서 나타내면 분자가 모두 상수가 된다는 사실에 유의하자. 그러면

$$\int \frac{x-1}{(x-2)^2(x+1)}dx = \int \left(\frac{A}{x-2} + \frac{B}{(x-2)^2} + \frac{D}{x+1}\right)dx$$
$$= A\ln|x-2| - \frac{B}{x-2} + D\ln|x+1| + C$$

이다. 분모를 통분하여 피적분 함수의 분자와 비교하면

$$x - 1 = A(x-2)(x+1) + B(x+1) + D(x-2)^2$$

이고, $x = 2,\ -1,\ 0$을 대입하여

$$A = \frac{2}{9},\ B = \frac{1}{3},\ D = -\frac{2}{9}$$

이므로 구하는 해는

$$\begin{aligned}&\frac{2}{9}\ln|x-2| - \frac{1}{3(x-2)} - \frac{2}{9}\ln|x+1| + C\\&= \frac{2}{9}\ln\left|\frac{x-2}{x+1}\right| - \frac{1}{3(x-2)} + C.\end{aligned}$$

■

예제 7.6.6 $\int \frac{x^3-3x+1}{x^2-1}dx$를 구하라.

[풀이] 피적분 함수의 분자의 차수가 분모의 차수보다 크므로 분자로 분모를 나누어서 몫과 나머지로 표시하면

$$\begin{aligned}\int \frac{x^3-3x+1}{x^2-1}dx &= \int\left(x + \frac{-2x+1}{x^2-1}\right)dx\\&= \frac{1}{2}x^2 + \int \frac{-2x+1}{x^2-1}dx\end{aligned}$$

이다. 이제

$$\begin{aligned}\int \frac{-2x+1}{x^2-1}dx &= \int\left(\frac{A}{x-1} + \frac{B}{x+1}\right)dx\\&= A\ln|x-1| + B\ln|x+1| + C\end{aligned}$$

이고, 통분하여 분자를 비교하면

$$-2x+1 = A(x+1) + B(x-1)$$

이다. $x=1, -1$을 대입하면

$$A = -\frac{1}{2},\quad B = -\frac{3}{2}$$

이므로 구하는 해는

$$\frac{1}{2}x^2 - \frac{1}{2}\ln|x-1| - \frac{3}{2}\ln|x+1| + C.$$

■

연습문제 7.6

1. 다음 적분의 해를 구하라.

(1) $\int \frac{1}{(x-2)(x-3)}\,dx$ (2) $\int \frac{1}{x^2(x-3)}\,dx$

(3) $\int_0^1 \frac{5}{(x-2)(x+3)}\,dx$ (4) $\int_0^1 \frac{1}{4-x^2}\,dx$

2. 다음 적분의 해를 구하라.

(1) $\int \frac{1}{x^2-9}\,dx$ (2) $\int \frac{x^3}{x^2-4}\,dx$

(3) $\int_1^2 \frac{1}{x^3+x}\,dx$ (4) $\int_1^2 \frac{2x+3}{x^2(x+1)}\,dx$

3. 다음 적분의 해를 구하라.

(1) $\int \frac{1}{x(x-1)^2}\,dx$ (2) $\int \frac{1}{x^4-1}\,dx$

(3) $\int_0^{\frac{1}{2}} \frac{1}{(x^2-1)^2}\,dx$ (4) $\int_1^2 \frac{1}{x^3+x^2}\,dx$

4. 다음 적분의 해를 구하라.

(1) $\int \frac{3x}{x^2-8x+15}\,dx$ (2) $\int \frac{3x^3-x+1}{x^3-x^2}\,dx$

(3) $\int_2^3 \frac{x+2}{x^3+x}\,dx$ (4) $\int_0^{\frac{1}{2}} \frac{x^2}{x^2-1}\,dx$

5. 곡선 $y = f(x)$가 점 $(0, 3)$을 지나고 곡선 위의 임의의 점 (x, y)에서 기울기가 $\frac{2}{x^2-4}$일 때, $f(-3)$의 값을 구하라.

7.7 특이적분

지금까지 공부한 정적분은 유한 폐구간 $[a, b]$에서 연속인 함수에서 정의되었다. 따라서 구간의 조건이나 연속성의 조건이 만족되지 않은 상태에서 적분을 특이적분이라 한다. 특이적분이 어떻게 정의되는지 알아보자.

정의 7.7.1 무한 구간에서의 특이적분

(1) 함수 $f(x)$가 $[a, \infty)$에서 연속이면

$$\int_a^\infty f(x)dx = \lim_{t\to\infty}\int_a^t f(x)dx$$

로 정의하고, 함수 $f(x)$가 $(-\infty, b)$에서 연속이면

$$\int_{-\infty}^b f(x)dx = \lim_{t\to-\infty}\int_t^b f(x)dx$$

로 정의한다. 이들 극한이 존재하면 특이적분이 수렴한다 하고, 그렇지 않으면 발산한다고 한다.

(2) 함수 $f(x)$가 $(-\infty, \infty)$에서 연속이면

$$\int_{-\infty}^\infty f(x)dx = \lim_{a\to-\infty}\lim_{b\to\infty}\int_a^b f(x)dx$$

로 정의한다.

예제 7.7.1 $\int_0^\infty \frac{1}{1+x^2}dx$를 구하라.

[풀이] 적분구간이 무한구간이므로

$$\begin{aligned}\int_0^\infty \frac{1}{1+x^2}dx &= \lim_{t\to\infty}\int_0^t \frac{1}{1+x^2}dx \\ &= \lim_{t\to\infty}\left[\tan^{-1}x\right]_0^t \\ &= \lim_{t\to\infty}\tan^{-1}t = \frac{\pi}{2}\end{aligned}$$

이다. 즉, 특이적분은 $\frac{\pi}{2}$로 수렴한다. ■

예제 7.7.2 $\displaystyle\int_1^\infty \frac{1}{x}dx$를 구하라.

[풀이] $\displaystyle\int_1^\infty \frac{1}{x}dx = \lim_{t\to\infty}\int_1^t \frac{1}{x}dx = \lim_{t\to\infty}\ln t = \infty$이므로 특이적분은 발산이다. ■

예제 7.7.3 $\displaystyle\int_1^\infty \frac{1}{x^p}dx$가 수렴하는 $p>1$일 때만 수렴하는 것을 보여라.

[풀이]

$$\int_1^\infty \frac{1}{x^p}dx = \lim_{t\to\infty}\int_1^t x^{-p}dx = \lim_{t\to\infty}\left[\frac{1}{1-p}x^{1-p}\right]_1^t$$
$$= \lim_{t\to\infty}\frac{1}{1-p}(t^{1-p}-1) = \begin{cases}\dfrac{1}{p-1}, & p>1\\ \infty\ , & p<1\end{cases}$$

이다. 또 $p=1$일 때

$$\int_1^\infty \frac{1}{x}dx = \lim_{t\to\infty}\int_1^t \frac{1}{x}dx$$
$$= \lim_{t\to\infty}\ln t = \infty.$$

■

정의 7.7.2 불연속의 특이적분

(1) 함수 $f(x)$가 구간 $[a, b)$에서 연속이고 b에서 불연속일 경우

$$\int_a^b f(x)dx = \lim_{t\to b^-}\int_a^t f(x)dx$$

로 정의하고, 함수 $f(x)$가 구간 $(a, b]$에서 연속이고 a에서 불연속일 경우

$$\int_a^b f(x)dx = \lim_{t\to a^+}\int_t^b f(x)dx$$

로 정의한다. 이들 극한이 존재하면 특이적분이 수렴한다 하고, 그렇지 않으면 발산한다고 한다.

(2) 함수 $f(x)$가 구간 $[a, b]$에서 연속이고 $c(a<c<b)$에서 불연속일 경우

$$\int_a^b f(x)dx = \int_a^c f(x)dx + \int_c^b f(x)dx$$

로 정의한다.

예제 7.7.4 $\int_1^2 \frac{1}{\sqrt{x-1}}\,dx$를 구하라.

[풀이] 함수 $\frac{1}{\sqrt{x-1}}$은 (1, 2]에서 연속이지만 $x = 1$에서 정의가 되지 않는다. 따라서

$$\begin{aligned}\int_1^2 \frac{1}{\sqrt{x-1}}\,dx &= \lim_{t\to 1^+}\int_t^2 \frac{1}{\sqrt{x-1}}\,dx \\ &= \lim_{t\to 1^+}\left[2\sqrt{x-1}\right]_t^2 \\ &= \lim_{t\to 1^+}\left(2-2\sqrt{t-1}\right) = 2.\end{aligned}$$

■

예제 7.7.5 $\int_0^1 \ln x\,dx$를 구하라.

[풀이] 함수 $\ln x$는 (0, 1]에서 연속이지만, $x = 0$에서 정의가 되지 않는다. 따라서

$$\begin{aligned}\int_0^1 \ln x\,dx &= \lim_{t\to 0^+}\int_t^1 \ln x\,dx \\ &= \lim_{t\to 0^+}\left[x\ln x - x\right]_t^1 \\ &= -1 - \lim_{t\to 0^+}(t\ln t - t)\end{aligned}$$

이다. 여기서 극한이 $0\cdot(-\infty)$ 형태이므로 로피탈의 정리를 적용하면

$$\lim_{t\to 0^+}(t\ln t - t) = \lim_{t\to 0^+}\frac{\ln t - 1}{1/t} = \lim_{t\to 0^+}(-t) = 0$$

이므로

$$\int_0^1 \ln x\,dx = -1.$$

■

예제 7.7.6 $\int_{-1}^1 \frac{1}{x^2}\,dx$을 구하라.

[풀이] 피적분 함수 $\frac{1}{x^2}$은 [−1, 0) 과 (0, 1] 에서 연속이나 $x = 0$에서 정의가 되지 않는다. 따라서

$$\begin{aligned}\int_{-1}^1 \frac{1}{x^2}\,dx &= \int_{-1}^0 \frac{1}{x^2}\,dx + \int_0^1 \frac{1}{x^2}\,dx \\ &= \lim_{t\to 0^-}\int_{-1}^t \frac{1}{x^2}\,dx + \lim_{s\to 0^+}\int_s^1 \frac{1}{x^2}\,dx \\ &= \lim_{t\to 0^-}\left[-\frac{1}{x}\right]_{-1}^t + \lim_{s\to 0^+}\left[-\frac{1}{x}\right]_s^1\end{aligned}$$

$$= \lim_{t \to 0^-} \left(-\frac{1}{t} - 1\right) + \lim_{s \to 0^+} \left(-1 + \frac{1}{s}\right) = \infty$$

이고 특이적분은 발산한다. 결국 특이적분은 존재하지 않는다. ■

연습문제 7.7

1. 다음 특이 적분이 수렴하는지 발산하는지를 조사하라.

(1) $\displaystyle\int_1^\infty \frac{1}{x^5}\,dx$

(2) $\displaystyle\int_2^\infty x^{-3/2}\,dx$

(3) $\displaystyle\int_{-\infty}^0 e^{-x}\,dx$

(4) $\displaystyle\int_1^\infty xe^{-x}\,dx$

(5) $\displaystyle\int_1^\infty \frac{1}{x(x^2+1)}\,dx$

(6) $\displaystyle\int_{-\infty}^\infty \frac{1}{x^2+9}\,dx$

(7) $\displaystyle\int_1^\infty \frac{\ln x}{x^2}\,dx$

(8) $\displaystyle\int_0^\infty e^{-x}\sin x\,dx$

2. 다음 적분이 특이적분임을 인지하고 값을 구하라.

(1) $\displaystyle\int_2^3 \frac{1}{(x-2)^2}\,dx$

(2) $\displaystyle\int_1^4 (x-2)^{-2/3}\,dx$

(3) $\displaystyle\int_0^3 \frac{1}{3-x}\,dx$

(4) $\displaystyle\int_0^1 (\ln x)^2\,dx$

(5) $\displaystyle\int_0^1 \frac{1}{e^x - e^{-x}}\,dx$

(6) $\displaystyle\int_0^{\frac{1}{2}} \frac{1-2x}{\sqrt{x-x^2}}\,dx$

(7) $\displaystyle\int_{-1}^1 \frac{1}{x^2}\,dx$

(8) $\displaystyle\int_{-1}^1 \frac{1}{\sqrt{1-x^2}}\,dx$

정적분의 응용

Chapter

08

8.1 두 곡선 사이의 면적과 동체의 위치

7장에서 함수의 그래프 아래 놓여 있는 영역의 넓이를 정적분을 이용하여 계산했다. 이 절에서는 적분을 이용하여 두 함수의 그래프 사이에 놓여 있는 영역의 넓이를 구하고자 한다.

두 곡선 $y=f(x)$, $y=g(x)$와 두 직선 $x=a$, $x=b$로 둘러싸인 영역

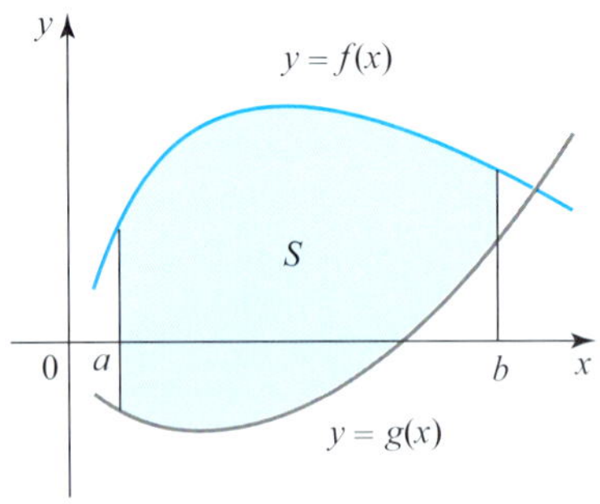

S의 넓이를 구하는 문제는 다음과 같이 주어진다.

정리 8.1.1

구간 $[a, b]$의 모든 점 $x \in [a, b]$에서 $f(x) \geq g(x)$일 때, 곡선 $y=f(x)$, $y=g(x)$와 직선 $x=a$, $x=b$로 유계된 영역의 넓이 A는 다음과 같다.

$$A = \int_a^b (f(x) - g(x))dx$$

참고 $x \in [a, b]$에서 $g(x)=0$일 때, A는 구간에서 $f(x)$의 그래프와 x축으로 둘러싸인 영역의 넓이를 나타낸다.

예제 8.1.1 $y=x^2+1$, $y=x$ 그리고 $x=0$과 $x=1$로 둘러싸인 영역의 넓이를 구하라.

[풀이] 그래프를 그려보면 영역의 위쪽 경계 곡선은 $y=x^2+1$이고 아래쪽 경계 곡선은 $y=x$이다.

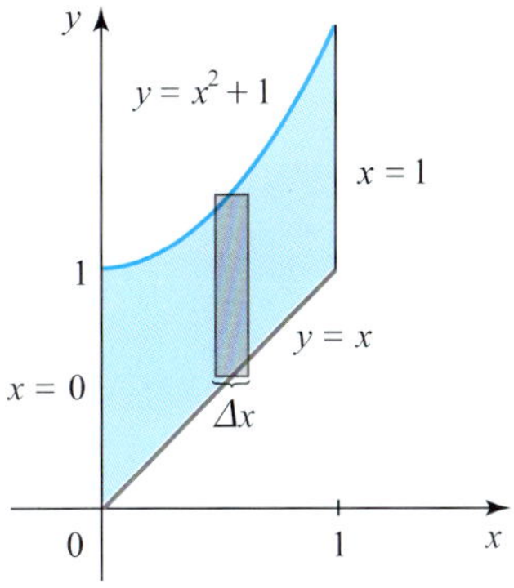

따라서 구하는 영역의 넓이는 다음과 같다.

$$A = \int_0^1((x^2+1)-x)dx = \int_0^1(x^2-x+1)dx$$
$$= \left[\frac{1}{3}x^2 - \frac{1}{2}x^2 + x\right]_0^1 = \frac{1}{3} - \frac{1}{2} + 1 = \frac{5}{6}.$$ ■

예제 8.1.2 구간 $\left[0, \frac{\pi}{2}\right]$에서 $y = x$, $y = \sin x$로 둘러싸인 영역의 넓이를 구하라.

[풀이] 두 함수의 그래프를 그리면 다음과 같다.

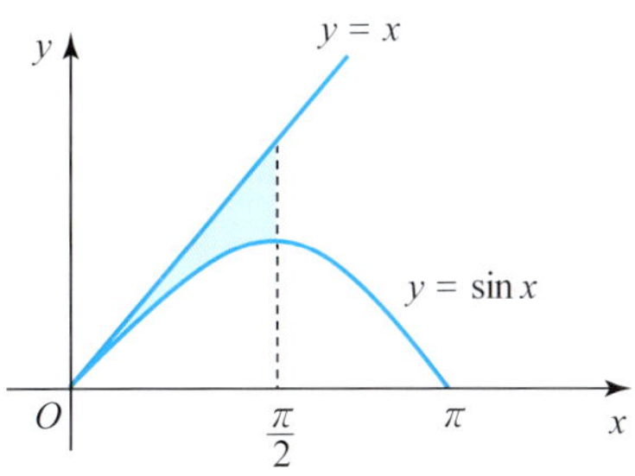

그림과 같이 주어진 구간의 모든 x에서 $x \geq \sin x$이므로 영역의 넓이는 다음과 같다.

$$A = \int_0^{\frac{\pi}{2}}(x - \sin x)dx = \left[\frac{1}{2}x^2 + \cos x\right]_0^{\frac{\pi}{2}} = \frac{\pi^2}{8} - 1.$$ ■

예제 8.1.3 $y = x^2$과 $y = 2x - x^2$으로 둘러싸인 영역의 넓이를 구하라.

[풀이] 그래프를 그리면 다음과 같다.

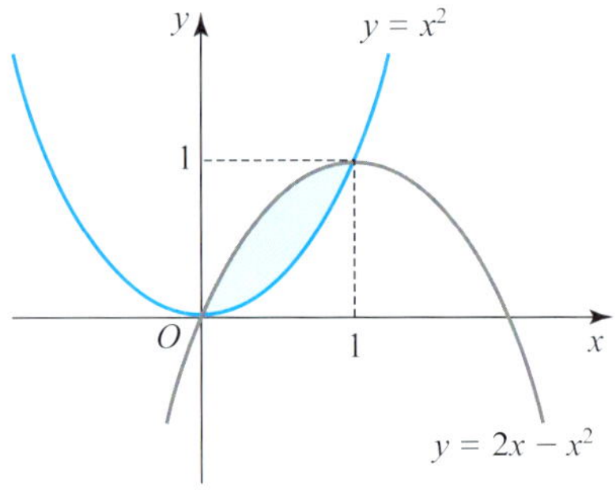

그래프에서 교점을 구하면 $x^2 = 2x - x^2$, 즉 $2x^2 - 2x = 0$에서 $2x(x-1) = 0$이므로 $x = 0$ 또는 1이다.

$$\begin{aligned} A &= \int_0^1 ((2x - x^2) - x^2)\,dx = \int_0^1 (2x - 2x^2)\,dx \\ &= \left[x^2 - \frac{2}{3}x^3\right]_0^1 = 1 - \frac{2}{3} = \frac{1}{3}. \end{aligned}$$

■

구간 $[a, b]$ 어떤 x에 대해 $f(x) \ge g(x)$를 만족하고 다른 x값에 대해서는 $g(x) \ge f(x)$를 만족하는 경우,

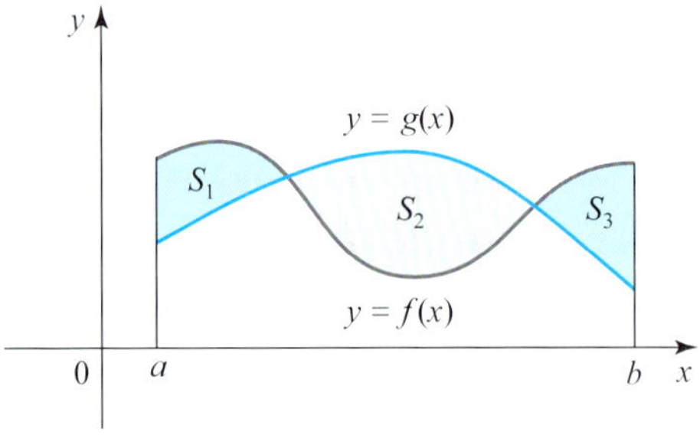

두 곡선 $y = f(x)$와 $y = g(x)$ 사이의 넓이를 A라 한다면 다음과 같이 쓸 수 있다.

정리 8.1.2

두 곡선 $y = f(x)$, $y = g(x)$와 $x = a$, $x = b$ 사이의 넓이는 다음과 같다.

$$A = \int_a^b |f(x) - g(x)|\,dx$$

예제 8.1.4 곡선 $y = \sin x$, $y = \cos x$와 $x = 0$, $x = \frac{\pi}{2}$로 유계된 영역의 넓이를 구하라.

[풀이] 두 함수의 그래프를 그리면 다음과 같다.

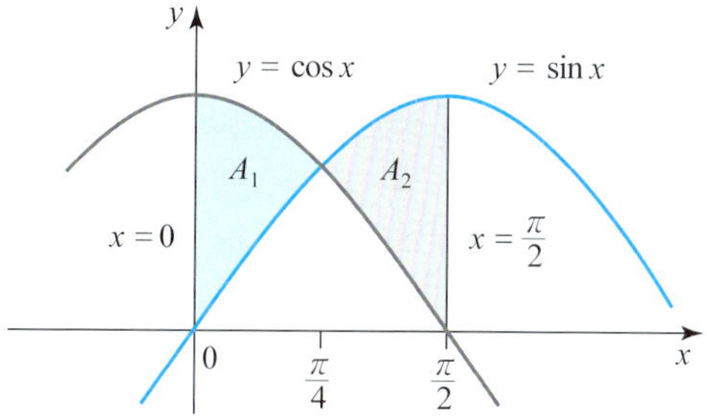

구간 $\left[0, \frac{\pi}{2}\right]$에서 두 곡선의 교점은 $\sin x = \cos x$에서 $x = \frac{\pi}{4}$이다. 그림에서 보듯이 $0 \le x \le \frac{\pi}{4}$일 때 $\cos x \ge \sin x$이고, $\frac{\pi}{4} \le x \le \frac{\pi}{2}$일 때 $\sin x \ge \cos x$이다. 따라서 구하는 영역의 넓이는

$$\begin{aligned} A &= \int_0^{\frac{\pi}{4}} (\cos x - \sin x)dx + \int_{\frac{\pi}{4}}^{\frac{\pi}{2}} (\sin x - \cos x)dx \\ &= [\sin x + \cos x]_0^{\frac{\pi}{4}} + [-\cos x - \sin x]_{\frac{\pi}{4}}^{\frac{\pi}{2}} \\ &= \left(\frac{2}{\sqrt{2}} - 1\right) + \left(-1 + \frac{2}{\sqrt{2}}\right) = 2\sqrt{2} - 2. \end{aligned}$$

■

어떤 영역은 다음과 같이 x를 y의 함수로 간주하면 쉽게 처리된다.

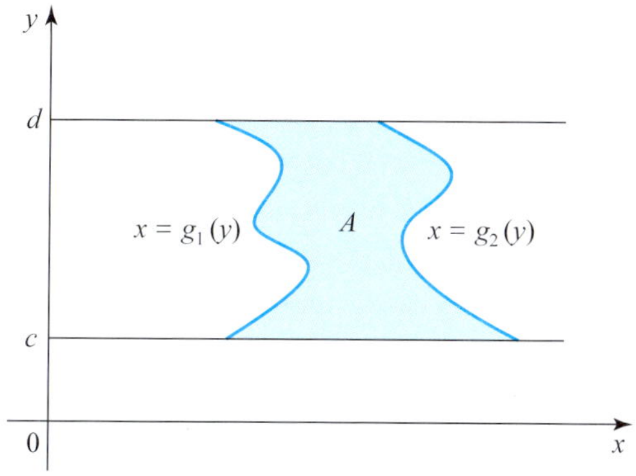

곡선 $x=g_1(y)$, $x=g_2(y)$와 $y=c$, $y=d$로 유계되고, g_1과 g_2는 연속이며 $c \le y \le d$에서 $g_2(y) \ge g_1(y)$일 때 그 영역의 넓이는 다음과 같다.

$$A=\int_c^d (g_2(y)-g_1(y))dy.$$

예제 8.1.5 직선 $x=y+3$과 곡선 $x=\frac{1}{4}y^2$으로 둘러싸인 영역의 넓이를 구하라.

[풀이] 함수의 그래프를 그리면 다음과 같다.

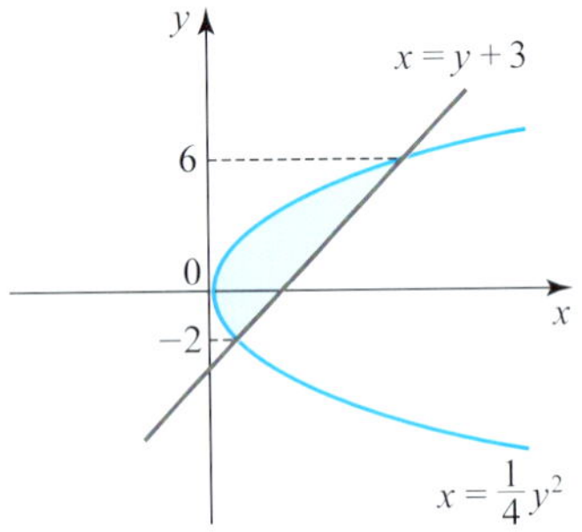

함수의 그래프로부터 $x=y+3$이 $x=\frac{1}{4}y^2$ 보다 항상 오른쪽에 있고, 교점을 구하면 $y+3=\frac{1}{4}y^2$에서 $y^2-4y-12=0$, $(y-6)(y+2)=0$에서 $y=-2$, $y=6$이다. 따라서 구하는 영역의 넓이는 다음과 같다.

$$\begin{aligned} A &= \int_{-2}^{6}\left(y+3-\frac{1}{4}y^2\right)dx = \left[\frac{1}{2}y^2+3y-\frac{1}{12}y^3\right]_{-2}^{6} \\ &= (18+18-18)-\left(2-6+\frac{2}{3}\right) \\ &= \frac{64}{3}. \end{aligned}$$

■

예제 8.1.6 직선 $y=x-1$와 곡선 $y^2=2x+6$로 둘러싸인 영역의 넓이를 구하라.

[풀이] 두 곡선의 교점은 $x=y+1$을 다른 곡선에 대입하여

$$y^2-2y-8=0, \quad (y-4)(y+2)=0$$

로부터 $y=-2$, 4이다. 두 곡선이 나타내는 영역은 다음과 같다.

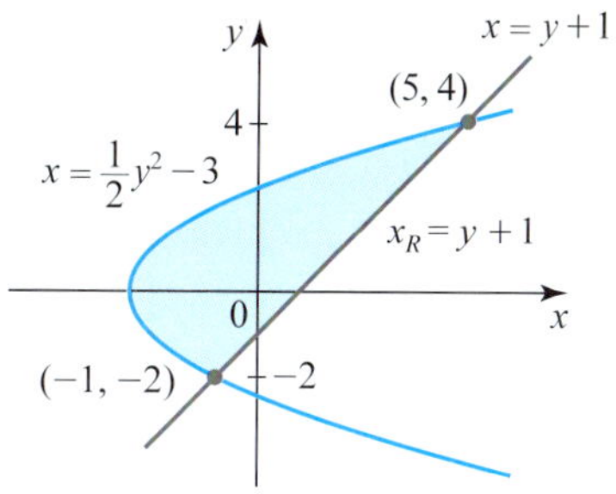

구간 $-2 \le y \le 4$에서 $y+1 \ge \dfrac{y^2}{2} - 3$이므로 구하는 영역의 넓이는 다음과 같다.

$$A = \int_{-2}^{4}\left(y + 1 - \left(\frac{1}{2}y^2 - 3\right)\right)dy = \left[\frac{1}{2}y^2 + 4y - \frac{1}{6}y^3\right]_{-2}^{4}$$
$$= \left(8 + 16 - \frac{32}{3}\right) - \left(2 - 8 + \frac{4}{3}\right) = 18.$$

동체의 위치와 경과거리

수직선 위를 움직이는 동체가 있다. 시각 t에서 속도를 $v(t)$라 하고, 시각 t에서 위치를 $x = x(t)$라 하자. 그러면 $v(t) = \dfrac{dx}{dt}$로부터

$$x = \int v(t)dt$$

이다. 이제 시각 t_0에서 동체의 위치를 x_0라 하면 시각 t에서 동체의 위치 $x(t)$는

$$x(t) = x_0 + \int_{t_0}^{t} v(t)dt$$

이다. 시각 $t = a$에서 $t = b$까지 동체의 위치의 변화는 정적분의 성질에 의하여

$$x(b) - x(a) = \int_a^b v(t)dt$$

이다. 주어진 시각 동안 $v(t) \ge 0$이면 총 움직인 거리 L은

$$L = x(b) - x(a) = \int_a^b v(t)dt$$

이고 주어진 시각 동안 $v(t) \le 0$이면

$$L = x(a) - x(b) = -\int_a^b v(t)dt = \int_a^b -v(t)dt$$

이다. 따라서 다음 정리가 성립한다.

정리 8.1.3

수직선 위를 움직이는 동체가 있다. 시각 t에서 속도를 $v(t)$라 하고, 시각 t에서 위치를 $x=x(t)$라 하자. 이때 시각 $t=a$에서 $t=b$ 동안 동체가 움직인 총 거리 L은 다음과 같다.

$$L=\int_a^b |v(t)|\,dt$$

이다.

예제 8.1.7 수직선 위를 움직이는 물체가 점 $x=3$에서 출발한다. 시각 t에서 속도 $v(t)$가 $v(t)=6-3t$일 때, 다음에 답하라.

(1) 동체가 출발점으로 돌아온 시간은?

(2) 출발 3초 후 동체의 위치는?

(3) 출발 후 3초까지 동체가 움직인 총 거리는?

[풀이] 시각 t에서 동체의 위치를 $x(t)$라 하면

$$x(t)=\int v(t)dt=6t-\frac{3}{2}t^2+C$$

이고 $x(0)=3$이므로 $C=3$이고

$$x(t)=-\frac{3}{2}t^2+6t+3$$

이다.

(1) $x(t)=3$인 t를 구하는 문제이다. 따라서

$$-\frac{3}{2}t^2+6t=0$$

로부터 $t=0,\ 6$이고 구하는 해는 6초 후에 출발점으로 돌아온다.

(2) $x(3)$을 구하는 문제이므로 $x(3)=\frac{15}{2}$.

(3) 움직인 총 거리 L은

$$\begin{aligned}L&=\int_0^3|6-3t|dt=\int_0^2(6-3t)dt+\int_2^3(3t-6)dt\\&=\left[6t-\frac{3}{2}t^2\right]_0^2+\left[\frac{3}{2}t^2-6t\right]_2^3=\frac{15}{2}.\end{aligned}$$

■

연습문제 8.1

1. 다음 주어진 영역의 넓이를 구하라.

(1) $y=x^2,\ y=0,\ x=2,\ x=5$ (2) $y=4x-x^2,\ y=0,\ x=1,\ x=3$

(3) $x=1+y^2,\ x=10$ (4) $x=y^2+4y,\ x=0$

(5) $y=\tan x,\ x=0,\ x=\dfrac{\pi}{4},\ y=0$ (6) $y=\dfrac{1}{x+x^2},\ y=0,\ x=1,\ x=2$

2. 다음 두 곡선으로 둘러싸인 도형의 넓이를 구하라.

(1) $y=9-x^2,\ y=x+3$ (2) $y=x^2-2x-1,\ y=x-1$

(3) $y=\sqrt{x-2},\ x=0,\ y=0,\ y=1$ (4) $y=\sin x,\ y=\cos x,\ x=0,\ x=\pi$

(5) $y=e^x,\ y=2x,\ x=0,\ x=1$ (6) $y=\ln x,\ y=x,\ x=1,\ x=e^2$

3. 다음 두 곡선으로 둘러싸인 도형의 넓이를 구하라.

(1) $x=\dfrac{1}{4}y^2,\ x=y+3$ (2) $x=y^2,\ y=x-2$

(3) $x+y^2=4,\ x+y=2$ (4) $y^2=4x,\ y=2x-4$

(5) $x=y^2,\ x=-2y^2+3$ (6) $y^2=4x,\ 4x-3y=4$

4. 곡선 $y=e^{2x}$와 원점에서 이 곡선에 그은 접선과 y축으로 둘러싸인 도형의 넓이를 구하라.

5. 다음은 수직선 위에서 움직이는 물체의 속도(m/sec)이다. 주어진 시간에서 물체가 움직인 거리를 구하라.

(1) $v(t)=3t-5\ \ (0\le t\le 3)$

(2) $v(t)=t^2-2t-8\ \ (1\le t\le 6)$

6. 물체를 지상에서 수직으로 공중에 물체를 던질 때 속도가 $v(t)=39.2-9.8t$라고 한다.

(1) 시간 t에서 물체의 높이를 구하라.

(2) 물체가 최고 높이에 도달하는데 걸리는 시간을 구하라.

(3) $t=2$에서 $t=5$까지 물체가 움직인 실제 거리를 구하라.

8.2 회전체의 부피

기둥의 부피는 밑넓이와 높이의 곱이다. 이를 이용하여 정적분의 정의를 사용하면 부피는 다음과 같이 정의할 수 있다.

정의 8.2.1

S는 두 평면 $x=a$와 $x=b$로 절단한 입체의 체적이라 하자. 만약 이 입체를 평면 $x=t$로 절단한 단면의 넓이를 $S(t)$라 하고, $S(t)$가 구간 $[a, b]$에서 연속이면 입체 S의 부피 V는 다음과 같다.

$$V=\int_a^b S(t)\,dt$$

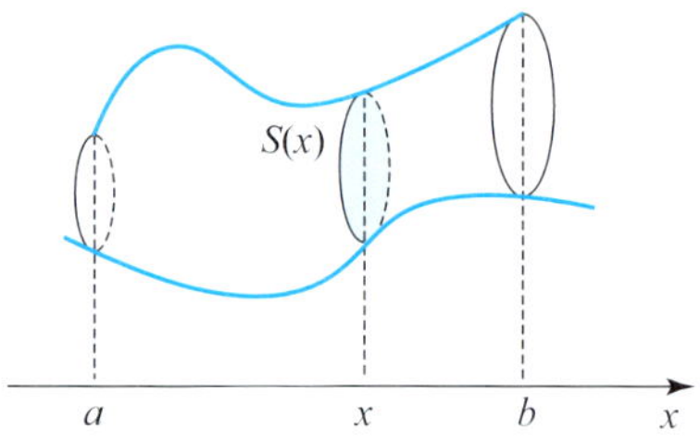

예제 8.2.1 높이가 5 인 입체도형을 밑면으로부터 x인 지점에서 밑면에 평행한 면으로 자른 단면은 한 변의 길이가 $\sqrt{25-x^2}$ 정사각형이다. 이 입체도형의 부피를 구하라.

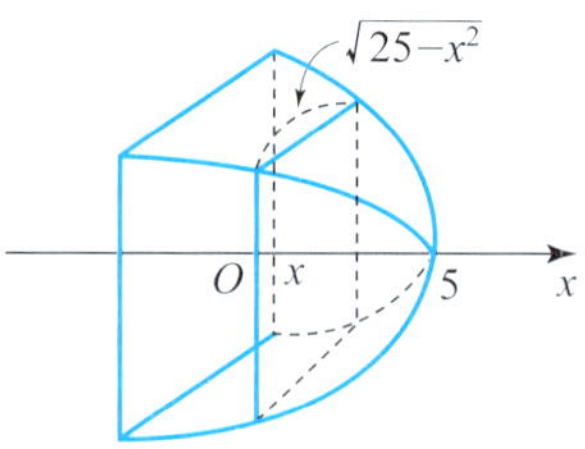

[풀이] $0 \le x \le 5$에서 단면의 넓이 $S(x)$는

$$S(x)=\left(\sqrt{25-x^2}\right)^2=25-x^2$$

이므로 구하는 입체의 부피는

$$V = \int_0^5 (25 - x^2)dx = \left[25x - \frac{1}{3}x^3\right]_0^5 = \frac{250}{3}.$$ ■

예제 8.2.2 밑면의 반지름이 a인 직원기둥을 밑면의 반지름을 지나고 밑면과 $45°$의 각도를 이루는 평면으로 잘라서 생기는 입체의 부피를 구하라.

[풀이] 그림에서처럼

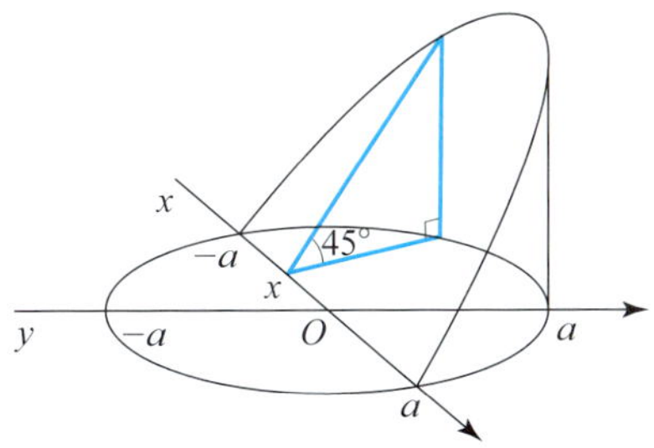

x축의 한 점 $x \in [-a, a]$에서 입체의 단면인 직각 삼각형의 넓이 $S(x)$는

$$\begin{aligned} S(x) &= \frac{1}{2}\sqrt{a^2 - x^2}\sqrt{a^2 - x^2}\tan\frac{\pi}{4} \\ &= \frac{1}{2}(a^2 - x^2) \end{aligned}$$

이다. 따라서 구하고자하는 입체의 부피 V는

$$\begin{aligned} V &= \int_{-a}^{a} S(x)dx = \int_{-a}^{a} \frac{1}{2}(a^2 - x^2)dx \\ &= \frac{1}{2}\left[a^2x - \frac{1}{3}x^3\right]_{-a}^{a} = \frac{2}{3}a^3. \end{aligned}$$ ■

축 회전체의 부피

이제 $y = f(x)$의 그래프와 x축 및 두 직선 $x = a$, $x = b$로 둘러싸인 영역을 x축을 회전축으로 하여 회전시킬 때 생기는 회전체의 부피를 생각하자. 이때 $a \le x \le b$의 점 x에서 회전축에 수직으로 입체를 자른 단면은 원이고 이 원의 반지름은 $f(x)$이다. 따라서 단면의 넓이 $S(x)$는 $S(x) = \pi[f(x)]^2$이다.

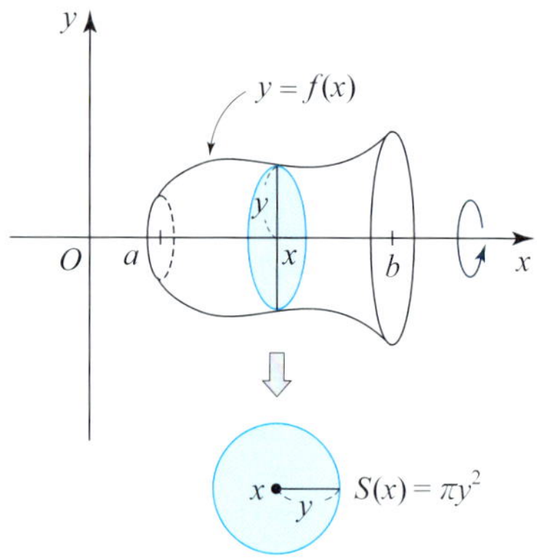

정리 8.2.1

구간 $[a, b]$에서 연속함수 $y=f(x)$와 직선 $x=a$, $x=b$ 및 x축으로 둘러싸인 영역을 x축 둘레로 회전한 입체의 체적 V는 다음과 같다.

$$V=\pi\int_a^b y^2\,dx=\pi\int_a^b [f(x)]^2\,dx,\quad (\text{단 } f(x)\ge 0)$$

예제 8.2.3 $y=2x$의 그래프, $x=0$, $x=3$ 및 x축으로 둘러싸인 영역을 x축으로 회전하여 생긴 회전체의 부피를 구하라.

[풀이]

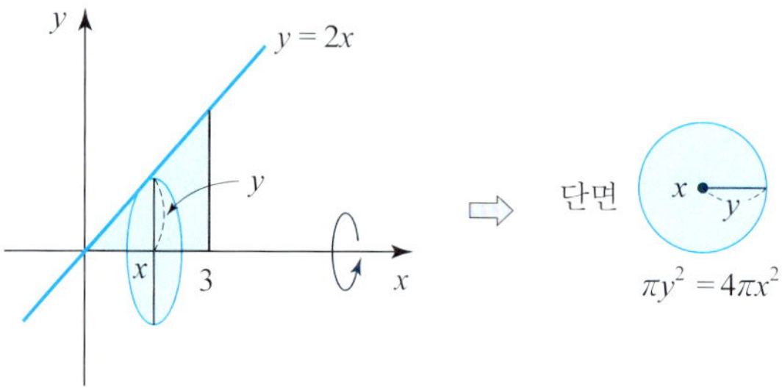

정리에 따라 구하는 회전체의 부피는

$$V=\pi\int_0^3 y^2\,dx=\pi\int_0^3 4x^2\,dx$$
$$=\frac{4}{3}\pi[x^3]_0^3=36\pi.$$

■

함수 $x = g(y)$의 그래프, 직선 $y = c$, $y = d$ 및 y축으로 둘러싸인 영역을 y축으로 회전하여 생긴 회전체는 y축에 수직인 단면의 면적이 $S(y) = \pi(g(y))^2$이므로 회전체의 부피는 다음과 같다.

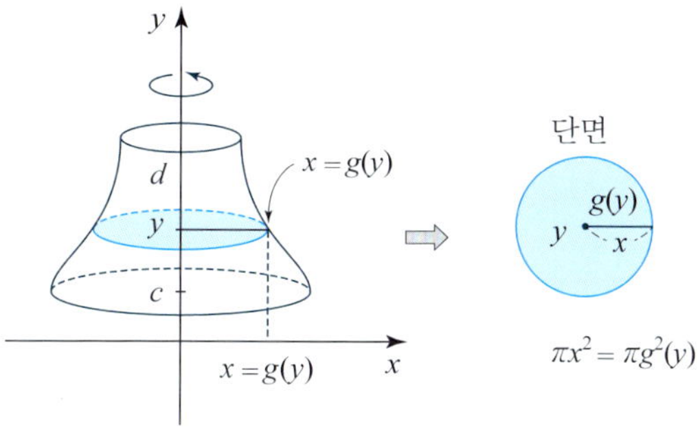

정리 8.2.2

구간 $[a, b]$에서 연속함수$x = g(y)$와 직선 $y = c$, $y = d$ 및 y축으로 둘러싸인 영역을 y축 둘레로 회전한 입체의 체적 V는

$$V = \pi \int_c^d x^2\,dy = \pi \int_a^b [g(y)]^2\,dy, \quad (\text{단 } g(y) \ge 0)$$

예제 8.2.4 $y = \sqrt{x}$의 그래프, $y = 1$, $y = 2$ 및 y축으로 둘러싸인 영역을 y축으로 회전하여 생긴 회전체의 부피를 구하라.

[풀이]

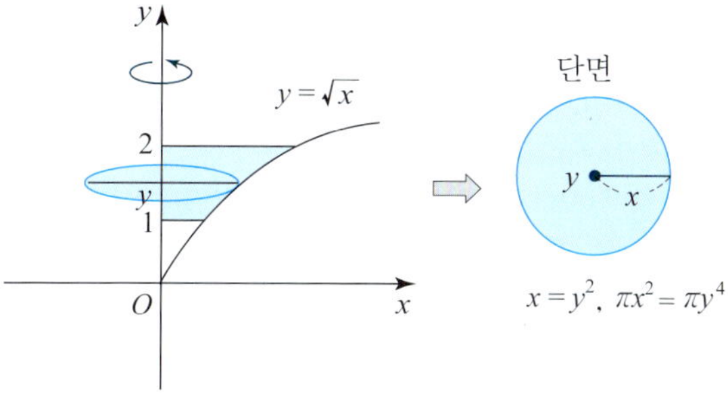

$x = y^2$이므로 정리에 의하여 회전체의 부피 V는

$$V = \pi \int_1^2 x^2\,dy = \pi \int_1^2 y^4\,dy = \frac{31}{5}\pi.$$

■

두 곡선 사이의 영역의 회전체 부피

구간 $[a, b]$에서 $f(x) \geq g(x)$인 두 곡선 $y = f(x)$, $y = g(x)$와 직선 $x = a$, $y = b$로 둘러싸인 영역을 x축을 회전축으로 하여 회전하여 생긴 입체의 부피를 구해보자.

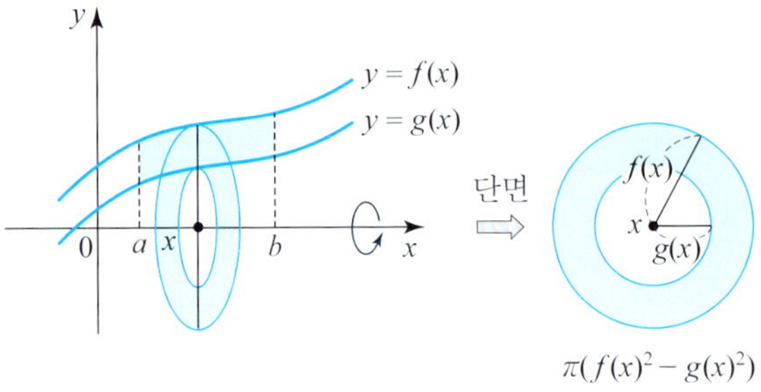

$a \leq x \leq b$에서 회전체를 x축에 수직으로 자른 단면의 넓이 $S(x)$는 반지름이 $f(x)$인 원과 반지름이 $g(x)$인 두 원사이의 넓이가 되므로

$$S(x) = \pi\left([f(x)]^2 - [g(x)]^2\right)$$

이다. 따라서 회전체의 부피 V는

$$V = \int_a^b S(x)dx = \pi\int_a^b \left([f(x)]^2 - [g(x)]^2\right)dx$$

이다.

정리 8.2.3

구간 $[a, b]$에서 $0 \leq g(x) \leq f(x)$이고 연속인 두 함수 $f(x)$와 $g(x)$에 대하여, 두 함수와 직선 $x = a$, $y = b$로 둘러싸인 영역을 x축으로 회전하여 생긴 회전체의 부피 V는

$$V = \pi\int_a^b ([f(x)]^2 - [g(x)]^2)dx$$

이다.

예제 8.2.5 두 곡선 $y = x^2 + 1$과 $y = x + 3$으로 둘러싸인 영역을 x축을 회전축으로 하여 회전시켜서 생기는 회전체의 부피를 구하라.

[풀이] 두 그래프의 위치를 알기 위해 그래프를 그리면 다음과 같다.

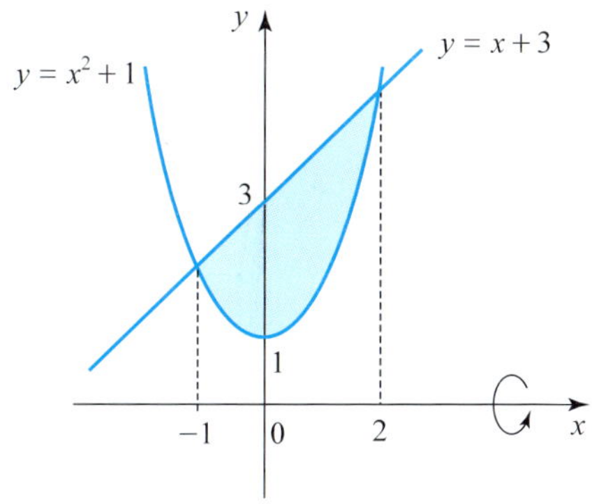

먼저 두 곡선이 만나는 점을 구하면

$$x^2 + 1 = x + 3,$$
$$x^2 - x - 2 = 0,$$
$$(x-2)(x+1) = 0$$

으로부터 $x = -1$, $x = 2$이다. $-1 \le x \le 2$에서 $0 \le x^2 + 1 \le x + 3$이므로 구하는 회전체의 부피는

$$\begin{aligned} V &= \pi\int_{-1}^{2}[(x+3)^2 - (x^2+1)^2]dx \\ &= \pi\int_{-1}^{2}(-x^4 - x^2 + 6x + 8)dx \\ &= \pi\left[-\frac{1}{5}x^5 - \frac{1}{3}x^3 + 3x^2 + 8x\right]_{-1}^{2} \\ &= \frac{117}{5}\pi. \end{aligned}$$

■

x가 y의 함수인 경우에 대해서도 정리 8.2.3이 유사하게 적용될 수 있다.

정리 8.2.4

구간 $[c, d]$ 에서 $0 \le g(y) \le f(y)$이고 연속인 두 함수 $f(y)$와 $g(y)$에 대하여, 두 함수와 직선 $y = c$, $y = d$로 둘러싸인 영역을 y축으로 회전하여 생긴 회전체의 부피 V는

$$V = \pi\int_{c}^{d}([f(y)]^2 - [g(y)]^2)dy$$

이다.

예제 8.2.6 곡선 $y = x^2$과 $y = 2x$로 둘러싸인 영역을 y축으로 회전하여 생긴 회전체의 부피를 구하라.

[풀이] 두 그래프의 위치를 알기 위해 그래프를 그리면 다음과 같다.

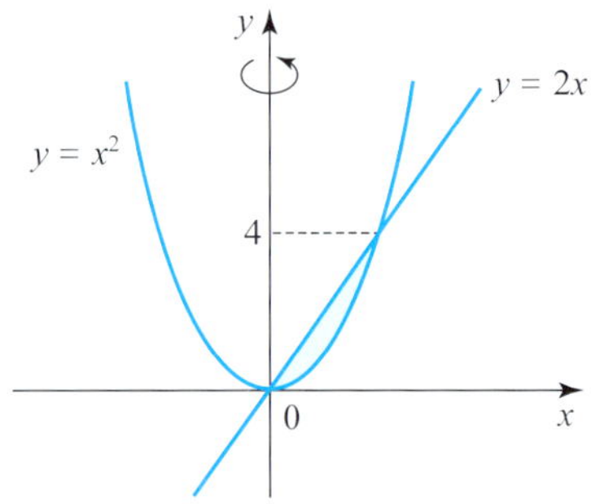

먼저 두 곡선을 $x = f(y)$의 형태로 고치면 각각 $x = \sqrt{y}$, $x = \frac{1}{2}y$이고 교점을 구하면

$$\sqrt{y} = \frac{1}{2}y, \quad y^2 - 4y = 0$$

으로부터 $y = 0$, 4이다. $0 \le y \le 4$에 대하여 회전체를 y축에 수직으로 자른 단면의 넓이 $S(y)$는 반지름이 $x = \sqrt{y}$인 원과 반지름이 $x = \frac{1}{2}y$인 원의 차가 되므로

$$S(y) = \pi\left[(\sqrt{y})^2 - \left(\frac{1}{2}y\right)^2\right]$$

이다. 따라서 구하는 회전체의 부피는

$$\begin{aligned}\pi\int_0^4\left(y - \frac{1}{4}y^2\right)dy &= \pi\left[\frac{1}{2}y^2 - \frac{1}{12}y^3\right]_0^4 \\ &= \frac{8}{3}\pi.\end{aligned}$$

■

예제 8.2.7 두 곡선 $y = x^2$과 $y = 3x$로 둘러싸인 도형을 $x = 3$을 축으로 하여 회전해서 생기는 입체의 부피를 구하라.

[풀이] 그래프를 그려서 위치를 보면 다음과 같다.

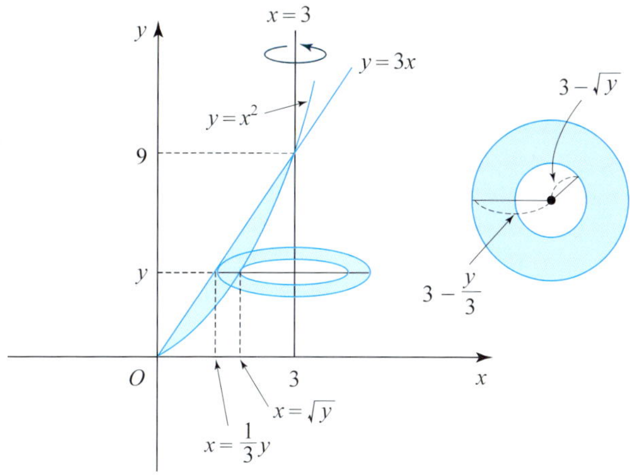

두 곡선의 교점은 $x^2 = 3x$로부터 $x = 0,\ 3$이고 $y = 0,\ 9$이다. 회전축에 수직인 단편의 바깥쪽 반지름은 $3 - y$, 단편 안쪽의 반지름은 $3 - \sqrt{y}$ 이다.

따라서 구하는 회전체의 부피 V는

$$
\begin{aligned}
V &= \pi\int_0^9 \left(\left(3 - \frac{y}{3}\right)^2 - \left(3 - \sqrt{y}\right)^2\right)dy \\
&= \pi\int_0^9 \left(\frac{y^2}{9} - 3y + 6y^{\frac{1}{2}}\right)dy \\
&= \pi\left[\frac{y^3}{27} - \frac{3y^2}{2} + 4y^{\frac{3}{2}}\right]_0^9 = \frac{27}{2}\pi.
\end{aligned}
$$

■

원통껍질 방법으로 부피 구하기

회전체의 부피를 구할 때 지금까지 주어진 정리를 사용하기 번거롭거나 적분이 어려운 경우도 있다. 이제는 회전체의 부피를 구하는 다른 방법에 대하여 알아보자. 우선 그림처럼 높이가 h로 같고 반지름이 다른 두 실린더 사이의 부피를 생각하자.

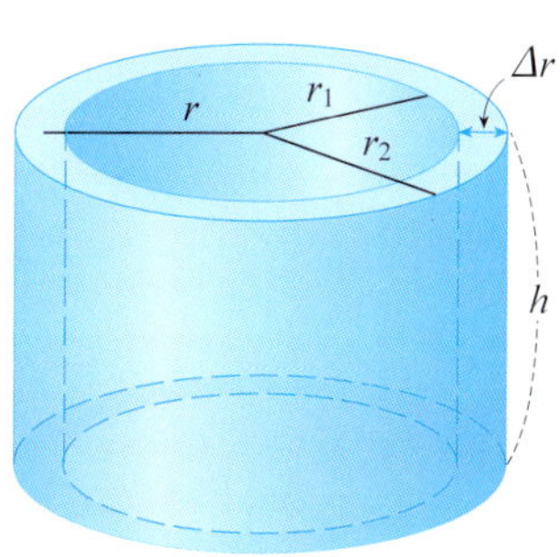

이 부피는 큰 실린더의 부피와 작은 실린더 부피의 차 즉

$$\begin{aligned}\pi r_2^2 h - \pi r_1^2 h &= \pi(r_2 + r_1)(r_2 - r_1)h \\ &= 2\pi \frac{r_2 + r_1}{2}(r_2 - r_1)h \\ &= 2\pi r(r_2 - r_1)h\end{aligned}$$

이다. 이제 그림처럼 구간 $[a, b]$에서 연속인 함수 $y = f(x)$와 직선 $x = a$, $x = b$ 및 x축으로 둘러싸인 영역을 y축으로 회전하여 생기는 회전체의 부피 V를 구해보자.

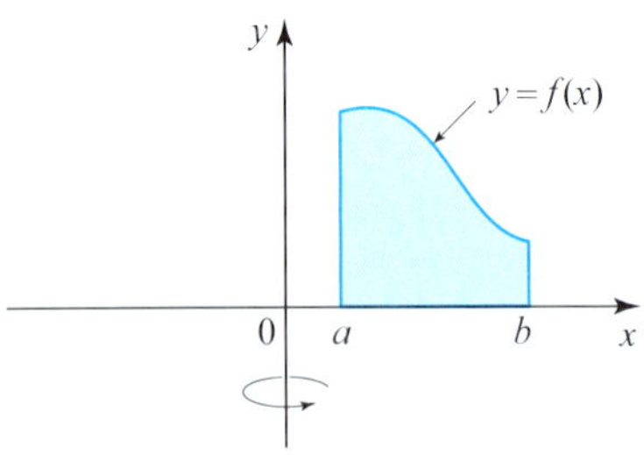

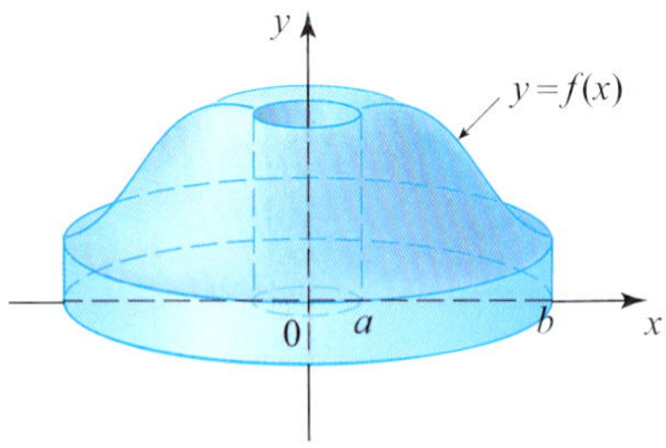

구간 $[a, b]$을 n개의 균등한 구간으로 나누고

$$a = x_0 < x_1 < x_2 < \cdots < x_{n-1} < x_n = b,$$

$$\Delta x_i = x_i - x_{i-1},\ \ x_i^* = \frac{x_{i-1} + x_i}{2},\ \ i = 1, \cdots, n$$

라 하자.

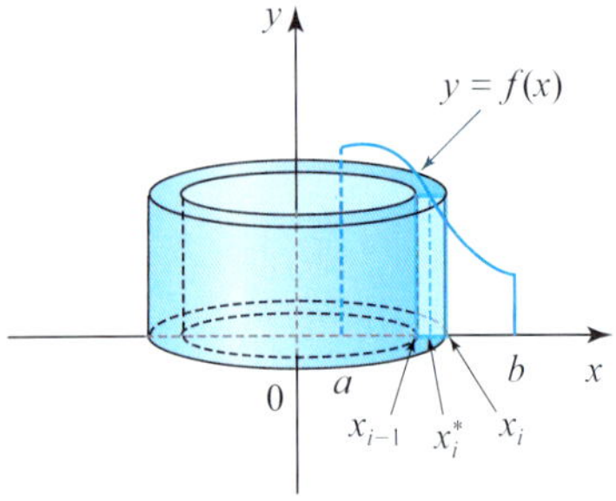

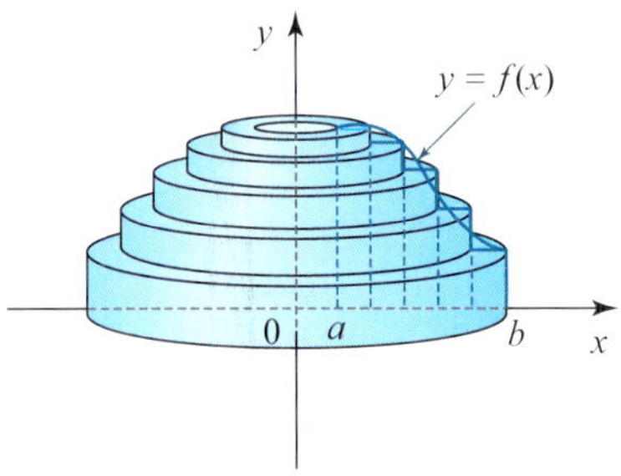

함수 $y = f(x)$의 그래프와 직선 $x = x_{i-1}$, $x = x_i$ 및 x축으로 둘러싸인 영역을 y축을 회전축으로 하여 회전한 회전체의 부피 V_i는

$$V_i = 2\pi \frac{x_{i-1} + x_i}{2} \Delta x_i h = 2\pi x_i^* h \Delta x_i$$

이고 f가 연속이므로 충분히 작은 Δx_i에 대하여 $h \fallingdotseq f(x_i^*)$라 할 수 있으므로

$$V_i \fallingdotseq 2\pi x_i^* f(x_i^*)\Delta x_i$$

이고 전체 소구간의 부피의 합 V_n은

$$V_n \fallingdotseq \sum_{i=1}^{n} V_i = \sum_{i=1}^{n} 2\pi x_i^* f(x_i^*)\Delta x_i$$

이다. 따라서 구하는 부피는

$$\lim_{n\to\infty} V_n = \lim_{n\to\infty}\sum_{i=1}^{n} 2\pi x_i f(x_i^*)\Delta x_i$$

이고 정적분의 정의에 의하여

$$V = 2\pi\int_a^b xf(x)\,dx$$

이다. 즉, 원통의 반지름 x의 위치에서 실린더의 높이 $f(x)$를 곱하여 적분한 다음에 2π를 곱해서 부피를 구한다고 생각하면 쉽다.

정리 8.2.5

구간 $[a, b]$에서 양의 값을 갖는 연속함수 $y = f(x)$와 직선 $x = a$, $x = b$ 및 x축으로 둘러싸인 영역을 y축 둘레로 회전한 입체의 체적 V는

$$V = \int_a^b 2\pi x f(x)\,dx$$

이다. (단, $0 \le a \le b$)

참고 위 정리에서 $a < 0$이거나 주어진 구간에서 함숫값이 음의 값을 가지면 정리가 성립하지 않을 때도 있다.

예제 8.2.8 $y = x^2 - x^3$과 $y = 0$으로 둘러싸인 영역을 y축을 회전하여 생기는 입체의 부피를 구하라.

[풀이] 그래프를 그리면 다음과 같다.

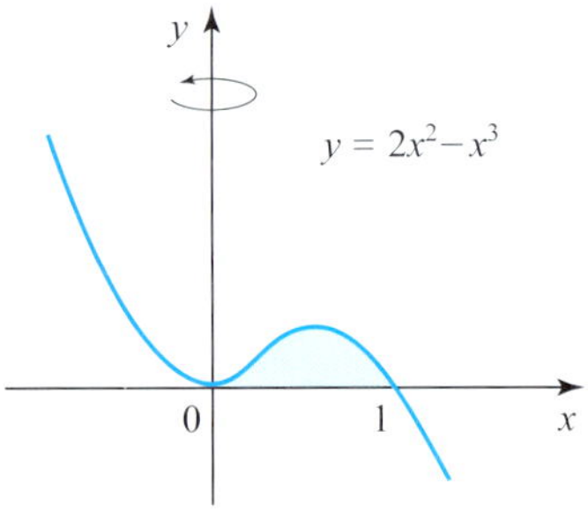

이고 정리 8.2.5를 적용하면 구하는 부피는

$$V = 2\pi\int_0^1 xf(x)\,dx = 2\pi\int_0^1 (x^3 - x^4)\,dx$$

$$= 2\pi\left[\frac{1}{4}x^4 - \frac{1}{5}x^5\right]_0^1 = \frac{\pi}{10}.$$

■

예제 8.2.9 $y = x^2$과 $y = x$로 둘러싸인 영역을 y축을 축으로 하여 회전시켜서 생긴 입체의 부피를 구하라.

[풀이] 그래프를 그려보면 반지름 x에서 원통의 높이는 $x - x^2$이다.

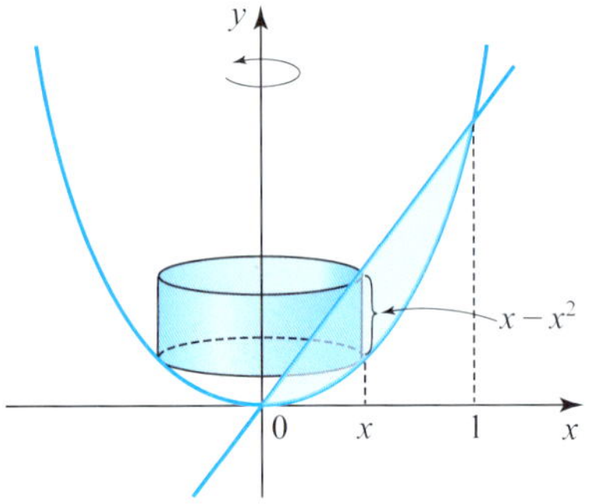

따라서 구하는 부피는

$$V = 2\pi\int_0^1 x(x - x^2)dx = 2\pi\int_0^1 (x^2 - x^3)dx$$

$$= 2\pi\left[\frac{1}{3}x^3 - \frac{1}{4}x^4\right]_0^1 = \frac{\pi}{6}.$$

■

위 정리는 x가 y의 함수인 경우 주어진 영역을 x축을 회전축으로 하여 회전한 입체의 부피를 구할 때도 같은 방법으로 적용된다.

정리 8.2.6

구간 $[c, d]$에서 양의 값을 갖는 연속함수 $x = g(y)$와 직선 $y = c$, $y = d$ 및 y축으로 둘러싸인 영역을 x축 둘레로 회전한 입체의 체적 V는

$$V = \int_a^b 2\pi y g(y) dy$$

이다. (단, $0 \le c \le d$)

예제 8.2.10 $y = \sqrt{x}$와 $y = x$로 둘러싸인 영역을 x축을 축으로 회전하여 생긴 입체의 부피를 구하라.

[풀이] 그래프를 그려보면 영역은 다음과 같다.

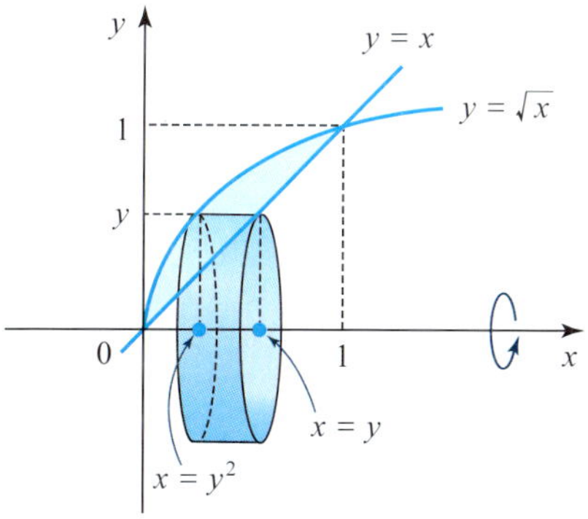

반지름 y에서 실린더의 높이는 $y - y^2$이다. 따라서 구하는 입체의 부피는

$$\begin{aligned} 2\pi \int_0^1 y(y - y^2) dy &= 2\pi \int_0^1 (y^2 - y^3) dy \\ &= 2\pi \left[\frac{1}{3} y^3 - \frac{1}{4} y^4 \right]_0^1 = \frac{\pi}{6}. \end{aligned}$$

■

연습문제 8.2

1. 깊이가 10 cm인 어떤 그릇을 밑면으로부터 x cm 떨어진 곳에서 밑면에 평행한 평면으로 자른 단면은 한 변의 길이가 $(x+2)$ cm인 정사각형이라 한다. 이 그릇의 부피를 구하라.

2. 높이가 4 cm이고 밑면의 한 변의 길이가 3 cm인 정삼각형으로 된 사면체가 있다. 이 입체의 부피를 구하라.

3. $x=t$일 때 x축에 수직인 평면으로 자른 단면의 넓이가 $\dfrac{1}{9+t^2}$인 입체의 부피를 구하라. (단, $-3 \le t \le 3\sqrt{3}$)

4. 다음 영역을 x축으로 회전시킬 때 생기는 회전체의 부피를 구하라.

(1) $y=2x,\ x=0,\ x=1$ (2) $y=x^2,\ x=1,\ x=3$

(3) $y=2x-x^2,\ y=0$ (4) $y=x^3,\ x=1,\ x=2$

(5) $x+y=2,\ x=0,\ y=0$ (6) $y=\sqrt{4-x^2},\ y=0$

(7) $y=\sin x,\ x=0,\ x=\dfrac{\pi}{2}$ (8) $y=e^{-x},\ x=-1,\ x=0$

5. 다음 영역을 y축으로 회전시킬 때 생기는 회전체의 부피를 구하라.

(1) $y=x^2,\ y=0,\ y=3$ (2) $y=x,\ x=1,\ y=0$

(3) $x=\sqrt{2-y},\ x=0,\ y=0$ (4) $x=\sqrt{y},\ x=0,\ y=4$

(5) $y=x^{\frac{1}{2}},\ x=1,\ x=2$ (6) $x=4-y^2,\ x=0$

(7) $x=y^{\frac{5}{2}},\ x=0,\ y=2$ (8) $y=x^2,\ y=2x$

6. 다음 곡선으로 둘러싸인 영역을 주어진 회전축을 중심으로 회전시킬 때 생기는 입체의 부피를 원통껍질 방법으로 구하라.

(1) $y=x-x^2,\ y=0$; 회전축 y축 (2) $y=x,\ y=x^2$; 회전축 y축

(3) $y=x-x^2,\ y=0$; 회전축 $x=2$ (4) $y=\sqrt{x}$, $[0, 1]$, x축; 회전축 x축

8.3 곡선의 길이 및 회전체의 겉넓이

함수 $y = f(x)$가 구간 $[a, b]$에서 정의되었을 때 이 그래프의 곡선의 길이를 생각해보자. 구간 $[a, b]$를 균등하게 n등분한 점들을

$$a = x_0 < x_1 < \cdots < x_n = b, \quad \Delta x_i = x_i - x_{i-1}, \quad i = 1, \cdots, n$$

이라 하고 그림과 같이 그래프상의 분할점 $(x_i, f(x_i))$들을 연속해서 직선으로 연결하자.

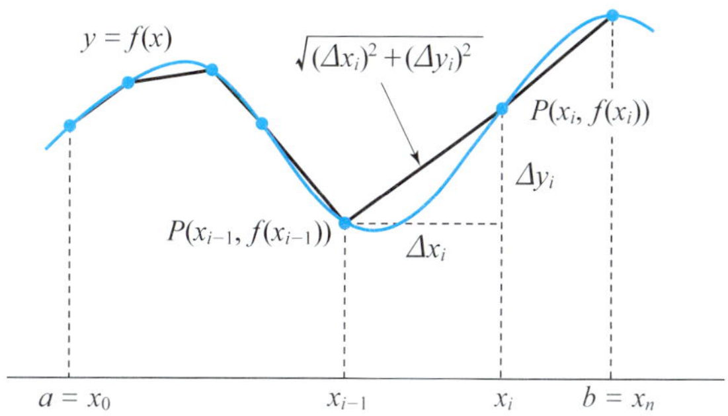

구간 $[a, b]$ 상의 그래프의 길이를 L이라 하면 L은 점 $P_{i-1}(x_{i-1}, f(x_{i-1}))$와 점 $P_i(x_i, f(x_i))$를 연결한 직선들의 길이의 합에 대한 극한으로 표시될 수 있다. 즉,

$$\begin{aligned} L &= \lim_{n \to \infty} \sum_{i=1}^{n} \sqrt{(x_i - x_{i-1})^2 + (f(x_i) - f(x_{i-1})^2)} \\ &= \lim_{n \to \infty} \sum_{i=1}^{n} \sqrt{1 + \left(\frac{f(x_i) - f(x_{i-1})}{x_i - x_{i-1}} \right)^2} \, \Delta x_i . \end{aligned}$$

위의 식에 미분의 평균값 정리를 적용하면 $x_i^* \in (x_{i-1}, x_i)$가 존재하여

$$L = \lim_{n \to \infty} \sum_{i=1}^{n} \sqrt{1 + [f'(x_i^*)]^2} \, \Delta x_i$$

가 되고 정적분의 정의에 의하여

$$L = \int_a^b \sqrt{1 + [f'(x)]^2} \, dx$$

이다.

정리 8.3.1

함수 $y=f(x)$가 $[a, b]$에서 미분가능하고 연속일 때 $x=a$에서 $x=b$까지 곡선 $y=f(x)$의 길이 L은 다음과 같다.

$$L=\int_a^b \sqrt{1+[f'(x)]^2}\,dx$$

예제 8.3.1 구간 [1, 2]에서 직선 $y=2x$의 길이를 구하라.

[풀이] 구하는 길이를 L이라 하면

$$\begin{aligned} L &= \int_1^2 \sqrt{1+[(2x)']^2}\,dx = \int_1^2 \sqrt{5}\,dx \\ &= \left[\sqrt{5}\,x\right]_1^2 = \sqrt{5}. \end{aligned}$$

■

예제 8.3.2 구간 [0, 4]에서 곡선 $y=x^{\frac{3}{2}}$의 길이를 구하라.

[풀이] 구하는 곡선의 길이를 L이라 하면

$$\begin{aligned} L &= \int_0^4 \sqrt{1+\left[\left(x^{\frac{3}{2}}\right)'\right]^2}\,dx = \int_0^4 \sqrt{1+\frac{9}{4}x}\,dx \\ &= \int_1^{10} \frac{4}{9}\sqrt{u}\,du \qquad \left(1+\frac{9}{4}x=u\text{로 치환}\right) \\ &= \frac{8}{27}\left[u\sqrt{u}\right]_1^{10} = \frac{8}{27}(10\sqrt{10}-1). \end{aligned}$$

■

예제 8.3.3 구간 $[1, e]$에서 곡선 $y=x^2-\frac{1}{8}\ln x$의 길이를 구하라.

[풀이] 곡선함수의 도함수는 $y'=2x-\frac{1}{8x}$이고

$$1+(y')^2 = 1+\left(4x^2-\frac{1}{2}+\frac{1}{64x^2}\right) = \left(2x+\frac{1}{8x}\right)^2$$

이므로 구하는 곡선의 길이는

$$\int_1^e \sqrt{1+(y')^2}\,dx = \int_1^e \left(2x+\frac{1}{8x}\right)dx$$

$$= \left[x^2 + \frac{1}{8}\ln x\right]_1^e = e^2 - \frac{7}{8}.$$ ■

예제 8.3.4 구간 [0, 1]에서 곡선 $y = x^2$의 길이를 구하라.

[풀이] $y' = 2x$이므로 곡선의 길이를 L은 $2x = \tan\theta$로 치환하여 계산하면

$$\begin{aligned} L &= \int_0^1 \sqrt{1 + (2x)^2}\, dx = \int_0^{\tan^{-1}2} \frac{1}{2}\sqrt{1 + \tan^2\theta}\, \sec^2\theta\, d\theta \\ &= \frac{1}{2}\int_0^{\tan^{-1}2} \sec^3\theta\, d\theta \\ &= \frac{1}{4}\left[\ln|\sec\theta + \tan\theta| + \sec\theta\tan\theta\right]_0^{\tan^{-1}2} \\ &= \frac{1}{4}\left[\ln\left(|\sec(\tan^{-1}2) + 2| + \sec(\tan^{-1}2)\tan(\tan^{-1}2)\right)\right] \end{aligned}$$

이다. 여기서 $\tan^{-1}2 = \theta$라 두면 $\tan\theta = 2$가 되어 중심각 θ인 직각삼각형

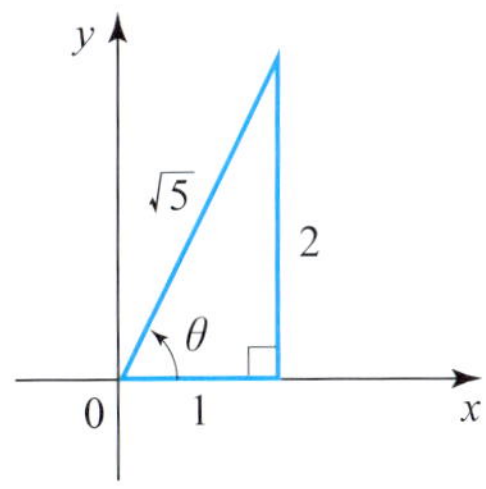

으로부터 $\sec\theta = \sqrt{5}$가 되어 구하는 길이는 $L = \frac{1}{4}\left(\ln(\sqrt{5} + 2) + 2\sqrt{5}\right)$이다. ■

x가 y의 함수로 정의되는 경우에도 유사하게 적용할 수 있다.

정리 8.3.2

함수 $x = g(y)$가 $[a, b]$에서 미분가능하고 g가 연속일 때 $y = c$에서 $y = d$까지 곡선 $x = g(y)$의 길이 L은 다음과 같다.

$$L = \int_c^d \sqrt{1 + [g'(y)]^2}\, dy$$

예제 8.3.5 y축 구간 $[0, 1]$에서 곡선 $y^2 = 2x$의 길이를 구하라.

[풀이] $x = \frac{1}{2}y^2 = g(y)$라 두면 $g'(y) = y$이고 곡선의 길이 L은

$$L = \int_0^1 \sqrt{1+y^2}\,dy = \int_0^{\frac{\pi}{4}} \sqrt{1+\tan^2\theta}\,\sec^2\theta\,d\theta \quad (y = \tan\theta \text{ 로 치환})$$

$$= \int_0^{\frac{\pi}{4}} \sec^3\theta d\theta$$

$$= \frac{1}{2}[\ln|\sec\theta + \tan\theta| + \sec\theta\tan\theta]_0^{\frac{\pi}{4}}$$

$$= \frac{1}{2}[\ln(\sqrt{2}+1) + \sqrt{2}]$$

■

정리 8.3.3

매개변수 방정식 $x = x(t), y = y(t),\ \alpha \le t \le \beta$로 주어진 곡선이 있다고 하자. 구간 $[\alpha, \beta]$에서 $x = x(t),\ y = y(t)$가 미분가능이고 $\frac{dx}{dt}, \frac{dy}{dt}$가 연속이면, 구간 $[\alpha, \beta]$에서 곡선의 길이 L은 다음과 같다.

$$L = \int_\alpha^\beta \sqrt{\left(\frac{dx}{dt}\right)^2 + \left(\frac{dy}{dt}\right)^2}\,dt$$

[증명] $x(\alpha) = a,\ x(\beta) = b$라 하면 가정과 연쇄법칙에 의하여 $y' = \frac{dy}{dx} = \frac{dy}{dt} / \frac{dx}{dt}$이고, 곡선의 길이 L은

$$L = \int_a^b \sqrt{1+(y')^2}\,dx = \int_\alpha^\beta \sqrt{1 + \left(\frac{dy}{dt} / \frac{dx}{dt}\right)^2}\,\frac{dx}{dt}dt$$

$$= \int_\alpha^\beta \sqrt{\left(\frac{dx}{dt}\right)^2 + \left(\frac{dy}{dt}\right)^2}\,dt$$

이다. ■

예제 8.3.6 반지름이 r인 원의 매개변수는 $x = r\cos\theta,\ y = r\sin\theta$이다. 구간 $[0, 2\pi]$에서 곡선의 길이를 구하라.

[풀이] $\frac{dx}{d\theta} = -r\sin\theta,\ \frac{dy}{d\theta} = r\cos\theta$이므로 구하는 곡선의 길이 L은

$$L = \int_0^{2\pi} \sqrt{r^2 \sin^2\theta + r^2 \cos^2\theta}\, d\theta$$
$$= \int_0^{2\pi} r d\theta = 2\pi r.$$ ■

회전체의 겉넓이

이제 정적분의 정의를 이용하여 회전체의 겉넓이를 구해보자. 폐구간 $[a, b]$에서 미분가능한 함수 $y = f(x)$를 x축으로 회전하였을 때 생기는 회전체의 표면적을 S라 하자.

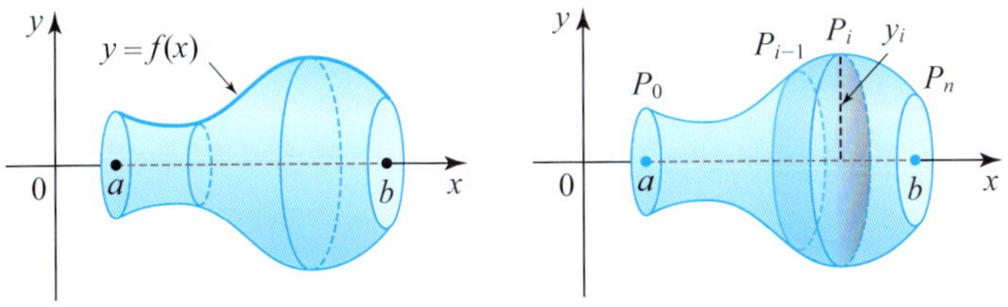

그림과 같이 폐구간 $[a, b]$를 동일한 간격으로 나누고,

$$a = x_0 < x_1 < x_2 < \cdots < x_{n-1} < x_n = b,$$
$$\Delta x_i = x_i - x_{i-1},\ i = 1, \cdots, n$$

라 하고 곡선 위의 점 $P_i(x_i, f(x_i)),\ i = 0, \cdots, n$을 생각하자. 곡선 위의 이웃하는 두 점 P_{i-1}와 P_i를 연결하고 구간 $[x_{i-1}, x_i]$에서 회전한 회전체의 표면을 절단하여 펼치면 표면은 그림과 같은 부채꼴 모양이 된다.

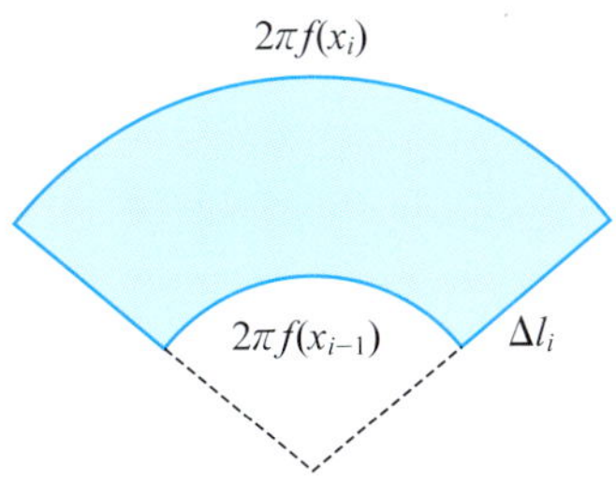

바깥 호는 반지름이 $f(x_i)$인 원의 원주이므로 호의 길이는 $2\pi f(x_i)$이고, 안쪽 호는 반지름이 $f(x_{i-1})$인 원의 원주이므로 호의 길이는 $2\pi f(x_{i-1})$이다.

빗면의 길이는 두 점 $P_{i-1}(x_{i-1}, f(x_{i-1}))$와 $P_i(x_i, f(x_i))$를 잇는 선분의 길이이므로

$$\Delta l_i = \sqrt{(x_i - x_{i-1})^2 + (f(x_i) - f(x_{i-1}))^2}$$

이다. 이제 Δx_i가 충분히 작다고 가정하면 펼쳐진 회전체는 사다리꼴에 근사한다고 말할 수 있고 그 넓이 S_i는

$$\begin{aligned} S_i &= \frac{1}{2}(2\pi f(x_{i-1}) + 2\pi f(x_i))\Delta l_i \\ &= \pi(f(x_{i-1}) + f(x_i))\Delta l_i \\ &= \pi(f(x_{i-1}) + f(x_i))\sqrt{(x_i - x_{i-1})^2 + (f(x_i) - f(x_{i-1}))^2} \\ &= \pi(f(x_{i-1}) + f(x_i))\sqrt{1 + \left(\frac{f(x_i) - f(x_{i-1})}{x_i - x_{i-1}}\right)^2}\,\Delta x_i \end{aligned}$$

이다. 곡선의 길이를 구하는 방법과 동일하게 평균값의 정리에 의하여 $x_i^* \in (x_{i-1}, x_i)$가 존재하여

$$S_i = \pi(f(x_{i-1}) + f(x_i))\sqrt{1 + [f'(x_i^*)]^2}\,\Delta x_i$$

이 성립한다. 이때 Δx_i가 충분히 작으면 $f(x_{i-1}) + f(x_i) \fallingdotseq 2f(x_i^*)$가 되어

$$S_i \fallingdotseq 2\pi f(x_i^*)\sqrt{1 + [f'(x_i^*)]^2}\,\Delta x_i$$

이고, 정적분의 정의에 의하여 회전체의 겉넓이 S는

$$\begin{aligned} S &= \lim_{n\to\infty}\sum_{i=1}^{n} S_i = \lim_{n\to\infty}\sum_{i=1}^{n} 2\pi f(x_i^*)\sqrt{1 + [f'(x_i^*)]^2}\,\Delta x_i \\ &= 2\pi\int_a^b f(x)\sqrt{1 + [f'(x)]^2}\,dx. \end{aligned}$$

정리 8.3.4

함수 $f(x)$가 폐구간 $[a, b]$에서 음이 아니고 연속이며 개구간 (a, b)에서 미분가능할 때 곡선 $y = f(x)$와 직선 $x = a$, $x = b$ 및 x축으로 둘러싸인 영역을 x축을 회전축으로 회전한 회전체의 겉넓이 S는

$$S = 2\pi\int_a^b f(x)\sqrt{1 + [f'(x)]^2}\,dx$$

이다.

예제 8.3.7 구간 $\left[0, \frac{1}{4}\right]$에서 $f(x)=\sqrt{1-x^2}$의 그래프를 x축을 회전축으로 회전한 회전체의 겉넓이를 구하라.

[풀이] 주어진 구간에서 $f(x) \geq 0$이고

$$f'(x)=-\frac{x}{\sqrt{1-x^2}},\quad 1+[f'(x)]^2=1+\frac{x^2}{1-x^2}=\frac{1}{1-x^2}$$

이므로 회전체의 겉넓이 S는

$$S=2\pi\int_0^{\frac{1}{4}} f(x)\sqrt{1+[f'(x)]^2}\,dx$$

$$=2\pi\int_0^{\frac{1}{4}} dx=\frac{\pi}{2}.$$ ■

x가 y의 함수이고 y축을 회전축으로 회전한 회전체의 겉넓이에 대해서도 다음이 성립한다.

정리 8.3.5

함수 $x=g(y)$가 폐구간 $[c, d]$에서 음이 아니고 연속이며 개구간 (c, d)에서 미분가능할 때 곡선 $x=g(y)$와 직선 $y=c,\ y=d$ 및 y축으로 둘러싸인 영역을 y축을 회전축으로 회전한 회전체의 겉넓이 S는

$$S=2\pi\int_c^d g(y)\sqrt{1+[g'(y)]^2}\,dy$$

이다.

예제 8.3.8 곡선 $y=\sqrt[3]{x}$와 직선 $y=0,\ y=1$ 및 y축으로 둘러싸인 영역을 y축을 회전축으로 회전한 회전체의 겉넓이를 구하라.

[풀이] $x=y^3=g(y)$라 하면 구간 $[0, 1]$에서 $g(y)\geq 0$이고 $1+[g'(y)]^2=1+9y^4$이므로 회전체의 겉넓이 S는

$$S=2\pi\int_0^1 g(y)\sqrt{1+[g'(y)]^2}\,dy=2\pi\int_0^1 y^3\sqrt{1+9y^4}\,dy$$

$$= 2\pi \int_1^{10} \frac{1}{36}\sqrt{u}\,du \quad (1 + 9y^4 = u\text{로 치환})$$

$$= \frac{\pi}{27}(10\sqrt{10} - 1).$$

■

연습문제 8.3

1. 다음 곡선의 길이를 구하라.

(1) $y = x^{\frac{3}{2}},\ 0 \le x \le \frac{4}{3}$

(2) $y = \frac{1}{2}(e^x + e^{-x}),\ -1 \le x \le 1$

(3) $y = \frac{1}{4}x^2 - \ln\sqrt{x},\ 1 \le x \le e$

(4) $x = t^3 - 3t,\ y = 3t^2,\ 0 \le t \le 1$

(5) $y = \ln(\cos x),\ 0 \le x \le \frac{\pi}{4}$

(6) $y = \frac{1}{3}x^3 + \frac{1}{4x},\ 1 \le x \le 2$

2. 다음 곡선을 주어진 축으로 회전 할 때 생기는 회전체의 겉넓이를 구하라.

(1) $y = \sqrt{x},\ \frac{3}{4} \le x \le \frac{15}{4}$; x축

(2) $y = \sqrt{x+1},\ \frac{1}{2} \le x \le \frac{5}{2}$; x축

(3) $x = \sqrt{2y-1},\ \frac{1}{2} \le y \le 1$; y 축

(4) $x = \frac{1}{3}y^{\frac{3}{2}} - y^{\frac{1}{2}},\ 1 \le y \le 4$; y축

3. 직선 $x + y = 4$를 x축과 y축으로 둘러싸인 영역을 y축을 축으로 회전하여 생기는 원뿔의 겉넓이를 구하라.

4. 곡선 $y = \sin x$과 x축 $[0, \pi]$ 사이의 영역을 x축을 회전축으로 하여 생기는 회전체의 겉넓이를 구하라. (필요할 때 $\int \sec^3\theta\, d\theta = \frac{1}{2}(\ln|\sec\theta + \tan\theta| + \sec\theta\tan\theta) + C$)를 이용)

8.4 미분방정식

y가 독립변수 x의 함수, 즉 함수 $y=y(x)$일 때, y의 도함수와 x에 관한 식을 포함하는 방정식을 미분방정식이라 한다. 이때 y의 n계 도함수를 포함하면 주어진 방정식을 n계 미분방정식이라 하는데 본 장에서는 일계 미분방정식을 간단히 소개한다.

일계 미분방정식의 표준형은 관계식 f에 대하여

$$y' = f(x, y) \quad \cdots\cdots\cdots\cdots \quad (1)$$

으로 나타내어진다. 예를 들면,

$$y' = 2y,$$
$$y' = 1 - x^2 - y^2,$$
$$y' = xy$$

은 일계 미분방정식이다. 어떤 함수가 한 미분방정식을 만족시킬 때, 이 함수를 주어진 **미분방정식의 해**라 한다. 예를 들어,

$$(e^{2x})' - 2e^{2x} = 2e^{2x} - 2e^{2x} = 0$$

이므로 $y = e^{2x}$는 미분방정식 $y' - 2y = 0$의 한 해가 된다.

일계 미분방정식에서 한 개의 임의의 상수 C를 갖고 있는 해를 **일반해**라 한다. 예를 들면 C가 임의의 상수일 때, 함수 $y = Ce^{2x}$는 미분방정식 $y' - 2y = 0$의 한 해이므로 주어진 미분방정식의 일반해이다. 이와 관련하여, 상수를 특별하게 정하여 구해지는 해를 **특수해**라 한다. 예를 들면, $y = 3e^{2x}$와 $y = -5e^{2x}$ 등은 미분방정식 $y' - 2y = 0$의 특수해이다.

변수분리형 미분방정식

일계 미분방정식 (1)에서 $f(x, y) = g(x)h(y)$인 경우를 변수분리형이라 하고

$$\frac{dy}{dx} = g(x)h(y)$$

$$\frac{1}{h(y)}dy = g(x)dx$$

가 된다. 이때 구하는 방정식의 해는 양변을 각각 x와 y에 관한 부정적분을 취하여

$$\int \frac{1}{g(y)}dy = \int h(x)dx$$

가 된다.

예제 8.4.1 미분방정식 $y' = xy$의 일반해를 구하라.

[풀이] 주어진 방정식은 $\frac{1}{y}dy = x\,dx$이고 양변을 각각 y와 x에 관하여 부정적분을 취하면

$$\int \frac{1}{y}dy = \int x\,dx$$

가 되어 구하는 해는

$$\ln|y| = \frac{1}{2}x^2 + C$$

이다. ■

예제 8.4.2 미분방정식 $y' = (3x^2+1)y^2$의 일반해를 구하고, $y(1) = \frac{1}{2}$인 해를 구하라.

[풀이] 방정식을 변형하면 $\frac{1}{y^2}dy = (3x^2+1)dx$이고 양변에 부정적분을 취하면

$$\int \frac{1}{y^2}dy = \int (3x^2+1)dx$$

가 되어 일반해는

$$-\frac{1}{y} = x^3 + x + C$$

이다. $y(1) = \frac{1}{2}$이므로 $-2 = 2 + C$, $C = -4$가 되어 구하는 특수해는

$$-\frac{1}{y} = x^3 + x - 4 \quad \text{또는} \quad y = -\frac{1}{x^3 + x - 4}$$

이다. ■

예제 8.4.3 미분방정식 $y' = -\frac{x}{y}$, $y(2) = 1$의 해를 구하라.

[풀이] 식을 변형하면 $y\,dy = -x\,dx$이고 양변에 부정적분을 취하면

$$\int y\,dy = \int (-x)dx$$

이고 구하는 일반해는

$$\frac{1}{2}y^2 + \frac{1}{2}x^2 = C$$

이다. 주어진 조건으로부터 $C = 2 + \frac{1}{2} = \frac{5}{2}$이고 따라서 구하는 해는 $x^2 + y^2 = 5$. ■

예제 8.4.4 미분방정식 $xe^{-y}\cos x\,dx - y\,dy = 0$의 일반해를 구하라.

[풀이] 주어진 방정식을 분리형으로 나타내면 $x\cos x\,dx - ye^y\,dy = 0$이고 부정적분을 취하면

$$\int x\cos x\,dx - \int ye^y\,dy = C$$

로부터 구하는 해는 다음과 같은 음함수로 표현된다.

$$x\sin x + \cos x - ye^y + e^y = C.$$ ■

예제 8.4.5 $y = y(t)$는 t시각에서 방사성 물질의 질량이라 하고 $y(0) = y_0$라 하자. 임의의 t 시각에서 질량의 감소량 $y'(t)$은 y에 비례한다고 한다. 다음에 답하라.

(1) 임의의 시각에서 이 방사성 물질의 질량을 구하라.

(2) 초기 질량이 반으로 되는 시각을 구하라.

[풀이] (1) 비례상수를 k라 하면 $y' = ky$이다. 방정식을 변형하여 부정적분을 취하면

$$\int \frac{1}{y}dy = \int k\,dt$$

로부터

$$\ln|y| = kt + C$$

이고 $y \geq 0$이므로

$$y = e^{kt+C}$$

이고, $y(0) = y_0$으로부터 구하는 해는 $y = y_0e^{kt}$.

(2) 초기 질량의 반이 되는 시각을 t라 하면 $y = y_0e^{kt} = \frac{1}{2}y_0$로부터 이고 $e^{kt} = \frac{1}{2}$이다. 양변에 자연로그를 취하면

$$\ln e^{kt} = \ln\frac{1}{2}$$

가 되어 반감되는 시각은 $t = -\frac{\ln 2}{k}$. ■

연습문제 8.4

1. 다음 미분방정식의 해를 구하라.

(1) $y' = \dfrac{y}{x}$

(2) $(y^2+1)dx + xdy = 0$

(3) $xe^{x+y}dx + ydy = 0$

(4) $(x^2 - x)y' = y$

(5) $\dfrac{dy}{dx} = \dfrac{3x^2}{4y + \sin y}$

(6) $\dfrac{dy}{dx} = xy + y + x + 1$

2. 다음 조건을 만족하는 해를 구하라.

(1) $y^2 y' = x^2,\ y(0) = 2$

(2) $ydx + xdy = 0,\ y(1) = 2$

(3) $y^2 \cos x dy + y \sin x dx = 0,\ y(\pi) = \sqrt{2}$

(4) $e^{-2y} y' = xe^{x-y},\ y(0) = 0$

3. $W = W(t)$는 t시각에서 어떤 배양 효모의 무게이다. 처음 무게가 4 g인 배양 효모가 일정한 온도에서 시간당 $W' = \dfrac{1}{100}W$의 관계를 만족한다고 한다. $W(t)$를 구하고 또 효모의 무게가 처음 무게의 2배가 되는 때를 구하라.

4. 먹이를 충분히 줄 때 배양하는 쥐의 수는 50일 만에 2배로 번식한다고 하자. 관측 당일에 쥐가 증가하는 수는 관측 일의 쥐의 수에 비례한다고 할 때, 쥐의 수가 처음의 8배가 되는 때는 관측 일로부터 며칠이 지났을 때인가?

5. $y = y(t)$가 $t \geq 0$에 대하여 $y' = e^{-0.1t}y$라 하자. $\lim_{t\to\infty} y(t) = 20$일 때, $y(0)$의 값을 구하라.

6. $P = P(t)$가 $P(0) = P_0$이고 $P' = ke^{-2t}P$라고 하자. 이때 $\lim_{t\to\infty} P(t)$를 구하라.

Chapter 09 수열과 급수

9.1 수열과 급수

수열은 함숫값이 실수인 함수로서 다음과 같이 정의가 된다.

정의 9.1.1

자연수 집합 N을 정의역으로 하고 실수집합 R을 공변역으로 하는 함수

$$f : N \to R$$

를 수열이라 하고, $n = 1, 2, 3, \cdots$에 대하여 $f(n) = a_n$이라 할 때 $f(1), f(2), f(3), \cdots$을 $a_1, a_2, a_3, \cdots$로 나타내고, 이를 $\{a_n\}_{n=1}^{\infty}$ 또는 간단히 $\{a_n\}$으로 쓴다. 이때 a_n을 수열의 제n항이라 한다.

예를 들어, 수열

$$1, \frac{1}{2}, \frac{1}{3}, \cdots, \frac{1}{n}, \cdots$$

은 $a_n = \dfrac{1}{n}$이고

$$\left\{\frac{1}{n}\right\}_{n=1}^{\infty} \quad 또는 \quad \left\{\frac{1}{n} : n \in N\right\}$$

으로 쓴다.

주의 수열 $\{a_n\}$과 수열의 값의 집합, 즉 함숫값의 집합, $\{a_n\}$을 혼동하지 않도록 주의해야 한다. 예를 들어, $a_n = (-1)^n$일 때 수열 $\{a_n\}$은 $-1, 1, -1, 1, \cdots$이지만 수열의 값의 집합은 $\{-1, 1\}$이다.

정의 9.1.2

자연수 n이 무한히 커질 때, a_n이 일정한 실수 L로 한 없이 접근하면 L을 수열 $\{a_n\}$의 극한이라 하고

$$\lim_{n \to \infty} a_n = L \quad 또는 \quad a_n \to L$$

로 쓰고 수열은 L로 수렴한다고 한다. 극한이 존재하지 않으면 $\{a_n\}$은 발산한다고 한다.

예제 9.1.1 수열 $\left\{\frac{1}{n}\right\}$은 0으로 수렴한다.

[풀이] n이 한없이 커지면 $\frac{1}{n}$은 한 없이 0으로 가까이 간다. 따라서 $\left\{\frac{1}{n}\right\}$은 0으로 수렴한다. ■

예제 9.1.2 c를 실수라 하면 수열 $\{c\}$는 c에 수렴한다.

[풀이] 수열 $\{c\}$은 모든 자연수 n에서 $a_n = c$이므로 당연히 c로 수렴한다. ■

참고 정의 7.1.1은 수열의 극한에 대한 매우 직관적인 증명이다. 본 장의 뒷부분에서 증명에서 사용되기 때문에 참고로 보다 엄밀한 수학적 정의를 서술해 본다.

극한에 대한 엄밀한 정의

주어진 양수 ϵ에 대하여 자연수 N이 존재하여

$$n \geq N\text{일 때 } |a_n - L| < \epsilon$$

이 성립하면

$$\lim_{n\to\infty} a_n = L$$

이다.

이 정의를 이용하여 예제 1을 증명해 보자.

임의의 양수 ϵ에 대하여 N을 $N > \frac{1}{\epsilon}$을 만족하는 자연수라 하자. 그러면

$$n \geq N\text{일 때 } \left|\frac{1}{n} - 0\right| = \frac{1}{n} \leq \frac{1}{N} < \epsilon$$

이다. 따라서 $\lim_{n\to\infty} \frac{1}{n} = 0$이다.

수열이 수렴하면 그 극한은 유일함이 알려져 있으며, 수렴하는 두 수열 $\{a_n\}$과 $\{b_n\}$ 사이에는 다음과 같은 정리가 성립한다.

정리 9.1.1 **수열의 극한정리**

k가 상수이고 $\lim_{n\to\infty} a_n = L$, $\lim_{n\to\infty} b_n = M$이면 다음이 성립한다.

(1) $\lim_{n\to\infty}(a_n + b_n) = L + M$

(2) $\lim_{n\to\infty}(a_n - b_n) = L - M$

(3) $\lim_{n\to\infty}(a_n b_n) = LM$

(4) $\lim_{n\to\infty} ka_n = kL$

(5) $\lim_{n\to\infty} \frac{a_n}{b_n} = \frac{L}{M}\ (M \neq 0)$

예제 9.1.3 다음 극한을 수열의 극한 정리를 이용하여 구하라.

(1) $\lim_{n\to\infty}\left(-\frac{1}{n}\right)$ (2) $\lim_{n\to\infty}\left(\frac{n+1}{n}\right)$

(3) $\lim_{n\to\infty}\frac{4}{n^2}$ (4) $\lim_{n\to\infty}\frac{3-5n^2}{n^2+4}$

[풀이] (1) $\lim_{n\to\infty}\left(-\frac{1}{n}\right) = (-1)\lim_{n\to\infty}\frac{1}{n} = (-1)\times 0 = 0.$

(2) $\lim_{n\to\infty}\left(\frac{n+1}{n}\right) = \lim_{n\to\infty}\left(1+\frac{1}{n}\right) = 1 + 0 = 1.$

(3) $\lim_{n\to\infty}\frac{4}{n^2} = 4\lim_{n\to\infty}\left(\frac{1}{n}\cdot\frac{1}{n}\right) = 4\times 0\times 0 = 0.$

(4) $\lim_{n\to\infty}\frac{3-5n^2}{n^2+4} = \lim_{n\to\infty}\frac{3/n^2-5}{1+4/n^2} = \frac{0-5}{1+0} = -5.$ ■

정리 9.1.2 **수열에 관한 Sandwich정리**

$\lim_{n\to\infty} a_n = \lim_{n\to\infty} b_n = L$이고, 적당한 자연수 n_0에 대하여 $n \geq n_0$일 때 $a_n \leq c_n \leq b_n$이 성립하면 $\lim_{n\to\infty} c_n = L$이다.

예제 9.1.4 다음이 성립함을 샌드위치 정리를 이용하여 보여라.

(1) $\lim_{n\to\infty}\frac{\cos n}{n} = 0$ (2) $\lim_{n\to\infty}\frac{1}{2^n} = 0$ (3) $\lim_{n\to\infty}(-1)^n\frac{1}{n} = 0$

[풀이] 주어진 수열이 끼이는 극한이 같은 두 수열을 찾으면 된다.

(1) 모든 자연수 n에서 $-\frac{1}{n} \le \frac{\cos n}{n} \le \frac{1}{n}$이므로 $\lim_{n\to\infty} \frac{\cos n}{n} = 0$.

(2) 모든 자연수 n에서 $0 \le \frac{1}{2^n} \le \frac{1}{n}$이므로 $\lim_{n\to\infty} \frac{1}{2^n} = 0$.

(3) 모든 자연수 n에서 $-\frac{1}{n} \le (-1)^n \frac{1}{n} \le \frac{1}{n}$이므로 $\lim_{n\to\infty} (-1)^n \frac{1}{n} = 0$. ■

정리 9.1.3 수열과 연속함수

$\lim_{n\to\infty} a_n = L$이고 $f(x)$가 모든 자연수 n에서 정의되고 L에서 연속이면 $\lim_{n\to\infty} f(a_n) = f(L)$이다.

예제 9.1.5 $\lim_{n\to\infty} \sqrt{\frac{n+1}{n}} = 1$임을 보여라.

[풀이] $\lim_{n\to\infty} \frac{n+1}{n} = 1$이고, $f(x) = \sqrt{x}$는 모든 $\frac{n+1}{n}$에서 정의되고 1에서 연속이다. 따라서 정리 1.1.4에 의하여

$$\lim_{n\to\infty} \sqrt{\frac{n+1}{n}} = \sqrt{1} = 1.$$ ■

예제 9.1.6 $\lim_{n\to\infty} 2^{\frac{1}{n}} = 1$임을 보여라.

[풀이] $\lim_{n\to\infty} \frac{1}{n} = 0$이고, $f(x) = 2^x$는 모든 $\frac{1}{n}$에서 정의되고 0에서 연속이다. 따라서 정리 1.1.4에 의하여

$$\lim_{n\to\infty} 2^{\frac{1}{n}} = 2^0 = 1.$$ ■

정리 9.1.4 수열의 극한과 함수의 극한

어떤 자연수 n_0에 대하여, 함수 $f(x)$가 모든 $x \ge n_0$에서 정의되고 수열 $\{a_n\}$이 $n \ge n_0$에서 $a_n = f(n)$일 때,

$$\lim_{x\to\infty} f(x) = L\text{이면 } \lim_{n\to\infty} a_n = L.$$

예제 9.1.7 $\lim_{n\to\infty}\frac{\ln n}{n}=0$임을 보여라.

[풀이] 함수 $f(x)=\frac{\ln x}{x}$는 모든 $x\geq 1$에서 정의되고, $n\geq 1$에서 $\frac{\ln n}{n}=f(n)$이다. 정리에 의하여

$$\lim_{n\to\infty}\frac{\ln n}{n}=\lim_{x\to\infty}f(x)=\lim_{x\to\infty}\frac{\ln x}{x}$$

이다. 이제 함수의 극한을 구하기 위하여 로피탈의 법칙을 적용하면

$$\lim_{x\to\infty}\frac{\ln x}{x}=\lim_{x\to\infty}\frac{\frac{1}{x}}{1}=\frac{0}{1}=0$$

이다. 따라서 $\lim_{n\to\infty}\frac{\ln n}{n}=0$이다. ■

예제 9.1.8 $\lim_{n\to\infty}\frac{5n}{2^n}=0$임을 보여라.

[풀이] $f(x)=\frac{5x}{2^x}$라 하면 모든 자연수 n에서 $f(n)=\frac{2^n}{5n}$이다. 로피탈의 법칙을 적용하면

$$\lim_{x\to\infty}\frac{5x}{2^x}=\lim_{x\to\infty}\frac{5}{2^x\ln 2}=0$$

이므로,

$$\lim_{n\to\infty}\frac{5n}{2^n}=\lim_{x\to\infty}f(x)=0$$

이다. ■

자주 나타나는 수열의 극한을 모으면 다음과 같다. 이 결과들을 연습문제 풀이에 이용하도록 하자.

(1) $\lim_{n\to\infty}\frac{\ln n}{n}=0$

(2) $\lim_{n\to\infty}\sqrt[n]{n}=1$

(3) $\lim_{n\to\infty}x^{\frac{1}{n}}=1\ (x>0)$

(4) $\lim_{n\to\infty}x^n=0\quad(|x|<1)$

(5) $\lim_{n\to\infty}\left(1+\frac{x}{n}\right)^n=e^x\quad(x$: 임의실수$)$

(6) $\lim_{n\to\infty}\frac{x^n}{n!}=0\quad(x$: 임의실수$)$

연습문제 9.1

1. 다음 수열의 수렴과 발산을 조사하고 수렴하면 그 극한을 구하라.

(1) $a_n = \dfrac{n+3}{n^2+5n+6}$ (2) $a_n = \dfrac{n^2-2n+1}{n-1}$

(3) $a_n = \dfrac{1-n^3}{70-4n^3}$ (4) $a_n = \dfrac{1-5n^4}{n^4+8n^3}$

(5) $a_n = \left(\dfrac{n+1}{2n}\right)\left(1-\dfrac{1}{n}\right)$ (6) $a_n = \left(2-\dfrac{1}{2^n}\right)\left(3+\dfrac{1}{2^n}\right)$

(7) $a_n = \left(-\dfrac{1}{2}\right)^n$ (8) $a_n = \dfrac{(-1)^{n+1}}{2n-1}$

2. 다음 수열의 수렴과 발산을 판정하고 수렴하면 극한을 구하라.

(1) $a_n = \dfrac{n}{2^n}$ (2) $a_n = \dfrac{3^n}{n^3}$

(3) $a_n = \left(1+\dfrac{7}{n}\right)^n$ (4) $a_n = \left(1-\dfrac{1}{n}\right)^n$

(5) $a_n = \dfrac{\sin^2 n}{2^n}$ (6) $a_n = \dfrac{\sin n}{n}$

(7) $a_n = \ln n - \ln(n+1)$ (8) $a_n = \sin\left(\dfrac{\pi}{2}+\dfrac{1}{n}\right)$

(9) $a_n = \sqrt[n]{10n}$ (10) $a_n = \left(\dfrac{3}{n}\right)^{\frac{1}{n}}$

9.2 무한급수의 수렴과 발산

주어진 수열에서 유한개의 항을 더하는 것은 쉬운 일이다. 이제 무한개 항을 더한다는 의미를 정의하고 이와 관련된 연산을 알아보도록 하자.

정의 9.2.1

수열 $\{a_n\}$의 모든 항의 합, 즉

$$\sum_{n=1}^{\infty} a_n = a_1 + a_2 + a_3 + \cdots + a_n + \cdots$$

을 수열 $\{a_n\}$의 **무한급수** 또는 **급수**라 한다. 또한 첫 항부터 n항까지의 합

$$S_n = \sum_{k=1}^{n} a_k = a_1 + a_2 + \cdots + a_n$$

을 **부분합**이라 한다. 수열 $\{S_n\}$이 수렴하면 $\sum_{n=1}^{\infty} a_n$도 수렴하고, 수열 $\{S_n\}$이 발산하면 $\sum_{n=1}^{\infty} a_n$도 발산한다.

수열 $\{S_n\}$이 수렴하고 극한이 S일 때, S를 급수 $\sum a_n$의 합이라 하고 다음과 같이 나타낸다.

$$\sum_{n=1}^{\infty} a_n = S$$

예제 9.2.1 무한급수 $\frac{1}{10} + \frac{1}{10^2} + \cdots$이 수렴함을 보이고 그 합을 구하라.

[풀이] 부분합 S_n을 계산하면

$$S_n = \frac{1}{10} + \frac{1}{10^2} + \cdots + \frac{1}{10^n} = \frac{1}{9}\left(1 - \left(\frac{1}{10}\right)^n\right)$$

이고, 부분합의 수열의 극한은 $\lim_{n\to\infty} S_n = \frac{1}{9}$이다. 따라서 무한급수는 수렴하고 급수의 합은 $\frac{1}{9}$이다. ■

예제 9.2.2 급수 $\sum_{n=1}^{\infty} \frac{1}{n(n+1)}$이 수렴함을 보이고 그 합을 구하라.

[풀이] 부분합 S_n을 구하면

$$S_n = \sum_{k=1}^{n} \frac{1}{k(k+1)} = \sum_{k=1}^{n} \left(\frac{1}{k} - \frac{1}{k+1}\right)$$
$$= \left(1 - \frac{1}{2}\right) + \left(\frac{1}{2} - \frac{1}{3}\right) + \cdots + \left(\frac{1}{n} - \frac{1}{n+1}\right)$$
$$= 1 - \frac{1}{n+1}$$

이고 $\lim_{n\to\infty} S_n = 1$이므로 급수는 수렴하고 합은 1이다. ■

정의 9.2.2 기하급수

주어진 수 $a(\neq 0)$와 r에 대하여

$$\sum_{n=1}^{\infty} ar^{n-1} = a + ar + ar^2 + \cdots + ar^{n-1} + \cdots$$

를 **기하급수**라 하고, a를 **초항**, r을 **공비**라 한다.

정리 9.2.1 기하급수

기하급수 $\sum_{n=1}^{\infty} ar^{n-1}$의 수렴과 발산은 다음과 같다.

(1) $|r| < 1$이면 기하급수는 수렴하고, 그 합은 $\frac{a}{1-r}$이다.

(2) $|r| \geq 1$이면 기하급수는 발산한다.

[증명] 부분합 $S_n = \sum_{k=1}^{n} ar^{k-1}$을 구하면

$$S_n = \begin{cases} na &, \ r = 1 \\ \dfrac{a(1-r^n)}{1-r}, & r \neq 1 \end{cases}$$

이다. 이로부터 $|r| \geq 1$이면 S_n은 발산이고, $|r| < 1$이면 S_n은 수렴하고 극한은 $\frac{a}{1-r}$이고 급수의 합이다. ■

예제 9.2.3 다음 급수의 수렴여부를 판정하고, 수렴하면 그 합을 구하라.

(1) $\sum_{n=1}^{\infty} \frac{1}{2^n}$ (2) $\sum_{n=1}^{\infty} 2^{2n} 3^{1-n}$

[풀이] (1) $\sum_{n=1}^{\infty}\frac{1}{2^n}=\sum_{n=1}^{\infty}\frac{1}{2}\left(\frac{1}{2}\right)^{n-1}$로부터 $a=\frac{1}{2}$, $r=\frac{1}{2}$이므로 주어진 급수는 수렴하고 그 합은 1이다.

(2) $\sum_{n=1}^{\infty}2^{2n}3^{1-n}=\sum_{n=1}^{\infty}3\left(\frac{4}{3}\right)^n=\sum_{n=1}^{\infty}4\left(\frac{4}{3}\right)^{n-1}$이므로 $r=\frac{4}{3}>1$이다. 따라서 주어진 급수는 발산한다. ■

정리 9.2.2

급수 $\sum_{n=1}^{\infty}a_n$이 수렴하면 $\lim_{n\to\infty}a_n=0$이다.

[증명] $S_n=S_{n-1}+a_n$으로부터 $a_n=S_n-S_{n-1}$이고 급수가 수렴하므로 부분합의 수$\{S_n\}$이 수렴한다. 따라서 다음이 성립한다.

$$\lim_{n\to\infty}a_n=\lim_{n\to\infty}(S_n-S_{n-1})=\lim_{n\to\infty}S_n-\lim_{n\to\infty}S_{n-1}=0.$$ ■

참고 (1) $\lim_{n\to\infty}a_n=0$은 급수 Σa_n이 수렴하기 위한 필요조건이다. 예를 들어서 $\sum_{n=1}^{\infty}\frac{1}{n}$에서 $\lim_{n\to\infty}\frac{1}{n}=0$이지면 급수는 발산한다.

(2) 정리의 대우명제에 의하여 $\lim_{n\to\infty}a_n\neq 0$이면 급수 Σa_n는 발산한다. —

예제 9.2.4 다음 급수의 수렴 발산을 조사하고 수렴하면 급수의 합을 구하라.

(1) $\sum_{n=1}^{\infty}(-1)^{n+1}$ (2) $\sum_{n=1}^{\infty}\frac{n}{2n+5}$ (3) $\sum_{n=1}^{\infty}\frac{(-1)^n}{4^n}$

[풀이] (1) $a_n=\pm 1$이므로 $\lim_{n\to\infty}a_n\neq 0$이다. 따라서 급수는 발산이다.

(2) $a_n=\frac{n}{2n+5}$로부터 $\lim_{n\to\infty}a_n=\frac{1}{2}$이다. 따라서 급수는 발산이다.

(3) $a_n=\left(-\frac{1}{4}\right)^n$에서 $\lim_{n\to\infty}a_n=0$이다. 그렇다고 급수의 수렴을 보장하기 못하지만, 주어진 급수는

$$\sum_{n=1}^{\infty}\frac{(-1)^n}{4^n}=\sum_{n=1}^{\infty}\left(-\frac{1}{4}\right)\left(-\frac{1}{4}\right)^{n-1}$$

로부터 $r=-\frac{1}{4}$인 기하급수이고 합은 $-\frac{1}{5}$이다. ■

정리 9.2.3 급수의 합과 차

$\sum_{n=1}^{\infty} a_n = S$이고 $\sum_{n=1}^{\infty} b_n = T$이면 상수 k에 대하여, 다음이 성립한다.

(1) $\sum_{n=1}^{\infty} (a_n \pm b_n) = S \pm T$

(2) $\sum_{n=1}^{\infty} ka_n = kS$

예제 9.2.5 다음 급수의 합을 구하라.

$$\sum_{n=1}^{\infty} \left(\frac{3}{4^n} - \frac{2}{5^{n-1}} \right)$$

[풀이] $\sum_{n=1}^{\infty} \frac{1}{4^n} = \frac{1}{3}$이고 $\sum_{n=1}^{\infty} \frac{1}{5^{n-1}} = \frac{5}{4}$이므로 정리에 의하여

$$\sum_{n=1}^{\infty} \left(\frac{3}{4^n} - \frac{2}{5^{n-1}} \right) = 3 \times \frac{1}{3} - 2 \times \frac{5}{4} = -\frac{3}{2}.$$ ■

연습문제 9.2

1. 다음 급수의 수렴 발산을 판정하고, 수렴하는 경우 그 합을 구하라.

(1) $1 + \frac{1}{5} + \frac{1}{25} + \cdots + \left(\frac{1}{5}\right)^n + \cdots$

(2) $1 - 2 + 4 - 8 + \cdots + (-1)^n 2^{n+1} + \cdots$

(3) $\frac{1}{2 \cdot 3} + \frac{1}{3 \cdot 4} + \cdots + \frac{1}{(n+1)(n+2)} + \cdots$

(4) $\sum_{n=1}^{\infty} \frac{4}{(4n-3)(4n+1)}$

(5) $\sum_{n=2}^{\infty} \frac{2}{n^2 - 1}$

(6) $\sum_{n=1}^{\infty} \frac{n}{3n+4}$

(7) $\sum_{n=1}^{\infty} \ln \frac{1}{n}$

(8) $\sum_{n=1}^{\infty} (\sqrt{2})^{1-n}$

(9) $\sum_{n=1}^{\infty} \left(\frac{3}{e}\right)^n$

(10) $\sum_{n=1}^{\infty} \frac{2^{n+1}}{5^n}$

(11) $\sum_{n=1}^{\infty} \left(1 - \frac{1}{n}\right)^n$

(12) $\sum_{n=1}^{\infty} \frac{n!}{10^n}$

(13) $\sum_{n=1}^{\infty} \cos n\pi$

2. $\sum_{n=1}^{\infty} a_n$과 $\sum_{n=1}^{\infty} b_n$은 각각 수렴하지만 $\sum_{n=1}^{\infty} \frac{a_n}{b_n}$이 수렴하지 않는 예를 들어라.

3. 모든 자연수 n에 대하여 $a_n \neq 0$이라고 가정하자. 만약 $\sum_{n=1}^{\infty} a_n$이 수렴하면 $\sum_{n=1}^{\infty} \frac{1}{a_n}$이 발산함을 보여라.

9.3 양항급수의 수렴판정 I: 비교판정, 적분판정

모든 항이 $a_n > 0$일 때, $\sum_{n=1}^{\infty} a_n$을 **양항급수**라 한다. 이 절과 다음 절에서는 양항급수 $\sum_{n=1}^{\infty} a_n$이 수렴하는 조건을 공부한다. 무한급수 $\sum_{n=1}^{\infty} a_n$가 양항급수이면 급수의 부분수열 $\{S_n\}$은 $S_1 < S_2 < \cdots < S_n < \cdots$의 관계가 있고 $\{S_n\}$은 **증가수열**이 된다.

정의 9.3.1

모든 자연수 n에 대하여 적당한 실수 $M > 0$이 존재하여 $s_n \leq M$을 만족하면 $\{s_n\}$은 **위로 유계**라 하고, M을 $\{s_n\}$의 **상계**라 한다. 또 상계 중에서 가장 작은 값을 **상한**이라 한다.

예제 9.3.1 $s_n = \dfrac{n}{n+1}$이면 1 은 $\{s_n\}$의 상계이며 보다 작은 어떤 값도 상계가 될 수 없다. 따라서 1은 상한이다. ■

정리 9.3.1

증가수열 $\{s_n\}$이 수렴할 필요충분조건은 $\{s_n\}$이 위로 유계이다. 또 임의의 n에 대해서 $s_n \leq M$이면 그 극한은 M보다 작거나 같다.

예제 9.3.2 $\sum_{n=1}^{\infty} \dfrac{1}{n!} = 1 + \dfrac{1}{2!} + \dfrac{1}{3!} + \cdots$는 수렴함을 보여라.

[풀이]

$$S_n = 1 + \frac{1}{2!} + \frac{1}{3!} + \cdots + \frac{1}{n!}$$

이라 하면

$$\begin{aligned} S_n &\leq 1 + \frac{1}{2} + \frac{1}{2^2} + \cdots + \frac{1}{2^{n-1}} \\ &< \sum_{n=1}^{\infty} \frac{1}{2^{n-1}} = \frac{1}{1-\frac{1}{2}} = 2 \end{aligned}$$

이므로 부분합의 수열이 위로 유계이고 정리 9.3.1에 의하여 이 급수는 수렴한다. ■

예제 9.3.3 조화급수 $\sum_{n=1}^{\infty}\frac{1}{n}=1+\frac{1}{2}+\frac{1}{3}+\cdots$은 발산함을 보여라.

[풀이] 정리 9.3.1에 의하여 부분합의 수열이 위로 유계가 아님을 보이면 충분하다. $n=2^m$이라 두면

$$S_n=\sum_{k=1}^{n}\frac{1}{k}=1+\frac{1}{2}+\left(\frac{1}{3}+\frac{1}{4}\right)+\left(\frac{1}{5}+\frac{1}{6}+\frac{1}{7}+\frac{1}{8}\right)+\cdots$$
$$+\left(\frac{1}{2^{m-1}+1}+\cdots+\frac{1}{2^m}\right)$$
$$>1+\frac{1}{2}+\frac{1}{2}+\frac{1}{2}+\cdots+\frac{1}{2}\quad\left(\frac{1}{2}\text{이 } m\text{개}\right)$$

이므로 $S_n>\frac{1}{2}m$이다. 따라서 $\{S_n\}$은 유계가 아니므로 발산한다. ■

정리 9.3.2 양항급수의 비교판정법

적당한 자연수 n_0에 대하여 다음이 성립한다.

(a) **수렴판정:** $n\geq n_0$에 대하여 $a_n\leq c_n$이고 $\sum_{n=1}^{\infty}c_n$이 수렴하면 $\sum_{n=1}^{\infty}a_n$은 수렴한다.

(b) **발산판정:** $n\geq n_0$에 대하여 $d_n\leq a_n$이고 $\sum_{n=1}^{\infty}d_n$이 발산이면 $\sum_{n=1}^{\infty}a_n$은 발산한다.

[증명] (a) $\sum_{n=1}^{\infty}a_n$의 부분수열 $\{S_n\}$은

$$S_n\leq a_1+a_2+\cdots+a_{n_0}+\sum_{n=n_0+1}^{\infty}a_n$$
$$\leq a_1+a_2+\cdots+a_{n_0}+\sum_{n=n_0+1}^{\infty}c_n$$

에 의하여 위로 유계이다. 따라서 정리 9.3.1에 의하여 $\sum_{n=1}^{\infty}a_n$은 수렴이다.

(b) $\sum_{n=1}^{\infty}a_n$의 부분합수열 $\{S_n\}$이 위로 유계가 아님을 보이면 충분하다. 만약 $\{S_n\}$이 위로 유계라면 $\sum_{n=1}^{\infty}a_n$은 수렴하고, $\sum_{n=1}^{\infty}d_n$의 부분합수열 $\{T_n\}$은

$$T_n\leq d_1+d_2+\cdots+d_{n_0}+\sum_{n=n_0+1}^{\infty}a_n$$

에 의하여 위로 유계이며 $\sum_{n=1}^{\infty}d_n$은 수렴하는 수열이 된다. 이는 $\sum_{n=1}^{\infty}d_n$이 발산한다

는 사실에 모순이 되므로 $\sum_{n=1}^{\infty} a_n$의 부분합수열은 위로 유계가 아님이 증명된다. ■

예제 9.3.4 다음 급수의 수렴, 발산을 조사하라.

$$5 + \frac{2}{3} + 1 + \frac{1}{7} + \frac{1}{2} + \frac{1}{3!} + \frac{1}{4!} + \cdots + \frac{1}{k!} + \cdots$$

[풀이] 처음 항부터 임의의 유한한 항까지의 합은 주어진 급수의 수렴과 발산에는 영향을 주지 않음에 유의하자.

$n \ge 5$일 때, 주어진 급수는

$$\frac{1}{2} + \frac{1}{3!} + \frac{1}{4!} + \cdots + \frac{1}{k!} + \cdots \le \sum_{n=1}^{\infty} \frac{1}{2^{n-1}}$$

이고 $\sum_{n=1}^{\infty} \frac{1}{2^{n-1}}$이 수렴하므로 정리 9.3.2(a)에 의하여 주어진 급수는 수렴한다. ■

정리 9.3.3 적분판정법

$\sum_{n=1}^{\infty} a_n$은 양항급수이고, 함수 $f(x)$는 구간 $[1, \infty)$에서 연속이고 양의 함숫값을 가지고 단조감소함수이고 임의의 자연수 n에서 $a_n = f(n)$이라 하자. 그러면 다음이 성립한다.

(1) 특이적분 $\int_1^{\infty} f(x)dx$가 수렴하면 급수 $\sum_{n=1}^{\infty} a_n$이 수렴한다.

(2) 특이적분 $\int_1^{\infty} f(x)dx$가 발산하면 급수 $\sum_{n=1}^{\infty} a_n$이 발산한다.

[증명] $f(x)$가 감소함수이므로, 임의의 자연수 n에 대하여 $n \le x \le n+1$이면

$$a_{n+1} = f(n+1) \le f(x) \le f(n) = a_n$$

$$a_{n+1} \le \int_n^{n+1} f(x)dx \le a_n, \ (n = 1, 2, 3, \cdots)$$

이고

$$\int_1^{n+1} f(x) \le S_n \le a_1 + \int_1^n f(x)dx \qquad (*)$$

이다. 이제 $\int_1^{\infty} f(x)dx$이 수렴이면 $(*)$의 우변으로부터 $\{S_n\}$은 위로 유계이므로 수렴

이고 결국 $\sum_{n=1}^{\infty} a_n$은 수렴이다. 다른 한편, $\int_1^{\infty} f(x)dx$이 발산이면 (*)의 좌변으로부터 $\{S_n\}$은 유계가 아니므로 발산이고 따라서 $\sum_{n=1}^{\infty} a_n$은 발산이다. ■

예제 9.3.5 조화급수 $\sum_{n=1}^{\infty} \frac{1}{n}$이 발함을 적분판정법으로 보여라.

[풀이] $f(x) = \frac{1}{x}$라 하면, $f(x)$는 $[1, \infty)$에서 연속이고 감소함수이다. 또한 $\frac{1}{n} = f(n)$이고

$$\int_1^{\infty} \frac{1}{x} dx = \lim_{n \to \infty} \int_1^{n} \frac{1}{x} dx = \lim_{n \to \infty} \ln n$$

는 발산이다. 따라서 급수는 발산이다. ■

예제 9.3.6 급수 $\sum_{n=1}^{\infty} \frac{1}{n^2}$의 수렴여부를 판정하라.

[풀이] $f(x) = \frac{1}{x^2}$라 하면, $f(x)$는 $[1, \infty)$에서 연속이고 감소함수이다. 또한 $\frac{1}{n^2} = f(n)$이고

$$\int_1^{\infty} \frac{1}{x^2} dx = \lim_{n \to \infty} \int_1^{n} \frac{1}{x^2} dx = \lim_{n \to \infty} \left(-\frac{1}{n} + 1\right) = 1$$

로부터 수렴이다. 따라서 급수는 수렴이다. ■

예제 9.3.7 실수 $p > 0$에 대하여, p-급수 $\sum_{n=1}^{\infty} \frac{1}{n^p}$는 $p > 1$일 때 수렴하고, $p \leq 1$일 때 발산함을 보여라.

[풀이] $p > 0$에 대하여 $f(x) = \frac{1}{x^p}$라 하자. 그러면 $f(x)$는 $[1, \infty)$에서 연속이고 감소함수이다. 또한 $\frac{1}{n^p} = f(n)$이다. $p = 1$일 때, 예제 9.3.5에 의하여 발산이다. $p \neq 1$일 때

$$\int_1^{\infty} \frac{1}{x^p} dx = \lim_{n \to \infty} \int_1^{n} \frac{1}{x^p} dx = \lim_{n \to \infty} \frac{1}{1-p}(n^{1-p} - 1)$$

로부터 $p > 1$이면 특이적분은 $\frac{1}{p-1}$으로 수렴한다. 따라서 급수는 수렴한다. $0 < p < 1$이면 특이적분은 발산한다. 따라서 급수는 발산한다. ■

지금까지 예제에서 다루었던 중요한 급수의 수렴 및 발산을 요약하면 다음과 같다.

(1) $\sum_{n=1}^{\infty}\frac{1}{n}$: 발산(조화급수)

(2) $\sum_{n=1}^{\infty}\frac{1}{n!}$: 수렴

(3) $\sum_{n=1}^{\infty}\frac{1}{n^2}$: 수렴

(4) $\sum_{n=1}^{\infty}\frac{1}{n^p}$: $p>1$이면 수렴, $0<p\le 1$이면 발산

정리 9.3.4 비교판정법

모든 자연수 n에 대하여 $0<a_n\le b_n$일 때,

(1) $\sum_{n=1}^{\infty} b_n$이 수렴하면 $\sum_{n=1}^{\infty} a_n$은 수렴하고,

(2) $\sum_{n=1}^{\infty} a_n$이 발산하면 $\sum_{n=1}^{\infty} b_n$은 발산한다/

[증명] (1) $S_n=\sum_{k=1}^{n} a_k$, $T_n=\sum_{k=1}^{n} b_k$, $T=\sum_{n=1}^{\infty} b_n$이라 하자. 모든 자연수 k에 대하여 $a_k\le b_k$이므로 $S_n\le T_n\le T$이다. 수열 $\{s_n\}$은 단조증가이고 위로 유계이고 따라서 급수 $\sum_{n=1}^{\infty} a_n$는 수렴한다.

(2) (1)의 방법으로 증명할 수 있다. ■

예제 9.3.8 다음 급수의 수렴여부를 판정하라.

$$\sum_{n=1}^{\infty}\frac{1}{3n^2+2n+4}$$

[풀이] 모든 자연수 n에 대하여

$$0<\frac{1}{3n^2+2n+4}<\frac{1}{3n^2}<\frac{1}{n^2}$$

이고 $\sum_{n=1}^{\infty}\frac{1}{n^2}$은 p-급수 판정에 의하여 수렴한다. 따라서 비교판정에 의하여 $\sum_{n=1}^{\infty}\frac{1}{3n^2+2n+4}$은 수렴한다. ■

예제 9.3.9 다음 급수의 수렴여부를 판정하라.

$$\sum_{n=2}^{\infty}\frac{\ln n}{n}$$

[풀이] $n \ge 3$일 때 $\ln n > 1$이다. 그러므로 $0 < \frac{1}{n} < \frac{\ln n}{n}$이고 조화급수 $\sum_{n=1}^{\infty} \frac{1}{n}$은 발산하기 때문에 $\sum_{n=2}^{\infty} \frac{\ln n}{n}$은 발산한다. ■

정리 9.3.5 극한비교판정법

$\sum_{n=1}^{\infty} a_n$과 $\sum_{n=1}^{\infty} b_n$이 양항급수이고 $\lim_{n\to\infty} \frac{a_n}{b_n} = L$이고 $0 < L < \infty$이면, 두 급수는 동시에 수렴이거나 또는 동시에 발산이다.

[증명] $P < L < Q$인 두 양수 P와 Q를 잡자. 그러면 극한의 정의에 의하여 충분히 큰 n에 대하여

$$P < \frac{a_n}{b_n} < Q,$$

$$Pb_n < a_n < Qb_n$$

이다. 만약 $\sum_{n=1}^{\infty} b_n$이 수렴하면 충분히 큰 n에 대하여 $\sum_{k=n}^{\infty} a_k \le Q\sum_{k=n}^{\infty} b_k$이므로 정리 9.3.4(1)에 의하여 $\sum_{n=1}^{\infty} a_n$은 수렴한다. 만약 $\sum_{n=1}^{\infty} b_n$이 발산하면 충분히 큰 n에 대하여 $Q\sum_{k=n}^{\infty} b_k \le \sum_{k=n}^{\infty} a_k$이므로 정리 9.3.4(2)에 의하여 $\sum_{n=1}^{\infty} a_n$은 발산한다. ■

예제 9.3.10 $\sum_{n=1}^{\infty} \frac{2n}{n^3 - n + 1}$의 수렴여부를 판정하라.

[풀이] $a_n = \frac{2n}{n^3 - n + 1}$, $b_n = \frac{1}{n^2}$이라 하면

$$\lim_{n\to\infty} \frac{a_n}{b_n} = \lim_{n\to\infty} \frac{2n^3}{n^3 - n + 1} = 2$$

이다. $\sum_{n=1}^{\infty} \frac{1}{n^2}$은 수렴하므로 극한비교판정법에 의하여 주어진 급수는 수렴한다. ■

예제 9.3.11 $\sum_{n=1}^{\infty} \frac{1}{2n + \ln n}$의 수렴여부를 판정하라.

[풀이] $a_n = \frac{1}{2n + \ln n}$, $b_n = \frac{1}{n}$이라 하면

$$\lim_{n\to\infty} \frac{a_n}{b_n} = \lim_{n\to\infty} \frac{n}{2n + \ln n} = \lim_{n\to\infty} \frac{1}{2 + \frac{\ln n}{n}} = \frac{1}{2}$$

이다. 조화급수 $\sum_{n=1}^{\infty}\frac{1}{n}$은 발산하므로 극한비교판정법에 의하여 주어진 급수는 발산한다. ■

연습문제 9.3

1. 다음 급수의 수렴, 발산을 판정하고 그 이유를 설명하라.

(1) $\sum_{n=1}^{\infty}\frac{5}{n}$

(2) $\sum_{n=1}^{\infty}\frac{n}{n+2}$

(3) $\sum_{n=1}^{\infty}\frac{1}{2n-1}$

(4) $\sum_{n=1}^{\infty}\frac{1}{n+1}$

(5) $\sum_{n=1}^{\infty}\frac{n}{n^2+1}$

(6) $\sum_{n=1}^{\infty}\frac{10n+1}{n(n+1)(n+2)}$

(7) $\sum_{n=1}^{\infty}\frac{1}{n\sqrt{n}}$

(8) $\sum_{n=1}^{\infty}\frac{\sqrt{n}}{n^2+1}$

(9) $\sum_{n=1}^{\infty}\frac{1}{\sqrt{n^3}+2}$

(10) $\sum_{n=1}^{\infty}\frac{1}{\sqrt[n]{n}}$

(11) $\sum_{n=1}^{\infty}\frac{\ln n}{n}$

(12) $\sum_{n=1}^{\infty}\frac{1}{1+\ln n}$

(13) $\sum_{n=1}^{\infty}\frac{1}{8^n}$

(14) $\sum_{n=1}^{\infty}\frac{1}{10^n}$

(15) $\sum_{n=1}^{\infty}\frac{2^n}{3^n}$

(16) $\sum_{n=1}^{\infty}\frac{1}{3^{n-1}+1}$

(17) $\sum_{n=1}^{\infty}\frac{2^n}{n+1}$

(18) $\sum_{n=1}^{\infty}\frac{1+n}{n2^n}$

(19) $\sum_{n=1}^{\infty}\frac{1}{(\ln 2)^n}$

(20) $\sum_{n=2}^{\infty}\frac{\sqrt{n}}{\ln n}$

(21) $\sum_{n=1}^{\infty}\left(1+\frac{1}{n}\right)^n$

(22) $\sum_{n=1}^{\infty}\left(\frac{n}{n+1}\right)^n$

(23) $\sum_{n=1}^{\infty}\frac{\sin^2 n}{2^n}$

(24) $\sum_{n=1}^{\infty}\frac{1+\cos n}{n^2}$

2. $\sum_{n=1}^{\infty}a_n$이 수렴하는 양항급수이면 $\sum_{n=1}^{\infty}\frac{a_n}{n}$도 수렴함을 증명하라.

9.4 양항급수의 수렴판정 II: 비에 의한 판정, 근판정

지금까지 주어진 급수의 수렴 발산 판정은 이미 그 결과를 알고 있는 다른 급수와의 비교하여 판정하였다. 이러한 판정법에서는 비교할 만한 적당한 급수를 알고 있어야 한다. 본 절에서는 다른 급수와 비교하지 않고 주어진 급수만을 이용하여 판정하는 방법에 대하여 알아본다.

정리 9.4.1 비에 의한 판정

양항급수 $\sum_{n=1}^{\infty} a_n$에 대하여

$$\lim_{n\to\infty}\frac{a_{n+1}}{a_n}=\rho$$

일 때,

(1) $\rho<1$이면 $\sum_{n=1}^{\infty} a_n$은 수렴한다.

(2) $\rho>1$이면 $\sum_{n=1}^{\infty} a_n$은 발산한다.

(3) $\rho=1$이면 $\sum_{n=1}^{\infty} a_n$은 수렴여부는 판정불가이다.

[증명] (1) $\rho<1$이므로 $\rho<r<1$인 r을 택하면, 양의 정수 N이 존재하여 $k\geq N$인 모든 k에 대하여

$$\frac{a_{k+1}}{a_n}<r$$

이다. 이때,

$$a_{N+1}<ra_N,\ a_{N+2}<r^2a_N, \cdots, a_{N+j}<r^ja_N$$

이므로

$$\sum_{k=N+1}^{\infty} a_k\leq\sum_{n=1}^{\infty} a_N r^n=a_N\sum_{n=1}^{\infty} r^n$$

이고 $0<r<1$이므로 기하급수 $\sum_{n=1}^{\infty} r^n$는 수렴한다. 따라서 $\sum_{k=N+1}^{\infty} a_k$는 수렴하고 결국 $\sum_{n=1}^{\infty} a_n$은 수렴한다.

(2) $\rho>1$이므로 양의 정수 N이 존재하여 $k\geq N$인 모든 k에 대하여 $\dfrac{a_{k+1}}{a_n}>1$이다. 즉

임의의 $n > N$에 대하여

$$a_n > a_{n-1} > a_{n-2} > \cdots > a_N$$

이고 $\lim_{n\to\infty} a_n \geq a_N$으로부터 $\lim_{n\to\infty} a_n \neq 0$이다. 따라서 $\sum_{n=1}^{\infty} a_n$은 발산한다.

(3) 조화급수 $\sum_{n=1}^{\infty} \frac{1}{n}$은 발산하고 $\lim_{n\to\infty} \frac{a_{n+1}}{a_n} = \lim_{n\to\infty} \frac{n}{n+1} = 1$ 이다.

$\sum_{n=1}^{\infty} \frac{1}{n^2}$은 수렴하고 $\lim_{n\to\infty} \frac{a_{n+1}}{a_n} = \lim_{n\to\infty} \left(\frac{n}{n+1}\right)^2 = 1$이다. 따라서 $\rho = 1$인 경우는 비율극한에 의하여 수렴, 발산을 판정할 수 없다. ■

예제 9.4.1 $a_1 = 1$이고 $a_{n+1} = \frac{n}{2n+1} a_n$로 정의된 수열로부터 얻어진 급수 $\sum_{n=1}^{\infty} a_n$의 수렴여부를 판정하라.

[풀이] $\rho = \lim_{n\to\infty} \frac{a_{n+1}}{a_n} = \lim_{n\to\infty} \frac{n}{2n+1} = \frac{1}{2}$이므로 비에 의한 판정에 의하여 $\sum_{n=1}^{\infty} a_n$은 수렴한다. ■

예제 9.4.2 $\sum_{n=1}^{\infty} \frac{n^n}{n!}$의 수렴여부를 판정하라.

[풀이]

$$\begin{aligned}\rho &= \lim_{n\to\infty} \frac{a_{n+1}}{a_n} = \lim_{n\to\infty} \frac{n!(n+1)^{n+1}}{(n+1)!n^n} \\ &= \lim_{n\to\infty} \frac{(n+1)^n}{n^n} = \lim_{n\to\infty} \left(1 + \frac{1}{n}\right)^n = e(> 1)\end{aligned}$$

이므로 주어진 급수는 발산한다. ■

예제 9.4.3 다음 급수의 수렴여부를 판정하라.

$$1 + \frac{1}{3} + \frac{1}{5} + \cdots + \frac{1}{2n-1} + \cdots$$

[풀이]

$$\rho = \lim_{n\to\infty} \frac{a_{n+1}}{a_n} = \lim_{n\to\infty} \frac{2n-1}{2n+1} = 1$$

이므로 주어진 급수는 비에 의한 판정법으로 판정할 수 없다. 그러나

$$\begin{aligned}\int_1^{\infty} \frac{1}{2x-1} dx &= \lim_{n\to\infty} \int_1^n \frac{1}{2x-1} dx \\ &= \lim_{n\to\infty} \frac{1}{2} \ln(2n-1)\end{aligned}$$

으로부터 특이적분이 발산하므로 적분판정법에 의하여 주어진 급수는 발산이다. ■

정리 9.4.2 n-승근 판정

양항급수 $\sum_{n=1}^{\infty} a_n$에 대하여

$$\lim_{n\to\infty} \sqrt[n]{a_n} = \rho$$

일 때,

(1) $\rho < 1$이면 $\sum_{n=1}^{\infty} a_n$은 수렴한다.

(2) $\rho > 1$이면 $\sum_{n=1}^{\infty} a_n$은 발산한다.

(3) $\rho = 1$이면 $\sum_{n=1}^{\infty} a_n$은 판정불가이다.

[증명] (1) $\rho < r < 1$인 r을 잡으면, 양의 정수 N이 존재하여 모든 $n > N$에 대하여 극한의 정의에 의하여

$$a_n^{\frac{1}{n}} < r \quad 즉, \quad a_n < r^n$$

이다. 이로부터

$$\sum_{n=N}^{\infty} a_n \le \sum_{n=N}^{\infty} r^n$$

이고 $0 < r < 1$이므로 $\sum_{n=N}^{\infty} r^n$은 수렴하고 비교판정에 의하여 $\sum_{n=1}^{\infty} a_n$은 수렴한다.

(2) $\rho > 1$이면 충분히 큰 n에 대하여 $a_n > 1$을 만족하여 $\lim_{n\to\infty} a_n \ne 0$이므로 $\sum_{n=1}^{\infty} a_n$은 발산한다.

(3) $\sum_{n=1}^{\infty} \frac{1}{n}$과 $\sum_{n=1}^{\infty} \frac{1}{n^2}$은 모두 $\rho = 1$이지만 $\sum_{n=1}^{\infty} \frac{1}{n}$은 발산하고 $\sum_{n=1}^{\infty} \frac{1}{n^2}$은 수렴한다. 따라서 $\rho = 1$이면 급수의 수렴여부를 판정할 수 없다. ■

예제 9.4.4 다음 급수의 수렴여부를 판정하라.

(1) $\sum_{n=1}^{\infty} \frac{n^2}{2^n}$　　　　(2) $\sum_{n=1}^{\infty} \frac{2^n}{n^2}$

[풀이] (1) n-승근 판정법을 이용하면

$$\rho = \lim_{n\to\infty} \sqrt[n]{a_n} = \lim_{n\to\infty} \frac{\sqrt[n]{n^2}}{2} = \frac{1}{2} < 1$$

이므로 주어진 급수는 수렴한다.

(2) $\rho = \lim_{n\to\infty} \sqrt[n]{a_n} = \lim_{n\to\infty} \frac{2}{\sqrt[n]{n^2}} = 2 > 1$이므로 주어진 급수는 발산한다. ■

예제 9.4.5 다음 급수의 수렴여부를 판정하라.

$$\sum_{n=1}^{\infty} \frac{1}{(\ln(n+1))^n}$$

[풀이] $\rho = \lim_{n\to\infty} \sqrt[n]{a_n} = \lim_{n\to\infty} \frac{1}{\ln(n+1)} = 0 < 1$이므로 주어진 급수는 수렴한다. ■

연습문제 9.4

1. 다음과 같이 정의된 수열로부터 얻어지는 급수의 수렴여부를 판정하라.

(1) $a_1 = 2,\ a_{n+1} = \frac{2}{n} a_n$

(2) $a_1 = 3,\ a_{n+1} = \frac{n}{n+1} a_n$

(3) $a_1 = \frac{1}{3},\ a_{n+1} = \frac{3n-1}{2n+5} a_n$

(4) $a_1 = \frac{1}{2},\ a_{n+1} = \frac{n + \ln n}{n+10} a_n$

(5) $a_1 = -1,\ a_{n+1} = \frac{1 + \ln n}{n} a_n$

(6) $a_1 = 2,\ a_{n+1} = \frac{1 + \sin n}{n} a_n$

(7) $a_n = \frac{2^n n! n!}{(2n)!}$

(8) $a_n = \frac{(3n)!}{n!(n+1)!(n+2)!}$

2. 다음 급수의 수렴, 발산을 판정하고 이유를 설명하라.

(1) $\sum_{n=1}^{\infty} \frac{2^n}{3^n}$

(2) $\sum_{n=1}^{\infty} \frac{n^2}{2^n}$

(3) $\sum_{n=1}^{\infty} \frac{2 + (-1)^n}{(1.25)^n}$

(4) $\sum_{n=1}^{\infty} \frac{n \ln n}{2^n}$

(5) $\sum_{n=1}^{\infty} n^2 e^{-n}$

(6) $\sum_{n=1}^{\infty} \frac{n!}{10^n}$

(7) $\sum_{n=1}^{\infty} n! e^{-n}$

(8) $\sum_{n=1}^{\infty} \frac{3^n}{n^3}$

(9) $\sum_{n=1}^{\infty} \frac{\ln n}{n^3}$

(10) $\sum_{n=1}^{\infty} \left(1 - \frac{1}{n^2}\right)^n$

(11) $\sum_{n=1}^{\infty} \left(1 - \frac{3}{n}\right)^n$

(12) $\sum_{n=1}^{\infty} \frac{n}{(\ln n)^n}$

(13) $\sum_{n=1}^{\infty} \frac{1}{(2n+1)!}$

(14) $\sum_{n=1}^{\infty} \frac{n!}{(2n+1)!}$

(15) $\sum_{n=1}^{\infty} \frac{(n+1)(n+2)}{n!}$

(16) $\sum_{n=1}^{\infty} \frac{n!}{n^n}$

9.5 교대급수, 절대수렴, 조건수렴

임의의 자연수 n에 대하여 $a_n > 0$일 때

$$a_1 - a_2 + a_3 - a_4 + \cdots + (-1)^{n-1} a_n + \cdots$$

또는

$$-a_1 + a_2 - a_3 + a_4 - \cdots + (-1)^n a_n + \cdots$$

와 같이 일반항이 양항과 음항이 교대로 나타나는 급수를 **교대급수**(alternating series)라 한다.

예를 들면,

$$1 - \frac{1}{2} + \frac{1}{3} - \frac{1}{4} + \cdots + \frac{(-1)^{n+1}}{n} + \cdots$$

$$-2 + 1 - \frac{1}{2} + \frac{1}{4} - \frac{1}{8} + \cdots + \frac{(-1)^n}{2^{n-2}} + \cdots$$

은 교대급수이다.

정리 9.5.1 교대급수의 수렴정리

교대급수 $\sum_{n=1}^{\infty} (-1)^{n+1} a_n$에 대하여

(1) $a_n \geq a_{n+1}$

(2) $\lim_{n \to \infty} a_n = 0$

이면 주어진 교대급수는 수렴한다.

[증명] 우선 짝수 번째 부분합 수열 $\{S_{2n}\}$을 생각해보자.

$$\begin{aligned} S_{2n} &= (a_1 - a_2) + (a_3 - a_4) + \cdots (a_{2n-1} - a_{2n}) \\ &= a_1 - (a_2 - a_3) - \cdots - (a_{2n-2} - a_{2n-1}) - a_{2n} \end{aligned}$$

이고 $a_n - a_{n+1} \geq 0$으로부터 $S_2 \leq S_4 \leq S_6 \leq \cdots \leq S_{2n} \leq a_1$이므로 $\{S_{2n}\}$은 증가수열이고 위로 유계이므로 수렴한다.

이제 홀수 번째 부분합 수열 $\{S_{2n+1}\}$을 생각해보자.

$$S_{2n+1} = S_{2n} + a_{2n+1}$$

이고 $\lim_{n\to\infty} a_{2n+1} = 0$이므로

$$\lim_{n\to\infty} S_{2n+1} = \lim_{n\to\infty}(S_{2n} + a_{2n+1}) = \lim_{n\to\infty} S_{2n}$$

이 되어 $\{S_{2n+1}\}$도 수렴한다. 따라서 주어진 교대급수는 수렴한다. ■

예제 9.5.1 $$\sum_{n=1}^{\infty}(-1)^{n+1}\frac{1}{n} = 1 - \frac{1}{2} + \frac{1}{3} - \frac{1}{4} + \cdots + \frac{(-1)^{n+1}}{n} + \cdots$$

의 수렴, 발산을 판정하라. 이 급수를 조화교대급수라 한다.

[풀이] $$a_n = \frac{1}{n} > \frac{1}{n+1} = a_{n+1}\text{이고 } \lim_{n\to\infty} a_n = \lim_{n\to\infty}\frac{1}{n} = 0$$

이므로 주어진 급수는 수렴한다. ■

예제 9.5.2 다음 교대급수의 수렴, 발산을 판정하라.

$$\sum_{n=1}^{\infty}(-1)^{n+1}\frac{n+3}{n(n+1)}$$

[풀이] 인접 항의 대소를 비교하기 위하여 비율을 계산하면

$$\begin{aligned}\frac{a_{n+1}}{a_n} &= \frac{n+4}{(n+1)(n+2)}\cdot\frac{n(n+1)}{n+3}\\ &= \frac{n^2+4n}{n^2+5n+6} = \frac{n^2+4n}{(n^2+4n)+(n+6)} < 1\end{aligned}$$

이므로 $a_n \geq a_{n+1}$이다. 또한 $\lim_{n\to\infty} a_n = \lim_{n\to\infty}\frac{n+3}{n(n+1)} = 0$이므로 주어진 교대급수는 수렴한다. ■

지금까지는 양항급수의 수렴과 발산에 관하여 알아보았다. 이제는 임의의 급수 $\sum_{n=1}^{\infty} a_n$의 수렴과 발산에 대하여 알아보자.

$\sum_{n=1}^{\infty}|a_n|$이 수렴할 때, $\sum_{n=1}^{\infty} a_n$은 "절대수렴"한다고 한다. 또 $\sum_{n=1}^{\infty} a_n$은 수렴하나 $\sum_{n=1}^{\infty}|a_n|$은 수렴하지 않을 때 $\sum_{n=1}^{\infty} a_n$은 "조건수렴"한다고 한다.

정리 9.5.2 절대수렴 정리

$\sum_{n=1}^{\infty} a_n$이 절대수렴하면 $\sum_{n=1}^{\infty} a_n$은 수렴한다.

[증명]

$$p_n = \frac{|a_n| + a_n}{2}, \quad q_n = \frac{|a_n| - a_n}{2}$$

라 두면

$$p_n \geq 0,\ q_n \geq 0,\ p_n - q_n = a_n$$

이다. 그런데

$$p_n \leq \frac{|a_n| + |a_n|}{2} = |a_n|$$

$$q_n \leq \frac{|a_n| + |a_n|}{2} = |a_n|$$

으로부터 $\sum_{n=1}^{\infty} |a_n|$이 수렴하므로 양항급수의 비교판정에 의하여 $\sum_{n=1}^{\infty} p_n$과 $\sum_{n=1}^{\infty} q_n$은 수렴한다. 따라서 정리 9.3.2에 의하여 $\sum_{n=1}^{\infty} a_n = \sum_{n=1}^{\infty} p_n - \sum_{n=1}^{\infty} q_n$이므로 $\sum_{n=1}^{\infty} a_n$은 수렴한다. ■

예제 9.5.3 $\sum_{n=1}^{\infty} (-1)^{n+1} \frac{1}{n^2}$이 수렴함을 보여라.

[풀이] 주어진 급수가 절대수렴임을 보이자. 주어진 급수의 절대급수는

$$\sum_{n=1}^{\infty} \left| (-1)^{n+1} \frac{1}{n^2} \right| = \sum_{n=1}^{\infty} \frac{1}{n^2}$$

이고 $p = 2$인 p-급수이므로 수렴한다. 따라서 주어진 급수는 수렴한다. ■

예제 9.5.4 $\sum_{n=1}^{\infty} \frac{\cos n}{n^2}$은 절대수렴함을 보여라.

[풀이] $|\cos n| \leq 1$ 이므로

$$\sum_{n=1}^{\infty} \left| \frac{\cos n}{n^2} \right| \leq \sum_{n=1}^{\infty} \frac{1}{n^2}$$

로부터 $\sum_{n=1}^{\infty} \frac{1}{n^2}$이 수렴하므로 양항급수의 비교판정에 의하여 $\sum_{n=1}^{\infty} \left| \frac{\cos n}{n^2} \right|$은 수렴한다.

따라서 $\sum_{n=1}^{\infty} \frac{\cos n}{n^2}$은 절대수렴한다. ■

예제 9.5.5 교대 p-급수 $\sum_{n=1}^{\infty}(-1)^{n+1}\frac{1}{n^p}$에 대하여 다음을 보여라.

$p > 1$이면 절대수렴하고, $0 < p \le 1$이면 조건수렴한다.

[풀이] (1) $p > 1$이면 p-급수 $\sum_{n=1}^{\infty}\frac{1}{n^p}$는 수렴하므로 $\sum_{n=1}^{\infty}(-1)^{n+1}\frac{1}{n^p}$은 절대수렴한다.

(2) $0 < p \le 1$이면 p-급수 $\sum_{n=1}^{\infty}\frac{1}{n^p}$는 발산이지만 교대급수 수렴조건에 의하여 $\sum_{n=1}^{\infty}(-1)^{n+1}\frac{1}{n^p}$은 수렴한다. 따라서 주어진 급수는 조건수렴한다. ■

임의의 급수들에 대한 수렴판정은 절대급수를 통하여 양항급수의 수렴판정으로부터 알아볼 수 있다.

정리 9.5.3 임의의 급수의 수렴판정

임의의 급수 $\sum_{n=1}^{\infty} a_n$에 대하여

(1) (비교판정) 임의의 자연수 n에 대하여 $|a_n| \le |b_n|$이고 $\sum_{n=1}^{\infty}|b_n|$이 수렴하면 $\sum_{n=1}^{\infty} a_n$은 절대수렴한다.

(2) (비교극한판정) 만약

$$0 < \rho = \lim_{n\to\infty}\left|\frac{a_n}{b_n}\right| < \infty$$

이고 $\sum_{n=1}^{\infty}|b_n|$이 수렴하면 $\sum_{n=1}^{\infty} a_n$은 절대수렴한다.

(3) (비에 의한 판정) 임의의 자연수 n에 대하여 $a_n \ne 0$이고

$$\rho = \lim_{n\to\infty}\left|\frac{a_{n+1}}{a_n}\right|$$

일 때 $\rho < 1$이면 $\sum_{n=1}^{\infty} a_n$은 절대수렴하고, $\rho > 1$이면 $\sum_{n=1}^{\infty} a_n$은 발산한다.

(4) (n-승근 판정)

$$\rho = \lim_{n\to\infty}\sqrt[n]{|a_n|}$$

일 때, $\rho < 1$이면 $\sum_{n=1}^{\infty} a_n$은 절대수렴하고, $\rho > 1$이면 $\sum_{n=1}^{\infty} a_n$은 발산한다.

[증명] (1),(2)는 양항급수의 비교판정에 의하여 증명이 된다.

(3),(4)에서 $\rho > 1$이면 $\lim_{n\to\infty} a_n \neq 0$이므로 $\sum_{n=1}^{\infty} a_n$은 발산한다. 그밖의 경우에는 양항의 비율극한에 의하여 증명이 된다. ■

예제 9.5.6 $\sum_{n=1}^{\infty} \frac{(-1)^n 2^n}{n!}$의 수렴, 발산을 판정하라.

[풀이]

$$\lim_{n\to\infty}\left|\frac{a_{n+1}}{a_n}\right| = \lim_{n\to\infty}\frac{2^{n+1}}{(n+1)!}\cdot\frac{n!}{2^n}$$

$$= \lim_{n\to\infty}\frac{2}{n+1} = 0 < 1$$

이므로 주어진 급수는 절대수렴이고 따라서 수렴한다. ■

연습문제 9.5

1. 다음 급수의 수렴, 발산을 판정하고 그 이유를 설명하라.

(1) $\sum_{n=1}^{\infty} (-1)^{n+1}\frac{1}{n^2}$

(2) $\sum_{n=1}^{\infty} (-1)^{n+1}\frac{1+n}{n^2}$

(3) $\sum_{n=1}^{\infty} (-1)^{n+1}\frac{n}{n^3+1}$

(4) $\sum_{n=1}^{\infty} (-1)^{n+1}\frac{n}{n+1}$

(5) $\sum_{n=1}^{\infty} \left(\frac{1}{n} - \frac{1}{2n}\right)$

(6) $\sum_{n=1}^{\infty} \frac{(-2)^{n+1}}{n+5}$

(7) $\sum_{n=1}^{\infty} \frac{(-1)^n}{1+\sqrt{n}}$

(8) $\sum_{n=1}^{\infty} (-1)^{n+1}\frac{\sqrt{n+1}}{\sqrt{n}+1}$

(9) $\sum_{n=1}^{\infty} \frac{(-1)^n}{\sqrt{n}+\sqrt{n+1}}$

(10) $\sum_{n=1}^{\infty} (-1)^{n+1}\frac{1}{\ln n}$

(11) $\sum_{n=1}^{\infty} (-1)^{n+1}\frac{\ln n}{\ln n^2}$

(12) $\sum_{n=2}^{\infty} (-1)^{n}\left(\frac{\ln n}{\ln n^2}\right)^n$

(13) $\sum_{n=1}^{\infty} (-1)^{n+1}\frac{1}{\ln n^2}$

(14) $\sum_{n=2}^{\infty} (-1)^{n+1}\frac{1}{n\ln n}$

(15) $\sum_{n=1}^{\infty} (-1)^{n}\ln\left(1+\frac{1}{n}\right)$

(16) $\sum_{n=1}^{\infty} (-1)^{n+1}\frac{(n!)^2}{(2n)!}$

(17) $\sum_{n=1}^{\infty} (-1)^{n+1}\frac{(0.1)^n}{n}$

(18) $\sum_{n=1}^{\infty} (-1)^{n}\frac{\sin n}{n^2}$

(19) $\sum_{n=1}^{\infty} \frac{\cos n\pi}{n\sqrt{n}}$

(20) $\sum_{n=1}^{\infty} \frac{\cos n\pi}{n}$

9.6 멱급수

$a_1, a_2, a_3, \cdots$ 및 c를 주어진 상수라 하고 x를 변수라 할 때,

$$\sum_{n=0}^{\infty} a_n(x-c)^n = a_0 + a_1(x-c) + a_2(x-c)^2 + \cdots + a_n(x-c)^n + \cdots$$

을 c을 중심으로 갖는 **멱급수**(power series)라 한다. 따라서 0을 중심으로 하는 멱급수는

$$\sum_{n=0}^{\infty} a_n x^n = a_0 + a_1 x + a_2 x^2 + \cdots + a_n x^n + \cdots$$

이다.

멱급수의 변수 x에 실수를 대입하면 앞 절에서 배운 급수가 되고 수렴, 발산을 조사할 수 있다. 본 장에서는 멱급수가 수렴하는 x을 찾는 것이 중요한 문제이다.

예제 9.6.1 멱급수 $\sum_{n=0}^{\infty} \frac{x^n}{n!}$은 모든 실수 x에서 수렴함을 보여라.

[풀이] $\sum_{n=0}^{\infty} \frac{x^n}{n!} = 1 + x + \frac{x^2}{2!} + \frac{x^3}{3!} + \cdots$이므로 $x=0$이면, 급수는 1로 수렴한다. $x \neq 0$이라 하면 비에 의한 판정에 의하여

$$\rho = \lim_{n\to\infty}\left|\frac{x^{n+1}}{(n+1)!}\cdot\frac{n!}{x^n}\right|$$

$$= \lim_{n\to\infty}\left|\frac{x}{n+1}\right| = 0 < 1$$

이므로 모든 실수 x에 대하여 주어진 급수는 수렴한다. ■

예제 9.6.2 $\sum_{n=0}^{\infty} n!x^n$은 $x=0$일 때만 수렴함을 보여라.

[풀이] $\sum_{n=0}^{\infty} n!x^n = 1 + x + 2!x^2 + 3!x^3 + \cdots$이므로 $x=0$이면, 급수는 1로 수렴한다. $x \neq 0$이라 하면 비에 의한 판정에 의하여

$$\rho = \lim_{n\to\infty}\left|\frac{(n+1)!x^{n+1}}{n!x^n}\right|$$

$$= \lim_{n\to\infty}|(n+1)x| = \infty$$

이므로 주어진 급수는 비에 의한 판정에 의하여 발산한다. 따라서 주어진 급수는 $x = 0$에서만 수렴한다. ■

예제 9.6.3 $\sum_{n=0}^{\infty} \frac{x^n}{n}$는 다음이 성립함을 보여라.

(1) $|x| < 1$일 때 절대수렴하고,

(2) $|x| > 1$ 또는 $x = 1$일 때 발산하고,

(3) $x = -1$일 때 조건수렴한다.

[풀이] $\sum_{n=1}^{\infty} \frac{x^n}{n} = x + \frac{1}{2}x^2 + \frac{1}{3}x^3 + \cdots$이므로 $x = 0$이면 0으로 수렴한다. $x \neq 0$이면

$$\rho = \lim_{n \to \infty} \left| \frac{x^{n+1}}{(n+1)} \cdot \frac{n}{x^n} \right|$$
$$= \lim_{n \to \infty} \left| \frac{nx}{n+1} \right| = |x|$$

이므로 비에 의한 판정에 의하여

(1) $|x| < 1$일 때 주어진 급수는 수렴하고,

(2) $|x| > 1$일 때 주어진 급수는 발생하고, $x = 1$일 때 조화급수가 되어 발산한다.

(3) $x = -1$일 때 주어진 급수는 교대급수가 되고 수렴조건이 만족되어 수렴한다. ■

예제 9.6.4 $\sum_{n=1}^{\infty} \frac{(-1)^{n+1}}{2n-1} x^{2n+1}$는 다음이 성립함을 보여라.

(1) $|x| < 1$일 때 절대수렴하고,

(2) $|x| > 1$일 때 발산하고,

(3) $|x| = 1$일 때 조건수렴한다.

[풀이] $\sum_{n=1}^{\infty} \frac{x^n}{n} = x - \frac{1}{3}x^3 + \frac{1}{5}x^5 - \frac{1}{7}x^7 + \cdots$ 이므로 $x = 0$이면 0으로 수렴한다. $x \neq 0$이면

$$\rho = \lim_{n \to \infty} \left| \frac{(-1)^{n+2} x^{2n+3}}{2n+1} \cdot \frac{2n-1}{(-1)^{n+1} x^{2n+1}} \right|$$
$$= \lim_{n \to \infty} \left| \frac{2n-1}{2n+1} x^2 \right| = x^2$$

이므로 비에 의한 판정에 의하여

(1) $|x|<1$일 때 주어진 급수는 절대수렴하고,

(2) $|x|>1$일 때 주어진 급수는 발생하고,

(3) $x=1, -1$인 경우는 각각

$$\sum_{n=1}^{\infty}\frac{(-1)^{n+1}}{2n-1},\quad \sum_{n=1}^{\infty}\frac{(-1)^{n+2}}{2n-1}$$

로 교대급수가 되고, 두 급수 모두 수렴조건을 만족하므로 수렴한다. ■

정리 9.6.1 멱급수의 수렴정리

$\sum_{n=0}^{\infty} a_n x^n$에 대하여 다음이 성립한다.

(1) $x=\alpha$에서 수렴하면 $|x|<|\alpha|$에서 수렴하고,

(2) $x=\alpha$에서 발산하면 $|x|>|\alpha|$에서 발산한다.

[증명] (1) $\sum_{n=0}^{\infty} a_n\alpha^n$이 수렴하므로 $\lim_{n\to\infty} a_n\alpha^n=0$이다. 따라서 적당한 자연수 n_0가 존재하여 $n\geq n_0$에 대하여

$$|a_n\alpha^n|<1$$

을 만족한다. 즉 $n\geq n_0$인 자연수에서

$$|a_n|<\frac{1}{\alpha}$$

이고, 만약 $|x|<\alpha$이라면

$$|a_n x^n|<\left|\frac{x}{\alpha}\right|^n<1$$

이다. 따라서 $\sum_{n=0}^{\infty}\left|\frac{x}{\alpha}\right|^n$은 수렴한다. 따라서 $|x|<|\alpha|$일 때 $\sum_{n=0}^{\infty} a_n x^n$은 절대수렴한다.

(2) 가정에 의하여 $\sum_{n=0}^{\infty} a_n\alpha^n$은 발산한다. 만약 $|x|>|\alpha|$인 어떤 x에서 $\sum_{n=0}^{\infty} a_n x^n$이 수렴했다면 (1)에 의하여 $\sum_{n=0}^{\infty} a_n\alpha^n$은 수렴한다. 그러나 이것은 가정에 모순이다. 따라서 $|x|>|\alpha|$에서 $\sum_{n=0}^{\infty} a_n x^n$은 발산한다. ■

정리 9.6.2 멱급수 수렴의 3가지 경우

멱급수 $\sum_{n=0}^{\infty} a_n(x-c)^n$에서 다음 중 오직 한 가지만 성립한다.

(1) 모든 x에서 수렴한다.

(2) 멱급수의 중심 c에서만 수렴한다.

(3) 어떤 수 $R(>0)$이 존재하여

$|x-c|<R$인 x에서 수렴하고

$|x-c|>R$인 x에서 발산한다.

[증명] 예제 1, 2에서 (1)과 (2)의 경우가 일어남을 보았다. 그 밖의 경우의 멱급수는 어떤 $x(\neq c)$에서 수렴하고, 또 다른 $x(\neq c)$에서 발산한다.

따라서 $R=\sup\{|\alpha| : |x-c|<|\alpha|$에서 멱급수는 수렴한다$\}$가 존재하며 정리 9.6.1에 의하여 R은 (3)을 만족한다. ■

정의 9.6.1 수렴반경 및 수렴구간

(i) 정리 7.6.2의 (3)에서 R을 주어진 멱급수 $\sum_{n=0}^{\infty} a_n(x-c)^n$의 수렴반경이라 한다.

(ii) (1)과 (2)의 경우에는 각각

$$R=\infty \text{ (모든 } x\text{에서 수렴)}$$

$$R=0 \text{ } (x=c\text{일 때만 수렴)}$$

(iii) $\sum_{n=0}^{\infty} a_n(x-c)^n$이 수렴하는 모든 x의 집합을 수렴구간이라 한다.

참고 정의 9.6.1에 의하여 모든 멱급수는 수렴반경 R을 가지며, $0<R<\infty$인 경우 수렴구간은 다음 중 어느 하나가 되면

$$(c-R,\ c+R),\ (c-R,\ c+R],\ [c-R,\ c+R),\ [c-R,\ c+R]$$

끝점 $c \pm R$에서의 수렴성은 주어진 멱급수에 대입하여 결정할 수 있다.

정리 9.6.3 수렴반경 I

$\sum_{n=0}^{\infty} a_n x^n$에서 극한

$$\lim_{n\to\infty}\left|\frac{a_{n+1}}{a_n}\right| = \lambda$$

가 존재하면 수렴반경은 $R = \frac{1}{\lambda}$이다. ($\lambda = 0, \infty$이면 각각 $R = \infty, 0$이다)

[증명] $\rho = \lim_{n\to\infty}\left|\frac{a_{n+1}x^{n+1}}{a_n x^n}\right| = |x|\lim_{n\to\infty}\left|\frac{a_{n+1}}{a_n}\right| = \lambda|x|$이므로

$\lambda|x| < 1$, 즉 $|x| < \frac{1}{\lambda}$일 때 주어진 급수는 수렴하고

$|x| > \frac{1}{\lambda}$일 때 주어진 급수는 발산한다.

따라서 $R = \frac{1}{\lambda}$는 주어진 급수의 수렴반경이다. ■

정리 9.6.4 수렴반경 II

$\sum_{n=0}^{\infty} a_n x^n$에서 극한

$$\lim_{n\to\infty}\sqrt[n]{|a_n|} = \lambda$$

가 존재하면 수렴반경은 $R = \frac{1}{\lambda}$이다. ($\lambda = 0, \infty$이면 각각 $R = \infty, 0$이다)

[증명] $\lim_{n\to\infty}\sqrt[n]{|a_n x^n|} = |x|\lim_{n\to\infty}\sqrt[n]{|a_n|} = \lambda|x|$이므로

$\lambda|x| < 1$, 즉 $|x| < \frac{1}{\lambda}$일 때 주어진 급수는 수렴하고

$|x| > \frac{1}{\lambda}$일 때 주어진 급수는 발산한다.

따라서 $R = \frac{1}{\lambda}$는 주어진 급수의 수렴반경이다. ■

예제 9.6.5 $\sum_{n=1}^{\infty}\frac{x^n}{n3^n}$의 수렴반경과 수렴구간을 구하라.

[풀이] $\lambda = \lim_{n\to\infty}\left|\frac{n3^n}{(n+1)3^{n+1}}\right| = \frac{1}{3}$이므로 수렴반경 $R = 3$이다. 경계점에서 확인을 하기 위해

$x=3$이면 조화급수 $\sum_{n=1}^{\infty}\frac{1}{n}$이 되어 발산하고, $x=-3$이면 교대급수 $\sum_{n=1}^{\infty}(-1)^n\frac{1}{n}$가 되어 수렴한다.

따라서 수렴구간은 $[-3, 3)$이다. ■

예제 9.6.6 $\sum_{n=1}^{\infty} n^n x^n$의 수렴반경과 수렴구간을 구하라.

[풀이] $\lambda=\lim_{n\to\infty}\sqrt[n]{n^n}=\lim_{n\to\infty}n=\infty$ 이므로 수렴반경 $R=0$이다. 따라서 중심 $x=0$에서만 수렴한다. ■

예제 9.6.7 $\sum_{n=1}^{\infty}(-1)^n\frac{(x-2)^n}{4^n\sqrt{n}}$의 수렴반경과 수렴구간을 구하라.

[풀이] $\lambda=\lim_{n\to\infty}\left|\frac{(-1)^{n+1}4^n}{4^{n+1}(-1)^n}\cdot\frac{\sqrt{n}}{\sqrt{n+1}}\right|=\frac{1}{4}$이므로 수렴반경 $R=4$이며, $|x-2|<4$ 즉, $-2<x<6$에서 수렴하고, 경계점에서는 $x=-2$이면 $\sum_{n=1}^{\infty}\frac{1}{\sqrt{n}}$이고 $p=\frac{1}{2}$인 p-급수가 되어 발산하고, $x=6$이면 $\sum_{n=1}^{\infty}(-1)^n\frac{1}{\sqrt{n}}$이고 수렴하는 교대급수이다. 따라서 수렴구간은 $(-2, 6]$이다. ■

연습문제 9.6

1. 멱급수에 대하여 수렴하는 x의 범위는 어디인가, 또 절대수렴하는 x의 범위는 어디인가?

(1) $\sum_{n=1}^{\infty}x^n$

(2) $\sum_{n=1}^{\infty}(x+5)^n$

(3) $\sum_{n=1}^{\infty}(-1)^n(x+1)^n$

(4) $\sum_{n=1}^{\infty}\frac{(x-2)^n}{n}$

(5) $\sum_{n=1}^{\infty}\frac{(x-2)^n}{10^n}$

(6) $\sum_{n=1}^{\infty}(2x)^n$

(7) $\sum_{n=1}^{\infty}\frac{nx^n}{(n+2)}$

(8) $\sum_{n=1}^{\infty}(-1)^n(x+2)^n$

(9) $\sum_{n=1}^{\infty}\frac{x^n}{n\sqrt{n}}$

(10) $\sum_{n=1}^{\infty}\frac{(x-1)^n}{\sqrt{n}}$

(11) $\sum_{n=1}^{\infty} \frac{(-1)^n x^n}{n!}$

(12) $\sum_{n=1}^{\infty} \frac{3^n x^n}{n!}$

(13) $\sum_{n=1}^{\infty} \frac{x^{2n+1}}{n!}$

(14) $\sum_{n=1}^{\infty} \frac{(x-3)^{2n+1}}{n!}$

(15) $\sum_{n=1}^{\infty} \frac{x^n}{\sqrt{n^2+3}}$

(16) $\sum_{n=1}^{\infty} \frac{(-1)^n x^n}{\sqrt{n^2+3}}$

(17) $\sum_{n=1}^{\infty} \frac{nx^n}{n^2+1}$

(18) $\sum_{n=1}^{\infty} n(x-3)^n$

(19) $\sum_{n=1}^{\infty} \frac{\sqrt{n}\, x^n}{3^n}$

(20) $\sum_{n=1}^{\infty} \sqrt[n]{n}\,(x-1)^n$

(21) $\sum_{n=1}^{\infty} \left(1+\frac{1}{n}\right)^n x^n$

(22) $\sum_{n=1}^{\infty} (\ln n)x^n$

(23) $\sum_{n=1}^{\infty} n^n x^n$

(24) $\sum_{n=1}^{\infty} n!(x-4)^n$

9.7 함수의 멱급수전개와 Taylor 정리

본 절에서는 주어진 함수를 멱급수로 표현하는 방법을 공부한다.

함수 $f(x)$가 $x=a$와 그 근방에서 n번 미분가능할 때

$$P_n(x) = f(a) + f'(a)(x-a) + \frac{f''(a)}{2!}(x-a)^2 + \cdots + \frac{f^{(n)}(a)}{n!}(x-a)^n$$

를 $x=a$에서 $f(x)$의 n차 Taylor 다항식이라 하며, 특히 $a=0$일 때 $f(x)$의 n차 맥로린(Maclaurin) 다항식이라 한다.

다음 그림은 $f(x)=e^x$에 대한 1차, 2차, 3차 맥로린 다항식의 그래프이다.

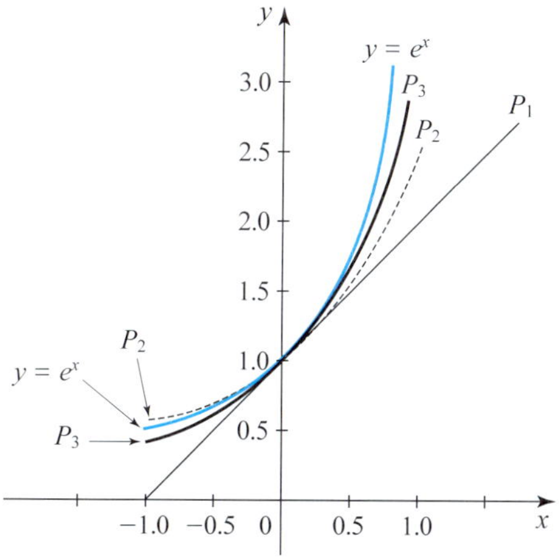

예제 9.7.1 $f(x)=e^x$의 $a=0$에서 n차 Taylor 다항식 $P_n(x)$를 구하라.

[풀이] 모든 자연수 n에서 $f^{(n)}(x)=e^x$이고 $f^{(n)}(0)=1$이므로

$$P_n(x) = 1 + x + \frac{1}{2!}x^2 + \cdots + \frac{1}{n!}x^n$$

이다. ■

예제 9.7.2 $f(x)=\sin x$의 $a=\frac{\pi}{3}$에서 3차 Taylor 다항식 $P_3(x)$를 구하라.

[풀이]

$$f'(x)=\cos x,\quad f''(x)=-\sin x,\quad f^{(3)}(x)=-\cos x$$

이고

$$f\left(\frac{\pi}{3}\right) = \frac{\sqrt{3}}{2}, \quad f'\left(\frac{\pi}{3}\right) = \frac{1}{2},$$
$$f''\left(\frac{\pi}{3}\right) = -\frac{\sqrt{3}}{2}, \quad f^{(3)}\left(\frac{\pi}{3}\right) = -\frac{1}{2}$$

이다. 따라서

$$P_3(x) = \frac{\sqrt{3}}{2} + \frac{1}{2}\left(x - \frac{\pi}{3}\right) - \frac{\sqrt{3}}{4}\left(x - \frac{\pi}{3}\right)^2 - \frac{1}{12}\left(x - \frac{\pi}{3}\right)^3$$

이다. ■

예제 9.7.3 $f(x) = \cos x$의 $a = 0$에서 n차 Taylor 다항식 $P_n(x)$를 구하라.

[풀이]

$$\begin{aligned} &f'(x) = -\sin x, && f''(x) = -\cos x, \\ &f^{(3)}(x) = \sin x, && f^{(4)}(x) = \cos x, \\ &f^{(5)}(x) = -\sin x, && f^{(6)}(x) = -\cos x \\ &\quad\vdots && \quad\vdots \\ &f^{(2n-1)}(x) = (-1)^n \sin x, && f^{(2n)}(x) = (-1)^{n+1} \cos x \end{aligned}$$

이므로

$$f^{(2n-1)}(0) = 0, \qquad f^{(2n)}(0) = (-1)^n$$

이다. 따라서

$$\begin{aligned} P_n(x) &= P_{2m}(x) = P_{2m+1}(x) \\ &= 1 - \frac{1}{2}x^2 + \frac{1}{4!}x^4 - \cdots + (-1)^m \frac{1}{(2m)!}x^{2m} \end{aligned}$$

이다.

다음 그래프는 $f(x) = \cos x$와 맥로린 다항식의 그래프이다.

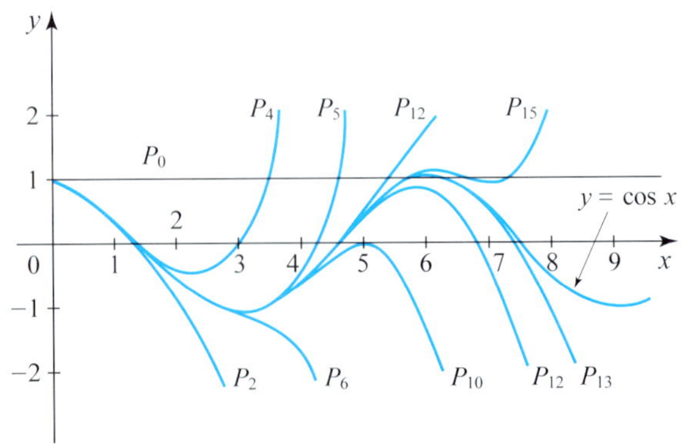

■

예제 9.7.4 다항식 $f(x)=x^3-6x^2+5x+2$에 대해 $x=1$에서 테일러 다항식을 구하고 이를 이용하여 $f(0.99)$의 값을 구하라.

[풀이] $f(1)=2,\ f'(1)=-4,\ f''(1)=-6,\ f^{(3)}(1)=6$이므로 $x=1$에서 f의 테일러 다항식은 다음과 같다.

$$\begin{aligned} f(x) &= f(1)+f'(1)(x-1)+\frac{f''(1)}{2!}(x-1)^2+\frac{f^{(3)}(1)}{3!}(x-1)^3 \\ &= 2-4(x-1)-3(x-1)^2+(x-1)^3 \end{aligned}$$

이를 이용하여 $f(0.99)$의 값을 구하면

$$f(0.99)=2-4(-0.01)-3(-0.01)^2+(-0.01)^3=2.039699.$$ ■

참고 주어진 함수에 $x=0.99$를 대입하여 값을 계산하는 것과 비교하면 테일러 다항식을 이용한 계산이 훨씬 편리한 것을 알 수 있다.

예제 9.7.5 함수 $f(x)=\cos x$에 대해 $a=0$에서 1차부터 4차까지의 테일러 다항식을 구하라. 또 $x=0.2$에서 $\cos x$와 $P_n(x)(n=1,\ 2,\ 3,\ 4)$의 값을 비교하라.

[풀이]

$$f'(x)=-\sin x,\quad f''(x)=-\cos x,\quad f^{(3)}(x)=\sin x,\quad f^{(4)}(x)=\cos x$$

로부터

$$f(0)=1,\ f'(0)=0,\ f''(0)=-1,\ f^{(3)}(0)=0,\ f^{(4)}(0)=1$$

이다. 따라서

$$\begin{aligned} P_1(x) &= f(0)+f'(0)x=1, \\ P_2(x) &= P_1(x)+\frac{f''(0)}{2!}x^2=1-\frac{1}{2}x^2, \\ P_3(x) &= P_2(x)+\frac{f^{(3)}(0)}{3!}x^3=1-\frac{1}{2}x^2, \\ P_4(x) &= P_3(x)+\frac{f^{(4)}(0)}{4!}x^4=1-\frac{1}{2}x^2+\frac{1}{4!}x^4. \end{aligned}$$

한편 $x=0.2$일 때 각 테일러 다항식의 값을 계산하면 다음과 같다.

$$P_1(0.2)=1,\ P_2(0.2)=P_3(0.2)=0.98,\ P_4(0.2)\fallingdotseq 0.98006657.$$

그런데 $\cos(0.2)\fallingdotseq 0.98006658$이다. 따라서 $x=0.2$에서 4차 테일러 다항식을 이용

한 근삿값은 소수 일곱째 자리까지 정확하다. ■

이제부터 무한 번 미분가능한 함수를 멱급수로 표현하는 방법을 다루고, 주어진 함수의 근사로서 다항식을 취할 때 발생하는 오차에 대하여 살펴보자.

함수 $f(x)$가 $x=a$에서 무한 번 미분가능할 때

$$\sum_{k=0}^{\infty}\frac{f^{(k)}(a)}{k!}(x-a)^k = f(a)+f'(a)(x-a)+\frac{f''(a)}{2!}(x-a)^2+\cdots + \frac{f^{(n)}(a)}{n!}(x-a)^n+\cdots$$

을 $x=a$에서 $f(x)$의 Taylor 급수라 하며, 특히 $a=0$인 경우에 이 멱급수를 $f(x)$의 맥로린 급수라 한다.

예제 9.7.6 $f(x)=e^x$와 $f(x)=\cos x$의 Maclaurin 급수를 구하라.

[풀이] $f(x)=e^x$의 Maclaurin 다항식은 예제 1에 의하여

$$1+x+\frac{1}{2!}x^2+\frac{1}{3!}x^3+\cdots+\frac{1}{n!}x^n$$

이므로 e^x의 Maclaurin 급수는

$$\sum_{k=0}^{\infty}\frac{1}{k!}x^k = 1+x+\frac{1}{2!}x^2+\cdots+\frac{1}{n!}x^n+\cdots$$

이다. 같은 방법으로 예제 3에 의하여 $\cos x$의 Maclaurin 급수는

$$\sum_{k=0}^{\infty}(-1)^k\frac{1}{(2k)!}x^{2k} = 1-\frac{1}{2!}x^2+\frac{1}{4}x^4-\frac{1}{6!}x^6+\cdots$$

이다. ■

예제 9.7.7 $f(x)=\dfrac{1}{x}$의 $x=1$에서의 Taylor 급수를 구하라.

[풀이]

$$\begin{aligned} f'(x) &= -x^{-2}, \\ f''(x) &= 2!x^{-3}, \\ f^{(3)}(x) &= -3!x^{-4}, \\ &\vdots \\ f^{(k)}(x) &= (-1)^k k!x^{-(k+1)} \end{aligned}$$

이므로

$$f(1)=1,\quad f'(1)=-1,\quad f(1)=2!,\cdots,\quad f^{(k)}(1)=(-1)^k k!$$

이다. 따라서 $f(x)=\dfrac{1}{x}$의 $x=1$에서의 Taylor 급수는

$$\sum_{k=0}^{\infty}(-1)^k(x-1)^k=1-(x-1)+(x-1)^2-(x-1)^3+\cdots$$

이다. ■

예제 9.7.8 $f(x)=\ln(x+1)$의 Maclaurin 급수를 구하라.

[풀이]

$$\begin{aligned}
f'(x)&=(x+1)^{-1},\\
f''(x)&=-(x+1)^{-2},\\
f^{(3)}(x)&=2!(x+1)^{-3},\\
f^{(4)}(x)&=-3!(x+1)^{-4},\\
&\ \vdots\\
f^{(k)}(x)&=(-1)^{k+1}(k-1)!(x+1)^{-k}
\end{aligned}$$

이므로

$$f(0)=0,\quad f'(0)=1,\quad f(0)=-1,\quad f^{(3)}(0)=2!,$$
$$f^{(4)}(0)=-3!,\cdots,\quad f^{(k)}(0)=(-1)^{k+1}(k-1)!$$

이다. 따라서 $f(x)=\ln(x+1)$의 맥로린 급수는

$$\sum_{k=1}^{\infty}\frac{(-1)^{k+1}}{k}x^k=x-\frac{1}{2}x^2+\frac{1}{3}x^3-\frac{1}{4}x^4+\cdots$$

이다. ■

정리 9.7.1 Taylor 정리

함수 $f(x), f'(x), f''(x), \cdots, f^{(n)}(x)$이 $[a, b]$에서 연속이고 $f^{(n)}(x)$가 (a, b)에서 미분가능하면, 적당한 c가 a와 b 사이에 존재하여 다음을 만족한다.

$$\begin{aligned}
f(b)=f(a)+f'(a)(b-a)+\frac{f''(a)}{2!}(b-a)^2+\cdots\\
+\frac{f^{(n)}(a)}{n!}(b-a)^n+\frac{f^{(n+1)}(c)}{(n+1)!}(b-a)^{n+1}
\end{aligned}$$

[증명] R_n을 다음과 같이 정의되는 나머지라 하자.

$$f(b) = f(a) + f'(a)(b-a) + \frac{f'(a)}{2!}(b-a)^2 + \cdots + \frac{f^{(n)}(a)}{n!}(b-a)^n + R_n$$

R_n을 결정하기 위하여 함수 $P(a, b)$를

$$R_n = \frac{(b-a)^{n+1}}{(n+1)!}P(a, b)$$

로 정의하고

$$F(x) = f(b) - f(x) - f'(x)(b-x) - \cdots - f^{(n)}(x)\frac{(b-x)^n}{n!} - \frac{(b-x)^{n+1}}{(n+1)!}P(a, b)$$

라 두자. 그러면 $F(a) = F(b) = 0$이므로 Rolle의 정리에 의하여 a와 b 사이에 적당한 c가 존재하여 $F'(c) = 0$을 만족한다. 따라서

$$F'(x) = -f^{(n+1)}(x)\frac{(b-x)^n}{n!} + \frac{(b-x)^n}{n!}P(a, b)$$

이므로 $F'(c) = 0$에서 $P(a, b) = f^{(n+1)}(c)$를 얻는다. 따라서

$$R_n = f^{(n+1)}(c)\frac{(b-a)^{n+1}}{(n+1)!},\quad a < c < b$$

이다. ■

함수 $f(x)$와 $f(x)$의 n차 Taylor 다항식 $P_n(x)$의 차 $f(x) - P_n(x)$를 $x = a$에서 $f(x)$에 관한 ***n*차 나머지**(n-th remainder)라 부르고 $R_n(x)$로 쓴다. 즉

$$R_n(x) = \frac{f^{(n+1)}(c)}{(n+1)!}(x-a)^{n+1}$$

이다. 단 c는 a와 x의 값이다.

$x = a$를 포함하는 어떤 구간의 모든 점에서 $\lim_{n\to\infty} R_n(x) = 0$일 때, $x = a$에서 f의 Taylor 급수가 $f(x)$에 수렴한다 하고

$$f(x) = \sum_{k=0}^{\infty}\frac{f^{(k)}(a)}{k!}(x-a)^k$$

로 쓰며 $f(x)$가 f의 Taylor 급수와 일치할 때, f는 $x = a$에서 **Taylor 급수전개 가능**하다고 말한다. 또 $a = 0$일 때, **Maclaurin 급수전개 가능**하다고 말한다.

예제 9.7.9 $f(x)=e^x$는 모든 x에서 Maclaurin 급수전개 가능함을 보여라.

[풀이] Taylor 정리에 의하여

$$e^x = 1 + x + \frac{1}{2!}x^2 + \cdots + \frac{1}{n!}x^n + \frac{e^c}{(n+1)!}x^{n+1}$$

(c는 0과 x 사이의 수)이다. 그런데 모든 실수 x에 대하여

$$\lim_{n\to\infty} R_n(x) = \lim_{n\to\infty}\frac{e^c}{(n+1)!}x^{n+1} = 0$$

이므로 e^x는 모든 x에서 Maclaurin 급수전개 가능하고

$$e^x = \sum_{n=0}^{\infty}\frac{1}{n!}x^n$$

이다. ■

정리 9.7.2 나머지 계산 정리

만약 a와 x 사이의 임의의 t에 대하여 상수 M과 r이 존재하여

$$\left|f^{(n+1)}(t)\right| \le Mr^{(n+1)}$$

을 만족하면, $x=a$에서 $f(x)$에 관한 n차 다항식 $R_n(x)$는

$$|R_n(x)| \le M\frac{r^{(n+1)}|x-a|^{n+1}}{(n+1)!}$$

을 만족한다. 또 만약 모든 n에 대하여 위의 부등식을 만족하고 $f(x)$가 Taylor정리 10.7.1을 만족하면 Taylor급수는 $f(x)$에 수렴한다.

예제 9.7.10 $\sin x = x - \frac{1}{3!}x^3 + \frac{1}{5!}x^5 - \frac{1}{7!}x^7 + \cdots$임을 보여라.

[풀이] $f(x)=\sin x$는 모든 x에 대하여 $|f^{(n)}(x)| \le 1$이고

$$0 \le |R_n(x)| = \left|\frac{f^{(n+1)}(c)}{(n+1)!}x^{n+1}\right| \le \frac{x^{n+1}}{(n+1)!}$$

이다. 그런데

$$0 \le \lim_{n\to\infty}|R_n(x)| \le \lim_{n\to\infty}\frac{|x|^{n+1}}{(n+1)!} = 0$$

이므로 $\lim_{n\to\infty} R_n(x) = 0$이다. 따라서

$$\sin x = x - \frac{1}{3!}x^3 + \frac{1}{5!}x^5 - \frac{1}{7!}x^7 + \cdots$$

이다. ■

예제 9.7.11 $f(x) = \cos 2x$의 Maclaurin 급수를 구하고 모든 x에서 수렴함을 보여라.

[풀이] 예제 9.7.10에서와 같이 $\cos x$에 대하여 Maclaurin 급수를 구하면

$$\cos x = 1 - \frac{1}{2!}x^2 + \frac{1}{4!}x^4 - \frac{1}{6!}x^6 + \cdots$$

이다. 이 식은 모든 x에 대하여 성립하므로 x 대신 $2x$를 대입하면

$$\cos 2x = \sum_{k=0}^{\infty} \frac{(-1)^k (2x)^{2k}}{(2k)!} = \sum_{k=0}^{\infty} \frac{(-1)^k 4^k}{(2k)!} x^{2k}$$

이고, 모든 x에서 수렴한다. ■

예제 9.7.12 $\frac{1}{1-2x^2}$을 Maclaurin 급수로 전개하고 수렴구간을 구하라.

[풀이] $-1 < x < 1$일 때

$$\frac{1}{1-x} = 1 + x + x^2 + \cdots = \sum_{n=0}^{\infty} x^n$$

이므로, x 대신 $2x^2$을 대입하면

$$\frac{1}{1-x^2} = 1 + 2x^2 + 4x^4 + \cdots = \sum_{n=0}^{\infty} 2^n x^{2n}$$

이다. 또 수렴구간은 $-\frac{1}{\sqrt{2}} < x < \frac{1}{\sqrt{2}}$이다. ■

자주 사용하는 Maclaurin 급수

(1) $\frac{1}{1-x} = 1 + x + x^2 + \cdots + x^n + \cdots = \sum_{n=0}^{\infty} x^n, \ |x| < 1$

(2) $\frac{1}{1+x} = 1 - x + x^2 - \cdots + (-x)^n + \cdots = \sum_{n=0}^{\infty} (-1)^n x^n, \ |x| < 1$

(3) $e^x = 1 + x + \frac{1}{2!}x^2 + \cdots + \frac{1}{n!}x^n + \cdots = \sum_{n=0}^{\infty} \frac{1}{n!}x^n, \ |x| < \infty$

(4) $\sin x = x - \frac{1}{3!}x^3 + \frac{1}{5!}x^5 - \frac{1}{7!}x^7 + \cdots + (-1)^n \frac{x^{2n+1}}{(2n+1)!} + \cdots$

$= \sum_{n=0}^{\infty} \frac{(-1)^n x^{2n+1}}{(2n+1)!}, |x| < \infty$

(5) $\cos x = 1 - \frac{1}{2!}x^2 + \frac{1}{4!}x^4 - \cdots + (-1)^n \frac{x^{2n}}{(2n)!} + \cdots = \sum_{n=0}^{\infty} \frac{(-1)^n x^{2n}}{(2n)!}, |x| < \infty$

(6) $\ln(1+x) = x - \frac{1}{2}x^2 + \frac{1}{3}x^3 + \cdots = \sum_{n=0}^{\infty} \frac{(-1)^n}{n} x^n, -1 < x \le 1$

(7) $\ln \frac{1+x}{1-x} = 2\left(x + \frac{x^3}{3} + \frac{x^5}{5} + \cdots + \frac{x^{2n+1}}{2n+1} + \cdots\right) = 2\sum_{n=0}^{\infty} \frac{x^{2n+1}}{2n+1}, |x| < 1$

(8) $\tan^{-1}x = x - \frac{x^3}{3} + \frac{x^5}{5} - \cdots + (-1)^n \frac{x^{2n+1}}{2n+1} + \cdots = \sum_{n=0}^{\infty} \frac{x^{2n+1}}{2n+1}, |x| < 1$

연습문제 9.7

1. 다음 함수의 주어진 점에서 1차, 2차, 3차 Taylor 다항식을 구하라.

(1) $f(x) = \frac{1}{x}, a = 2$

(2) $f(x) = \frac{1}{x+1}, a = 0$

(3) $f(x) = \sqrt{x}, a = 4$

(4) $f(x) = \sqrt{x+4}, a = 0$

(5) $f(x) = xe^x, a = 0$

(6) $f(x) = \sin x, a = \frac{\pi}{4}$

(7) $f(x) = \cos x, a = \frac{\pi}{4}$

(8) $f(x) = \ln x, a = 1$

2. Taylor 다항식을 이용하여 다음에 답하라.

(1) $f(x) = -x^3 + x^2 - 5x + 1$을 $x - 1$에 관한 다항식으로 나타내고 $f(0.99)$의 값을 구하라.

(2) $f(x) = 3x^3 - x^2 + 2x - 1$을 $x + 1$에 관한 다항식으로 나타내고 $f(-0.99)$의 값을 구하라.

3. 다음에 답하라.

(1) $\ln(1+x) = x - \frac{x^2}{2} + \frac{x^3}{3} - \cdots + (-1)^{n+1}\frac{x^n}{n} + \cdots, (-1 < x \le 1)$을 알 때, 4차 Maclaurin 다항식을 이용하여 $\ln 2$의 근삿값을 구하라.

(2) $e^x = 1 + x + \frac{1}{2!}x^2 + \cdots + \frac{1}{n!}x^n + \cdots, |x| < \infty$임을 알 때, 4차 Maclaurin 다항식을 이용하여 $\sqrt{e}$의 근삿값을 구하라.

4. 주어진 점에서 각 함수의 Taylor 급수를 구하라.

(1) $\frac{1}{x}$, $a = -1$

(2) $\ln x$, $a = 1$

(3) $\sin \pi x$, $a = \frac{1}{2}$

(4) e^{-x}, $a = 0$

Chapter 10 이변수함수

10.1 이변수함수

지금 까지는 한 개의 실수변수 x를 독립변수로 가지는 실수함수 $f(x)$에 관하여 공부해 왔다. 본 장에서는 두 개 이상의 실수변수를 독립변수로 가지는 함수에 대하여 일반적으로 소개하고 이변수함수에 집중하기로 한다.

다변수 함수와 그래프

두 실수 변수 x, y를 독립변수로 가지는 함수 f를 **이변수함수**라 하고 보통 $z = f(x, y)$로 나타낸다. 일반적으로 n개의 실수변수 $x_1, x_2, \cdots, x_n$를 독립변수로 가지는 함수 f를 **n변수 함수**라 하고

$$z = f(x_1, x_2, \cdots, x_n)$$

로 나타낸다. 함수 f의 정의역 Ω는 n개의 실수들의 순서쌍의 집합

$$\Omega = \{(x_1, x_2, \cdots, x_n) \,|\, x_1, x_2, \cdots, x_n \in R\}$$

으로서 n차원 유클리드(Euclid) 공간 R^n의 부분집합이고 공역은 실수집합 R의 부분집합이다.

특히 함수의 정의역이 구체적으로 명시되어 있지 않은 경우에는 함숫값이 실수가 되는 최대의 집합을 정의역으로 생각한다.

예제 10.1.1 함수 $f(x, y) = \sqrt{1 - x^2 - y^2}$의 정의역과 치역을 구하고, $f(1, 0)$과 $f\left(-\frac{1}{2}, \frac{1}{2}\right)$의 값을 구하라.

[풀이] 함숫값이 실수가 되기 위한 필요충분조건은 $1 - x^2 - y^2 \geq 0$이므로 정의역 Ω는

$$\Omega = \{(x, y) \in R^2 \mid x^2 + y^2 \leq 1\}$$

로서 반지름 1인 원과 그 내부가 된다. 정의역의 모든 점에서 $0 \leq x^2 + y^2 \leq 1$이고 $0 \leq 1 - x^2 - y^2 \leq 1$이므로 치역은 $[0, 1]$이다. 구하는 함숫값은

$$f(1, 0) = \sqrt{1 - 1 - 0} = 0, \quad f\left(-\frac{1}{2}, \frac{1}{2}\right) = \sqrt{1 - \frac{1}{4} - \frac{1}{4}} = \frac{1}{\sqrt{2}}$$

이다. ■

정의역이 Ω인 함수 $z = f(x_1, x_2, \cdots, x_n)$의 **그래프** $G(f)$는

$$G(f) = \{(x_1, x_2, \cdots, x_n, z) \mid (x_1, x_2, \cdots, x_n) \in \Omega\}$$

이다. 특히, 이변수함수 $z = f(x, y)$의 그래프를 기하학적으로 나타내면 3차원 공간 R^3에서 평면 또는 곡면이 된다.

등위곡선

이변수함수 $z = f(x, y)$에서 치역에 속하는 상수 c에 대하여 $z = c$라 했을 때, 해 집합은 일반적으로 xy-평면에 곡선을 나타내는데 이 곡선을 **등위곡선**(leveled curve)이라 한다. 등위곡선은 xy-평면에 평행한 평면 $z = c$로 곡면 $z = f(x, y)$를 절단했을 때 생기는 교선을 xy-평면으로 정사영한 것이기도 하다. 마치 지도의 등고선과 같은 개념이다. 이제 등위곡선의 개념을 이용하여 이변수함수의 그래프를 그려보자.

예제 10.1.2 함수 $z = x^2 + y^2$의 그래프를 그려라.

[풀이] $z = c \geq 0$에 대하여 $x^2 + y^2 = c$이다. 즉 등위곡선은 $z = c$인 평면에서 중심이 $(0, 0)$이고 반지름이 $\sqrt{c}$인 원이다. 모든 $c \geq 0$에 대하여 그려지는 등위곡선을 연결하면 함수의 그래프는 꼭짓점이 원점인 원뿔이다.

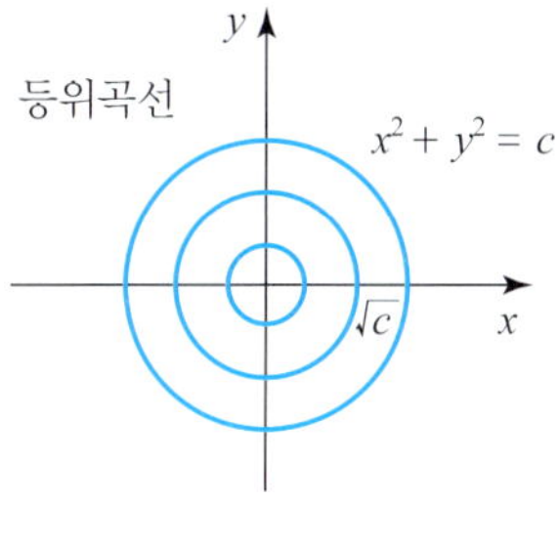

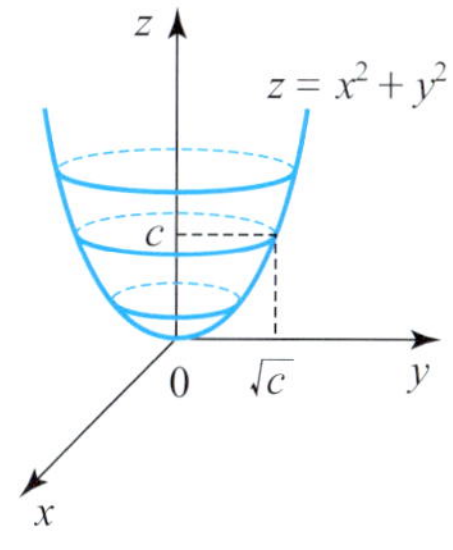

■

예제 10.1.3 함수 $z = \sqrt{1 - x^2 - y^2}$의 그래프를 그려라.

[풀이] 정의역은 $0 \leq x^2 + y^2 \leq 1$을 만족하는 점으로서 중심이 원점이고 반지름 1인 원과 내부이고 치역은 $0 \leq z \leq 1$이다. $z = c(0 \leq c \leq 1)$인 등위 곡선을 구하면

$$1 - x^2 - y^2 = c,$$
$$x^2 + y^2 = 1 - c$$

가 되어 $z = c$인 평면에서 반지름 $\sqrt{1-c}$인 원이다.

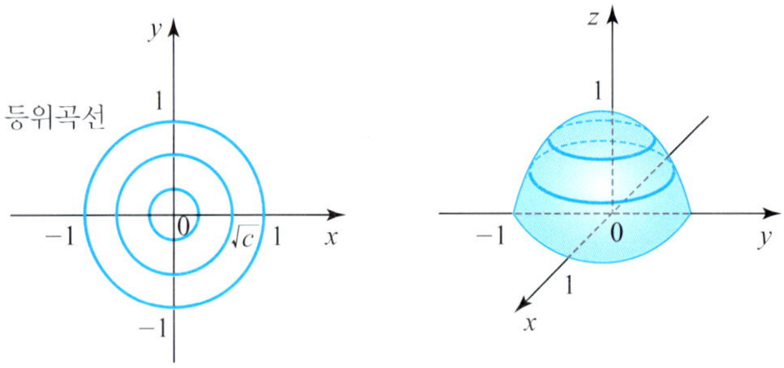

일반적으로 함수 $z = f(x, y)$의 그래프를 공간에 그리기는 쉽지 않다. 그래픽 관련 프로그램을 이용하여 함수의 그래프를 비교적 정확히 얻을 수 있다.

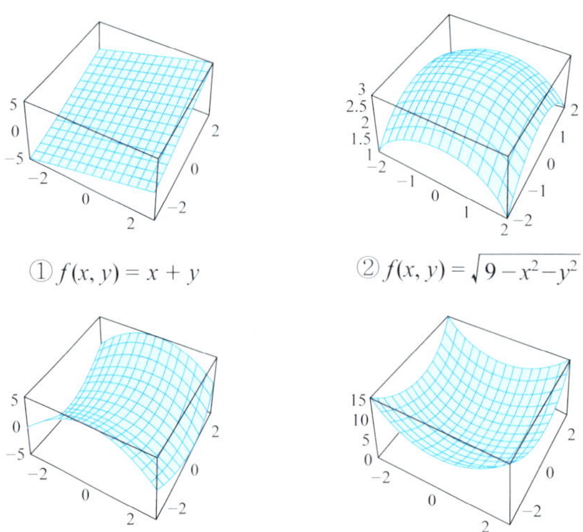

① $f(x, y) = x + y$ ② $f(x, y) = \sqrt{9 - x^2 - y^2}$

③ $f(x, y) = y^2 - x^2$ ④ $f(x, y) = x^2 + y^2$

삼변수 이상의 함수의 그래프는 사차원 이상인 공간의 부분집합이므로 현실적으로 그릴 수 없다.

연습문제 10.1

1. $f(x, y) = x^2 + y^2 - 4xy + 7y + 5$일 때 다음 함숫값을 구하라.

(1) $f(1, 0)$　　(2) $f(2, -3)$

(3) $f(0, 5)$　　(4) $f(-3, -4)$

2. $g(x, y) = \ln(xy + x - 1)$일 때 다음 함숫값을 구하라.

(1) $g(2, 0)$　　(2) $g(1, e)$

(3) $g(1, e^2)$　　(4) $g(1, e^{-3})$

3. $h(x, y) = \dfrac{2x - 3y}{x^2 + y^2 + 2}$일 때 다음 함숫값을 구하라.

(1) $h(1, 0)$　　(2) $h(3, 2)$

(3) $h(-3, 2)$　　(4) $h(5, -3)$

4. 다음 함수의 정의역과 치역을 구하고, 정의역이 나타내는 영역을 설명하라.

(1) $f(x, y) = 2x^2 + y^2 - 3$　　(2) $f(x, y) = \sqrt{36 - 4x^2 - 9y^2}$

(3) $f(x, y) = \dfrac{1}{x + y}$　　(4) $f(x, y) = \dfrac{x}{y}$

(5) $f(x, y) = \sqrt{y - x}$　　(6) $f(x, y) = \dfrac{1}{\sqrt{16 - x^2 - y^2}}$

(7) $f(x, y) = e^{-(x^2 + y^2)}$　　(8) $f(x, y) = \ln xy$

5. 다음 함수의 등위곡선을 구하라.

(1) $f(x, y) = xy$　　(2) $f(x, y) = \dfrac{y}{x}$

(3) $f(x, y) = x^2 + 4y^2$　　(4) $f(x, y) = x - y^2$

10.2 함수의 극한과 연속

일변수함수의 극한의 개념을 확장하여 이변수함수의 극한을 정의하자.

정의 10.2.1 이변수함수의 극한

한 점 $(a, b) \in R^2$에 대하여 점 $(x, y) \in R^2$가 점 (a, b)로 무한히 접근할 때 이에 대응하는 함숫값 $f(x, y)$가 이 일정한 실수 L로 한없이 접근하면 L을 (a, b)에서 f의 **극한**이라 하고

$$\lim_{(x, y) \to (a, b)} f(x, y) = L$$

로 나타낸다.

일변수 함수에서는 x축 위의 한 점 x_0에 접근하는 방법이 왼쪽이나 오른쪽 두 개가 있으나 평면 위의 한 점에 접근하는 방법은 무수히 많으므로 이변수함수에서의 극한은 상황이 단순하지 않다. 일변수 함수의 경우와 마찬가지로 이변수함수의 극한에 대해 다음 정리가 성립한다.

정리 10.2.1

$\lim_{(x, y) \to (a, b)} f(x, y) = A$이고 $\lim_{(x, y) \to (a, b)} g(x, y) = B$이면 다음이 성립한다.

(1) $\lim_{(x, y) \to (a, b)} [f(x, y) \pm g(x, y)] = A \pm B$

(2) $\lim_{(x, y) \to (a, b)} f(x, y)g(x, y) = AB$

(3) $\lim_{(x, y) \to (a, b)} \dfrac{f(x, y)}{g(x, y)} = \dfrac{A}{B}$ (단, $B \neq 0$)

예제 10.2.1 $f(x, y) = 5x^2 - y^2$일 때, $\lim_{(x, y) \to (3, 2)} f(x, y)$을 구하라.

[풀이] $\lim_{(x, y) \to (3, 2)} 5x^2 = 45$이고 $\lim_{(x, y) \to (3, 2)} y^2 = 4$이므로 정리의 (1)에 의하여

$$\lim_{(x, y) \to (3, 2)} (5x^2 - y^2) = 45 - 4 = 41.$$

■

예제 10.2.2 $f(x, y) = \dfrac{x+y}{x^2+y^2+1}$일 때, $\displaystyle\lim_{(x, y) \to (0, 0)} f(x, y)$을 구하라.

[풀이] 분모와 분자의 극한을 구하면

$$\lim_{(x, y) \to (0, 0)} (x+y) = 0 \text{이고} \lim_{(x, y) \to (0, 0)} (x^2+y^2+1) = 1$$

이므로 정리의 (3)에 의하여

$$\lim_{(x, y) \to (0, 0)} f(x, y) = \frac{0}{1} = 0.$$

■

예제 10.2.3 함수 $f(x, y) = \dfrac{x^2-y^2}{x^2+y^2}$은 (0, 0)에서 극한을 가지지 않음을 보여라.

[풀이] 점 (x, y)가 x축을 따라 (0, 0)에 접근한다면

$$\lim_{(x, y) \to (0, 0)} \frac{x^2-y^2}{x^2+y^2} = \lim_{x \to 0} \frac{x^2}{x^2} = \lim_{x \to 0} 1 = 1$$

이고 점 (x, y)가 y축을 따라 (0, 0)에 접근한다면

$$\lim_{(x, y) \to (0, 0)} \frac{x^2-y^2}{x^2+y^2} = \lim_{x \to 0} \frac{-y^2}{y^2} = \lim_{x \to 0} (-1) = -1$$

이다. 따라서 서로 다른 극한을 가지므로 $\displaystyle\lim_{(x, y) \to (0, 0)} f(x, y)$은 존재하지 않는다. ■

예제 10.2.4 함수 $f(x, y) = \dfrac{xy}{x^2+y^2}$은 (0, 0)에서 극한을 가지지 않음을 보여라.

[풀이] 점 (x, y)가 x축을 따라 (0, 0)에 접근한다면

$$\lim_{(x, y) \to (0, 0)} \frac{xy}{x^2+y^2} = \lim_{x \to 0} 0 = 0$$

이고 점 (x, y)가 y축을 따라 (0, 0)에 접근한다면, $y = 0$으로 부터

$$\lim_{(x, y) \to (0, 0)} \frac{xy}{x^2+y^2} = \lim_{y \to 0} 0 = 0$$

이다. 그런데 (x, y)가 $y = x$를 따라 (0, 0)에 접근한다면, $x = 0$으로 부터

$$\lim_{(x, y) \to (0, 0)} \frac{xy}{x^2+y^2} = \lim_{x \to 0} \frac{x^2}{x^2+x^2} = \lim_{x \to 0} \frac{1}{2} = \frac{1}{2}$$

이다. 경로에 따라 서로 다른 극한을 가지므로 $\displaystyle\lim_{(x, y) \to (0, 0)} f(x, y)$은 존재하지 않는다. ■

정리 10.2.2

$\lim_{(x,y)\to(a,b)} f(x, y) = L$이고 $g(z)$가 $z = L$에서 극한을 가지면

$$\lim_{(x,y)\to(a,b)} g(f(x, y)) = \lim_{z\to L} g(z)$$

이다.

예제 10.2.5 다음 극한을 구하라.

(1) $\lim_{(x,y)\to(0,0)} \dfrac{\sin xy}{xy}$ (2) $\lim_{(x,y)\to(e,1)} \ln\dfrac{x}{y}$

[풀이] (1) $xy = z$라 하면 $\lim_{(x,y)\to(0,0)} z = 0$이고 $\lim_{(x,y)\to(0,0)} \dfrac{\sin xy}{xy} = \lim_{z\to 0}\dfrac{\sin z}{z} = 1.$

(2) $z = \dfrac{x}{y}$라 하면 $\lim_{(x,y)\to(e,1)} z = e$이고 $\lim_{(x,y)\to(e,1)} \ln\dfrac{x}{y} = \lim_{z\to e}\ln z = 1.$ ■

정의 10.2.2

$f(a, b)$가 정의되고 $\lim_{(x,y)\to(a,b)} f(x, y) = f(a, b)$일 때, $f(x, y)$는 $f(a, b)$에서 연속이라 한다. 연속이 아니면 불연속이라 한다. f의 정의역 Ω의 모든 점에서 연속이면 f는 Ω에서 연속이다.

예제 10.2.6 함수 $f(x, y) = x + y$는 R^2에서 연속임을 보여라.

[풀이] 임의의 $(a, b) \in R^2$에 대하여

$$\lim_{(x,y)\to(a,b)} (x + y) = a + b = f(a, b)$$

이므로 f는 R^2에서 연속이다. ■

예제 10.2.7 다음 함수는 원점 (0, 0)에서 불연속임을 보여라.

$$f(x, y) = \begin{cases} \dfrac{x^2 - y^2}{x^2 + y^2}, & (x, y) \neq (0, 0) \\ 2 \quad\quad\quad , & (x, y) = (0, 0) \end{cases}$$

[풀이] 예제 10.2.5에서 이미 $\lim_{(x, y) \to (0, 0)} f(x, y)$은 존재하지 않는 것을 보였다. 따라서 f는 원점에서 연속이 아니다. ■

어떤 함수가 어디에서 연속인가를 알아보자.

정리 10.2.3

함수 $f(x, y)$가 x와 y에 관한 다항식 함수이면 모든 $(x, y) \in R^2$에서 연속이다.

정리 10.2.4

이변수함수 f와 g가 영역 Ω에서 연속이면 $f \pm g$, fg, $\dfrac{f}{g}$ (단 $g(x, y) \neq 0$)도 Ω에서 연속이다.

예제 10.2.8 함수 $f(x, y) = \dfrac{x^2 y}{1 - xy}$의 연속성에 대하여 말하라.

[풀이] 분모와 분자는 모두 x와 y에 관한 다항식이므로 평면의 모든 점에서 연속이다. 그런데 분모는 $xy = 1$에서 0이 되므로 함수 f는 $xy \neq 1$에서 연속이다. 즉 평면에서 곡선 $y = \dfrac{1}{x}$ 위에 있는 점을 제외한 점에서 연속이다. ■

정리 10.2.5

이변수함수 $z = f(x, y)$가 연속이고 $w = g(z)$가 연속인 함수라 하자. 그러면 합성함수

$$w = g(f(x, y))$$

는 연속이다.

예제 10.2.9 다음 함수에 대한 연속성을 조사하라.

(1) $f(x, y) = \cos(xy)$ (2) $f(x, y) = e^{-\sqrt{1 - x^2 - y^2}}$

[풀이] (1) $g(x, y) = xy$, $h(z) = \cos z$라 하면

$$f(x, y) = h(g(x, y)) = (h \circ g)(x, y)$$

이다. g는 모든 (x, y)에서 연속이고 h는 모든 실수에서 연속이므로 합성함수의 연속성에 의하여 f는 평면의 모든 점에서 연속이다.

(2) $g(x, y) = -\sqrt{1 - x^2 - y^2}$, $h(z) = e^z$라 하면

$$f(x, y) = h(g(x, y)) = (h \circ g)(x, y)$$

이다. g는 $0 \le x^2 + y^2 \le 1$에서 연속이고 h는 모든 실수에서 연속이므로 합성함수의 연속성에 의하여 f는 $0 \le x^2 + y^2 \le 1$인 (x, y)에서 연속이다. 즉 반지름 1인 원과 내부에서 연속이다. ■

연습문제 10.2

1. 다음 극한을 구하라.

(1) $\displaystyle\lim_{(x, y) \to (-1, 2)} (3x^2 + y^2)x$ (2) $\displaystyle\lim_{(x, y) \to (4, -3)} \sqrt{x^2 + y^2 + 4}$

(3) $\displaystyle\lim_{(x, y) \to (\pi, 1)} \left\{\sin\left(\frac{x}{y}\right) + \cos\left(\frac{x}{y}\right)\right\}$ (4) $\displaystyle\lim_{(x, y) \to (0, 0)} \frac{e^x \sin y}{y}$

(5) $\displaystyle\lim_{(x, y) \to (1, 0)} \frac{xy^3}{x + y}$ (6) $\displaystyle\lim_{(x, y) \to (-1, 3)} \frac{xy^3}{x + y}$

2. $\displaystyle\lim_{(x, y) \to (0, 0)} \frac{3x + y}{3x - y}$를 구할 때 다음에 주어진 경로를 따라서 구하여라.

(1) $y = x$ (2) $x = 0$

(3) $y = -2x$ (4) $y = 2x$

3. 점 (0, 0)에서 다음 함수의 연속성을 조사하라.

(1) $f(x, y) = \begin{cases} \dfrac{\sin(2x + y)}{2x - y}, & (x, y) \ne (0, 0) \\ 0, & (x, y) = (0, 0) \end{cases}$

(2) $f(x, y) = \begin{cases} \dfrac{\sin(x^2 + y^2)}{x^2 + y^2}, & (x, y) \ne (0, 0) \\ 1, & (x, y) = (0, 0) \end{cases}$

(3) $f(x, y) = \begin{cases} \dfrac{xy^2}{x^2 + y^4}, & (x, y) \neq (0, 0) \\ 0, & (x, y) = (0, 0) \end{cases}$

(4) $f(x, y) = \begin{cases} xy\sin\left(\dfrac{1}{xy}\right), & (x, y) \neq (0, 0) \\ 1, & (x, y) = (0, 0) \end{cases}$ (Hint: sandwich 정리 이용)

4. 다음 함수가 연속인 점의 집합을 구하라.

(1) $f(x, y) = \dfrac{1}{x + y}$

(2) $f(x, y) = \dfrac{2xy}{2 + \sin x}$

(3) $f(x, y) = \ln|x + 2y|$

(4) $f(x, y) = e^{xy}\sin(\pi y)$

(5) $f(x, y) = \sqrt{x - y} + \sqrt{x + y}$

(6) $f(x, y) = \sqrt{4 - x^2 - y^2}$

10.3 편도함수

일반적으로 f가 두 변수 x, y의 함수일 때, $y=b$ (b는 상수)로 y를 고정하고 x만 변한다고 가정하자. 그러면 일변수 함수인 $g(x)=f(x, b)$를 생각할 수 있다. g가 a에서 미분계수를 가지면 이것을 (a, b)에서 **x에 관한 편미분계수**라 하고, 기호로 $f_x(a, b)$로 나타낸다. 그러므로 다음과 같다.

정의 10.3.1

(a, b)에서 **x에 관한 f의 편미분** $f_x(a, b)$은 다음과 같이 정의된다.

$$f_x(a, b)=\lim_{h \to 0} \frac{f(a+h, b)-f(a, b)}{h}$$

이와 마찬가지로 (a, b)에서 **y에 관한 편미분계수** $f_y(a, b)$는 x를 $x=a$(a는 상수)로 고정시키고 함수 $h(y)=f(a, y)$의 b에서의 미분계수를 구하여 다음을 얻는다.

정의 10.3.2

(a, b)에서 **y에 관한 f의 편미분** $f_y(a, b)$은 다음과 같이 정의 된다.

$$f_y(a, b)=\lim_{h \to 0} \frac{f(a, b+h)-f(a, b)}{h}$$

예제 10.3.1 함수 $f(x, y)=xy$일 때, $f_x(3, 2)$와 $f_y(3, 2)$를 구하라.

[풀이]

$$f_x(3, 2)=\lim_{h \to 0} \frac{f(3+h, 2)-f(3, 2)}{h}=\lim_{h \to 0} \frac{2h}{h}=2.$$

$$f_y(3, 2)=\lim_{h \to 0} \frac{f(3, 2+h)-f(3, 2)}{h}=\lim_{h \to 0} \frac{3h}{h}=3.$$

■

정의 10.3.3

이변수함수 $f(x, y)$의 **편도함수** f_x와 f_y는 다음과 같이 정의한다.

$$f_x(x, y) = \lim_{h \to 0} \frac{f(x+h, y) - f(x, y)}{h}$$

$$f_y(x, y) = \lim_{h \to 0} \frac{f(x, y+h) - f(x, y)}{h}$$

다시 말하자면, $f_x(x, y)$를 구할 때는 y를 상수로 취급하고 x에 관하여 미분하고, $f_y(x, y)$를 구할 때는 x를 상수로 취급하고 y에 관하여 미분하면 된다.

예제 10.3.2 함수 $f(x, y) = x^2 y^3 + 4y - e^{xy^2}$의 편도함수와 $(-1, 2)$에서 편미분계수를 구하라.

[풀이] y를 상수로 취급하여 미분하면

$$f_x(x, y) = 2xy^3 - y^2 e^{xy^2}, \quad f_x(-1, 2) = -16 - 4e^{-4}$$

이고, x를 상수로 취급하여 미분하면

$$f_y(x, y) = 3x^2 y^2 + 4 - 2xye^{xy^2} \text{이므로 } f_y(-1, 2) = 16 + 4e^{-4}.$$ ■

이변수함수 $z = f(x, y)$의 x의 편도함수를 나타낼 때는 흔히 다음 기호를 사용한다.

$$f_x, \ \frac{\partial f}{\partial x}, \ f_x(x, y), \ \frac{\partial f}{\partial x}(x, y), \ \frac{\partial z}{\partial x}, \ z_x.$$

y의 편도함수는 x 위치에 y를 넣어서 같은 기호를 사용한다.

예제 10.3.3 $f(x, y) = \sin^2 x \cos y$에서 $\dfrac{\partial f}{\partial x}\left(-\dfrac{\pi}{3}, \dfrac{\pi}{6}\right)$와 $\dfrac{\partial f}{\partial y}\left(-\dfrac{\pi}{3}, \dfrac{\pi}{6}\right)$를 구하라.

[풀이] y를 상수 취급하여 $\dfrac{\partial f}{\partial x}(x, y) = 2\sin x \cos x \cos y$이고

$$\frac{\partial f}{\partial x}\left(-\frac{\pi}{3}, \frac{\pi}{6}\right) = 2\sin\left(-\frac{\pi}{3}\right)\cos\left(-\frac{\pi}{3}\right)\cos\frac{\pi}{6} = -\frac{3}{4}$$

이다. 또 x를 상수 취급하여 $\dfrac{\partial f}{\partial y}(x, y) = -\sin^2 x \sin y$이고

$$\frac{\partial f}{\partial y}\left(-\frac{\pi}{3}, \frac{\pi}{6}\right) = -\sin^2\left(-\frac{\pi}{3}\right)\sin\frac{\pi}{6} = -\frac{3}{8}. \quad ■$$

편도함수의 기하학적 의미

함수 $z = f(x, y)$의 편도함수의 기하학적 의미를 그림과 비교하면서 살펴보자.

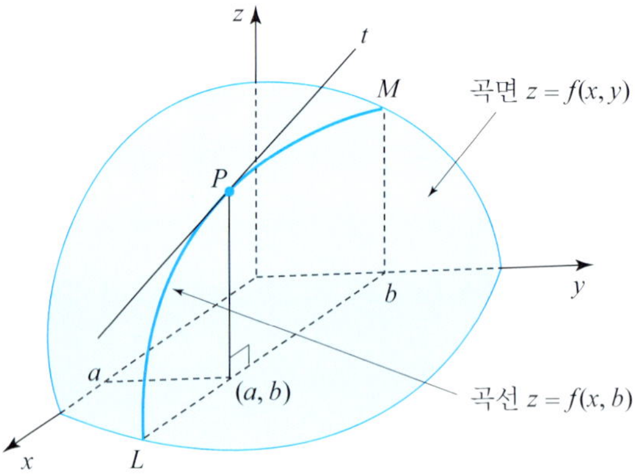

위의 그림에서 $z = f(x, y)$에서 y를 상수 b로 고정시키면 곡선 $z = f(x, b)$는 곡면 $z = f(x, y)$와 평면 $y = b$가 만나서 생기는 곡선 LPM이다. 곡선 $z = f(x, b)$ 위의 점 $P(a, b, f(a, b))$에서 접선의 기울기는 $\frac{\partial f}{\partial x}(a, b)$임을 알 수 있다.

마찬가지로 아래 그림에서처럼 곡면 $z = f(x, y)$와 평면 $x = a$가 만나서 생기는 곡선은 $z = f(a, y)$이다. 곡선 $z = f(a, y)$ 위의 점 $P(a, b, f(a, b))$에서 접선의 기울기는 $\frac{\partial f}{\partial x}(a, b)$임을 알 수 있다.

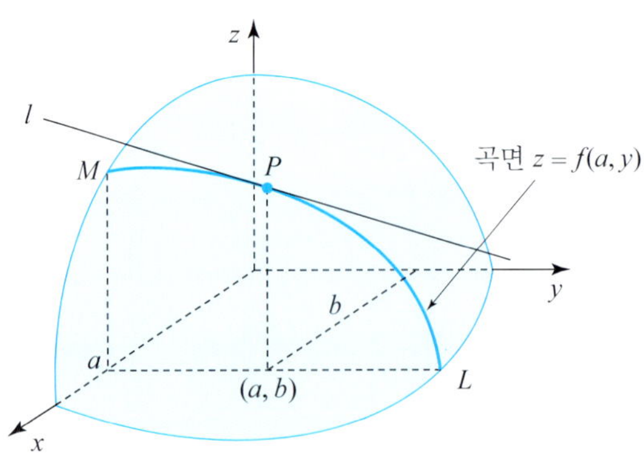

예제 10.3.4 곡선 $f(x, y) = x^2 + y^2$의 편미분계수 $f_x(2, 1)$을 구하고 그 의미를 그림에서 설명하라.

[풀이] $f_x(x, y) = 2x$, $f_x(2, 1) = 4$이고 $f(x, 1) = x^2 + 1$이므로 $f_x(2, 1)$은 곡면 $f(x, y) = x^2 + y^2$ 위의 곡선 $f(x, 1) = x^2 + 1$의 점 (2, 1, 5)에서 접선의 기울기가 된다.

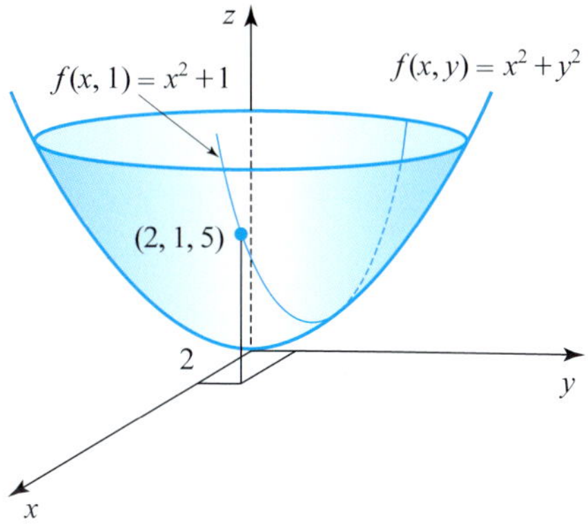

■

접평면의 방정식

곡면 S의 방정식이 $z = f(x, y)$이고 f는 연속인 편도함수를 가진다고 하자. 점 $P(a, b, c)$를 S 위의 점이라 하자. C_1과 C_2를 곡면 S와 수직평면 $x = a$, $y = b$가 각각 교차함으로서 얻어지는 곡선이라 하자. 그러면 점 P는 곡선 C_1과 C_2에 모두 놓여있다. T_1과 T_2를 점 P에서 C_1과 C_2에 대한 접선이라 하자.

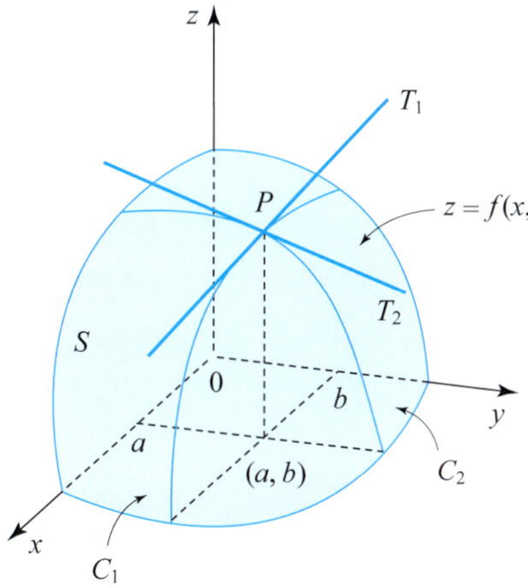

정의 10.3.4

곡면 S 위의 점 P를 지나는 두 곡선 C_1과 C_2에 대한 P에서의 접선 T_1과 T_2를 포함하는 평면을 곡면 S에 대한 **접평면**이라 한다

이제 $z = f(x, y)$의 그래프로 나타나는 곡면에 대한 접평면의 방정식을 구해보자.

정리 10.3.1

f가 연속인 편도함수를 갖는다고 하자. 곡면 $z = f(x, y)$ 위의 점 $P(a, b, c)$에서 S에 대한 접평면의 방정식은

$$z - c = f_x(a, b)(x - a) + f_y(a, b)(y - b)$$

이다. 여기서 (x, y, z)은 접평면 위의 점이다.

[증명] (x, y, z)를 구하는 평면 위의 점이라 평면의 방정식은 상수 A, B, C에 대하여

$$A(x - a) + B(y - b) + C(z - c) = 0$$

이다. 양변을 C로 나누어서 정리하면 주어진 식은

$$z - c = \alpha(x - a) + \beta(y - b)$$

로 다시 쓸 수 있다. 이때 평면 $y = b$와 접평면의 교선은 $z - c = \alpha(x - a)$이므로 이것은 T_1이 되어야 한다. 따라서 α는 T_1의 기울기이고 따라서 $\alpha = f_x(a, b)$이다. 마찬가지로 $x = a$일 때 $z - c = \beta(y - b)$를 얻으며, 이것은 T_2의 기울기를 나타낸다. 따라서 $\beta = f_y(a, b)$이다. ■

예제 10.3.5 점 (1,−1,3) 에서 $z = x^2 + 2y^2$에 대한 접평면의 방정식을 구하라.

[풀이] $f(x, y) = x^2 + 2y^2$이라 하면 $z = f(x, y)$이고 $f_x(x, y) = 2x$, $f_y(x, y) = 4y$이다. 또한 $f_x(1, -1) = 2$, $f_y(1, -1) = -4$이다. (x, y, z)를 접평면 위의 점이라 하면, 구하는 접평면의 방정식은

$$z - 3 = 2(x - 1) - 4(y + 1),$$

$$2x - 4y - z = 3$$

이다. ■

이변수함수 $z = f(x, y)$의 1계 편도함수 f_x, f_y는 x와 y의 함수이다. 1계 편도함수를 다시 x와 y에 관하여 미분할 수 있다면 다음과 같이 $z = f(x, y)$의 **2계 편도함수**를 얻게 된다.

$$\frac{\partial}{\partial x}\left(\frac{\partial f}{\partial x}\right) = \frac{\partial^2 f}{\partial x^2} = f_{xx},$$

$$\frac{\partial}{\partial y}\left(\frac{\partial f}{\partial x}\right) = \frac{\partial^2 f}{\partial y \partial x} = f_{xy},$$

$$\frac{\partial}{\partial x}\left(\frac{\partial f}{\partial y}\right) = \frac{\partial^2 f}{\partial x \partial y} = f_{yx},$$

$$\frac{\partial}{\partial y}\left(\frac{\partial f}{\partial y}\right) = \frac{\partial^2 f}{\partial y^2} = f_{yy}.$$

예제 10.3.6 $f(x, y) = x^3 + x^2 y^3 - 2y^2$의 이계 편도함수를 구하라.

[풀이] 일계 편도함수가 $f_x(x, y) = 3x^2 + 2xy^3$, $f_y(x, y) = 3x^2 y^2 - 4y$이므로

$$f_{xx} = 6x + 2y^3, \quad f_{xy} = 6xy^2,$$
$$f_{yx} = 6xy^2, \quad f_{yy} = 6x^2 y - 4.$$ ■

예제 10.3.7 $f(x, y) = xe^y - \sin y + xy^2$의 일계, 이계 편도함수를 구하라.

[풀이]

$$f_x = e^y + y^2, \quad f_y = xe^y - \cos y + 2xy,$$
$$f_{xx} = 0, \quad f_{xy} = e^y + 2y,$$
$$f_{yx} = e^y + 2y, \quad f_{yy} = xe^y + \sin y + 2x.$$ ■

실제 대부분의 함수에서 $f_{xy} = f_{yx}$인 것을 보았다. 그러나 항상 그런 것은 아니다. 프랑스 수학자 클레로(Alexis Clairaut)가 발견한 다음 정리는 $f_{xy} = f_{yx}$라고 주장할 수 있는 조건을 제시한다.

정리 10.3.2

점 (a, b)를 포함하는 원판 D에서 정의된 함수를 f라 하자. 함수 f_{xy}와 f_{yx}가 D에서 모두 연속이면 다음이 성립한다.

$$f_{xy}(a, b) = f_{yx}(a, b)$$

예제 10.3.8 $f(x, y) = y\sin x + xe^y$에서 f_{xy}, f_{yx}를 구하고 같음을 보여라.

[풀이]

$$f_x = y\cos x + e^y, \quad f_{xy} = \cos x + e^y,$$
$$f_y = \sin x + xe^y, \quad f_{yx} = \cos x + e^y.$$

따라서 $f_{xy} = f_{yx}$이다. ■

연습문제 10.3

1. 다음 함수의 편도함수 $f_x(x, y)$와 $f_y(x, y)$를 구하라.

(1) $f(x, y) = x^3y^2 + 2x - y$　　(2) $f(x, y) = \sqrt{4 - x^2 - y^2}$

(3) $f(x, y) = \dfrac{x}{x^2 - y^2}$　　(4) $f(x, y) = x\ln(x^2 + y^2)$

(5) $f(x, y) = e^{xy}(\sin x + \cos y)$　　(6) $f(x, y) = y\cos(xy)$

2. 다음 함수의 편도함수 f_x, f_y를 구하라.

(1) $f(x, y) = y\cos(x - y)$　　(2) $f(x, y) = \dfrac{xe^{xy}}{x + y}$

(3) $f(x, y) = \tan^{-1}\left(\dfrac{x}{y}\right)$　　(4) $f(x, y) = \cos^{-1}\dfrac{x}{\sqrt{x^2 + y^2}}$

3. 다음 함수에서 $f_{xy}(x, y)$와 $f_{yx}(x, y)$를 구하라.

(1) $f(x, y) = x + \dfrac{y}{x}$　　(2) $f(x, y) = \sqrt{x^2 - 2y^2}$

(3) $f(x, y) = e^{x^2+y^2}$　　(4) $f(x, y) = e^x\cos 2y + y^3\sin 2x$

4. 함수 $f(x, y) = (x^2 + y^2)^{\frac{2}{3}}$에 대하여 다음을 보여라.

$$f_x(x, y) = \begin{cases} \dfrac{4x}{3\sqrt[3]{x^2+y^2}}, & (x, y) \neq (0, 0) \\ 0 \quad , & (x, y) = (0, 0) \end{cases}$$

5. 곡선 $z = x^2 + \frac{1}{2}y^2$ 을 평면 $x = \sqrt{2}$로 잘랐을 때 생긴 곡선의 방정식을 구하라. 또 점 $(\sqrt{2}, 2, 4)$에서 이 곡선에 접하는 접선의 기울기를 구하라.

6. 곡선 $z = \cos(x + 2y)$를 평면 $y = \frac{\pi}{6}$으로 잘랐을 때 생긴 곡선의 방정식을 구하라. 또 점 $\left(\frac{\pi}{3}, \frac{\pi}{6}, -\frac{1}{2}\right)$에서 이 곡선에 접하는 접선의 기울기를 구하라.

7. 곡면 S가 $z = f(x, y)$일 때, 주어진 점에서 S에 대한 접평면의 방정식을 구하라.

(1) $f(x, y) = x^2y^3 + 2, \ \ P(1, -1, 1)$

(2) $f(x, y) = y^2\cos x, \ \ P(\pi, 1, -1)$

(3) $f(x, y) = \sqrt{4 - x^2 - y^2}, \ \ P(1, 1, \sqrt{2})$

8. 다음 함수에 대하여 $\dfrac{\partial^2 f}{\partial x^2} + \dfrac{\partial^2 f}{\partial y^2}$를 구하라.

(1) $f(x, y) = e^x \sin y + e^y \cos x$

(2) $f(x, y) = \ln(x^2 + y^2)$ (단, $x^2 + y^2 \neq 0$)

10.4 연쇄법칙과 음함수 미분

일변수 함수에 대한 **연쇄법칙**은 합성함수의 미분법에 대한 법칙을 제공한다. 즉, $y = f(x)$이고 $x = g(t)$이며 f와 g가 미분가능함수이면, y는 간접적으로 t에 관하여 미분가능한 함수이고

$$\frac{dy}{dt} = \frac{dy}{dx}\frac{dx}{dt}$$

가 성립한다. 예를 들어,

$$y = \ln x,\ x = t^3$$

일 때

$$\frac{dy}{dt} = \frac{dy}{dx}\frac{dx}{dt} = \frac{1}{x}(3t^2) = \frac{3}{t}$$

이다. 이변수함수에 대해서도 비슷한 공식을 유도할 수 있다.

정리 10.4.1

2변수 함수 $z = f(x, y)$, $x = x(t)$, $y = y(t)$에서 편도함수 f_x, f_y가 존재하고 x와 y가 t에 대하여 미분가능하면

$$\frac{dz}{dt} = \frac{\partial z}{\partial x}\frac{dx}{dt} + \frac{\partial z}{\partial y}\frac{dy}{dt}$$

이다.

그림 10.4.1을 보면서 연쇄법칙을 이해하면 공식을 쉽게 기억할 수 있다. 예를 들어, $\dfrac{dz}{dt}$를 계산할 때 z에서 t에 이르는 각 경로를 따라 직접 변수에 관하여 미분한 것을 곱하여 모두 더하면 된다.

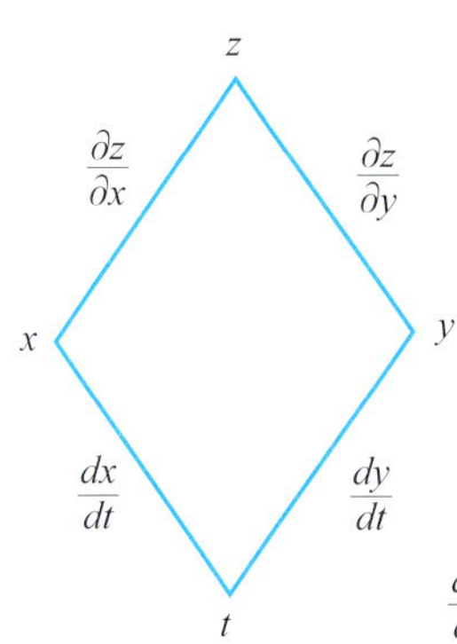

$$\frac{dz}{dt} = \frac{\partial z}{\partial x}\frac{dx}{dt} + \frac{\partial z}{\partial y}\frac{dy}{dt}$$

예제 10.4.1 $z = x^2y + 3xy^4,\ x = t^2,\ y = 1 - t$일 때 $t = 2$에서 $\dfrac{dz}{dt}$를 구하라.

[풀이] $\dfrac{\partial z}{\partial x} = 2xy + 3y^4,\ \dfrac{\partial z}{\partial y} = x^2 + 12xy^3$이고 $\dfrac{dx}{dt} = 2t,\ \dfrac{dy}{dt} = -1$이므로

$$\frac{dz}{dt} = (2xy + 3y^4)2t + (x^2 + 12xy^3)(-1)$$

이다. 답을 구하기 위해서 x와 y를 t에 관한 식으로 바꿀 필요가 없다. $t = 2$에서 $x = 4,\ y = -1$을 대입하면

$$\frac{dz}{dt} = (-8 + 3)4 + (16 - 48)(-1) = 12.$$

■

예제 10.4.2 $z = y^2 \ln x,\ x = e^{-t},\ y = t^2$일 때, $\dfrac{dz}{dt}$를 구하라.

[풀이] $\dfrac{\partial z}{\partial x} = \dfrac{y^2}{x},\ \dfrac{\partial z}{\partial y} = 2y \ln x$이고 $\dfrac{dx}{dt} = -e^{-t},\ \dfrac{dy}{dt} = 2t$이므로

$$\begin{aligned}\frac{dz}{dt} &= \frac{y^2}{x}(-e^{-t}) + (2y \ln x)\cdot 2t \\ &= t^4 e^t(-e^{-t}) + 2t^2(-t)2t \\ &= -5t^4.\end{aligned}$$

■

이제 $z = f(x, y)$이고 x와 y는 각각 s와 t의 이변수함수 $x = x(s, t),\ y = y(s, t)$인 상황을 생각해 보자. z는 간접적으로 s와 t의 함수이고 따라서 편미분을 생각할 수 있다.

정리 10.4.2

$z = f(x, y)$가 x와 y의 미분가능한 함수이고 $x = x(s, t),\ y = y(s, t)$가 모두 s와 t의 미분가능한 함수라고 가정하자. 그러면 다음이 성립한다.

$$\frac{\partial z}{\partial s} = \frac{\partial z}{\partial x}\frac{\partial x}{\partial s} + \frac{\partial z}{\partial y}\frac{\partial y}{\partial s}, \qquad \frac{\partial z}{\partial t} = \frac{\partial z}{\partial x}\frac{dx}{\partial t} + \frac{\partial z}{\partial y}\frac{\partial y}{\partial t}$$

아래 수형도를 보면서 정리 10.4.2를 이해하면 기억하기가 수월하다. 예를 들어, $\dfrac{\partial z}{\partial s}$를 계산하려면 z에서 s에 까지 가는 각 경로에 따라 직접 변수에 관하여 미분한 것을 곱한 다음 모두 더하면 된다.

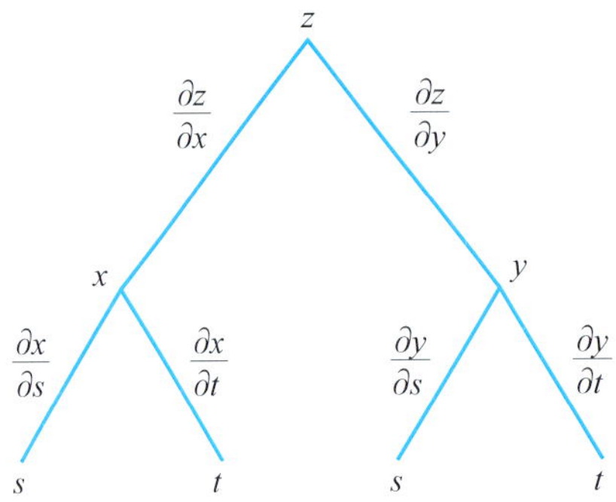

$$\frac{\partial z}{\partial s} = \frac{\partial z}{\partial x}\frac{\partial x}{\partial s} + \frac{\partial z}{\partial y}\frac{\partial y}{\partial s}$$

$$\frac{\partial z}{\partial t} = \frac{\partial z}{\partial x}\frac{\partial x}{\partial t} + \frac{\partial z}{\partial y}\frac{\partial y}{\partial t}$$

예제 10.4.3 $z = x^2 y,\ x = 2s - 3t,\ y = 3s + 4t$일 때 $\frac{\partial z}{\partial s}, \frac{\partial z}{\partial t}$를 구하라.

[풀이]

$$\frac{\partial z}{\partial x} = 2xy, \quad \frac{\partial z}{\partial y} = x^2, \quad \frac{\partial x}{\partial s} = 2,$$

$$\frac{\partial y}{\partial s} = 3, \quad \frac{\partial x}{\partial t} = -3, \quad \frac{\partial y}{\partial t} = 4$$

이므로

$$\begin{aligned}\frac{\partial z}{\partial s} &= 4xy + 3x^2 = 4(2s-3t)(3s+4t) + 3(2s-3t)^2 \\ &= 36s^2 - 40st - 21t^2, \\ \frac{\partial z}{\partial t} &= -6xy + 4x^2 = -6(2s-3t)(3s+4t) + 4(2s-3t)^2 \\ &= -20s^2 - 42st + 108t^2.\end{aligned}$$

■

예제 10.4.4 $z = e^{xy},\ x = st^2,\ y = 2s - 4t$일 때 $s = 1,\ t = -1$에서 $\frac{\partial z}{\partial s}, \frac{\partial z}{\partial t}$를 구하라.

[풀이]

$$\frac{\partial z}{\partial x} = ye^{xy}, \quad \frac{\partial z}{\partial y} = xe^{xy}, \quad \frac{\partial x}{\partial s} = t^2,$$

$$\frac{\partial y}{\partial s} = 2, \quad \frac{\partial x}{\partial t} = 2st, \quad \frac{\partial y}{\partial t} = -4$$

이므로

$$\frac{\partial z}{\partial s} = ye^{xy}t^2 + 2xe^{xy}, \quad \frac{\partial z}{\partial t} = ye^{xy}(2st) + xe^{xy}(-4)$$

이다. $s = 1,\ t = -1$에서 $x = 1,\ y = 6$이므로 구하는 값은

$$\frac{\partial z}{\partial s} = 6e^6 + 2e^6 = 8e^6,$$

$$\frac{\partial z}{\partial t} = -12e^6 - 4e^6 = -16e^6. \qquad \blacksquare$$

음함수의 미분

y가 x의 함수로서 $F(x, y) = 0$ 형태의 음함수로 주어진다고 하자. 변수에 대한 수형도를 생각하고

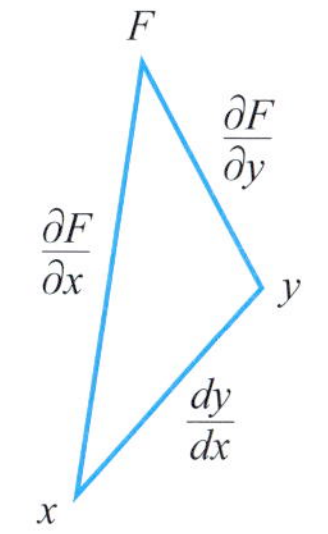

정리 10.4.2의 연쇄법칙을 적용하여 $F(x, y) = 0$의 양변을 x에 관하여 미분하면

$$\frac{\partial F}{\partial x} + \frac{\partial F}{\partial y}\frac{dy}{dx} = 0$$

이 되어 $F_y \neq 0$이면

$$y' = \frac{dy}{dx} = -\frac{F_x}{F_y}$$

이다.

이제 z가 x와 y의 함수로서 $F(x, y, z) = 0$ 형태의 음함수로 주어진다고 하자. 변수에 대한 수형도를 생각하고

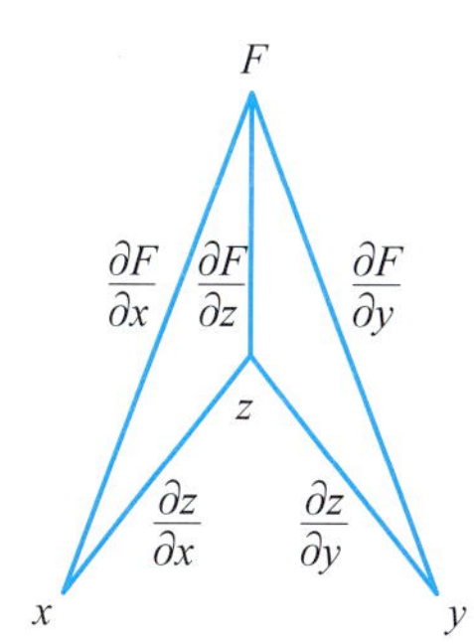

정리 10.4.2의 연쇄법칙을 적용하여 $F(x, y, z) = 0$의 양변을 x에 관하여 편미분하면

$$\frac{\partial F}{\partial x} + \frac{\partial F}{\partial z}\frac{\partial z}{\partial x} = 0$$

이고 $F_z \neq 0$일 때,

$$\frac{\partial z}{\partial x} = -\frac{F_x}{F_z}$$

이 된다. 같은 방법으로 $F(x, y, z) = 0$의 양변을 y에 관하여 편미분하면

$$\frac{\partial F}{\partial y} + \frac{\partial F}{\partial z}\frac{\partial z}{\partial y} = 0$$

이고 $F_z \neq 0$일 때,

$$\frac{\partial z}{\partial y} = -\frac{F_y}{F_z}.$$

예제 10.4.5 $y = y(x)$이고 $y\cos x = x^2 + y^2$일 때 음함수 미분법을 이용하여 $\dfrac{dy}{dx}$를 구하라.

[풀이] $F(x, y) = y\cos x - x^2 - y^2$이라 하면 주어진 식은 $F(x, y) = 0$이다.

$$F_x = -y\sin x - 2x,\ F_y = \cos x - 2y$$

이므로 $F_y \neq 0$이면

$$\frac{dy}{dx} = -\frac{F_x}{F_y} = \frac{y\sin x + 2x}{\cos x - 2y}.$$ ■

예제 10.4.6 $z = z(x, y)$이고 $y\cos(z - x) - x^2 e^{yz} = 0$일 때, $\dfrac{\partial z}{\partial x}$와 $\dfrac{\partial z}{\partial y}$를 구하라.

[풀이] $F(x, y, z) = y\cos(z - x) - x^2 e^{yz}$라 하면 주어진 식은 $F(x, y, z) = 0$이 된다.

$$F_x = y\sin(z - x) - 2xe^{yz},$$
$$F_y = \cos(z - x) - x^2 ze^{yz},$$
$$F_z = -y\sin(z - x) - x^2 ye^{yz}$$

이다. 따라서 $F_z \neq 0$일 때

$$\frac{\partial z}{\partial x} = -\frac{F_x}{F_z} = \frac{y\sin(z - x) - 2xe^{yz}}{y\sin(z - x) + x^2 ye^{yz}},$$

$$\frac{\partial z}{\partial y} = -\frac{F_y}{F_z} = \frac{\cos(z-x) - x^2 z e^{yz}}{y\sin(z-x) + x^2 y e^{yz}}.$$ ■

연습문제 10.4

1. 연쇄법칙을 이용하여 다음 함수에서 $\frac{dz}{dt}$를 구하라.

(1) $z = 3x^2 - 2y^3,\ x = e^{2t},\ y = \sqrt{t}$

(2) $z = x^3y^2,\ x = 1+\sqrt{t},\ y = 1-\sqrt{t}$

(3) $z = \sin x + \cos xy,\ x = t,\ y = t^2$

(4) $z = \ln(x + y^2),\ x = \sqrt{1+t},\ y = 1 + t^2$

(5) $z = xe^{x+y},\ x = \sin t,\ y = \cos t$

(6) $z = \tan^{-1}(x^2 - y^2),\ x = \sin 2t,\ y = \cos 2t$

2. 연쇄법칙을 이용하여 다음 함수에서 $\frac{\partial z}{\partial s}$를 구하라.

(1) $z = \frac{1}{xy} - \frac{y}{x},\ x = st,\ y = t^2$

(2) $z = x^2y,\ x = se^t,\ y = 2t$

(3) $z = ye^x,\ x = \sqrt{st},\ y = \frac{1}{s}$

(4) $z = xe^y - ye^x,\ x = e^t,\ y = st$

3. 다음에 답하라.

(1) $z = x^2 - y^2,\ x = r\cos\theta,\ y = r\sin\theta$일 때 $\frac{\partial z}{\partial r}, \frac{\partial z}{\partial \theta}$를 구하라.

(2) $z = \ln(x^2 - y^2),\ x = u + v,\ y = u - v$일 때 $\frac{\partial z}{\partial u}, \frac{\partial z}{\partial v}$를 구하라.

4. z가 x와 y에 관한 함수라 할 때 음함수 미분법을 이용하여 다음에서 $\frac{\partial z}{\partial x}, \frac{\partial z}{\partial y}$를 구하라.

(1) $x^2y + xyz^2 = z^3$

(2) $e^z + y + z = \cos(xyz)$

(3) $z + e^{xz}\sin y = x$

(4) $z^y = x^z$

5. $z = f(y-x, x-y)$에 대하여 $\frac{\partial z}{\partial x} = -\frac{\partial z}{\partial y}$임을 보여라.

6. $z = f\left(\frac{y}{x}\right)$에 대하여 $x\frac{\partial z}{\partial x} + y\frac{\partial z}{\partial y} = 0$임을 보여라.

10.5 방향도함수와 기울기 벡터

이변수함수 $z = f(x, y)$가 평면의 위치 (x, y)에 따른 온도를 나타낸다면 등위곡선은 온도가 같은 지점끼리 연결한 것이다. 이 때 한 지점에서 다른 지점으로 위치를 순간적으로 바꿀 때 온도의 변화율을 알고 싶으면 어떻게 할까? 이 절에서는 임의의 방향에서 이변수를 갖는 함수의 변화율을 계산할 수 있는 도함수의 일종인 **방향도함수**를 소개한다. 여기에서는 방향을 다루기 때문에 제 2장에서 배웠던 벡터가 역할을 한다.

방향도함수

$z = f(x, y)$이면 어떤 한 점 (x_0, y_0)에서 편미분함수 $f_x(x_0, y_0)$와 $f_y(x_0, y_0)$은 각각 x축 방향과 y축 방향, 즉 $\vec{i}(= i)$방향과 $\vec{j}(= j)$방향으로 z의 변화율을 나타낸다. 점(x_0, y_0)에서 임의의 단위벡터 $\vec{u} = ai + bj$ 방향으로 z의 변화율을 찾아보자.

이를 위해 $z = f(x, y)$로 주어지는 곡면 S를 생각하고 $z_0 = f(x_0, y_0)$라 하자. 그러면 점 $P(x_0, y_0, z_0)$는 S에 있다. $\vec{u}$ 방향에서 점 P를 지나는 수직평면이 곡면 S와 만나서 이루는 곡선을 C라 하자. 점 P에서 C에 대한 접선 T의 기울기는 $\vec{u}$ 방향으로의 z의 변화율이다.

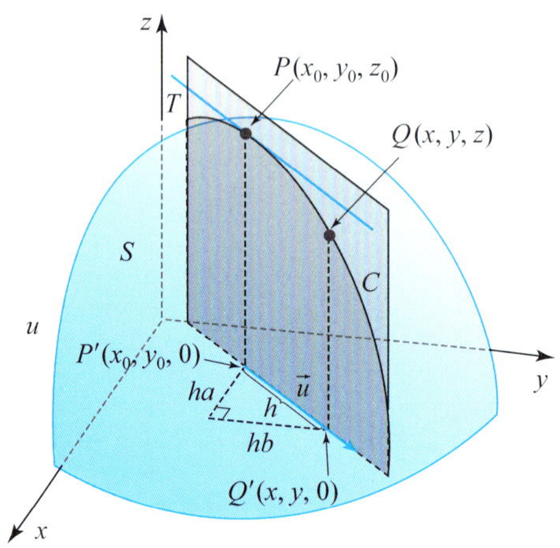

$Q(x, y, z)$ 가 C에 있는 또 다른 점이고 P'과 Q'이 xy평면 위로 P와 Q의 정사영이라 하면, $\overrightarrow{P'Q'}$는 $\vec{u}$와 평행이므로 적당한 상수 h에 대하여 $\overrightarrow{P'Q'} = h\vec{u} = hai + hbj$이다. 다른 한편 $P'(x_0, y_0, 0)$이고 $Q'(x, y, 0)$인 것으로부터 $\overrightarrow{P'Q'} = (x - x_0)i + (y - y_0)j$이므로 벡터의

상등에 의하여

$$x = x_0 + ha, \quad y = y_0 + hb$$

이다. 따라서 (x_0, y_0)에서 $\vec{u}$방향으로의 변화에 대한 함숫값의 변화의 비율은

$$\frac{\Delta z}{h} = \frac{z - z_0}{h} = \frac{f(x_0 + ha, y_0 + hb) - f(x_0, y_0)}{h}$$

가 된다.

정의 10.5.1 방향도함수

점 (x_0, y_0)에서 단위 벡터 $\vec{u} = ai + bj$방향으로 f의 **방향도함수** $D_{\vec{u}} f(x_0, y_0)$는 극한이 존재하면 다음과 같이 정의한다.

$$D_{\vec{u}} f(x_0, y_0) = \lim_{h \to 0} \frac{f(x_0 + ha, y_0 + hb) - f(x_0, y_0)}{h}$$

정의 10.5.2 기울기 벡터

함수 $f(x, y)$가 편미분가능이면 f의 **기울기 벡터** ∇f는 다음과 같이 정의된다.

$$\nabla f(x, y) = f_x i + f_y j.$$

또 $f(x, y, z)$가 편미분가능이면 f의 기울기 벡터는 ∇f는 다음과 같이 정의된다.

$$\nabla f(x, y, z) = f_x i + f_y j + f_z k.$$

참고 기울기 벡터는 경도(gradient)라고도 한다.

함수의 방향도함수를 계산할 때에는 일반적으로 다음 정리를 이용한다.

예제 10.5.1 $f(x, y) = y \sin x + x^2 e^{xy}$일 때 ∇f를 구하라.

[풀이] $f_x = y \cos x + 2xe^{xy} + x^2 ye^{xy}$, $f_y = \sin x + x^3 e^{xy}$이므로

$$\nabla f(x, y) = (y \cos x + 2xe^{xy} + x^2 ye^{xy})i + (\sin x + x^3 e^{xy})j.$$

■

정리 10.5.1

f가 두 변수 x, y의 미분가능한 함수이면, (x_0, y_0)에서 임의의 단위벡터 $\vec{u} = ai + bj$방향으로의 방향도함수 $D_{\vec{u}}f$를 가지며

$$D_{\vec{u}}f(x_0, y_0) = f_x(x_0, y_0)a + f_y(x_0, y_0)b$$
$$= \nabla f(x_0, y_0) \cdot \vec{u} \qquad (\cdot \text{은 벡터의 내적})$$

이다.

[증명] 함수 g를 h에 관한 함수 $g(h) = f(x_0 + ah,\ y_0 + ah)$로 놓으면

$$g'(0) = \lim_{h \to 0} \frac{g(h) - g(0)}{h}$$
$$= \lim_{h \to 0} \frac{f(x_0 + ah,\ y_0 + ah) - f(x_0, y_0)}{h}$$
$$= D_u f(x_0, y_0)$$

이다. 한편 $x = x_0 + ah$, $y = y_0 + bh$라 두면 $g(h) = f(x, y)$이고, 연쇄법칙에 의하여

$$g'(h) = \frac{df}{dh} = \frac{\partial f}{\partial x}\frac{dx}{dh} + \frac{\partial f}{\partial y}\frac{dy}{dh} = f_x a + f_y b$$

이다. 이제 $h = 0$을 대입하면

$$g'(0) = f_x(x_0, y_0)a + f_y(x_0, y_0)b$$

가 되어

$$D_u f(x_0, y_0) = f_x(x_0, y_0)a + f_y(x_0, y_0)b$$
$$= \nabla f(x_0, y_0) \cdot \vec{u}$$

이다. ■

단위 벡터 $\vec{u}$가 x축의 양의 방향과 이루는 각이 θ이면 $\vec{u} = \cos\theta i + \sin\theta j$로 쓸 수 있고 정리 10.5.1의 식은 다음과 같다.

$$D_{\vec{u}}f(x_0, y_0) = f_x(x_0, y_0)\cos\theta + f_y(x_0, y_0)\sin\theta$$

예제 10.5.2 $f(x, y) = x^2y$일 때, 점 (2, 1)에서 $\vec{v} = 2i + j$방향으로 f의 방향도함수를 구하라.

[풀이] 먼저 방향벡터가 단위벡터가 아니므로 단위 벡터로 바꾸면

$$\vec{u} = \frac{\vec{v}}{|\vec{v}|} = \frac{2}{\sqrt{5}}i + \frac{1}{\sqrt{5}}j$$

이다. $f_x(2, 1) = 4,\ f_y(2, 1) = 4$이므로 구하는 방향도함수는 $D_u f(2, 1) = \frac{12}{\sqrt{5}}$이다. ■

예제 10.5.3 $f(x, y) = x^2 - xy + y^2$이고 단위 벡터 $\vec{u}$가 양의 x축과 이루는 각 θ가 $\theta = \frac{\pi}{3}$일 때, (−1, 2)에서 $\vec{u}$방향으로 방향도함수를 구하라.

[풀이] $D_{\vec{u}} f(-1, 2)$를 구하는 문제이다. $\vec{u} = \cos\frac{\pi}{3}i + \sin\frac{\pi}{3}j = \frac{1}{2}i + \frac{\sqrt{3}}{2}j$이고

$$f_x = 2x - y,\ f_y = -x + 2y \text{로부터 } f_x(-1, 2) = -4,\ f_y(-1, 2) = 5$$

이다. 따라서 구하는 값은

$$D_{\vec{u}} f(-1, 2) = \nabla f(-1, 2)\cdot\vec{u} = -2 + \frac{5}{2}\sqrt{3}\,.$$ ■

주어진 점에서 함수 f의 변화가 가장 빠른 방향을 알 수 있다면 여러 가지로 유용하다. 다음 정리가 그 해답을 제공한다.

정리 10.5.2

f가 미분가능한 이변수함수라고 가정하자. 임의의 점 (x, y)에서 방향도함수 $D_{\vec{u}} f(x, y)$의 최댓값은 $|\nabla f(x, y)|$이고, 이것은 방향 벡터 $\vec{u}$의 방향이 기울기 벡터 $\nabla f(x, y)$와 일치할 때 생긴다. 또한 $\vec{u}$와 $\nabla f(x, y)$의 방향이 반대일 때 최솟값 $-|\nabla f(x, y)|$을 갖는다.

[증명] 방향도함수의 정의와 내적의 성질로부터

$$\begin{aligned} D_{\vec{u}} f &= \nabla f \cdot \vec{u} = |\nabla f||\vec{u}|\cos\phi \\ &= |\nabla f|\cos\phi \end{aligned}$$

이다. 여기서 ϕ는 두 벡터 ∇f와 $\vec{u}$의 사잇각이다. $\cos\phi$의 값은 $\phi = 0$일 때 최대 1이고, $\phi = \pi$일 때 최소 −1이다. 따라서 $D_{\vec{u}} f(x, y)$는 $\vec{u}$와 $\nabla f(x, y)$가 방향이 같을 때 최대가 되고, 반대 방향일 때 최소가 된다. ■

예제 10.5.4 평평한 금속판의 위치 (x, y)에서 온도의 분포는 함수 $f(x, y) = \dfrac{40}{1 + x^2 + 2y^2}$으로 주어진다고 하자. 다음에 답하라.

(1) 위치 $(1, -2)$에서 어떤 방향으로의 온도가 가장 빨리 증가하는가?

(2) 위치 $(1, -2)$에서 온도의 최대 증가의 크기와 최대 감소의 크기를 구하라.

[풀이] (1) $f_x = -\dfrac{80x}{(1 + x^2 + 2y^2)^2}$, $f_y = -\dfrac{160y}{(1 + x^2 + 2y^2)^2}$으로부터

$$f_x(1, -2) = -8, \quad f_y(1, -2) = 32$$

이다. 정리에 의하여 $(1, -2)$에서 온도의 최대증가 방향은

$$\nabla f(1, -2) = -8i + 32j$$

이다.

(2) 증가의 최댓값은 $\nabla f(1, -2) = \sqrt{-8^2 + 32^2} = 8\sqrt{17}$이고 최대 감소의 크기는 $-|\nabla f(1, -2)| = -8\sqrt{17}$이다. ■

연습문제 10.5

1. 함수 f에 대하여 ∇f를 구하라.

(1) $f(x, y) = \sqrt{x^2 + y^2}$

(2) $f(x, y) = x^2 - x\sin(x^2 y)$

(3) $f(x, y, z) = \sqrt{y + xz}$

(4) $f(x, y, z) = \dfrac{x + y}{z}$

2. 함수 f에 대하여 주어진 점 P에서 $\vec{u}$방향으로 f의 방향도함수를 구하라.

(1) $f(x, y) = x^2 - y^2$, $P(2, 1)$, $\vec{u} = i + 2j$

(2) $f(x, y) = \dfrac{1}{x^2 + y^2}$, $P(2, 3)$, $\vec{u} = i + j$

(3) $f(x, y) = x\ln(x + y)$, $P(3, -2)$, $\vec{u} = i + j$

(4) $f(x, y) = xe^{xy}$, $P(2, 0)$, $\vec{u} = i - j$

3. 방향벡터와 양의 x축과 이루는 각이 θ일 때, 주어진 점 P에서 함수 f의 방향도함수를 구하라.

(1) $f(x, y) = 3x^2 y$, $\theta = -\dfrac{\pi}{6}$, $P(1, 2)$

(2) $f(x, y) = y\cos(xy)$, $\theta = \frac{\pi}{3}$, $P(2, 1)$

4. 점 (3, 2)에서 $f(x, y) = xy + y^2$의 방향도함수가 0이 되는 방향을 구하라.

5. 다음 함수에서 임의의 방향으로의 방향도함수가 0이 되는 점을 구하라.

(1) $f(x, y) = x^2 - y^2 + 2xy$ (2) $f(x, y) = 2x^2 + y^2 + 4x + 6y - 9$

6. 점 $P(4, 9)$에서 점 $Q(2, 5)$ 방향으로 $f(x, y) = \sqrt{xy}$ 의 방향도함수를 구하라. 또 점 Q에서 f의 변화율이 최대가 되는 방향과 그 때의 최댓값을 구하라.

7. 해발 높이가 $h(x, y) = 700 - 5x^2 - 10y^2$인 산이 있다. 산 위의 점 $(-2, -4, h(-2, -4))$에서 산 정상으로 가장 빠르게 오르려면 어떤 방향으로 가면 되는가? 또 산 밑으로 내려온다면 어떤 방향을 택할 때 가장 빨리 내려올 수 있는가?

8. 금속판 위의 점 (x, y)에서 전압 $V(x, y)$의 분포가 $V(x, y) = 40 - x^2 - 3y^2$라 하자. 다음에 답하라.

(1) 점 (1, 2)에서 어떤 방향으로 전압이 가장 급격히 증가하는가? 이때 증가량을 구하라.

(2) 점 (1, 2)에서 어떤 방향으로 전압이 가장 급격히 감소하는가? 이때 감소량을 구하라.

(3) 점 (1, 2)에서 전압의 변화가 없는 방향을 구하라.

중적분

Chapter 11

11.1 이중적분

유한 폐구간에서 연속인 일변수 함수에 대하여 정의되었던 정적분의 개념은 이변수이상의 함수에 대하여 확장될 수 있다. 본 장에서는 이변수 함수에 대한 적분에 대하여만 알아보도록 한다.

평면 위의 유한 폐영역 R에서 정의된 이변수 함수 $z = f(x, y)$를 생각하자.

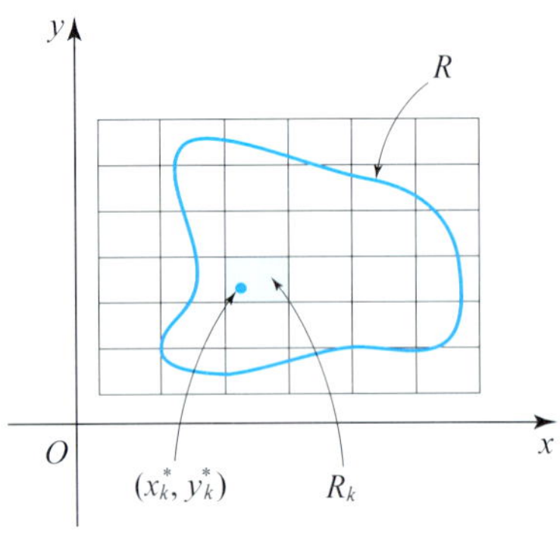

그림에서와 같이 R을 포함하는 한 직사각형을 그린다. 그리고 이 직사각형을 축에 평행인 가로와 세로선으로 세분하고 R에 완전히 속하는 n개의 직사각형을

$$R_1, R_2, \cdots, R_n$$

이라 하고, 그것들의 넓이를

$$\Delta A_1, \Delta A_2, \cdots, \Delta A_n$$

으로 나타낸다. 이 분할된 작은 직사각형 내에서 임의로 한 점을 각각 택하여

$$(x_1^*, y_1^*), (x_2^*, y_2^*), \cdots, (x_n^*, y_n^*)$$

으로 나타내고

$$\sum_{k=1}^{n} f(x_k^*, y_k^*)\Delta A_k$$

을 생각하자.

정의 11.1.1

함수 $z = f(x, y)$가 유한 폐영역 R에서 연속이면 다음 극한

$$\lim_{n \to \infty} \sum_{k=1}^{n} f(x_k^*, y_k^*) \Delta A_k$$

은 항상 존재하고 이 값을 R에서 $z = f(x, y)$의 **이중적분**이라 하고 기호로는 다음과 같이 쓴다.

$$\iint_R f(x, y)\, dA, \quad \iint_R f(x, y)\, dx\, dy, \quad \iint_R f(x, y)\, dy\, dx$$

이중적분의 기하학적 의미

폐영역 R에서 $f(x, y) \geq 0$이라고 하면 $f(x_k^*, y_k^*) \Delta A_k$은 그림에서와 ΔA_k를 밑넓이로 하고 높이가 $f(x_k^*, y_k^*)$인 수직기둥의 부피이다.

이중적분의 정의에 의하여

$$\iint_R f(x, y)\, dA$$

은 밑면이 R이고 윗면이 곡면 $z = f(x, y)$인 그림과 같은 수직기둥의 부피이다.

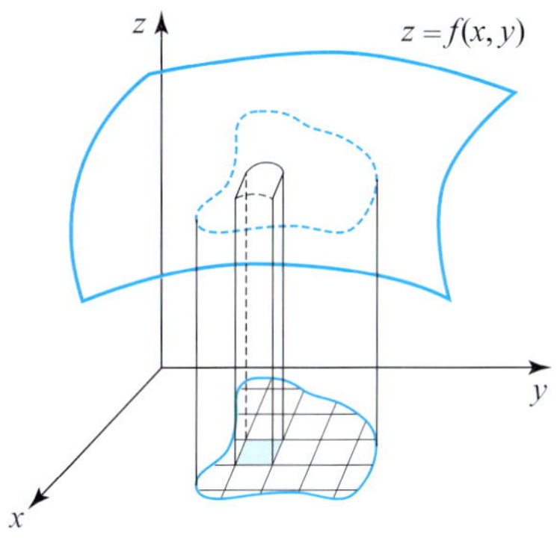

이중 적분을 정의에 의하여 극한으로 구하는 것은 매우 복잡하다. 먼저 이중적분의 성질을 살펴보도록 하자.

정리 11.1.1

함수 f와 g가 영역 R에서 연속이면 다음이 성립한다.

(1) $\iint_R (f+g)\,dA = \iint_R f\,dA + \iint_R g\,dA$

(2) $\iint_R cf\,dA = c\iint_R f\,dA$ (단, c는 상수)

(3) R에서 $f \le g$이면 $\iint_R f\,dA \le \iint_R g\,dA$

(4) $\left|\iint_R f\,dA\right| \le \iint_R |f|\,dA$

(5) $\iint_R 1\,dA = R$의 넓이

구체적으로 이중적분을 구하는 방법에 대하여 알아보자.

함수 $f(x, y)$가 직사각형 $[a, b]\times[c, d]$에서 연속이라 하자. y를 고정하고 $f(x, y)$를 x의 함수로 보고 $x=a$에서 $x=b$까지 적분을 하면 $\int_a^b f(x, y)\,dx$는 y의 함수

$$A(y) = \int_a^b f(x, y)\,dx$$

가 된다. 이제 $A(y)$를 $y=c$에서 $y=d$까지 적분하면

$$\begin{aligned}\int_c^d A(y)\,dy &= \int_c^d \int_a^b f(x, y)\,dx\,dy \\ &= \int_c^d \left[\int_a^b f(x, y)\,dx\right] dy\end{aligned}$$

이다. 마찬가지로 적분의 순서를 바꾸어

$$\int_a^b \int_c^d f(x, y)\,dy\,dx = \int_c^d \left[\int_a^b f(x, y)\,dy\right] dx$$

로 나타낼 수 있다. 이 같은 표현을 **반복적분**이라 한다.

예제 11.1.1 다음을 계산하라.

(1) $\int_0^2 \int_1^3 x^2 y\,dx\,dy$

(2) $\int_0^{\ln 3} \int_1^2 xe^{xy}\,dy\,dx$

[풀이] (1) $\int_0^2 \int_1^3 x^2 y \, dx \, dy = \int_0^2 \left[\frac{1}{3}x^3 y\right]_{x=1}^3 dy$

$$= \int_0^2 \frac{26}{3} y \, dy = \left[\frac{13}{3}y^2\right]_0^2 = \frac{52}{3}.$$

(2) $\int_0^{\ln 3} \int_1^2 xe^{xy} \, dy \, dx = \int_0^{\ln 3} [e^{xy}]_{y=1}^2 dx$

$$= \int_0^{\ln 3} (e^{2x} - e^x) dx = \left[\frac{1}{2}e^{2x} - e^x\right]_0^{\ln 3} = 2.$$

■

반복적분에서 적분의 순서를 바꾸어도 계산의 결과가 같을 것인가에 대한 의문이 있을 수 있다. 다음 정리는 이중적분을 반복적분으로 표시함으로서 적분의 순서에 관계가 없다는 것을 말해준다.

정리 11.1.2 푸비니(Fubini) 정리

이변수 함수 $f(x, y)$가 폐영역 $R = \{(x, y) \mid a \le x \le b,\ c \le y \le d\}$에서 연속이면

$$\iint_R f(x, y) dA = \int_a^b \int_c^d f(x, y) dy \, dx = \int_c^d \int_a^b f(x, y) dy \, dx$$

이다.

예제 11.1.2 영역 R이 $0 \le x \le 2,\ 1 \le y \le 3$일 때, $\iint_R (y - 3x^2) dA$를 구하라.

[풀이] 푸비니의 정리에 의하여

$$\iint_R (y - 3x^2) dA = \int_1^3 \int_0^2 (y - 3x^2) dx \, dy$$

$$= \int_1^3 [yx - x^3]_0^2 dy$$

$$= \int_1^3 (2y - 8) dy = [y^2 - 8y]_1^3 = -8$$

이고, 적분순서를 바꾸어 계산해도 같은 결과를 얻는다. ■

푸비니의 정리에 의하여 적분순서를 잘 선택하는 것이 계산을 가능하게 또는 수월하게 한다.

예제 11.1.3 영역 R이 $0 \le x \le \pi,\ 1 \le y \le 2$일 때 $\iint_R x\cos(xy)\,dA$를 구하라.

[풀이] x에 관하여 먼저 적분하면 부분적분을 이용해야하므로, y에 관하여 먼저 적분하면

$$\begin{aligned}\iint_R x\cos(xy)\,dA &= \int_0^{\pi}\int_1^2 x\cos(xy)\,dy\,dx \\ &= \int_0^{\pi}[\sin(xy)]_1^2\,dx \\ &= \int_0^{\pi}(\sin 2x - \sin x)\,dx \\ &= \left[-\frac{1}{2}\cos 2x + \cos x\right]_0^{\pi} = -2.\end{aligned}$$

■

특히 이중적분에서 $f(x, y) = g(x)h(y)$와 같이 변수가 분리된 경우에는

$$\iint_R f(x, y)\,dA = \int_a^b g(x)\,dx \int_c^d h(y)\,dy$$

이 된다.

예제 11.1.4 영역 R이 $[1, 2] \times [0, \ln 2]$일 때 $\iint_R xe^y\,dA$을 구하라.

[풀이] 두 변수 x와 y가 분리되어 있으므로

$$\begin{aligned}\iint_R xe^y\,dA &= \int_1^2 x\,dx \int_0^{\ln 2} e^y\,dy \\ &= \left[\frac{1}{2}x^2\right]_1^2 [e^y]_0^{\ln 2} = \frac{3}{2}.\end{aligned}$$

■

적분영역이 직사각형은 아니지만 특정한 함수에 의하여 다음과 같이 영역이 표시되는 경우가 있다.

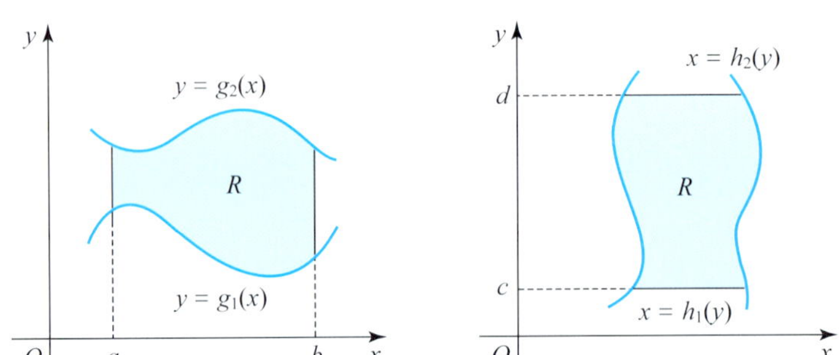

이러한 영역에 대한 이중적분을 계산하는 방법이 다음과 같이 주어진다.

정리 11.1.3

(1) 두 함수 $y = g_1(x)$, $y = g_2(x)$가 연속이고 이변수 함수 $f(x, y)$가 영역 $R = \{(x, y) \mid a \le x \le b,\ g_1(x) \le y \le g_2(x)\}$에서 연속이면

$$\iint_R f(x, y)\,dA = \int_a^b \int_{g_1(x)}^{g_2(x)} f(x, y)\,dy\,dx$$

이다.

(2) 두 함수 $x = h_1(y)$, $x = h_2(y)$가 연속이고 이변수 함수 $f(x, y)$가 영역 $R = \{(x, y) \mid h_1(y) \le x \le h_2(y),\ c \le y \le d\}$에서 연속이면

$$\iint_R f(x, y)\,dA = \int_c^d \int_{h_1(y)}^{h_2(y)} f(x, y)\,dx\,dy$$

이다.

예제 11.1.5 $\int_0^1 \int_0^x (2 - x - y)\,dy\,dx$에 대하여 다음에 답하라.

(1) 이중적분의 값을 구하라.

(2) 적분영역을 도시하고 적분순서를 바꾸어서 값을 구하라.

[풀이] (1) $\displaystyle\int_0^1 \int_0^x (2 - x - y)\,dy\,dx = \int_0^1 \left[2y - xy - \frac{1}{2}y^2\right]_{y=0}^{x} dx$

$$= \int_0^1 \left(2x - \frac{3}{2}x^2\right) dx = \frac{1}{2}.$$

(2) 주어진 이중적분의 영역 R은 다음과 같다.

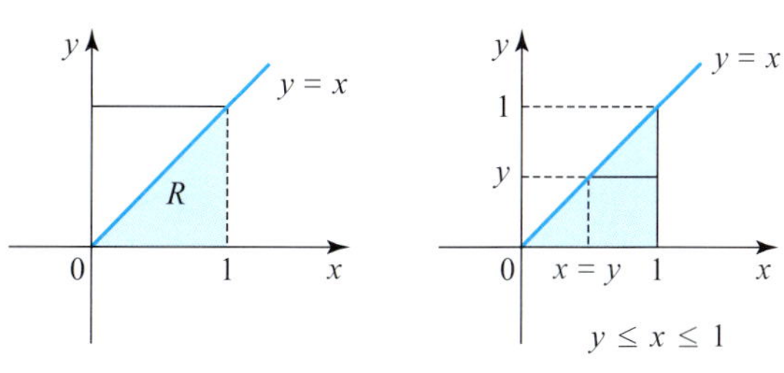

이제 x에 관하여 먼저 적분하면

$$\int_0^1\int_0^x(2-x-y)dy\,dx=\int_0^1\int_y^1(2-x-y)dx\,dy$$
$$=\int_0^1\Big[2x-\frac{1}{2}x^2-yx\Big]_{x=y}^1 dy$$
$$=\int_0^1\Big(\frac{3}{2}-3y+\frac{3}{2}y^2\Big)\,dy=\frac{1}{2}.$$ ■

예제 11.1.6 다음 적분을 적분순서를 바꾸어서 구하라.

$$\int_0^{\sqrt{\pi}}\int_x^{\sqrt{\pi}}\cos(y^2)dy\,dx$$

[풀이] 적분영역을 나타내면 다음과 같다.

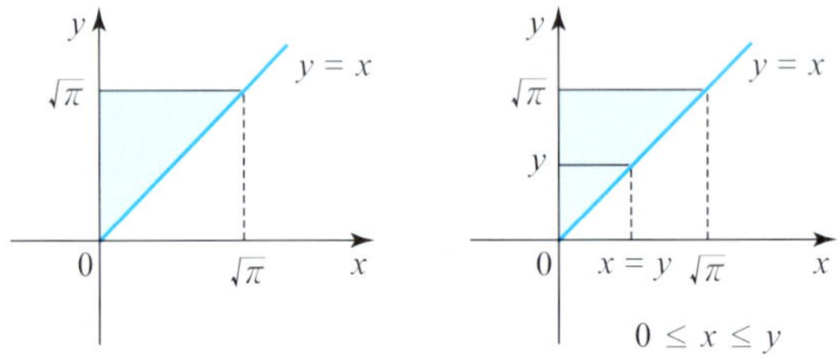

이제 적분순서를 바꾸면

$$\int_0^{\sqrt{\pi}}\int_x^{\sqrt{\pi}}\cos(y^2)dy\,dx=\int_0^{\sqrt{\pi}}\int_0^{y}\cos(y^2)dx\,dy$$
$$=\int_0^{\sqrt{\pi}}[x\cos(y^2)]_{x=0}^{y}dy$$
$$=\int_0^{\sqrt{\pi}}y\cos(y^2)dy=\Big[\frac{1}{2}\sin(y^2)\Big]_0^{\sqrt{\pi}}=0.$$ ■

예제 11.1.7 $\int_0^5\int_0^{25-x^2}\frac{1}{25-y}xe^{2y}\,dy\,dx$을 구하라.

[풀이] 이 적분순서로는 해를 구할 수 없다. 따라서 적분순서를 바꿔보자. 먼저 적분 영역을 그려보면 다음과 같다.

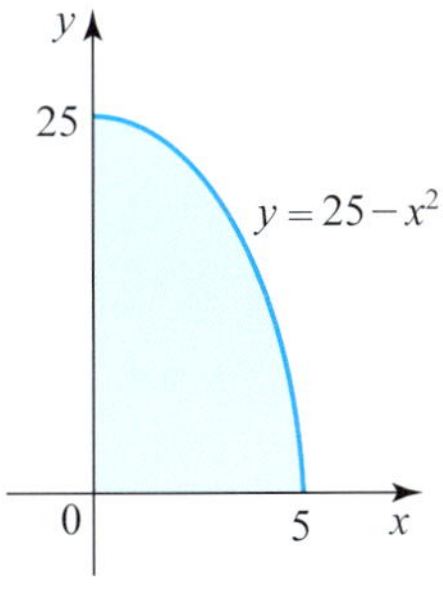

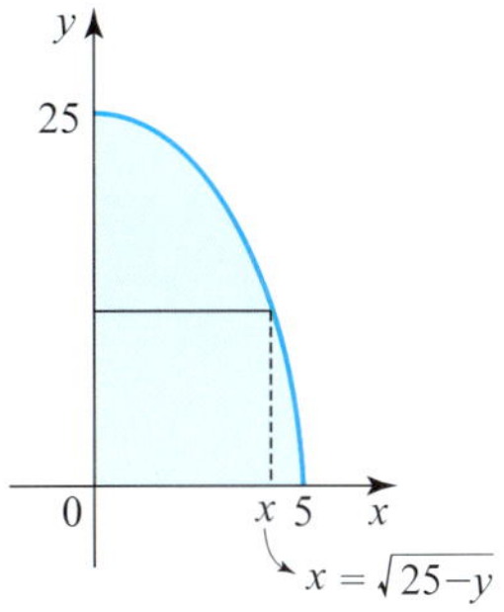

$$\int_0^5\int_0^{25-x^2}\frac{1}{25-y}xe^{2y}\,dy\,dx=\int_0^{25}\int_0^{\sqrt{25-y}}\frac{1}{25-y}e^{2y}\,x\,dx\,dy$$
$$=\int_0^{25}\frac{1}{25-y}e^{2y}\left[\frac{1}{2}x^2\right]_0^{\sqrt{25-y}}dy$$
$$=\int_0^{25}\frac{1}{2}e^{2y}\,dy=\frac{1}{4}(e^{50}-1).$$

예제 11.1.8 $y=x,\ y=x^2$로 둘러싸인 영역의 넓이를 이중적분을 이용하여 구하라.

[풀이] 두 곡선으로 둘러싸인 영역을 R이라 하면 영역의 넓이는

$$\iint_R 1\,dA$$

이다. 영역을 평면에 나타내면 다음과 같다.

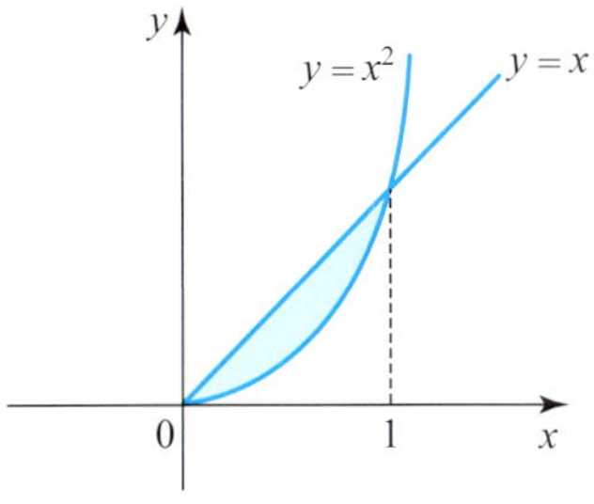

따라서 구하는 영역의 넓이는

$$\iint_R 1\,dA=\int_0^1\int_{x^2}^{x}1\,dy\,dx=\int_0^1[y]_{x^2}^{x}\,dx$$
$$=\int_0^1(x-x^2)\,dx=\frac{1}{6}$$

이다.

연습문제 11.1

1. 다음 적분을 계산하라.

(1) $\int_0^2\int_0^1 2xy\,dy\,dx$ (2) $\int_0^1\int_0^2 (1+2y)\,dy\,dx$

(3) $\int_0^{\frac{1}{2}}\int_{-1}^1 x^2y^2\,dy\,dx$ (4) $\int_0^{\pi}\int_0^{\frac{1}{2}} x\cos(xy)\,dy\,dx$

(5) $\int_0^2\int_0^2 xye^{x+y}\,dx\,dy$ (6) $\int_0^3\int_0^1 x\sqrt{x^2+y}\,dx\,dy$

2. 다음 적분을 계산하라.

(1) $\int_0^{\pi}\int_0^{y} x\sin y\,dx\,dy$ (2) $\int_0^{\ln 6}\int_0^{\ln y} e^{x+y}\,dx\,dy$

(3) $\int_0^{\frac{\pi}{2}}\int_0^{\sin y} \frac{x}{\sqrt{1-x^2}}\,dx\,dy$ (4) $\int_0^{\frac{1}{\sqrt{2}}}\int_x^{\sqrt{1-x^2}} x^3y\,dydx$

(5) $\int_0^1\int_0^x (1-xy)\,dy\,dx$ (6) $\int_0^1\int_{x^2}^x (1+2y)\,dy\,dx$

3. 적분순서를 바꾸어 다음 이중적분을 계산하라.

(1) $\int_0^1\int_y^1 x^2e^{xy}\,dx\,dy$ (2) $\int_0^1\int_{4x}^4 e^{-y^2}\,dy\,dx$

(3) $\int_0^4\int_{\sqrt{x}}^2 \frac{1}{y^3+1}\,dy\,dx$ (4) $\int_0^{\pi}\int_y^{\pi} \frac{\sin x}{x}\,dx\,dy$

(5) $\int_0^2\int_x^2 2y^2\sin(xy)\,dydx$ (6) $\int_0^2\int_0^{\sqrt{4-y^2}} \sqrt{4-x^2}\,dx\,dy$

4. 주어진 영역 R에 대하여 다음 이중적분을 계산하라.

(1) $\iint_R x^2y\,dA$, R: $y=x^2$, $y=x^3$으로 둘러싸인 내부 영역

(2) $\iint_R \frac{x}{1+xy}\,dA$, $R: 0\le x\le 1,\ 0\le y\le 1$

(3) $\iint_R (x^2+y^2)\,dA$, $R: y-x\le 1,\ x\le 0,\ y\ge 0$

(4) $\iint_R (x+y)\,dA$, $R: x+y\ge -1,\ x\le 0,\ y\le 0$

(5) $\iint_R (x^2+2y)\,dA$, $R: y=x,\ y=x^3$으로 둘러싸인 내부 영역

(6) $\iint_R x\,dA$, R : 세 점 (1, 0), (0, 2), (2, 2)로 이루어진 삼각형의 내부 영역

5. 다음 영역 R의 넓이를 이중적분을 이용하여 구하라.

(1) $R: x=0,\ y=x^2,\ y=2$로 둘러싸인 내부 영역

(2) R: 중심이 원점이고 반지름이 2인 원의 내부 영역

(3) $R: x=0,\ y=0,\ 3x+2y=6$으로 둘러싸인 내부 영역

6. $\int_0^1 \cos^{-1} x\,dx$의 값을 다음 방법에 의하여 구하고 비교하라.

(1) 부분적분법에 의한 방법으로 값을 구하라.

(2) $\int_0^1 \cos^{-1} x\,dx = \int_0^1 \int_0^{\cos^{-1} x} dy\,dx$임을 이용하여 구하라.

11.2 이중적분에서의 변수변환

이변수 함수의 중적분에서 다루었던 적분영역이 푸비니의 정리를 이용하여 이중적분을 구하기 어려운 경우가 있다. 본 장에서는 이런 경우를 극복하는 방법을 공부한다.

uv-평면 위의 영역 D의 각 점 (u, v)에 대한 함수 $\phi(u, v)$와 $\psi(u, v)$가 D에서 연속이고 연속인 편도함수를 갖는다고 하자. 이때 xy-평면 위의 영역 R의 각 점 (x, y)가 uv-평면 위의 영역 D의 각 점 (u, v)에 대하여 $x = \phi(u, v)$, $y = \psi(u, v)$로 주어진다고 하자. 이 관계는 (u, v) 좌표에서 (x, y) 좌표로의 좌표변환이다.

정의 11.2.1

좌표변환 $x = \phi(u, v)$, $y = \psi(u, v)$에서 $\dfrac{\partial(x, y)}{\partial(u, v)}$을 x, y의 u, v에 대한 야코비안(Jacobian)이라 하고 다음과 같이 정의한다.

$$\frac{\partial(x, y)}{\partial(u, v)} = \frac{\partial x}{\partial u}\frac{\partial y}{\partial v} - \frac{\partial x}{\partial v}\frac{\partial y}{\partial u} = \begin{vmatrix} x_u & x_v \\ y_u & y_v \end{vmatrix}$$

첫 등식이 야코비안의 정의이고, 이것은 x, y의 u, v에 대한 편미분이 원소인 행렬의 형렬식과 같음을 의미한다. 따라서 야코비안을 행렬식으로 생각하면 공식을 외우기 쉽다.

예제 11.2.1 $x = uv$, $y = u^2 + v^2$일 때, x, y의 u, v에 대한 야코비안을 구하라.

[풀이] $\phi(u, v) = uv$, $\psi(u, v) = u^2 + v^2$이다. 따라서

$$\frac{\partial(x, y)}{\partial(u, v)} = \begin{vmatrix} x_u & x_v \\ y_u & y_v \end{vmatrix} = \begin{vmatrix} v & u \\ 2u & 2v \end{vmatrix} = 2v^2 - 2u^2.$$

■

예제 11.2.2 $x = r\cos\theta$, $y = r\sin\theta$일 때, x, y의 r, θ에 대한 야코비안을 구하라.

[풀이] $\phi(r, \theta) = r\cos\theta$, $\psi(r, \theta) = r\sin\theta$이다. 따라서

$$\frac{\partial(x, y)}{\partial(u, v)} = \begin{vmatrix} x_r & x_\theta \\ y_r & y_\theta \end{vmatrix} = \begin{vmatrix} \cos\theta & -r\sin\theta \\ \sin\theta & r\cos\theta \end{vmatrix} = r.$$ ■

함수 f는 xy-평면의 영역 R에서 정의되고, uv-평면의 영역 D에서 $(x, y) \in R$에 대하여 변환 $x = \phi(u, v)$, $y = \psi(u, v)$이 주어졌을 때 다음 관계를 생각해보자.

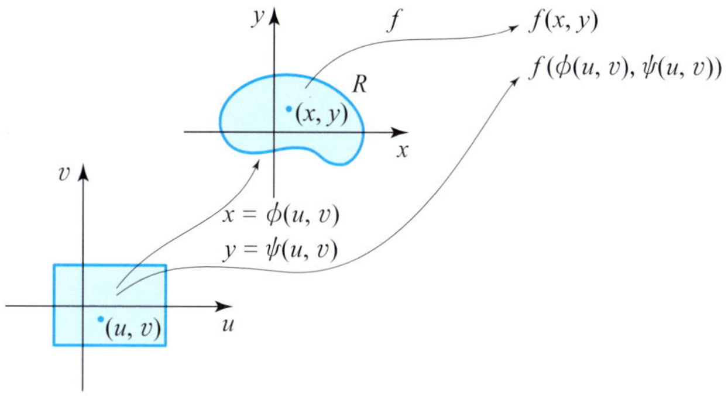

이 관계는 다음과 같이 적분영역의 변환을 통한 이중적분을 구하는 방법을 제시한다.

정리 11.2.1

D가 uv-평면의 유계영역이고 xy-평면의 유계영역 R의 점 (x, y)가 변환

$$x = \phi(u, v),\ y = \psi(u, v)$$

로 주어진다고 하자. 이변수 함수 $f(x, y)$가 R에서 연속이면 다음이 성립한다.

$$\begin{aligned}\iint_R f(x, y)\,dA &= \iint_R f(x, y)\,dx\,dy \\ &= \iint_D f(\phi(u, v), \psi(u, v))\left|\frac{\partial(x, y)}{\partial(u, v)}\right|du\,dv\end{aligned}$$

이 정리를 적용하기 위해서는 xy-평면에 주어진 한 영역 R이 주어졌을 때 어떤 변환에 의하여 uv-평면의 어떤 D가 R로 변환되는지를 알아야 한다. 이를 예제를 통해서 알아보도록 하자.

예제 11.2.3 영역 R이 $x + y = -1$, $x + y = 1$, $x - y = -1$, $x - y = 1$로 둘러싸인 영역일 때, 이중적분 $\iint_R xy\,dA$를 구하라. 단 $x + y = u$, $x - y = v$를 이용하라.

[풀이] $x + y = u$, $x - y = v$로부터 $-1 \le u \le 1$, $-1 \le v \le 1$이고

$$x = \frac{1}{2}(u+v),\ y = \frac{1}{2}(u-v)$$

이다. 이 변환에 의하여 영역 $D = \{(u, v) \mid -1 \le u \le 1, -1 \le v \le 1\}$은 R로 변환이 된다.

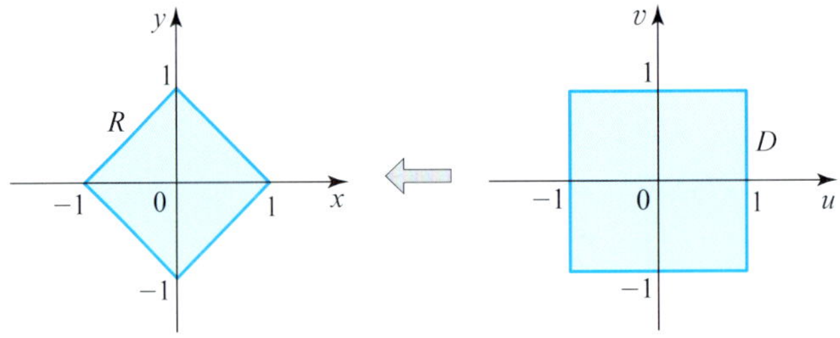

$$\frac{\partial(x, y)}{\partial(u, v)} = \begin{vmatrix} \frac{1}{2} & \frac{1}{2} \\ \frac{1}{2} & -\frac{1}{2} \end{vmatrix} = -\frac{1}{2}$$이고

$$\begin{aligned}\iint_R xy\, dA &= \iint_D \frac{1}{4}(u^2 - v^2)\left|\frac{\partial(x, y)}{\partial(u, v)}\right| du\, dv \\ &= \frac{1}{8}\int_{-1}^{1}\int_{-1}^{1}(u^2 - v^2)\, du\, dv \\ &= \frac{1}{8}\int_{-1}^{1}\left[\frac{1}{3}u^3 - v^2 u\right]_{u=-1}^{1} dv \\ &= \frac{1}{8}\int_{-1}^{1}\left(\frac{2}{3} - 2v^2\right) dv = 0.\end{aligned}$$ ■

예제 11.2.4 영역 $R = \left\{(x, y) \mid 0 \le x \le 1,\ 0 \le y \le \sqrt{1 - x^2}\right\}$일 때, $\iint_R x\, dA$을 구하라. 단, 여기서 변환 $x = r\cos\theta,\ y = r\sin\theta$를 이용하라.

[풀이] 변환 $x = r\cos\theta,\ y = r\sin\theta$에 의하여 영역 $D = \left\{(r, \theta) \mid 0 \le r \le 1,\ 0 \le \theta \le \frac{\pi}{2}\right\}$가 영역 R로 변환되고

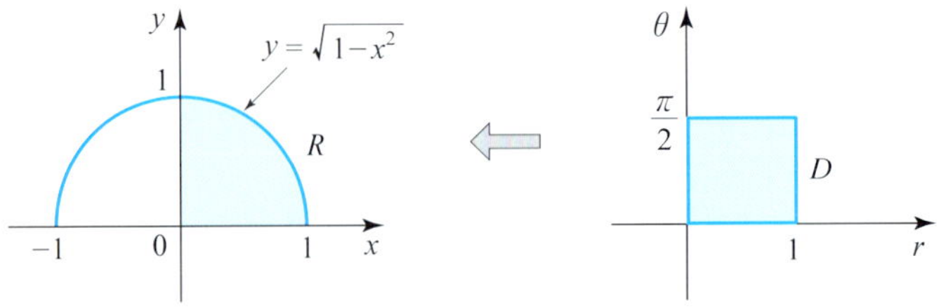

$$\frac{\partial(x, y)}{\partial(u, v)} = \begin{vmatrix} \cos\theta & -r\sin\theta \\ \sin\theta & r\cos\theta \end{vmatrix} = r$$이고

$$\begin{aligned} \iint_R x\,dA &= \iint_D r\cos\theta \left| \frac{\partial(x, y)}{\partial(r, \theta)} \right| dr\,d\theta \\ &= \int_0^1 \int_0^{\frac{\pi}{2}} r^2 \cos\theta\, d\theta\, dr \\ &= \int_0^1 r^2\, dr = \frac{1}{3}. \end{aligned}$$

■

예제 11.2.5 영역 R이 세 점 (0, 0), (1, 2), (2, 1)을 꼭짓점으로 하는 삼각형의 내부와 경계선이라 할 때, 변환 $x = 2u + v,\ y = u + 2v$를 이용하여 $\iint_R (y - 2x)\,dA$을 구하라.

[풀이] 영역 R에서 이중적분을 구하기는 어렵다. 이 변환 $x = 2u + v,\ y = u + 2v$에 의하여 그림과 같이 uv-평면의 D가 xy-평면 R로 변환이 된다.

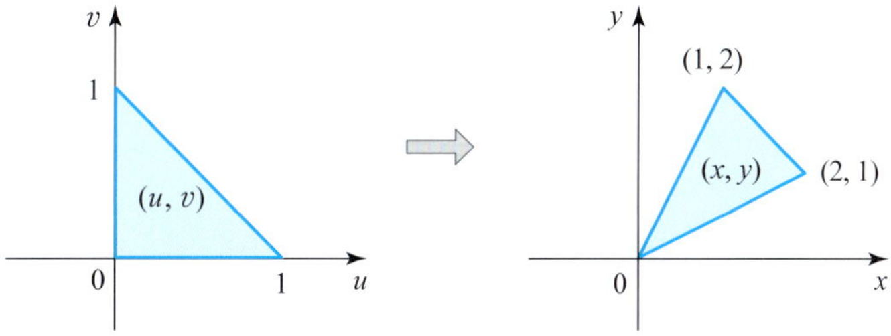

실제로 (0, 1) − (1, 0)을 잇는 선분은 (1, 2) − (2, 1)을 잇는 선분으로, (0, 0) − (1, 0)을 잇는 선분은 (0, 0) − (2, 1)을 잇는 선분으로, (0, 0) − (0, 1)을 잇는 선분은 (0, 0) − (1, 2)을 잇는 선분으로 변환이되고 내부는 내부로 변환이 된다.

$$\frac{\partial(x, y)}{\partial(u, v)} = \begin{vmatrix} 2 & 1 \\ 1 & 2 \end{vmatrix} = 3$$

으로부터

$$\begin{aligned} \iint_R (y - 2x)\,dA &= \iint_D (-3u) \left| \frac{\partial(x, y)}{\partial(u, v)} \right| du\,dv \\ &= \iint_D (-9u)\,du\,dv \end{aligned}$$

이고

$$\iint_D (-9u)\,du\,dv = \int_0^1 \int_0^{1-u} (-9u)\,dv\,du$$
$$= \int_0^1 (-9u)[v]_{v=0}^{1-u}\,du$$
$$= \int_0^1 (9u^2 - 9u)\,du = -\frac{3}{2}. \quad ■$$

지금까지 예제를 통하여 영역의 변환을 통하여 이중적분을 하는 것이 쉬운 것이 아님을 알았다. 특정한 두 영역이 어떤 변환에 의하여 일치되는가를 배운 것을 바탕으로 유사한 문제를 해결 하는데 적용하면 될 것이다.

연습문제 11.2

1. 다음 변환에 대하여 $\dfrac{\partial(x, y)}{\partial(u, v)}$를 구하라.

(1) $x = u + v,\ y = u - v$　　(2) $x = u^2 - v^2,\ y = 2uv$

(3) $x = 2u\cos v,\ y = u\sin v$　　(4) $x = \ln(u + v),\ y = \ln uv$

2. 변환 $x = r\cos\theta,\ y = r\sin\theta$를 이용하여 다음 이중적분을 계산하라.

(1) $\displaystyle\iint_R e^{-(x^2+y^2)}dA;\quad R = \{(x, y) \mid x^2 + y^2 \le 1\}$

(2) $\displaystyle\iint_R \sqrt{9 - x^2 - y^2}\,dA;\quad R = \{(x, y) \mid x^2 + y^2 \le 9\}$

(3) $\displaystyle\iint_R (2x + y)dA;\quad R = \{(x, y) \mid x^2 + y^2 \le 1,\ y \ge 0\}$

(4) $\displaystyle\iint_R \cos\frac{\pi}{6}(x^2 + y^2)dA;\quad R = \{(x, y) \mid x^2 + y^2 \le 1,\ x \le 0\}$

3. (1)은 $x = u + v,\ y = u - v$, (2)는 $x + y = u,\ x - y = v$를 이용하여 이중적분을 계산하라.

(1) $\displaystyle\iint_R (x + y)e^{x-y}\,dA$

R은 꼭지점이 $(-1, 1), (1, 1), (0, 0)$인 삼각형의 내부.

(2) $\displaystyle\iint_R (x^2 + y^2)dA$

R은 꼭지점이 $(1, 0), (0, 1), (-1, 0), (0, -1)$인 사각형의 내부.

4. 주어진 변환을 이용하여 다음 이중적분을 계산하라.

$$\iint_R \frac{\sqrt{x+y}}{x} dA; \quad x = u,\ y = uv$$

R은 꼭지점이 (0, 0), (4, 0), (0, 4)인 삼각형의 내부.

5. 다음 이중적분을 변환 $x = r\cos\theta,\ y = r\sin\theta$를 이용하여 계산하라.

(1) $\displaystyle\int_{-1}^{1}\int_{0}^{\sqrt{1-x^2}} dy\,dx$

(2) $\displaystyle\int_{-1}^{1}\int_{-\sqrt{1-x^2}}^{\sqrt{1-x^2}} (x^2 + y^2)dy\,dx$

(3) $\displaystyle\int_{0}^{2}\int_{0}^{\sqrt{4-y^2}} x\,dx\,dy$

(4) $\displaystyle\int_{0}^{2}\int_{-\sqrt{4-y^2}}^{\sqrt{4-y^2}} \frac{xy}{\sqrt{x^2+y^2}} dx\,dy$

6. $a > 0$에 대하여 다음 이중적분을 계산하라.

(1) $\displaystyle\iint_{R_1} e^{-(x^2+y^2)} dA;\quad R_1 = \{(x, y)\,|\,0 \le x^2 + y^2 \le a^2,\ 0 \le x,\ 0 \le y\}$

(2) $\displaystyle\iint_{R_2} e^{-(x^2+y^2)} dA;\quad R_2 = \{(x, y)\,|\,0 \le x^2 + y^2 \le 2a^2,\ 0 \le x,\ 0 \le y\}$

7. 다음에 답하라.

(1) $\displaystyle\int_{0}^{a}\int_{0}^{a} e^{-(x^2+y^2)} dx\,dy = \left(\int_{0}^{a} e^{-x^2} dx\right)^2$ (단, $a > 0$)임을 보여라.

(2) $\displaystyle\frac{\pi}{4}(1 - e^{-a^2}) \le \left(\int_{0}^{a} e^{-x^2} dx\right)^2 \le \frac{\pi}{4}(1 - e^{-2a^2})$가 성립함을 보여라.

(Hint: 문제 6의 결과를 이용)

(3) $\displaystyle\int_{0}^{\infty} e^{-x^2} dx$의 값을 구하라.

(Hint: (2)로부터 Sandwich 정리와 특이적분의 정의를 이용)

연습문제 정답

Chapter 01 행렬

연습문제 1.1

1. (1) $x=\frac{12}{5},\ y=-\frac{1}{5}$ (2) $x=1,\ y=-3$

2. (1) $\begin{pmatrix} 8 & 5 & 3 \\ 3 & 10 & -5 \end{pmatrix}$ (2) $\begin{pmatrix} -7 & 0 & -2 \\ 3 & -10 & 10 \end{pmatrix}$

3. (1) $\begin{pmatrix} -9 & 8 \\ 20 & 9 \end{pmatrix}$ (2) $-\frac{4}{3}\begin{pmatrix} 2 & 1 \\ 0 & 3 \end{pmatrix}=\begin{pmatrix} -\frac{8}{3} & -\frac{4}{3} \\ 0 & -4 \end{pmatrix}$

4. (1) $X=\begin{pmatrix} 2 & -5 \\ 2 & 0 \end{pmatrix},\ Y=\begin{pmatrix} -1 & -1 \\ 1 & -2 \end{pmatrix}$ (2) $X=\begin{pmatrix} -\frac{1}{5} & -\frac{8}{5} \\ 1 & -\frac{6}{5} \end{pmatrix},\ Y=\begin{pmatrix} \frac{7}{5} & -\frac{14}{5} \\ 1 & \frac{2}{5} \end{pmatrix}$

5. (1) 5×3 (2) 5×3 (3) 5×5 (4) 정의 안됨 (5)정의 안됨 (6) 3×4

6. (1) $\begin{pmatrix} 7 & -1 \\ 27 & -2 \end{pmatrix}$ (2) $\begin{pmatrix} -12 & -7 \\ 31 & 17 \end{pmatrix}$ (3) $\begin{pmatrix} 7 & 27 \\ -1 & -2 \end{pmatrix}$ (4) $\begin{pmatrix} 7 & 27 \\ -1 & -2 \end{pmatrix}$

7. $a=3$ **8.** $\begin{pmatrix} 1 & 4 \\ -2 & 10 \end{pmatrix}$ **9.** $\begin{pmatrix} 11 & 7 \\ 10 & 8 \end{pmatrix}$

10. $a\neq 0,\ \begin{pmatrix} 0 & a \\ 0 & 0 \end{pmatrix};\ \begin{pmatrix} 0 & 0 \\ a & 0 \end{pmatrix};\ \begin{pmatrix} a & a \\ -a & -a \end{pmatrix};\ \begin{pmatrix} a & -a \\ a & -a \end{pmatrix}$ 등등……

연습문제 1.2

1. (1) $A=\begin{pmatrix} 4 & -2 \\ 1 & -2 \end{pmatrix},\ X=\begin{pmatrix} x \\ y \end{pmatrix},\ B=\begin{pmatrix} 8 \\ 5 \end{pmatrix}$ (2) $A=\begin{pmatrix} 7 & 4 & -2 \\ 16 & 2 & 1 \end{pmatrix},\ X=\begin{pmatrix} x \\ y \\ z \end{pmatrix},\ B=\begin{pmatrix} -6 \\ 3 \end{pmatrix}$

(3) $A=\begin{pmatrix} 1 & -2 & 3 \\ 4 & 1 & -2 \\ -5 & -2 & 4 \end{pmatrix},\ X=\begin{pmatrix} x \\ y \\ z \end{pmatrix},\ B=\begin{pmatrix} -4 \\ 7 \\ 1 \end{pmatrix}$ (4) $A=\begin{pmatrix} 0 & 2 & -1 \\ 1 & 0 & 3 \\ -3 & -1 & 0 \end{pmatrix},\ X=\begin{pmatrix} x \\ y \\ z \end{pmatrix},\ B=\begin{pmatrix} 0 \\ 4 \\ -2 \end{pmatrix}$

2. (1) $\begin{pmatrix} 1 & 0 & 2 \\ 0 & 1 & 3 \end{pmatrix}$에서 $x=2,\ y=3$ (2) $\begin{pmatrix} 1 & 0 & \frac{13}{5} \\ 0 & 1 & \frac{6}{5} \end{pmatrix}$로부터 $x=\frac{13}{5},\ y=\frac{6}{5}$

(3) $\begin{pmatrix} 1 & 1 & 0 \\ 0 & 0 & 1 \end{pmatrix}$에서 $0=1$이므로 해가 없음.

(4) $\begin{pmatrix} 1 & -\frac{1}{2} & \frac{1}{2} \\ 0 & 0 & 0 \end{pmatrix}$에서 $x=\frac{1}{2}y+\frac{1}{2},\ y=$ 임의 실수.

3. (1) $\begin{pmatrix} 1 & 1 & 1 & -1 \\ 0 & 1 & 1 & 1 \\ 0 & 0 & 1 & 1 \end{pmatrix}$에서 $x=-2,\ y=0,\ z=1.$

(2) $\begin{pmatrix} 1 & 2 & 3 & -1 \\ 0 & 1 & 8 & -4 \\ 0 & 0 & 1 & -\frac{25}{46} \end{pmatrix}$에서 $x=-\frac{3}{46},\ y=\frac{8}{23},\ z=-\frac{25}{46}.$

4. (1) $\begin{pmatrix} 1 & 0 & 0 & 1 \\ 0 & 1 & 0 & 2 \\ 0 & 0 & 1 & 3 \end{pmatrix}$으로부터 $x=1,\ y=2,\ z=3$

(2) $\begin{pmatrix} 1 & 0 & -2 & 0 \\ 0 & 1 & 4 & 0 \\ 0 & 0 & 0 & 0 \end{pmatrix}$으로부터 $x=2z,\ y=-4z,\ z=$ 임의 실수.

(3) $\begin{pmatrix} 1 & 0 & \frac{2}{7} & \frac{10}{7} \\ 0 & 1 & -\frac{3}{7} & -\frac{8}{7} \end{pmatrix}$으로부터 $x=\frac{10}{7}-\frac{2}{7}z,\ y=-\frac{8}{7}+\frac{3}{7}z,\ z=$ 임의 실수.

(4) $\begin{pmatrix} 1 & 0 & 0 & -13 \\ 0 & 1 & 0 & 9 \\ 0 & 0 & 1 & 1 \end{pmatrix}$으로부터 $x=-13,\ y=9,\ z=1.$

5. (1) 2 (2) 2 (3) 3 (4) 2 (5) 3 (6) 2

6. (1) 미지수 2, 위수 2이므로 유일한 해를 가짐. (2) 미지수 3= 위수 3이므로 유일한 해를 가짐.

7. (1) 미지수 3, 위수 3. 유일한 해를 가짐 (2) 미지수 3, 위수 3. 유일한 해를 가짐.

연습문제 1.3

1. (1) 7 (2) 7 (3) 21 (4) 21

2. (1) 10 (2) 72

3. (1) $a=1,2,3$ (2) $a=\pm\frac{1}{\sqrt{2}}$

4. A의 1행에 k를 곱한 행렬을 B라 하면 $\det(B)=k\det(A)$. B의 2행에 k를 곱한 행렬을 C라 하면 $\det(C)=k\det(B)=k^2\det(A)$. C의 3행에 k를 곱한 행렬을 D라 하면 $kA=D$이고 $\det(kA)=\det(D)=k\det C=k^3\det(A)$.

5. (1) $(-1)^3\times(-2)=2$ (2) $(-3)^3\times(-2)=54$ (3) $-2\times 3=-6$
(4) $(-2)^2\times 3^2=36$ (5) $(-2)\times(-2)=4$ (6) $2^3\times(-2)\times 3=-48$

6. (1) -5 (2) 10 (3) -5 (4) -10

연습문제 1.4

1. (1) 행렬식 -13, 가역적, 역행렬 $-\dfrac{1}{13}\begin{pmatrix} 3 & -5 \\ -2 & -1 \end{pmatrix}$.

(2) 행렬식 8, 가역적, 역행렬 $\dfrac{1}{8}\begin{pmatrix} 4 & 2 \\ -2 & 1 \end{pmatrix}$.

(3) 행렬식 0, 비가역적, 역행렬 없음.

(4) 행렬식 0, 비가역적, 역행렬 없음.

(5) 행렬식 1, 가역적, 역행렬 $\begin{pmatrix} 3 & -1 & 1 \\ -15 & 6 & -5 \\ 5 & -2 & 2 \end{pmatrix}$.

(6) 행렬식 7, 가역적, 역행렬 $\dfrac{1}{7}\begin{pmatrix} 2 & 5 & 2 \\ 0 & 7 & 7 \\ 1 & -1 & 1 \end{pmatrix}$.

2. $\alpha \neq -6,\ 2$

3. (1) $x=-10,\ y=7$ (2) $x=-\dfrac{7}{27},\ y=\dfrac{31}{27},\ z=\dfrac{2}{9}$

4. (1) $x=10,\ y=-5,\ z=18$ (2) $x=-\dfrac{4}{7},\ y=-3,\ z=-\dfrac{2}{7}$

5. (1) $x=-\dfrac{1}{6}\begin{vmatrix} 5 & 2 \\ 1 & 4 \end{vmatrix}=-3,\ y=-\dfrac{1}{6}\begin{vmatrix} 1 & 5 \\ 5 & 1 \end{vmatrix}=4$

(2) $x=\dfrac{1}{5}\begin{vmatrix} 10 & -3 \\ 0 & -1 \end{vmatrix}=-2,\ y=\dfrac{1}{5}\begin{vmatrix} 1 & 10 \\ 2 & 0 \end{vmatrix}=-4$

(3) $x=-\dfrac{1}{7}\begin{vmatrix} 13 & 4 \\ 5 & 1 \end{vmatrix}=1,\ y=-\dfrac{1}{7}\begin{vmatrix} 1 & 13 \\ 2 & 5 \end{vmatrix}=3$

(4) $x=-\dfrac{1}{22}\begin{vmatrix} -7 & 2 \\ 5 & -3 \end{vmatrix}=-\dfrac{1}{2},\ y=-\dfrac{1}{22}\begin{vmatrix} 6 & -7 \\ 2 & 5 \end{vmatrix}=-2$

6. (1) $y=\dfrac{1}{6}\begin{vmatrix} 2 & 7 & 1 \\ 1 & 0 & -1 \\ -1 & 1 & 3 \end{vmatrix}=-\dfrac{11}{6}$ (2) $y=\begin{vmatrix} 2 & -1 & 2 \\ 1 & -1 & 1 \\ -1 & 7 & -2 \end{vmatrix}=1$

7. (1) $z=\dfrac{1}{7}\begin{vmatrix} 1 & 0 & 3 \\ 2 & 4 & -1 \\ 1 & 3 & 8 \end{vmatrix}=\dfrac{41}{7}$ (2) $z=-\dfrac{1}{7}\begin{vmatrix} 1 & -2 & 2 \\ 3 & 1 & 3 \\ 2 & 1 & 1 \end{vmatrix}=\dfrac{3}{7}$

Chapter 02 벡터

연습문제 2.1

1. (1) $\overrightarrow{BG}, \overrightarrow{GE}, \overrightarrow{CD}$ (2) $\overrightarrow{AG}, \overrightarrow{GD}, \overrightarrow{FE}, \overrightarrow{BC}$ (3) $\overrightarrow{FG}, \overrightarrow{GC}, \overrightarrow{AB}, \overrightarrow{ED}, \overrightarrow{FC}$

(4) $\overrightarrow{AF}, \overrightarrow{BG}, \overrightarrow{GE}, \overrightarrow{CD}$

2. $\vec{O}$ (영벡터)

3. (1) $3\vec{a} - 4\vec{b}$ (2) $2\vec{a} - 14\vec{b} + 10\vec{c}$

4. (1) $\overrightarrow{BG}, \overrightarrow{GE}, \overrightarrow{AF}, \overrightarrow{CD}$ (2) $\overrightarrow{DA}$ (3) $\vec{O}$ (4) $\overrightarrow{BC}, \overrightarrow{FE}, \overrightarrow{AG}, \overrightarrow{GD}$

(5) $\overrightarrow{AD}$ (6) $\overrightarrow{EB}$

5. (1) $-3j + k$ (2) $-4i + 3j - k$ (3) $i + j + k$ (4) $j - k$

6. (1) $-3i - 8j - 5k$ (2) $\sqrt{26}$ (3) $i - 3j + 4k$ (4) $\sqrt{52}$

(5) $\dfrac{1}{\sqrt{6}}(4i - j - 5k)$ (6) $\dfrac{1}{\sqrt{30}}(i - 2j - 3k)$

7. $\pm\dfrac{1}{\sqrt{6}}(-2i + j + k)$

8. $-\dfrac{2}{\sqrt{14}}(2i - j + 3k)$

9. $m = \pm 1$

10. $\alpha = -2,\ 1$

연습문제 2.2

1. (1) $-\dfrac{8}{\sqrt{66}}$ (2) $\dfrac{1}{2}$ (3) $-\dfrac{3}{2\sqrt{21}}$ (4) $\dfrac{1}{\sqrt{52}}$

2. (1) $\alpha = 0$ (2) $\alpha = 4$

3. (1) $-\dfrac{2}{7}\vec{a}$, $\dfrac{\pi}{2}$보다 크다. (2) $\dfrac{2}{7}\vec{a}$, $\dfrac{\pi}{2}$보다 작다.

4. $\alpha = \sqrt{2} \pm \sqrt[4]{2}$

5. $s = \dfrac{1}{2},\ t = -1$

6. (1) $\vec{w} = -\dfrac{7}{5}(2j - k),\ \vec{v} = (2i - 3j + k) + \dfrac{7}{5}(2j - k) = 2i - \dfrac{1}{5}j - \dfrac{2}{5}k$

(2) $\vec{w} = \dfrac{5}{7}(2i - j + 3k),\ \vec{v} = (2i - 3j + k) - \dfrac{5}{7}(2i - j + 3k) = \dfrac{4}{7}i - \dfrac{16}{7}j - \dfrac{8}{7}k$

7. $\vec{a} \cdot \vec{b} = 3\sqrt{3},\ |\vec{a} + \vec{b}| = \sqrt{13 + 6\sqrt{3}},\ |\vec{a} - \vec{b}| = \sqrt{13 - 6\sqrt{3}}$

8. $\vec{a} = \vec{0}$ (영벡터)

9. $|\alpha\vec{a}|^2 = (\alpha\vec{a})\cdot(\alpha\vec{a}) = \alpha^2|\vec{a}|^2$이고, $|\alpha\vec{a}| \geq 0$이므로 $|\alpha\vec{a}| = \sqrt{\alpha^2|\vec{a}|^2} = |\alpha||\vec{a}|$.

10. $$|\vec{a} + \vec{b}|^2 - |\vec{a} - \vec{b}|^2 = (\vec{a} + \vec{b})\cdot(\vec{a} + \vec{b}) - (\vec{a} - \vec{b})\cdot(\vec{a} - \vec{b})$$
$$= 2\vec{a} \cdot \vec{b} - (-2\vec{a} \cdot \vec{b}) = 4\vec{a} \cdot \vec{b}$$

11. 중심이 $\left(\frac{a_1}{2}, \frac{a_2}{2}, \frac{a_3}{2}\right)$이고 반지름이 $\frac{\sqrt{a^2+b^2+c^2}}{2}$인 구 위의 점.

연습문제 2.3

1. (1) $-3i-3k$ (2) $6i+3j+3k$ (3) $3i-2j+2k$ (4) $6j-3k$

2. (1) $\frac{1}{2}\sqrt{149}$ (2) 3

3. (1) $|\vec{a}\cdot\vec{b}\times\vec{c}|=11$ (2) $|\vec{a}\cdot\vec{b}\times\vec{c}|=0$

4. $\pm\frac{2}{\sqrt{314}}(3i-17j-4k)$

5. 세 벡터의 끝점을 연결하는 삼각형의 이웃하는 두 변을 나타내는 벡터는 $\vec{b}-\vec{a}$와 $\vec{c}-\vec{a}$이므로 삼각형의 넓이는 $\frac{1}{2}|(\vec{b}-\vec{a})\times(\vec{c}-\vec{a})|$이다.

6. (1) 0 (2) -1 (3) 0 (4) j

연습문제 2.4

1. 직선 위의 점을 $X(x, y, z)$라 하면

(1) $\overrightarrow{OX}=\overrightarrow{OA}+t\vec{d}$; $x=2t+3,\ y=-t+2,\ z=4t+1$; $\frac{x-3}{2}=\frac{y-2}{-1}=\frac{z-1}{4}$,
여기서 t는 임의의 실수

(2) $\overrightarrow{OX}=\overrightarrow{OA}+t\vec{d}$; $x=2t-2,\ y=-3t+1,\ z=3$; $\frac{x+2}{2}=\frac{y-1}{-3},\ z=3,$
여기서 t는 임의의 실수

(3) $\overrightarrow{OX}=\overrightarrow{OA}+t\vec{d}$; $x=3t+4,\ y=5,\ z=-t-3$; $\frac{x-4}{3}=\frac{z+3}{-1},\ y=5,$
여기서 t는 임의의 실수

(4) $\overrightarrow{OX}=\overrightarrow{OA}+t\vec{d}$; $x=2,\ y=-2t-2,\ z=t-3$; $x=2,\ \frac{y+2}{-2}=z+3,$
여기서 t는 임의의 실수

2. (1) $\frac{x-2}{-4}=\frac{y+3}{8}=\frac{z-5}{-2}$ (2) $x=3,\ \frac{y-2}{-4}=\frac{z-1}{3}$
(3) $\frac{x}{2}=\frac{y}{3},\ z=1$ (4) $x=y=z$

3. $\frac{x-4}{-2}=\frac{y+1}{-1}=\frac{z-2}{3}$으로부터 $x=-2t+4,\ y=-t-1,\ z=3t+2$($t$는 임의의 실수)이다. 서로 다른 t값을 대입하여 지나는 점을 구한다. 즉,

$$t=0\Rightarrow(4,-1,2),\quad t=1\Rightarrow(2,-2,5),\quad t=-1\Rightarrow(6,0,-1)$$

4. $x=3t+2,\ y=t+3,\ z=-5t-5$, t는 임의의 실수.

5. (1) $\frac{1}{\sqrt{30}}$ (2) $\frac{3}{\sqrt{442}}$

6. 평면 위의 점을 (x, y, z)라 하면

(1) $-2y+3z-18=0$ (2) $-x+y+5z+6=0$

7. 평면 위의 점을 (x, y, z)라 하면

(1) $x+y+z=1$ (2) $x+3y-5z=20$

8. (x, y, z)라 하면 $4x-y-2z=-15$.

9. $\left(\frac{4}{11}, -\frac{13}{11}, \frac{6}{11}\right)$

10. $\frac{17}{\sqrt{14}}$

Chapter 03 함수

연습문제 3.1

1. (1) $X=\{-2, -1, 0, 1, 2\}$ (2) 실수집합 (3) $\{-7, -5, -3, -1, 1\}$

(4) $\{(-2, -7), (-1, -5), (0, -3), (1, -1), (2, 1)\}$

2. (1) 모든 실수 (2) $x \neq -2$인 실수 (3) $x \leq -2,\ x \geq 3$인 실수 (4) $x > \frac{4}{3}$인 실수

3. (1) 단사 (2) 단사 (3) 단사 (4) 아무 것도 아님.

4. (1) $\frac{15}{2}$ (2) $3+\sqrt{13}$ (3) $\frac{45}{2}$ (4) $\frac{7}{2\sqrt{17}}$

5. (1) $(f \circ g)(x) = -3\sqrt{x}+1$ (2) $(g \circ f)(x) = \sqrt{-3x+4}+1$

(3) $(f \circ f)(x) = 9x-8$ (4) $(g \circ g)(x) = \sqrt{\sqrt{x}+1}+1$

6. (1) $f^{-1}(x) = \frac{-x+1}{2}$; 그래프는 x절편 1, y절편 $\frac{1}{2}$인 직선 ($y=-2x+1$의 그래프와 $y=x$에 관한 선대칭으로 그림)

(2) $f^{-1}(x) = -3x+\frac{3}{2}$; 그래프는 x절편 $\frac{1}{2}$, y절편 $\frac{3}{2}$인 직선($y=-\frac{1}{3}x+\frac{1}{2}$의 그래프와 $y=x$에 관한 선대칭으로 그림)

7. (1) $(g^{-1} \circ f^{-1})(x) = \frac{x-1}{3}$ (2) $(f \circ g)^{-1}(x) = \frac{x-1}{3}$

8. $f^{-1}(x) = \sqrt{x+3}$; 그래프는 $y=x^2-3$의 그래프를 $y=x$에 관하여 선대칭으로 그림.

9. (1) 아무것도 아님 (2) 우함수 (3) 기함수 (4) 아무것도 아님

10. (1) $g(-x) = \frac{f(-x)+f(x)}{2} = g(x)$이므로 g는 우함수

(2) $h(-x) = \frac{f(-x)-f(x)}{2} = -\frac{f(x)-f(-x)}{2} = -h(x)$이므로 h는 기함수

연습문제 3.2

1. (1) x절편 $\frac{1}{2}$, y절편 1　(2) x절편 2, y절편 -3

2. (1) 최댓값 $f(1)=1$, 최솟값 $f(3)=-3$　(2) 최댓값 $f(1)=5$, 최솟값 $f(0)=2$

3. (1) $D=28$이므로 교점은 두 개　(2) $D=0$이므로 교점은 한 개

4. $D=4k^2-16>0$으로부터 $k<-2,\ k>2$

5. $-2x^2+x+4=-x+3$에서 $D=12$이므로 두 점에서 만난다.

6. $D=1-4k<0$으로부터 $k>\frac{1}{4}$

7. (1) 그래프 $x<-\frac{1}{2},\ x>1$　(2) 그래프 $D=-7<0$이므로 해는 없다.

(3) 그래프 $1 \le x \le 3$　(4) 그래프 $x<-2,\ x>4$

8. (1) $y=\frac{-1/2}{x}-\frac{1}{2}$로부터 점근선 $x=0,\ y=-\frac{1}{2}$, 정의역 $x \neq 0$, 치역 $y \neq -\frac{1}{2}$

그래프; $y=\frac{-1/2}{x}$의 그래프를 y축으로 $\frac{1}{2}$만큼 아래로 평행이동.

(2) $y=\frac{3/2}{x-1/2}-2$로부터 점근선 $x=\frac{1}{2},\ y=-2$, 정의역 $x \neq \frac{1}{2}$, 치역$y \neq -2$

그래프: $y=\frac{3/2}{x}$의 그래프를 x축 오른쪽으로 $\frac{1}{2}$, y축으로 2만큼 아래로 평행이동.

(3) $y=\frac{-1}{x-(-1)}+2$로부터 점근선 $x=-1,\ y=2$, 정의역 $x \neq -1$, 치역 $y \neq 2$

그래프; $y=\frac{-1}{x}$의 그래프를 x축 왼쪽으로 1, y축으로 2만큼 위로 평행이동.

(4) $y=\frac{-7}{x-2}-3$로부터 점근선 $x=2,\ y=-3$, 정의역 $x \neq 2$, 치역 $y \neq -3$

그래프: $y=\frac{-7}{x}$의 그래프를 x축 오른쪽으로 2 , y축으로 3 만큼 아래로 평행이동.

9. (1) $y=\sqrt{2(x-2)}$에서 정의역 $x \ge 2$, 치역 $y \ge 0$

그래프: $y=\sqrt{2x}$의 그래프를 x축 오른쪽으로 2만큼 평행이동.

(2) $y=\sqrt{-3(x-3)}+2$에서 정의역 $x \le 3$, 치역 $y \ge 2$

그래프: $y=\sqrt{-3x}$의 그래프를 x축 오른쪽으로 3만큼, y축으로 2만큼 위로 평행이동.

(3) $y=\sqrt{-2(x-2)}+1$에서 정의역 $x \le 2$, 치역 $y \ge 1$

그래프: $y=\sqrt{-2x}$의 그래프를 x축 오른쪽으로 2만큼, y축으로 1만큼 위로 평행이동.

(4) $y=\sqrt{x-(-2)}-1$에서 정의역 $x \ge -2$, 치역 $y \ge -1$

그래프: $y=\sqrt{x}$의 그래프를 x축 왼쪽으로 2만큼, y축으로 1만큼 아래로 평행이동.

연습문제 3.3

1. (1) a^9 (2) a^{-14} (3) a^{-3} (4) a^{-9} (5) $a^{4\sqrt{3}}$ (6) $a^{2\sqrt{3}}$

2. (1) $2^8 = 256$ (2) 5 (3) 1 (4) $3\sqrt{3}$

3. (1) $\frac{5}{3}$ (2) -2 (3) $\frac{1}{4}$ (4) -3

4. (1) $3(1+\log_2 3)$ (2) -1 (3) 2 (4) $\frac{1}{4}$

5. (1) 그래프: $y = 3^{-x}$의 그래프를 y축에 선대칭하고 y축으로 1만큼 아래로 평행이동.
정의역: 모든 실수, 치역: $y > -1$인 모든 실수

(2) 그래프: $y = 3^{-x}$의 그래프를 y축으로 1만큼 위로 평행이동.
정의역: 모든 실수, 치역: $y > 1$인 모든 실수

(3) 그래프: $y = 3^{-x}$의 그래프를 x축 오른쪽으로 1만큼 평행이동.
정의역: 모든 실수, 치역: $y > 0$인 모든 실수

(4) 그래프: $y = 3^{-x}$의 그래프를 x축 왼쪽으로 1만큼 평행이동하고 x축에 선대칭.
정의역: 모든 실수, 치역: $y < 0$인 모든 실수

6. (1) 그래프: $y = \log_{\frac{1}{3}} x$의 그래프를 x축 왼쪽으로 2만큼 평행이동. 정의역: $x > -2$인 실수, 치역: 모든 실수

(2) 그래프: $y = \log_{\frac{1}{3}} x$의 그래프를 y축 위쪽으로 1만큼 평행이동. 정의역: $x > 0$인 실수, 치역: 모든 실수

(3) 그래프: $y = \log_{\frac{1}{3}} x$의 그래프를 y축 대칭으로 한 다음에 x축 오른 쪽으로 1만큼 평행이동. 정의역: $x < 1$인 실수, 치역: 모든 실수

(4) 그래프: $y = \log_{\frac{1}{3}} x$의 그래프를 x축 왼쪽으로 1만큼 평행이동 한 다음 x축 선대칭.

연습문제 3.4

1. (1) $\frac{\pi}{2}$ (2) $-\frac{\pi}{3}$ (3) $\frac{\pi}{6}$ (4) $120°$ (5) $-135°$ (6) $270°$

2. $\sin\theta = -\frac{3}{\sqrt{13}}$, $\cos\theta = -\frac{2}{\sqrt{13}}$, $\tan\theta = \frac{3}{2}$

3. (1) $\sin 45° = \frac{1}{\sqrt{2}}$, $\cos 45° = \frac{1}{\sqrt{2}}$, $\tan 45° = 1$

(2) $\sin\left(-\frac{2\pi}{3}\right) = -\frac{\sqrt{3}}{2}$, $\cos\left(-\frac{2\pi}{3}\right) = -\frac{1}{2}$, $\tan\left(-\frac{2\pi}{3}\right) = \sqrt{3}$

(3) $\sin\left(-\frac{\pi}{6}\right) = -\frac{1}{2}$, $\cos\left(-\frac{\pi}{6}\right) = \frac{\sqrt{3}}{2}$, $\tan\left(-\frac{\pi}{6}\right) = -\frac{1}{\sqrt{3}}$

(4) $\sin 150° = \frac{1}{2}$, $\cos 150° = -\frac{\sqrt{3}}{2}$, $\tan 150° = -\frac{1}{\sqrt{3}}$

4. $\sin\theta = -\frac{\sqrt{24}}{7}$, $\tan\theta = \frac{\sqrt{24}}{5}$

5. (1) $-\frac{1}{2}$ (2) $-\frac{\sqrt{3}}{2}$ (3) 1 (4) $\frac{\sqrt{3}}{2}$ (5) $\frac{1}{\sqrt{2}}$ (6) $\sqrt{3}$ (7) $\frac{1}{2}$ (8) $\frac{1}{2}$

6. (1) 주기: 4π, 치역 : $-1 \le y \le 1$,

그래프 : $y = \sin x$의 그래프를 주기 만 4π로 변화한 그림.

(2) 주기 : 2π, 치역 : $-2 \le y \le 2$,

그래프 : $y = \sin x$의 그래프를 x축 오른쪽으로 $\frac{\pi}{4}$만큼 평행이동하고 진폭을 2배 한 그림.

(3) 주기 : 1, 치역 : $-\frac{1}{2} \le y \le \frac{1}{2}$,

그래프: 주기를 1로 하여 $y = \cos x$의 그래프를 그린 다음 진폭을 $\frac{1}{2}$배 한 그림.

(4) 주기 : 2π, 치역 : $-3 \le y \le 3$,

그래프 : $y = \cos x$의 그래프를 x축 왼쪽으로 $\frac{\pi}{3}$만큼 평행이동하고 진폭을 3배 한 그림.

(5) 주기 : 2π, 치역 : 모든 실수,

그래프 : 주기를 2π로 하여 $y = \tan x$의 그래프를 그린 다음 함숫값을 $\frac{1}{2}$배 한 그림.

(6) 주기 : 2π, 치역 : 모든 실수,

그래프 : 주기를 2π로 하여 $y = \tan x$의 그래프를 그린 다음 x축 오른쪽으로 $\frac{\pi}{2}$만큼 평행이동한 그림.

연습문제 3.5

1. (1) $\frac{5}{6}\pi$ (2) $-\frac{\pi}{3}$ (3) $-\frac{\pi}{6}$ (4) $-\frac{\pi}{3}$ (5) $\frac{\pi}{4}$ (6) $\frac{\sqrt{10}}{3}$

2. (1) $-\frac{\pi}{3}$ (2) $\frac{3}{4}$ (3) $\frac{4}{9}\sqrt{5}$ (4) $\frac{3}{8}\sqrt{7}$ (5) $\frac{\sqrt{13}}{2}$ (6) 1

3. (1) $\sin\alpha = \frac{1}{2}$, $\tan\alpha = -\frac{1}{\sqrt{3}}$, $\sec\alpha = -\frac{2}{\sqrt{3}}$, $\csc\alpha = 2$

(2) $\sin\alpha = -\frac{3}{\sqrt{13}}$, $\cos\alpha = \frac{2}{\sqrt{13}}$, $\sec\alpha = \frac{\sqrt{13}}{2}$, $\cot\alpha = -\frac{2}{3}$

4. $\sqrt{1-x^2}$

5. $\frac{1}{\sqrt{2}}$

Chapter 04 극한과 연속

연습문제 4.1

1. (1) -1 (2) 3 (3) 존재하지 않음 (4) 1 (5) -1 (6) 3

2. (1) -2 (2) 0 (3) 존재하지 않음 (4) 2 (5) 0 (6) 2

3. (1) 1 (2) 1 (3) 1 (4) 1 (5) $-\infty$ 존재하지 않음 (6) ∞ 존재하지 않음

4. (1) $-\infty$ 존재하지 않음 (2) ∞ 존재하지 않음 (3) 존재하지 않음
(4) 존재하지 않음 (5) 2 (6) 0

5. (1) ∞ 존재하지 않음 (2) ∞ 존재하지 않음 (3) 존재하지 않음
(4) 존재하지 않음 (5) 0 (6) -1

6. -4를 제외한 모든 실수

연습문제 4.2

1. (1) -6 (2) ∞ 존재하지 않음 (3) $\sqrt{8}-3$ (4) 2 (5) -3 (6) 48

2. (1) -2 (2) $-\frac{1}{3}$ (3) -6 (4) 12 (5) -7 (6) $-\frac{1}{2}$
(7) 0 (8) $\frac{4}{3}$ (9) $\sqrt{3}$ (10) $-\sqrt{3}$ (11) $\frac{1}{6}$ (12) -1

3. (1) -1 (2) 3 (3) 존재하지 않음 (4) -1

4. (1) 0 (2) 2 (3) 존재하지 않음 (4) 0

5. 3

연습문제 4.3

1. (1) 4 (2) 1 (3) $\frac{1}{2}$ (4) $\frac{1}{2}$ (5) 2 (6) 2 (7) 2 (8) -1
(9) 0 (10) 존재하지 않음 (11) $\frac{3}{4}$ (12) $\frac{7}{3}$ (13) 0 (14) 2
(15) 존재하지 않음 (16) 2 (17) 1 (18) 0

2. (1) 1 (2) 0 (3) 1

3. $\lim_{x\to 0}\left(1-\frac{x^2}{6}\right)=1$, $\lim_{x\to 0} 1 = 1$이므로 샌드위치 정리에 의하여 $\lim_{x\to 0}\frac{\sin x}{x}=1$.

연습문제 4.4

1. (1) 1 (2) 1 (3) 5 (4) 0

2. (1) ∞ 존재하지 않음 (2) $-\infty$ 존재하지 않음 (3) $-\infty$ 존재하지 않음

(4) $-\infty$ 존재하지 않음 (5) 2 (6) 2

3. (1) $\frac{1}{2}$ (2) $-\infty$ 존재하지 않음 (3) 3 (4) $3\log_2 e$

4. (1) e^6 (2) e^{-2} (3) $e^{\frac{3}{2}}$ (4) e^{-1}

5. (1) $\frac{3}{2}$ (2) $\ln 3$

연습문제 4.5

1. (1) 모든 실수 (2) $x \neq \pm 1$ (3) $x \neq \pm 4$ (4) $x \neq \frac{-7 \pm \sqrt{57}}{2}$
(5) $x \neq 2$ (6) $x \neq -2$

2. (1) -5 (2) 3 (3) $\frac{1}{2}$ (4) 0

3. $\lim_{x \to -2^+} [x] = -2$, $\lim_{x \to -2^-} [x] = -3$이므로 $\lim_{x \to -2} [x]$는 존재하지 않는다.
$\lim_{x \to 3^+} [x] = 3$, $\lim_{x \to 3^-} [x] = 2$이므로 $\lim_{x \to -3} [x]$는 존재하지 않는다.

4. 폐구간에서 연속이므로 최댓값과 최솟값이 존재한다.

5. 최솟값은 존재하지 않고, 최댓값은 2

6. $f(x) = x^3 + 3x - 2$라 하면 $f(x)$는 구간 $[0, 1]$에서 연속이고, $f(0) = -2 < 0 < f(1) = 2$이므로 연속함수의 중간값의 정리에 의하여 $f(x) = 0$, 즉 $x^3 + 3x - 2 = 0$의 해가 구간 $(0, 1)$에서 적어도 하나 존재한다.

7. $f(x) = 2x^3 - 3x^2 + 2x - 2$라 하면 $f(x)$는 구간 $[1, 2]$에서 연속이고, $f(1) = -1 < 0 < f(2) = 6$이므로 연속함수의 중간값의 정리에 의하여 $f(x) = 0$, 즉 $2x^3 - 3x^2 + 2x - 2 = 0$의 해가 구간 $(1, 2)$에서 적어도 하나 존재한다.

8. $f(0) = -3 < 11 < f(3) = 18$이므로 연속함수의 중간값의 정리에 의하여 $f(c) = 11$이 되는 c가 구간 $(0, 3)$에 적어도 하나 존재한다.

9. (1) $f(x) = 3^x$라 하면 $f(x)$는 구간 $[0, 1]$에서 연속이고, $f(0) = 1 < 5 < f(2) = 9$이므로 연속함수의 중간값의 정리에 의하여 $f(x) = 5$, 즉 $3^x = 5$의 해가 구간 $(0, 1)$에서 적어도 하나 존재한다.

(2) $f(x) = \log_3 x + x$라 하면 $f(x)$는 구간 $[1, 3]$에서 연속이고, $f(1) = 1 < 2 < f(3) = 4$이므로 연속함수의 중간값의 정리에 의하여 $f(x) = 2$, 즉 $\log_3 x + x = 2$의 해가 구간 $(1, 3)$에서 적어도 하나 존재한다.

Chapter 05 도함수

연습문제 5.1

1. (1) -1 (2) -2 (3) $y=-2x+2$

2. (1) $-\frac{1}{2}$ (2) $-\frac{1}{4}$ (3) $y-\frac{1}{2}=-\frac{1}{4}(x-2)$, 즉 $y=-\frac{1}{4}x+1$

3. (1) 6 (2) $f'(2)=5$

4. $f'(x)=3x^2$으로부터 $f'(-1)=3, f'(0)=0, f'(1)=3, f'(2)=12$

5. (1) $f'(2)=\lim\limits_{h\to 0}\frac{f(2+h)-f(2)}{h}=\lim\limits_{h\to 0}(3+h)=3$

(2) $f'(1)=\lim\limits_{h\to 0}\frac{f(1+h)-f(1)}{h}=\lim\limits_{h\to 0}(3+3h+h^2)=3$

(3) $f'(3)=\lim\limits_{h\to 0}\frac{f(3+h)-f(3)}{h}=\lim\limits_{h\to 0}\frac{1}{\sqrt{4+h}+2}=\frac{1}{4}$

(4) $f'(-1)=\lim\limits_{h\to 0}\frac{f(-1+h)-f(-1)}{h}=\lim\limits_{h\to 0}\frac{|2h-3|-3}{h}=\lim\limits_{h\to 0}\frac{-2h}{h}=-2$

(5) $f'(0)=\lim\limits_{h\to 0}\frac{f(1+h)-f(1)}{h}=\lim\limits_{h\to 0}\frac{-2}{2h+1}=-2$

(6) $f'(1)=\lim\limits_{h\to 0}\frac{f(1+h)-f(1)}{h}=\lim\limits_{h\to 0}\frac{2}{h-1}=-2$

6. (1) $f_+'(1)=3,\ f_-'(1)=2$이므로 $f'(1)$은 존재하지 않음.

(2) $f_+'(1)=0,\ f_-'(1)=0$이므로 $f'(1)=0$.

7. $\left.\frac{dy}{dx}\right|_{x=-2}=\lim\limits_{h\to 0}\frac{1}{h}\left(\frac{5}{-2+h}+\frac{5}{2}\right)=\lim\limits_{h\to 0}\frac{5}{2(-2+h)}=-\frac{5}{4}$

연습문제 5.2

1. (1) $28x^6$ (2) $24x^7-2$ (3) $24x^{-9}$ (4) $-42x^{-7}$ (5) $-3x^{-4}-6x^{-7}$ (6) $2-\frac{1}{3x^2}$

(7) $30x^4-4x^3+10$ (8) $-4x^2+12x-\frac{5}{x}+\frac{15}{x^4}$ (9) $\frac{8}{(3t+4)^2}$ (10) $\frac{t^2+3}{2t^2}$

2. $y'(1)=-\frac{1}{4}$이므로 접선의 방정식은 $y=-\frac{1}{4}x+\frac{1}{4}$.

3. $a=\frac{7}{4}$, $b=-3$

4. $k=1$

5. $k=-4$

6. $n=2$

연습문제 5.3

1. (1) $\dfrac{1}{2\sqrt{u}}\left(1-\dfrac{1}{t^2}\right)$ (2) $(x-1)\dfrac{1}{\sqrt{t}}$ (3) $(9u^8+2u)(3t^2-2)$ (4) $4x-\dfrac{2}{x^2}$

2. (1) $6(x^3-2x^2+3)^5(3x^2-4x)$ (2) $8\left(x-\dfrac{1}{x}\right)^7\left(1+\dfrac{1}{x^2}\right)$

(3) $-\dfrac{8(3x^2+2)}{(x^3+2x-5)^5}$ (4) $\dfrac{2x+3}{2\sqrt{x^2+3x+4}}$

3. (1) $\dfrac{1-y^{\frac{4}{3}}}{\frac{4}{3}xy^{\frac{1}{3}}+2}$ (2) $\dfrac{y-y^2}{3xy-2x}$ (3) $-\dfrac{2xy}{x^2-3y^2}$ (4) $-\dfrac{1+2y\sqrt{x+y}}{1+2x\sqrt{x+y}}$

4. (1) $-\dfrac{12}{13}$ (2) $-\dfrac{1}{2}$ (3) $-\dfrac{1}{5}$ (4) 2

5. (1) $\dfrac{1}{f'(2)}=\dfrac{1}{12}$ (2) $\dfrac{1}{f'(4)}=\dfrac{1}{6}$

6. (1) 6 (2) $\dfrac{1}{\sqrt{2}}$

연습문제 5.4

1. (1) $2\cos x+3\sin x$ (2) $2\sin x\cos x-\sin x$ (3) $\sin x+x\cos x$

(4) $\csc x(\sec^2 x-1)=\csc x\tan^2 x$ (5) $\dfrac{\sec^2 x(1+\sec x)-\tan^2 x\sec x}{(1+\sec x)^2}=\dfrac{\sec x}{1+\sec x}$

(6) $\sec x\tan x-\sec^2 x$ (7) $\dfrac{\sec x(1+\csc^2 x)}{\cot^2 x}$ (8) $-\csc^2 x$

2. (1) $-(2x+2)\sin(x^2+2x)$ (2) $-3\cos(2-3x)$ (3) $\cos(\tan x)\sec^2 x$

(4) $-\dfrac{\sqrt{3}}{\sqrt{x}}\sin\sqrt{3x}\cos\sqrt{3x}=-\dfrac{\sqrt{3}}{2\sqrt{x}}\sin 2\sqrt{3x}$

(5) $4\sin(2x+3)\cos(2x+3)=2\sin 2(2x+3)$ (6) $4x\tan(1+x^2)\sec^2(1+x^2)$

3. (1) $\dfrac{2x}{\sqrt{1-x^4}}$ (2) $\dfrac{1}{\sqrt{2x-x^2}}$ (3) $2x\sin^{-1}\sqrt{x}+\dfrac{x^2-1}{2\sqrt{x-x^2}}$

(4) $\cos^{-1}\sqrt{x}-\dfrac{\sqrt{x}}{2\sqrt{1-x}}$ (5) $\tan^{-1}(3x)+\dfrac{3x}{1+9x^2}$ (6) $-\dfrac{1}{(\sin^{-1}x)^2\sqrt{1-x^2}}$

4. (1) $-\dfrac{1}{\sqrt{1-x^2}}$ (2) $-\dfrac{1}{2x^2+2x+1}$ (3) $\dfrac{1}{2x\sqrt{x-1}}$

(4) $2x\sec^{-1}(2x+1)+\dfrac{x^2}{|2x+1|\sqrt{x^2+x}}$

5. (1) $y-\dfrac{1}{2}=-\dfrac{\sqrt{3}}{2}\left(x-\dfrac{\pi}{3}\right)$ (2) $y+1=2\left(x+\dfrac{\pi}{4}\right)$

6. $y=\cot^{-1}x$로부터 $x=\cot y$이고 양변을 x에 관하여 미분하면 $1=-\csc^2 y\dfrac{dy}{dx}$.

$\frac{dy}{dx} = -\sin^2 y$이고 중심각 y이고 $\cot y = x$인 직각삼형으로부터 $\sin y = \frac{1}{\sqrt{1+x^2}}$이다.
따라서 $\frac{dy}{dx} = -\frac{1}{1+x^2}$.

연습문제 5.5

1. (1) $\frac{2}{x+1}$ (2) $\frac{1}{\ln 3}\frac{1}{x}$ (3) $-\frac{2x}{2-x^2}$ (4) $-\frac{1}{\ln 10}\frac{1}{x(x+1)}$ (5) $\frac{1}{2x\sqrt{\ln 2x}}$

(6) $-\frac{4x}{1-x^4}$ (7) $\frac{1}{x}+\frac{x}{x^2+1}$ (8) $\frac{-x+3}{x(x+3)}$ (9) $\frac{\ln x}{(1+\ln x)^2}$ (10) $\frac{1}{x\ln 2x}$

(11) $2\cot x$ (12) $\sec x$ (13) $-\tan x$ (14) $\tan^{-1} x$

2. (1) $\left(\frac{2}{x}+\frac{3}{2(3x+2)}-\frac{6}{2x+1}\right)y$ (2) $\frac{1}{3}\left(\frac{2x}{x^2+1}-\frac{1}{x}-\frac{1}{x+5}\right)y$

3. (1) 1 (2) $\frac{6}{5}$ (3) $\frac{e}{2}$ (4) $-\frac{2}{5}$

4. (1) $2\ln 3\cdot 3^{2x}$ (2) $\frac{\ln 2}{x}2^{\ln x}$ (3) 5 (4) $3x^2e^{x^3}$

5. (1) $\frac{1-\ln 2x}{x^2}y$ (2) $\left(\frac{\ln x}{\sqrt{2x}}+\frac{\sqrt{2}}{\sqrt{x}}\right)y$

(3) $\left(\frac{2x}{x^2+1}\ln x+\frac{\ln(x^2+1)}{x}\right)y$ (4) $\left(\ln(\ln x)+\frac{x+1}{x\ln x}\right)y$

6. (1) $6xe^{x^2}+4x^3e^{x^2}$ (2) $2\ln x+3$ (3) $\frac{1}{\ln 10}\frac{1}{(x-2)^2}$ (4) $e^{\cos x}(\sin^2 x-\cos x)$

Chapter 06 도함수의 응용

연습문제 6.1

1. (1) $[2, 4]$에서 최솟값 $f(2)=8$, 최댓값 $f(4)=64$; $(1, 6)$에서 최솟값, 최댓값 존재하지 않음.
(2) $[-1, 1]$에서 최솟값 $f(-1)=1=f(1)$, 최댓값 $f(0)=2$; $(-1, 1)$에서 최솟값 존재하지 않음, 최댓값 $f(0)=2$.

2. (1) 최솟값 $f(0)=2$, 최댓값 $f(-2)=4$ (2) 최솟값 $f(1)=0$, 최댓값 $f(-1)=2$
(3) 최솟값 $f(2)=\sqrt{6}$, 최댓값 $f(0)=\sqrt{10}$

3. 임계점: 정점으로 0, 끝점으로 $-\frac{1}{3}$, 3. 최솟값 $f(0)=2$, 최댓값 $f(3)=56$

4. $f(x)=\begin{cases}-2x+3, & x<-2\\ 7, & -2\le x<5\\ 2x-3, & x\ge 5\end{cases}$; 최솟값 7, 최댓값 $f(10)=17$

5. 임계점은 정점으로 $\frac{\pi}{4}, \frac{5}{4}\pi$, 끝점 0, 2π. 이 값들을 대입하여 비교하면

$$\text{최솟값 } f\left(\frac{5}{4}\pi\right) = -\frac{1}{\sqrt{2}}, \quad \text{최댓값 } f\left(\frac{\pi}{4}\right) = \frac{1}{\sqrt{2}}$$

연습문제 6.2

1. (1) $f(2) = 0 = f(4)$이므로 조건을 만족. $f'(x) = 0$으로부터 $c = 3$.

(2) $f(0) = 0 = f(2)$이므로 조건을 만족. $f'(x) = 0$으로부터 $c = \frac{3 \pm \sqrt{3}}{3}$.

(3) $f\left(\frac{\pi}{2}\right) = 0 = f\left(\frac{3}{2}\pi\right)$이므로 조건을 만족. $f'(x) = 0$으로부터 $c = \pi$.

(4) $f(-1) = 0 = f(1)$이므로 조건을 만족. $f'(x) = 0$으로부터 $c = 2 - \sqrt{3}$.

2. 모두 조건을 만족. (1) $c = 1$ (2) $c = 1$ (3) $c = \frac{5}{4}$ (4) $c = 2\sqrt{3}$

3. $f'(x) = 0$으로부터 $f(x) = C$(상수)이고 $f(0) = 3 = C$이므로 $f(x) = 3$.

4. $f(x) = \cos x$라 하면 임의의 $a, b(a < b)$에 대하여 f는 $[a, b]$에서 연속이고 (a, b)에서 미분가능이다. 평균값 정리에 의하여 $\frac{f(b) - f(a)}{b - a} = f'(c)$를 만족하는 $c \in (a, b)$에 존재하고 $\left|\frac{f(b) - f(a)}{b - a}\right| = |f'(c)| = |\sin c| \le 1$로부터 $|\cos b - \cos a| \le |b - a|$.

연습문제 6.3

1. (1) 감소구간 $(-1, \infty)$, 증가구간 $(-\infty, -1)$, 극댓값 $f(-1) = 3$.

(2) 증가구간 $(-\infty, \infty)$, 극댓값과 극솟값은 존재하지 않음.

(3) 감소구간 $(-\infty, -1) \cup (0, 4)$, 증가구간 $(-1, 0) \cup (4, \infty)$,
극솟값 $f(-1) = -2$, $f(4) = -127$, 극댓값 $f(0) = 1$.

(4) 감소구간 $\left(-\infty, -\frac{1}{6}\right)$, 증가구간 $\left(-\frac{1}{6}, \infty\right)$, 극솟값 $f\left(-\frac{1}{6}\right) = -\frac{5}{6\sqrt[5]{6}}$.

(5) 감소구간 $(1, 3)$, 증가구간 $(-\infty, 1) \cup (3, \infty)$, 극솟값 $f(3) = 0$, 극댓값 $f(1) = 16$.

(6) 감소구간 $(-\infty, -1) \cup (0, 1)$, 증가구간 $(-1, 0) \cup (1, \infty)$,
극댓값 $f(0) = 1$, 극솟값 $f(-1) = 0 = f(1)$

2. (1) 감소구간 $(-\infty, 1) \cup (1, \infty)$, 극댓값과 극솟값은 존재하지 않음.

(2) 감소구간 $(1, \infty)$, 극댓값과 극솟값은 존재하지 않음.

(3) 감소구간 $(0, \infty)$, 극댓값과 극솟값은 존재하지 않음.

(4) 감소구간 $(-\infty, 0) \cup (0, 1)$, 증가구간 $(1, \infty)$, 극솟값 $f(1) = e$.

(5) 감소구간 $\left(-1, \frac{1}{2}\right) \cup (1, \infty)$, 증가구간 $(-\infty, -1) \cup \left(\frac{1}{2}, 1\right)$, 극솟값 $f\left(\frac{1}{2}\right) = -\frac{23}{192}$,

극댓값 $f(-1) = \frac{7}{12}$, $f(1) = -\frac{1}{12}$.

(6) 감소구간 $(1, \infty)$, 증가구간 $(-\infty, 1)$, 극댓값 $f(1) = e^{-1}$.

3. 최솟값 $f(1) = 23$, 최댓값 $f(5) = 55$.

4. $a = 6$, $b = 9$

5. $y - \frac{43}{5} = 5(x-1)$, 즉 $y = 5x + \frac{18}{5}$

연습문제 6.4

1. (1) 극솟값 $f(\pm\sqrt{3}) = -9$, 극댓값 $f(0) = 0$, 변곡점 $(-1, f(-1)) = (-1, -5)$,

$(1, f(1)) = (1, -5)$, 위로 볼록 $(-1, 1)$, 아래로 볼록 $(-\infty, -1) \cup (1, \infty)$

(2) 극솟값 $f(-1) = -\frac{1}{2}$, 극댓값 $f(1) = \frac{1}{2}$, 변곡점 $(-\sqrt{3}, f(-\sqrt{3})) = \left(-\sqrt{3}, -\frac{\sqrt{3}}{4}\right)$,

$(0, f(0)) = (0, 0)$, $(\sqrt{3}, f(\sqrt{3})) = \left(\sqrt{3}, \frac{\sqrt{3}}{4}\right)$ 위로 볼록 $(-\infty, -\sqrt{3}) \cup (0, \sqrt{3})$,

아래로 볼록 $(-\sqrt{3}, 0) \cup (\sqrt{3}, \infty)$

(3) 극솟값 $f(-1) = -e^{-1}$, 변곡점 $(-2, f(-2)) = (-2, -2e^{-2})$, 위로 볼록 $(-\infty, -2)$,

아래로 볼록 $(-2, \infty)$

(4) 극솟값 $f(e^{-1}) = -e^{-1}$, 변곡점 없음, 아래로 볼록 $(0, \infty)$

2. (1) $f(1) = 5$ 극댓값, $f(2) = 4$ 극솟값 (2) 극값이 없음

(3) $f\left(\frac{\pi}{4}\right) = \sqrt{2}$ 최댓값, $f\left(\frac{5}{4}\pi\right) = -\sqrt{2}$ 최솟값

(4) $f\left(\frac{\pi}{3}\right) = \frac{\pi}{6} - \frac{\sqrt{3}}{2}$ 최솟값, $f\left(\frac{5\pi}{3}\right) = \frac{5\pi}{6} + \frac{\sqrt{3}}{2}$ 최댓값

3. $x = 1$에서 $y'' = 6 + 2b = 0$으로부터 $b = -3$.

연습문제 6.5

1. (1) 2 (2) $\sqrt{2}$ (3) -1 (4) $\frac{1}{6}$ (5) $\frac{7}{3}$ (6) 2 (7) 극한이 존재하지 않음

(8) 극한이 존재하지 않음 (9) 0 (10) 0 (11) 5 (12) $\frac{1}{2}\ln 2$

2. (1) 0 (2) 0 (3) 극한이 존재하지 않음 (4) 극한이 존재하지 않음

3. (1) 0 (2) 극한이 존재하지 않음 (3) 1 (4) 0

4. (1) 1 (2) e (3) 1 (4) 1

(5) 1 (6) 1 (7) ln 3 (8) 1

연습문제 6.6

1. (1) 속도 $x'(2)=-4$, 가속도 $x''(2)=-4$ (2) 속도 $x'(1)=0$, 가속도 $x''(1)=2$

2. $V(t)=\frac{4}{3}\pi(r(t))^3$에서 $\frac{dV}{dt}=4\pi(r(t))^2\frac{dr}{dt}=64\pi\times 2=128\pi$.

3. (1) $y'(t)=10-10t=0$에서 $t=1$(초) (2) $y(1)=5$(m)

(3) $y(t)=0$에서 $t=0, 2$이고 2초 후에 땅에 떨어지고, 이때 속도는 $y'(2)=-10$(m/sec)

4. $V(t)=\frac{4}{3}\pi(r(t))^3$로부터 $\frac{dV}{dt}=4\pi(r(t))^2\frac{dr}{dt}$이다. 따라서 $\frac{dr}{dt}=\frac{dV/dt}{4\pi(r(t))^2}=\frac{2}{25\pi}$.

5. $s(t)=\pi(r(t))^2$으로부터 $\frac{ds}{dt}=2\pi r(t)\frac{dr}{dt}=2\pi\times 60\times 0.002=0.24\pi$.

6. $V(t)=\frac{1}{3}\pi(r(t))^2h(t)$에서 $r(t)=\frac{3}{10}h(t)$이므로 $V(t)=\frac{3}{100}\pi(h(t))^3$. 양변을 미분하여 $\frac{dV}{dt}=\frac{9}{100}\pi(h(t))^2\frac{dh}{dt}$을 얻고, 따라서 $\frac{dh}{dt}=\frac{50}{18\pi}$.

7. 78 (km/h)

8. P점으로 부터 Q 방향으로 $\frac{3}{\sqrt{5}}$ km 지점

Chapter 07 적분

연습문제 7.1

1. (1) $\frac{1}{5}x^5-2\ln|x|-\frac{1}{5x^5}+C$ (2) $\frac{1}{2}x^2-\frac{12}{5}x^{\frac{5}{2}}+3x^3+C$ (3) $-\frac{1}{x}-4\sqrt{x}+C$

(4) $\frac{1}{3}x^3+\frac{1}{2}x^2+x+C$ (5) $-\frac{1}{3}\cos 3x-2\sin\frac{x}{2}+C$ (6) $\frac{1}{3}e^{3x-2}+C$

2. (1) $\frac{9}{2}x+\frac{4}{3}\cos 3x-\frac{1}{12}\sin 6x+C$ (2) $-\cot x+C$ (3) $\frac{9}{2}x+\frac{1}{2}\sin x-8\sin\frac{x}{2}+C$

(4) $2\tan x+2\sec x-x+C$ (5) $x+\sin x+C$ (6) $x-\frac{1}{2}\sin^2 x+C$

3. (1) $\frac{1}{4}e^{4x}+2e^{-x}-\frac{1}{6}e^{-6x}+C$ (2) $-\frac{1}{3}e^{-3x}-2\ln|x|+C$

(3) e^x-x+C (4) $-\frac{1}{x}-\ln|x|+x+C$

4. $f(x)=-\frac{1}{x^2}-\tan^3 x$

5. $f(x)=\frac{1}{3}e^{3x}+2\cos\frac{x}{2}-\sqrt{2}-\frac{1}{3}e^{\frac{3}{2}\pi}$

6. $f(x)=\frac{1}{3}\ln|x|-\frac{1}{2}x^2+2x-1$

7. $f(x)=\frac{1}{2}x^2-4\ln|x|+4\ln 2-4$

연습문제 7.2

1. (1) $0 = x_0 < x_1 < \cdots < x_{k-1} < x_k < \cdots < x_n = 1,\ x_k = \frac{k}{n},\ \Delta x_k = x_k - x_{k-1} = \frac{1}{n}.$

$$\lim_{n\to\infty}\sum_{k=1}^{n} f(x_k)\Delta x_k = \lim_{n\to\infty}\frac{n-1}{2n} = \frac{1}{2}$$

(2) $0 = x_0 < x_1 < \cdots < x_{k-1} < x_k < \cdots < x_n = 2,\ x_k = 1+\frac{k}{n},\ \Delta x_k = x_k - x_{k-1} = \frac{1}{n}.$

$$\lim_{n\to\infty}\sum_{k=1}^{n} f(x_k)\Delta x_k = \lim_{n\to\infty}\left(1+\frac{n+1}{2n}\right) = \frac{3}{2}$$

2. (1) $-\frac{9}{2}$ (2) $-\frac{1}{2}$ (3) $\frac{49}{30}$ (4) $\frac{4}{9}$ (5) 2π (6) $\frac{11}{6}$ (7) $\frac{8}{3}$ (8) 5

3. (1) 4 (2) $\frac{\pi}{8}+\frac{1}{2}$ (3) -6 (4) 8 (5) $-\frac{1}{2}e^{-2}-4e^{-1}+\frac{17}{2}$ (6) $\frac{1}{2}e^2+2e+\frac{3}{2}$

4. (1) $\frac{1}{1+x^3}$ (2) $2x\sqrt{x^4-2x^2}-\sqrt{x^2-2x}$ (3) $-\frac{1}{2\sqrt{x}}\sin^2\sqrt{x}$ (4) $2x(x^4-1)^5$

5. (1) $4\sqrt{2}$ (2) $\frac{1}{2}$

연습문제 7.3

1. (1) $\frac{1}{15}(2+x^3)^5+C$ (2) $\frac{1}{3}(x^2+4)^{\frac{3}{2}}+C$ (3) $\sqrt{x^2-3}+C$ (4) $-\tan^{-1}(\cos x)+C$

(5) $-\frac{1}{5}(e^x+3)^{-5}+C$ (6) $\ln|\ln x|+C$ (7) $\frac{2}{3}(e^x+3)^{\frac{3}{2}}+C$ (8) $-\frac{1}{3}e^{-x^3}+C$

2. (1) $\ln 2$ (2) $\frac{\ln 17}{8}$ (3) $\frac{15}{8}$ (4) $\frac{52}{9}$ (5) $\frac{1}{4}$ (6) $\frac{1}{2}\left(\frac{\pi}{6}+\frac{\sqrt{3}}{4}\right)$

(7) $2(\ln(1+e)-\ln 2)$ (8) $\frac{1}{\ln 2}-\frac{1}{\ln 3}$

3. (1) $8\left(\sin^{-1}\frac{x}{4}+\frac{x\sqrt{16-x^2}}{16}\right)+C$ (2) $-\ln\left|\frac{1+\sqrt{1-x^2}}{x}\right|+C$

(3) $\frac{1}{2}\left(\sin^{-1}(x-1)+(x-1)\sqrt{2x-x^2}\right)+C$ (4) π

(5) $\frac{\pi}{4}$ (6) $\sqrt{3}-\frac{\pi}{3}$

연습문제 7.4

1. (1) $\frac{3}{2}xe^{2x}-\frac{3}{4}e^{2x}+C$ (2) $-\frac{1}{2}xe^{-2x}-\frac{1}{4}e^{-2x}+C$

(3) $7-3e^2$ (4) $\frac{1}{27}(2-17e^{-3})$

2. (1) $-x\cos x+\sin x+C$ (2) $\frac{1}{3}x\sin 3x+\frac{1}{9}\cos 3x+C$ (3)π^2-4(4) $-\frac{\pi}{4}$

3. (1) $x(\ln x)^2-2x\ln x+2x+C$ (2) $-\frac{\ln x}{x}-\frac{1}{x}+C$ (3) $\frac{1}{9}(1+2e^3)$

(4) $\frac{5}{3}e^6+\frac{3}{4}e^4-\frac{2}{3}e^3-\frac{1}{4}e^2$

4. (1) $\frac{1}{4}e^{-2x}(\sin 2x - \cos 2x) + C$ (2) $\frac{1}{4}e^{x^2}(\sin(x^2) + \cos(x^2)) + C$

(3) $\frac{1}{2}(e^{\pi} + 1)$ (4) $\frac{3}{10}e^{\pi}\left(\frac{1}{2} + \frac{\sqrt{3}}{6}\right) - \frac{3}{10}$

5. $-\frac{1}{4}(1 + e^2)$

6. $\frac{1}{2}(\ln 2)^2 + \ln 2 + \frac{3}{2}$

연습문제 7.5

1. (1) $\frac{1}{4}\sin^4 x - \frac{1}{6}\sin^6 x + C$ (2) $\frac{3}{32}\pi - \frac{1}{4}$ (3) $\frac{1}{16}\left(2x - \frac{1}{4}\sin 8x\right) + C$

(4) $\left(\frac{1}{8} - \frac{9}{80} + \frac{27}{896}\right)\sqrt{3}$ (5) $\tan x - \frac{3}{2}x + \frac{1}{4}\sin 2x + C$ (6) $\frac{1}{2}\ln\frac{3}{2}$

2. (1) $-2\ln|\cos x| + \tan x + C$ (2) $\tan x - \cot x + C$ (3) $\frac{1}{3}\tan x(\sec^2 x + 2) + C$

(4) $\frac{1}{3}\tan(e^x + 1)(\sec^2(e^x + 1) + 2) + C$ (5) $\frac{1}{2}\left(\sqrt{3} - \frac{\pi}{3}\right)$ (6) $\frac{4}{3}$

3. (1) $\tan^{-1}(e^x) + C$ (2) $\frac{1}{2}(\sin^{-1}x)^2 + C$ (3) $\sin^{-1}(x^2) + C$

(4) $\frac{1}{2}(\tan^{-1}4 - \tan^{-1}2)$ (5) $\frac{\pi}{4} - \tan^{-1}\left(\frac{1}{2}\right)$ (6) $\frac{\pi^2}{32}$

연습문제 7.6

1. (1) $\ln|x-3| - \ln|x-2| + C$ (2) $\frac{1}{9}(\ln|x-3| - \ln|x|) + \frac{1}{3x} + C$

(3) $\ln 3 - 3\ln 2$ (4) $\frac{\ln 3}{4}$

2. (1) $\frac{1}{6}(\ln|x-3| - \ln|x+3|) + C$ (2) $\frac{1}{2}x^2 + 2\ln|x^2 - 4| + C$

(3) $\frac{1}{2}(\ln 8 - \ln 5) = \frac{1}{2}\ln 1.6$ (4) $\frac{3}{2} + \ln\frac{3}{4}$

3. (1) $\ln|x| - \ln|x-1| - \frac{1}{x-1} + C$

(2) $\frac{1}{4}\ln|x-1| - \frac{1}{4}\ln|x+1| - \frac{1}{2}\tan^{-1}x + C$ (3) $\frac{\ln 3}{4} + \frac{1}{3}$

(4) $\frac{1}{2} + \ln\frac{3}{4}$

4. (1) $-\frac{9}{2}\ln|x-3| + \frac{15}{2}\ln|x-5| + C$ (2) $3x + \frac{1}{x} + 3\ln|x-1| + C$

(3) $\ln\frac{9}{8} + \tan^{-1}3 - \tan^{-1}2$ (4) $\frac{1}{2}(1 - \ln 3)$

5. $\frac{\ln 5}{2} + 3$

연습문제 7.7

1. (1) $\frac{1}{4}$ (2) $\sqrt{2}$ (3) ∞발산 (4) $\frac{2}{e}$ (5) $\ln\sqrt{2}$ (6) $\frac{\pi}{3}$ (7) 1 (8) $\frac{1}{2}$

2. (1) ∞발산 (2) $3(1+\sqrt[3]{2})$ (3) ∞발산 (4) 2 (5) ∞발산 (6) 1
(7) 발산 (8) π

Chapter 08 정적분의 응용

연습문제 8.1

1. (1) $\frac{117}{3}$ (2) $\frac{22}{3}$ (3) 36 (4) $\frac{32}{3}$ (5) $\ln\sqrt{2}$ (6) $\ln\frac{4}{3}$

2. (1) $\frac{125}{6}$ (2) $\frac{9}{2}$ (3) $\frac{7}{3}$ (4) $2\sqrt{2}$ (5) $e-2$ (6) $\frac{1}{2}e^4-e^2-\frac{3}{2}$

3. (1) $\frac{64}{3}$ (2) $\frac{9}{2}$ (3) $\frac{9}{2}$ (4) 9 (5) 4 (6) $\frac{125}{24}$

4. $\frac{1}{4}e-\frac{1}{2}$

5. (1) $\frac{41}{6}$(m) (2) $\frac{98}{3}$(m)

6. (1) $39.2t-4.9t^2$ (2) 4초 (3) 24.5

연습문제 8.2

1. $\frac{1720}{3}(\text{cm}^3)$

2. $3\sqrt{3}$

3. $\frac{7}{36}\pi$

4. (1) $\frac{4}{3}\pi$ (2) $\frac{242}{5}\pi$ (3) $\frac{16}{15}\pi$ (4) $\frac{127}{7}\pi$ (5) $\frac{8}{3}\pi$
(6) $\frac{32}{3}\pi$ (7) $\frac{\pi^2}{4}$ (8) $\frac{\pi}{2}(e^2-1)$

5. (1) $\frac{9}{2}\pi$ (2) $\frac{2}{3}\pi$ (3) 2π (4) 8π (5) $\left(\frac{16}{5}\sqrt{2}-\frac{4}{5}\right)\pi$
(6) $\frac{512}{15}\pi$ (7) $\frac{32}{3}\pi$ (8) $\frac{8}{3}\pi$

6. (1) $\frac{\pi}{6}$ (2) $\frac{\pi}{6}$ (3) $\frac{\pi}{2}$ (4) $\frac{\pi}{2}$

연습문제 8.3

1. (1) $\frac{56}{27}$ (2) $e-\frac{1}{e}$ (3) $\frac{1}{4}(e^2+1)$ (4) 4

(5) $\ln(\sqrt{2}+1)$ (6) $\frac{59}{24}$

2. (1) $\frac{28}{3}\pi$ (2) $\frac{\pi}{6}(15\sqrt{15}-7\sqrt{7})$ (3) $\frac{2}{3}(2\sqrt{2}-1)\pi$ (4) $\frac{23}{9}\pi$

3. $16\sqrt{2}\pi$

4. $\pi(2\sqrt{2}+\ln(3+2\sqrt{2}))$

연습문제 8.4

1. (1) $y=Cx$ (2) $\ln|x|+\tan^{-1}y=C$ (3) $xe^x-e^x-ye^{-y}-e^{-y}=C$

(4) $\ln|y|=\ln\left|\frac{x-1}{x}\right|+C$ (5) $2y^2-\cos y=x^3+C$ (6) $\ln|y+1|=\frac{1}{2}x^2+x+C$

2. (1) $-x^3+y^3=8$ (2) $xy=2$ (3) $\frac{1}{2}y^2-\ln|\cos x|=1$ (4) $e^x(x-1)+e^{-y}=0$

3. $w(t)=w(0)\,e^{\frac{1}{100}t}$, $t=100\ln 2$

4. $t=150$

5. $20e^{-10}$

6. $P_0e^{\frac{k}{2}}$

Chapter 09 수열과 급수

연습문제 9.1

1. (1) 0 (2) 발산 ∞ (3) $\frac{1}{4}$ (4) -5 (5) $\frac{1}{2}$ (6) 6 (7) 0 (8) 0

2. (1) 0 (2) 발산 ∞ (3) e^7 (4) $\frac{1}{e}$ (5) 0 (6) 0

(7) 0 (8) 1 (9) 1 (10) 1

연습문제 9.2

1. (1) $\frac{5}{4}$ (2) 발산 (3) $\frac{1}{2}$ (4) 1 (5) $\frac{3}{2}$ (6) 발산 (7) 발산

(8) $2+\sqrt{2}$ (9) $\frac{3}{e-3}$ (10) $\frac{4}{3}$ (11) 발산 (12) 발산 (13) 발산

2. $a_n=\frac{1}{2^n}$, $b_n=\frac{1}{3^n}$이면 $\sum_{n=1}^{\infty}a_n$, $\sum_{n=1}^{\infty}b_n$은 수렴하지만 $\frac{a_n}{b_n}=\left(\frac{3}{2}\right)^n$이 되어 $\sum_{n=1}^{\infty}\frac{a_n}{b_n}$은 발산.

3. $\lim_{n\to\infty} a_n = 0$이므로 $\lim_{n\to\infty} \frac{1}{a_n} = \pm\infty$가 되어 $\sum_{n=1}^{\infty} \frac{1}{a_n}$은 발산.

연습문제 9.3

1. 풀이에서 a_n은 주어진 급수의 항.

(1) 발산 (조화급수)　(2) 발산 $(a_n \to 1)$

(3) 발산 $\left(> \sum_{n=1}^{\infty} \frac{1}{n}\right)$　(4) 발산 $\left(> \sum_{n=1}^{\infty} \frac{1}{2n}\right)$

(5) 발산; $b_n = \frac{1}{n}$에서 $\frac{a_n}{b_n} \to 1$이므로 $\sum_{n=1}^{\infty} b_n$은 발산

(6) 수렴; $b_n = \frac{1}{n^2}$에서 $\frac{a_n}{b_n} \to 1$이므로 $\sum_{n=1}^{\infty} b_n$은 수렴

(7) 수렴 $\left(a_n = \frac{1}{n^{3/2}} : p > 1\right)$

(8) 수렴; $b_n = \frac{1}{n^{3/2}}$에서 $\frac{a_n}{b_n} \to 1$이므로 $\sum_{n=1}^{\infty} b_n$은 수렴

(9) 수렴; $b_n = \frac{1}{n^{3/2}}$에서 $\frac{a_n}{b_n} \to 1$이므로 $\sum_{n=1}^{\infty} b_n$은 수렴

(10) 발산 $(a_n \to 1)$

(11) 발산 $\left(\int_1^{\infty} \frac{\ln x}{x} dx \to \infty\right)$　(12) 발산 $\left(> \sum_{n=1}^{\infty} \frac{1}{2n}\right)$

(13) 수렴 (기하급수 공비 < 1)　(14) 수렴 (기하급수 공비 < 1)

(15) 수렴 (기하급수 공비 < 1)　(16) 수렴 $\left(< \sum_{n=1}^{\infty} \frac{1}{3^{n-1}}\right)$

(17) 발산 $(a_n \to \infty)$　(18) 수렴 $\left(< \sum_{n=1}^{\infty} \frac{1}{2^{n-1}}\right)$

(19) 발산 (기하급수 공비 > 1)　(20) 발산 $\left(> \sum_{n=1}^{\infty} \frac{\sqrt{n}}{n}\right)$　(21) 발산 $(a_n \to e)$

(22) 발산 $(a_n \to e^{-1})$　(23) 수렴 $\left(< \sum_{n=1}^{\infty} \frac{1}{2^n}\right)$　(24) 수렴 $\left(< \sum_{n=1}^{\infty} \frac{2}{n^2}\right)$

2. $\frac{a_n}{n} \le a_n$이고 $\sum_{n=1}^{\infty} \frac{a_n}{n} \le \sum_{n=1}^{\infty} a_n$이다. $\sum_{n=1}^{\infty} a_n$이 수렴이므로 양항의 비교판정에 의하여 $\sum_{n=1}^{\infty} \frac{a_n}{n}$은 수렴.

연습문제 9.4

1. (1) 수렴; $\frac{a_{n+1}}{a_n} \to 0 < 1$　(2) 판정불가; $\frac{a_{n+1}}{a_n} \to 1$　(3) 발산; $\frac{a_{n+1}}{a_n} \to \frac{3}{2} > 1$

(4) 판정불가; $\frac{a_{n+1}}{a_n} \to 1$　(5) 수렴; $\frac{a_{n+1}}{a_n} \to 0 < 1$　(6) 수렴; $\frac{a_{n+1}}{a_n} \to 0 < 1$

(7) 수렴; $\frac{a_{n+1}}{a_n} \to \frac{1}{2} < 1$　(8) 발산; $\frac{a_{n+1}}{a_n} \to 27 > 1$

2. 풀이에서 a_n은 주어진 급수의 항.

(1) 수렴; $\sqrt[n]{a_n} \to \frac{2}{3} < 1$ (2) 수렴; $\sqrt[n]{a_n} \to \frac{1}{2} < 1$ (3) 수렴; $\left(< 2\sum_{n=1}^{\infty} \frac{1}{1.25^n}\right)$

(4) 수렴; $\frac{a_{n+1}}{a_n} \to \frac{1}{2} < 1$ (5) 수렴; $\frac{a_{n+1}}{a_n} \to \frac{1}{e} < 1$ (6) 발산; $\frac{a_{n+1}}{a_n} \to \infty > 1$

(7) 발산; $\frac{a_{n+1}}{a_n} \to \infty > 1$ (8) 발산; $\frac{a_{n+1}}{a_n} \to 3 > 1$ (9) 수렴; $\left(< \sum_{n=1}^{\infty} \frac{1}{n^2}\right)$

(10) 발산; $a_n \to 1 \neq 0$ (11) 발산; $a_n \to e^{-3} \neq 0$ (12) 발산; $\sqrt[n]{a_n} \to \infty > 1$

(13) 수렴; $\frac{a_{n+1}}{a_n} \to 0 < 1$ (14) 수렴; $\frac{a_{n+1}}{a_n} \to 0 < 1$ (15) 수렴; $\frac{a_{n+1}}{a_n} \to 0 < 1$

(16) 수렴; $\frac{a_{n+1}}{a_n} \to \frac{1}{e} < 1$

연습문제 9.5

1. (1) 수렴; 절대수렴 (2) 수렴; 교대급수의 수렴정리 (3) 수렴; 절대수렴

(4) 발산; $\lim_{n\to\infty} (-1)^{n+1} \frac{n}{n+1} \neq 0$ (5) 발산; 조화급수 (6) 발산; $\lim_{n\to\infty} \frac{(-2)^{n+1}}{n+5} \neq 0$

(7) 수렴; 교대급수의 수렴정리 (8) 발산; $\lim_{n\to\infty} (-1)^{n+1} \frac{\sqrt{n+1}}{\sqrt{n}+1} \neq 0$

(9) 수렴; 교대급수의 수렴정리 (10) 수렴; 교대급수의 수렴정리

(11) 발산; $\lim_{n\to\infty} (-1)^{n+1} \frac{\ln n}{\ln n^2} \neq 0$ (12) 수렴; 절대수렴

(13) 수렴; 교대급수의 수렴정리 (14) 수렴; 교대급수의 수렴정리

(15) 수렴; 교대급수의 수렴정리 (16) 수렴; 절대수렴

(17) 수렴; 교대급수의 수렴정리 (18) 수렴; 절대수렴

(19) 수렴; 절대수렴 (20) 수렴; 교대급수의 수렴정리

연습문제 9.6

1. (1) $|x| < 1$, 절대수렴 (2) $-6 < x < -4$, 절대수렴 (3) $-2 < x < 0$, 절대수렴

(4) $1 < x < 3$, 절대수렴; $x = 1$, 수렴 (5) $-8 < x < 12$, 절대수렴

(6) $|x| < \frac{1}{2}$, 절대수렴 (7) $|x| < 1$, 절대수렴 (8) $-3 < x < -1$, 절대수렴

(9) $|x| \le 1$, 절대수렴 (10) $0 < x < 2$, 절대수렴; $x = 0$, 수렴

(11) 모든 실수에서 절대수렴 (12) 모든 실수에서 절대수렴

(13) 모든 실수에서 절대수렴 (14) 모든 실수에서 절대수렴

(15) $|x| < 1$, 절대수렴; $x = -1$, 수렴 (16) $-1 \le x < 1$, 절대수렴; $x = 1$, 수렴

(17) $|x| < 1$, 절대수렴; $x = -1$, 수렴 (18) $2 < x < 4$, 절대수렴

(19) $|x| < 3$, 절대수렴 (20) $-1 < x \le 1$, 절대수렴 (21) $|x| < 1$, 절대수렴

(22) $|x|<1$, 절대수렴 (23) $x=0$ (24) $x=4$

연습문제 9.7

1. (1) $P_1(x)=\frac{1}{2}-\frac{1}{4}(x-2)$, $P_2(x)=\frac{1}{2}-\frac{1}{4}(x-2)+\frac{1}{8}(x-2)^2$,

$P_3(x)=\frac{1}{2}-\frac{1}{4}(x-2)+\frac{1}{8}(x-2)^2-\frac{1}{16}(x-2)^3$

(2) $P_1(x)=1-x$, $P_2(x)=1-x+x^2$, $P_3(x)=1-x+x^2-x^3$

(3) $P_1(x)=2+\frac{1}{4}(x-4)$, $P_2(x)=2+\frac{1}{4}(x-4)-\frac{1}{64}(x-4)^2$

$P_3(x)=2+\frac{1}{4}(x-4)-\frac{1}{64}(x-4)^2+\frac{1}{512}(x-4)^3$

(4) $P_1(x)=2+\frac{1}{4}x$, $P_2(x)=2+\frac{1}{4}x-\frac{1}{64}x^2$, $P_3(x)=2+\frac{1}{4}x-\frac{1}{64}x^2+\frac{1}{512}x^3$

(5) $P_1(x)=x$, $P_2(x)=x+x^2$, $P_3(x)=x+x^2+\frac{1}{2}x^3$

(6) $P_1(x)=\frac{1}{\sqrt{2}}+\frac{1}{\sqrt{2}}\left(x-\frac{\pi}{4}\right)$, $P_2(x)=\frac{1}{\sqrt{2}}+\frac{1}{\sqrt{2}}\left(x-\frac{\pi}{4}\right)-\frac{1}{2\sqrt{2}}\left(x-\frac{\pi}{4}\right)^2$,

$P_3(x)=\frac{1}{\sqrt{2}}+\frac{1}{\sqrt{2}}\left(x-\frac{\pi}{4}\right)-\frac{1}{2\sqrt{2}}\left(x-\frac{\pi}{4}\right)^2-\frac{1}{6\sqrt{2}}\left(x-\frac{\pi}{4}\right)^3$

(7) $P_1(x)=\frac{1}{\sqrt{2}}-\frac{1}{\sqrt{2}}\left(x-\frac{\pi}{4}\right)$, $P_2(x)=\frac{1}{\sqrt{2}}-\frac{1}{\sqrt{2}}\left(x-\frac{\pi}{4}\right)-\frac{1}{2\sqrt{2}}\left(x-\frac{\pi}{4}\right)^2$,

$P_3(x)=\frac{1}{\sqrt{2}}-\frac{1}{\sqrt{2}}\left(x-\frac{\pi}{4}\right)-\frac{1}{2\sqrt{2}}\left(x-\frac{\pi}{4}\right)^2+\frac{1}{6\sqrt{2}}\left(x-\frac{\pi}{4}\right)^3$

(8) $P_1(x)=-1+x$, $P_2(x)=-1+x-\frac{1}{2}(x-1)^2$,

$P_3(x)=-1+x-\frac{1}{2}(x-1)^2+\frac{1}{3}(x-1)^3$

2. (1) $f(x)=P_3(x)=-4-6(x-1)-2(x-1)^2-(x-1)^3$,

$f(0.99)=-4-6(-0.01))-2(-0.01)^2-(-0.01)^3=-3.940199$

(2) $f(x)=P_3(x)=-7+13(x+1)-10(x+1)^2+3(x+1)^3$

$f(-0.99)=-7+13\times 0.01-10(0.01)^2+3(0.01)^3=-6.870997$

3. (1) $\ln 2 \fallingdotseq 1-\frac{1}{2}+\frac{1}{3}-\frac{1}{4}=\frac{7}{12}\fallingdotseq 0.583$

(2) $\sqrt{e}\fallingdotseq 1+\frac{1}{2}+\frac{1}{2!}\times\frac{1}{4}+\frac{1}{3!}\times\frac{1}{8}+\frac{1}{4!}\times\frac{1}{16}\fallingdotseq 1.648$

4. (1) $-1-(x+1)-(x+1)^2-(x+1)^3+\cdots$

(2) $-1+x-\frac{1}{2}(x-1)^2+\frac{1}{3}(x-1)^3-\frac{1}{4}(x-1)^4+\cdots+(-1)^{n-1}\frac{1}{n}(x-1)^n+\cdots$

(3) $\frac{1}{2}-\frac{\pi^2}{2!}\left(x-\frac{1}{2}\right)^2+\frac{\pi^4}{4!}\left(x-\frac{1}{2}\right)^4+\cdots+(-1)^n\frac{\pi^{2n}}{(2n)!}\left(x-\frac{1}{2}\right)^{2n}+\cdots$

(4) $1-x+\frac{1}{2!}x^2-\frac{1}{3!}x^3+\cdots+(-1)^n\frac{1}{n!}x^n+\cdots$

Chapter 10 이변수함수

연습문제 10.1

1. (1) 6 (2) 21 (3) 65 (4) −46

2. (1) 0 (2) 1 (3) 2 (4) −3

3. (1) $\frac{2}{3}$ (2) 0 (3) $-\frac{4}{5}$ (4) $\frac{19}{36}$

4. (1) 정의역; 평면의 모든 점, 치역; −3 이상의 실수

(2) 점의역; $\frac{x^2}{4}+\frac{y^2}{9} \le 1$인 점$(x, y)$, 치역;$0 \le z \le 6$, 영역: 중심이 원점인 타원의 경계와 내부

(3) 정의역; $y \ne -x$인 (x, y), 치역; 0 아닌 실수, 영역; $y=-x$ 위의 점이 아닌 모든 점

(4) 정의역; $y \ne 0$; 치역; 모든 실수, 영역; x축 제외한 점

(5) 정의역: $y \ge x$인 (x, y), 치역: 음이 아닌 실수, 영역; 직선 $y=x$와 직선 위 부부분의 점

(6) 정의역; $x^2+y^2<16$인 (x, y), 치역; $z>\frac{1}{4}$, 영역; 중심이 원점이고 반지름이 4인 원의 내부 점

(7) 정의역, 영역; 평면의 모든 점, 치역; $z>0$

(8) 정의역; $xy>0$인 (x, y), 치역; 모든 실수, 영역; 1사분면과 3사분면의 점. 경계점 제외.

5. (1) $z=k$ (실수)에서 $y=\frac{k}{x}$인 쌍곡선 (2) $z=k$ (실수)에서 $y=kx$인 직선

(3) $z=k(\ge 0)$에서 $x^2+4y^2=k$인 쌍곡선 (4) $z=k$ (실수)에서 $x=y^2+k$인 포물선

연습문제 10.2

1. (1) −7 (2) $\sqrt{29}$ (3) −1 (4) 1 (5) 0 (6) $-\frac{27}{2}$

2. (1) 2 (2) −1 (3) $\frac{1}{5}$ (4) 5

3. (1) 경로 $x=0$일 때, $\lim_{(x, y)\to(0, 0)} f(x, y)=-1 \ne f(0, 0)$이므로 원점에서 연속이 아님.

(2) $\lim_{(x, y)\to(0, 0)} f(x, y)=1=f(0, 0)$이므로 원점에서 연속.

(3) 경로 $y=\sqrt{x}$에서 $\lim_{(x, y)\to(0, 0)} f(x, y)=\frac{1}{2} \ne f(0, 0)$이므로 원점에서 연속이 아님.

(4) $\lim_{(x, y)\to(0, 0)} f(x, y)=1=f(0, 0)$이므로 원점에서 연속.

4. (1) $y \ne -x$인 (x, y) (2) 평면의 모든 점 (3) $x \ne -2y$인 (x, y)

(4) 평면의 모든 점 (5) $y \le x$이고 $y \ge -x$인 (x, y)

(6) $0 \le x^2+y^2 \le 4$인 (x, y)

연습문제 10.3

1. (1) $f_x = 3x^2y + 2,\ f_y = 2x^3y - 1$ (2) $f_x = -\dfrac{x}{\sqrt{4-x^2-y^2}},\ f_y = -\dfrac{y}{\sqrt{4-x^2-y^2}}$

(3) $f_x = -\dfrac{x^2+y^2}{(x^2-y^2)^2},\ f_y = \dfrac{2xy}{(x^2-y^2)^2}$

(4) $f_x = \ln(x^2+y^2) + \dfrac{2x^2}{x^2+y^2},\ f_y = \dfrac{2xy}{x^2+y^2}$

(5) $f_x = ye^{xy}(\sin x + \cos y) + e^{xy}\cos x,\ f_y = xe^{xy}(\sin x + \cos y) - e^{xy}\sin y$

(6) $f_x = -y^2\sin(xy),\ f_y = \cos(xy) - xy\sin(xy)$

2. (1) $f_x = -y\sin(x-y),\ f_y = \cos(x-y) + y\sin(x-y)$

(2) $f_x = \dfrac{e^{xy}(x^2y+xy^2+y)}{(x+y)^2},\ f_y = \dfrac{e^{xy}(x^3+x^2y-x)}{(x+y)^2}$

(3) $f_x = \dfrac{y}{x^2+y^2},\ f_y = -\dfrac{x}{x^2+y^2}$

(4) $f_x = -\dfrac{y^2}{|y|(x^2+y^2)},\ f_y = \dfrac{xy}{|y|(x^2+y^2)}$

3. (1) $f_{xy} = -\dfrac{1}{x^2} = f_{yx}$ (2) $f_{xy} = \dfrac{2xy}{(x^2-2y^2)^{\frac{3}{2}}} = f_{yx}$

(3) $f_{xy} = 4xye^{x^2+y^2} = f_{yx}$ (4) $f_{xy} = -2e^x\sin 2y + 6y^2\cos 2x = f_{yx}$

4. $f_x(0, 0) = \lim\limits_{h\to 0}\dfrac{f(h, 0) - f(0, 0)}{h} = \lim\limits_{h\to 0}\dfrac{h^{4/3}}{h} = \lim\limits_{h\to 0} h^{1/3} = 0$

5. 2

6. $-\dfrac{\sqrt{3}}{2}$

7. (1) $2x - 3y + z = 6$ (2) $2y + z = 1$ (3) $x + y + \sqrt{2}z = 4$

8. (1) 0 (2) 0

연습문제 10.4

1. (1) $12xe^{2t} - \dfrac{3y^2}{\sqrt{t}}$ (2) $\dfrac{3x^2y^2}{2\sqrt{t}} - \dfrac{x^3y}{\sqrt{t}}$ (3) $\cos x - y\sin xy - 2tx\sin xy$

(4) $\dfrac{1}{2\sqrt{1+t}(x+y^2)} + \dfrac{4ty}{x+y^2}$ (5) $(e^{x+y} + xe^{x+y})\cos t - xe^{x+y}\sin t$

(6) $\dfrac{4x\cos 2t + 4y\sin 2t}{1 + (x^2-y^2)^2}$

2. (1) $\dfrac{y^2-1}{x^2y}t$ (2) $2xye^t$ (3) $\dfrac{ye^xt}{2\sqrt{st}} - \dfrac{e^x}{s^2}$ (4) $(xe^y - e^x)t$

3. (1) $\dfrac{\partial z}{\partial r} = 2x\cos\theta - 2y\sin\theta,\ \dfrac{\partial z}{\partial \theta} = -2xr\sin\theta - 2yr\cos\theta$

(2) $\dfrac{\partial z}{\partial u} = \dfrac{2x-2y}{x^2-y^2},\ \ \dfrac{\partial z}{\partial v} = \dfrac{2x+2y}{x^2-y^2}$

4. (1) $\dfrac{\partial z}{\partial x} = -\dfrac{2xy+yz^2}{2xyz-3z^2},\ \dfrac{\partial z}{\partial y} = -\dfrac{x^2+xz}{2xyz-3z^2}$

(2) $\dfrac{\partial z}{\partial x} = -\dfrac{yz\sin(xyz)}{1+e^z+xy\sin(xyz)},\ \ \dfrac{\partial z}{\partial y} = -\dfrac{1+xz\sin(xyz)}{1+e^z+xy\sin(xyz)}$

(3) $\dfrac{\partial z}{\partial x} = -\dfrac{ze^{xz}\sin y - 1}{1+xe^{xz}\sin y},\ \ \dfrac{\partial z}{\partial y} = -\dfrac{e^{xz}\cos y}{1+xe^{xz}\sin y}$

(4) $\dfrac{\partial z}{\partial x} = \dfrac{zx^{z-1}}{yz^{y-1}-x^z\ln x},\ \ \dfrac{\partial z}{\partial y} = \dfrac{z^y\ln z}{yz^{y-1}-x^z\ln x}$

5. $u = y - x,\ v = x - y$라 하면 $z = f(u, v)$이고

$$\frac{\partial z}{\partial x} = \frac{\partial f}{\partial u}(-1) + \frac{\partial f}{\partial v},\ \frac{\partial z}{\partial y} = \frac{\partial f}{\partial u} + \frac{\partial f}{\partial v}(-1)$$

이므로 $\dfrac{\partial z}{\partial x} = -\dfrac{\partial z}{\partial y}$.

6. $u = \dfrac{y}{x}$라 하면 $z = f(u)$이고

$$\frac{\partial z}{\partial x} = \frac{df}{du}\left(-\frac{y}{x^2}\right),\ \frac{\partial z}{\partial y} = \frac{df}{du}\frac{1}{x}$$

로부터

$$x\frac{\partial z}{\partial x} = -\frac{y}{x}\frac{df}{du},\ y\frac{\partial z}{\partial y} = \frac{y}{x}\frac{df}{du}\text{이므로 } x\frac{\partial z}{\partial x} + y\frac{\partial z}{\partial y} = 0.$$

연습문제 10.5

1. (1) $\dfrac{x}{\sqrt{x^2+y^2}}i + \dfrac{y}{\sqrt{x^2+y^2}}j$ (2) $(2x - \sin(x^2y) - 2x^2y\cos(x^2y))i - x^3\cos(x^2y)j$

(3) $\dfrac{1}{2\sqrt{y+xz}}(zi + j + xk)$ (4) $\dfrac{1}{z}\left(i + j - \dfrac{x+y}{z}k\right)$

2. (1) 0 (2) $-\dfrac{10}{169}\sqrt{2}$ (3) $3\sqrt{2}$ (4) $-\dfrac{3}{2}\sqrt{2}$

3. (1) $6\sqrt{3} - \dfrac{3}{2}$ (2) $\dfrac{\sqrt{3}}{2}\cos 2 - \left(\dfrac{1}{2} + \sqrt{3}\right)\sin 2$

4. $a\left(i - \dfrac{2}{7}j\right)$, a는 실수

5. (1) (0, 0) (2) (−1, −3)

6. 방향도함수 $-\dfrac{y+2x}{\sqrt{20xy}}$, 최대방향 $\dfrac{1}{2\sqrt{10}}(5i+2j)$, 최댓값 $\sqrt{\dfrac{29}{40}}$

7. 오를 때; $20i+80j$, 내려올 때; $-20i-80j$

8. (1) $-2i-12j$, $2\sqrt{37}$ (2) $2i+12j$, $-2\sqrt{37}$ (3) $a\left(i-\dfrac{1}{6}j\right)$, a는 실수

Chapter 11 중적분

연습문제 11.1

1. (1) 2 (2) 6 (3) $\dfrac{1}{36}$ (4) 2 (5) $(e^2+1)(-3e^{-2}+1)$ (6) $\dfrac{2}{15}(31-9\sqrt{3})$

2. (1) $\dfrac{\pi^2}{2}-2$ (2) $6\ln 6-10$ (3) $\dfrac{\pi}{2}-1$ (4) $\dfrac{1}{96}$ (5) $\dfrac{3}{8}$ (6) $\dfrac{3}{10}$

3. (1) $\dfrac{e}{2}-1$ (2) $\dfrac{1}{8}(1-e^{-16})$ (3) $\dfrac{2}{3}\ln 3$ (4) 2 (5) $4-\sin 4$ (6) $\dfrac{16}{3}$

4. (1) $\dfrac{1}{63}$ (2) $2\ln 2-1$ (3) $\dfrac{1}{6}$ (4) $-\dfrac{1}{3}$ (5) $\dfrac{23}{84}$ (6) 2

5. (1) $\displaystyle\int_0^2\int_0^{\sqrt{y}} dx\,dy=\frac{4}{3}\sqrt{2}$ (2) $\displaystyle\int_{-1}^1\int_{-\sqrt{4-x^2}}^{\sqrt{4-x^2}} dy\,dx=4\pi$ (3) $\displaystyle\int_0^2\int_0^{-\frac{3}{2}x+3} dy\,dx=3$

6. (1) $\left[x\cos^{-1}x+\sqrt{1-x^2}\right]_0^1=1$

(2) 적분순서를 바꾸어 계산하면 $\displaystyle\int_0^{\frac{\pi}{2}}\int_0^{\cos y} dx\,dy=1$

연습문제 11.2

1. (1) -2 (2) $4u^2+4v^2$ (3) $2u$ (4) $\dfrac{u-v}{(u+v)uv}$

2. (1) $\pi(1-e^{-1})$ (2) 18π (3) $\dfrac{2}{3}$ (4) $\dfrac{3}{2}$

3. (1) $\dfrac{1}{2}(1-e^{-2})$ (2) $\dfrac{2}{3}$

4. ∞ 발산

5. (1) $\dfrac{\pi}{2}$ (2) $\dfrac{\pi}{2}$ (3) $\dfrac{8}{3}$ (4) 0

6. (1) $\dfrac{\pi}{4}(1-e^{-a^2})$ (2) $\dfrac{\pi}{4}(1-e^{-2a^2})$

7. (1) $\displaystyle\int_0^a\int_0^a e^{-(x^2+y^2)}dx=\int_0^a e^{-x^2}dx\cdot\int_0^a e^{-y^2}dy=\left(\int_0^a e^{-x^2}dx\right)^2$

(2) $R=\{(x,y)\,|\,0\le x\le a,\ 0\le y\le a\}$라 하면 문제 6으로 $R_1\subseteq R\subseteq R_2$이고 따라서

$$\iint_{R_1}e^{-(x^2+y^2)}\,dA\le\iint_R e^{-(x^2+y^2)}dA\le\iint_{R_2}e^{-(x^2+y^2)}dA$$

이므로 문제 6에 의하여

$$\frac{\pi}{4}(1-e^{-a^2}) \le \left(\int_0^a e^{-x^2}dx\right)^2 \le \frac{\pi}{4}(1-e^{-2a^2})$$

(3) (2)로부터 극한 $\lim_{a\to\infty}$ 을 취하면

$$\frac{\pi}{4} \le \left(\int_0^\infty e^{-x^2}dx\right)^2 \le \frac{\pi}{4}$$

이므로

$$\left(\int_0^\infty e^{-x^2}dx\right)^2 = \frac{\pi}{4}, \text{ 즉 } \int_0^\infty e^{-x^2}dx = \frac{\sqrt{\pi}}{2}.$$

찾아보기

ㅅ

ㅇ

ㅈ

ㅊ

ㅌ

ㅍ

ㅎ

기타

이공계생을 위한 **대학수학**

초판 1쇄 발행 | 2020년 3월 05일
초판 2쇄 발행 | 2022년 2월 25일

지은이 | 심 홍 태
선문대학교 공과대학 기초공학부(수학)교수

펴낸이 | 조 승 식
펴낸곳 | (주)도서출판 **북스힐**

등 록 | 1998년 7월 28일 제 22-457호
주 소 | 서울시 강북구 한천로 153길 17
전 화 | (02) 994-0071
팩 스 | (02) 994-0073

홈페이지 | www.bookshill.com
이메일 | bookshill@bookshill.com

정가 27,000원

ISBN 979-11-5971-282-1

Published by bookshill, Inc. Printed in Korea.